“十二五”职业技能设计师岗位技能实训教材

AutoCAD 2016
室内设计
案例技能实训教程

张　辉　林伯阳　余妹兰　编著

北京希望电子出版社
Beijing Hope Electronic Press
www.bhp.com.cn

内容简介

本书共分12章，第1～10章以“案例精讲→从零起步”的方式讲解典型案例，章后均提供两个拓展案例供读者学后练习；第11章和第12章为“跃层住宅施工图”与“跃层住宅施工图和专卖店施工图”两个综合案例，采用图文对照的方式详细讲解了其制作全过程。本书最后特别提供了“室内设计知识准备”附录内容，旨在帮助读者了解更多关于室内设计方面的知识：室内设计的基本原则、基本要素、一般流程、制图内容和图纸规范等。

本书内容丰富，案例实用，具有很强的针对性和实用性，且结构严谨、案例丰富，既可以作为大中专院校相关专业以及CAD培训机构的教材，也可以作为从事室内设计人员的自学指南。

需要本书或技术支持的读者，请与北京海淀区中关村大街22号中科大厦A座906室（邮编：100190）发行部联系，电话：010-62978181（总机），传真：010-82702698，E-mail: bhpjc@bhp.com.cn。

图书在版编目（CIP）数据

AutoCAD 2016 室内设计案例技能实训教程 / 张辉, 林伯阳, 余妹兰编著. -- 北京 : 北京希望电子出版社, 2016.8

ISBN 978-7-83002-355-3

Ⅰ. ①A… Ⅱ. ①张… ②林… ③余… Ⅲ. ①室内装饰设计－计算机辅助设计－AutoCAD 软件－教材 Ⅳ.①TU238-39

中国版本图书馆CIP数据核字(2016)第161561号

出版：北京希望电子出版社

地址：北京市海淀区中关村大街22号
中科大厦A座906室

邮编：100190

网址：www.bhp.com.cn

电话：010-62978181（总机）转发行部
010-82702675（邮购）

传真：010-82702698

经销：各地新华书店

封面：深度文化

编辑：石文涛　刘　霞

校对：全　卫

开本：787mm×1092mm　1/16

印张：17

字数：408千字

印刷：北京市密东印刷有限公司

版次：2016年9月1版1次印刷

定价：48.00元（配1张CD光盘）

前　言

AutoCAD是一款出色的计算机辅助设计软件，功能强大、性能稳定、兼容性好、扩展性强，具有强大的二维绘图、三维建模和二次开发等功能，在机械、建筑、电子电气、化工、石油、服装、模具和广告等行业应用广泛。

为了满足新形势下的教育需求，在Autodesk技术专家、资深教师、一线设计师以及出版社策划人员的共同努力下，我们完成了本次新模式教材的开发工作。本教材采用模块化写作，通过案例实训的讲解，可以掌握就业岗位工作技能，提升动手能力，提高就业竞争力。

本书包括12章和附录，具体如下。

第1章 绘制两居室尺寸图

第2章 绘制居室开关布置图

第3章 绘制办公室平面布置图

第4章 绘制会议室立面图

第5章 绘制两居室平面布置图

第6章 制作室内设计图纸目录

第7章 为衣柜添加尺寸标注

第8章 绘制床头柜模型

第9章 绘制卧室模型

第10章 绘制并打印居室插座布置图

第11章 综合案例：绘制跃层住宅施工图

第12章 综合案例：绘制专卖店施工图

附录 室内设计知识准备

本书特色鲜明，侧重于综合职业能力与职业素养的培养，融“教、学、做”为一体，适合应用型本科、职业院校、培训机构作为教材使用。为了教学方便，还为用书教师提供了与书中同步的教学资源包（课件、素材、视频）。

本书由张辉、林伯阳、余妹兰编写，其中，第1～4章由张辉编写，第5～8章由林伯阳编写，第9～12章和附录由湖南安全技术职业学院余妹兰编写。

由于编者水平有限，书中疏漏或不妥之处在所难免，敬请广大读者批评、指正。

编者

2016年7月

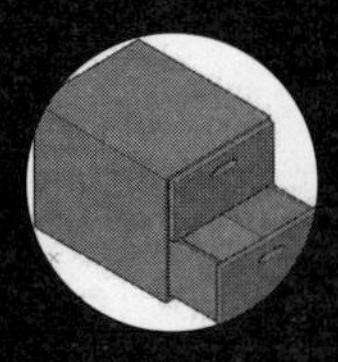

Contents 目录

第1章 绘制两居室尺寸图

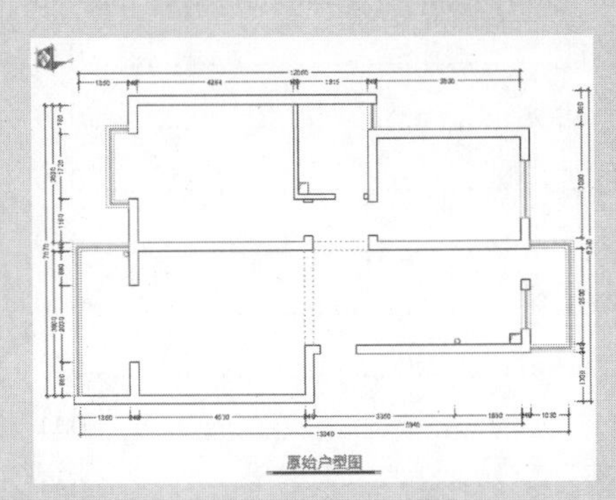
原始户型图

第2章 绘制居室开关布置图

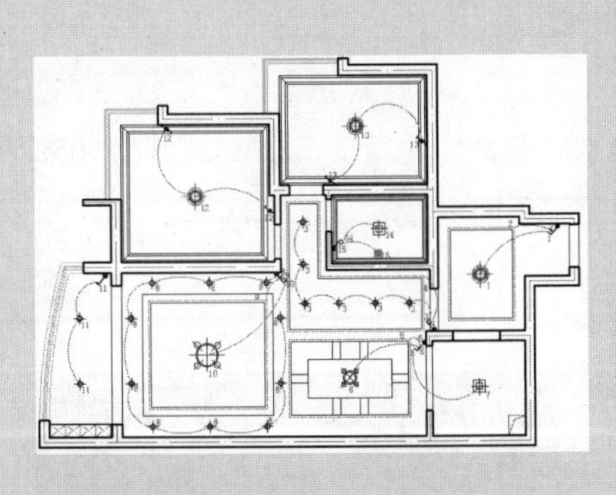

第3章 绘制办公室平面布置图

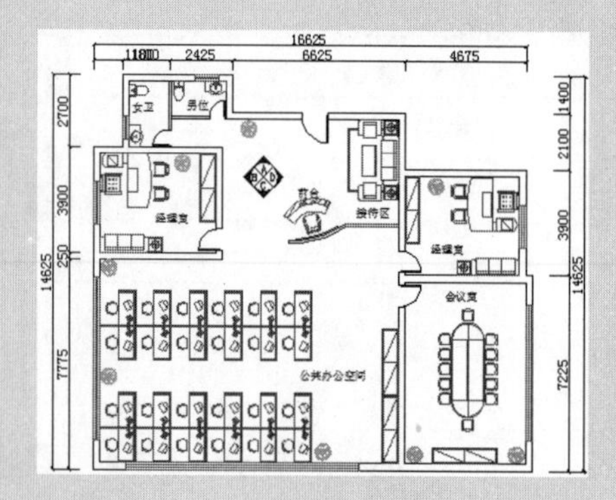

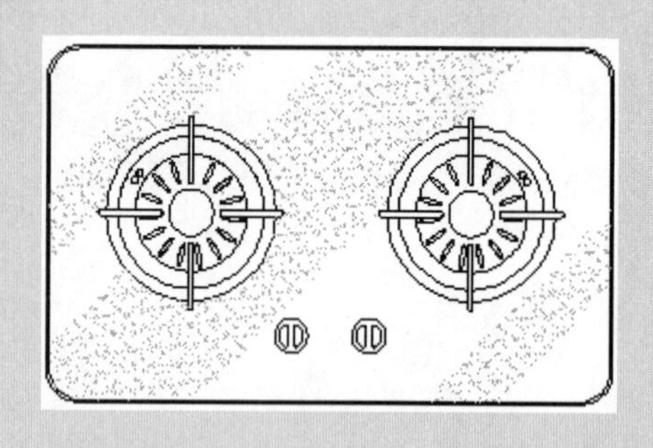

第4章 绘制会议室立面图

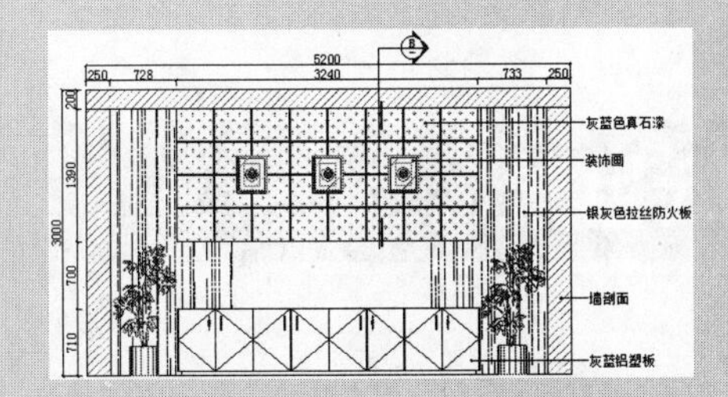

第5章 绘制两居室平面布置图

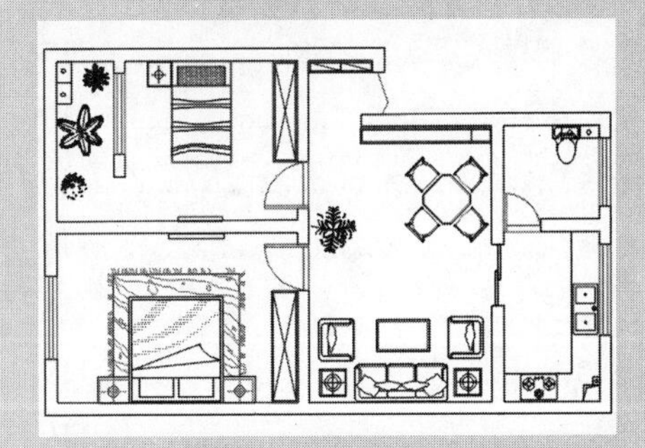

第6章 制作室内设计图纸目录

吊顶工程			
序号	项目工程	工程量计算方法	工艺说明
1	木龙骨石膏板平顶	按水平投影面积	(1) 采用标准25*35烘杉木方，330*350井字龙骨。
			(2) 木方防火涂料处理，采用9mm厚纸面石膏板罩面。
			(3) 沉头自攻螺钉固定并在钉头刷防锈漆。
			(4) 接缝处做拼缝处理，采用9mm厚纸面石膏板。
2	木龙骨石膏板造型顶	按展开面积	(1) 采用标准25*35烘杉木方，350*350井字龙骨。
	(直线型、不带灯槽)		(2) 木方防火涂料处理，采用9MM厚纸面石膏板。
			(3) 沉头自攻螺钉固定并在钉头刷防锈漆。
			(4) 接缝处做拼缝处理，醇酸清漆封底漆一遍。
3	木龙骨石膏板造型顶	按展开面积	(1) 采用标准25*35烘杉木方，350*350井字龙骨。
	(直线型、带灯槽)		(2) 木方防火涂料处理，采用9MM厚纸面石膏板。
			(3) 沉头自攻螺钉固定并在钉头刷防锈漆。
			(4) 接缝处做拼缝处理，醇酸清漆封底漆一遍。
4	木龙骨石膏板造型顶	按展开面积	(1) 采用标准25*35烘杉木方，350*350井字龙骨。
	(艺术造型)		(2) 木方防火涂料处理，采用9MM厚纸面石膏板。
			(3) 沉头自攻螺钉固定并在钉头刷防锈漆。
			(4) 接缝处做拼缝处理，醇酸清漆封底漆一遍。
5	铝扣板吊顶	按展开面积	(1) 采用0.6mm 厚度方形铝扣板。
			(2) 专用铝扣板龙骨，木枋防火涂料处理。
			(3) 工程量按展开面积计算。
6	成品石膏艺术顶角线	按延长米	(1) 普通80mm宽成品石膏角线。
	(宽80mm)		(2) 采取生石膏粘贴法施工。

第7章 为衣柜添加尺寸标注

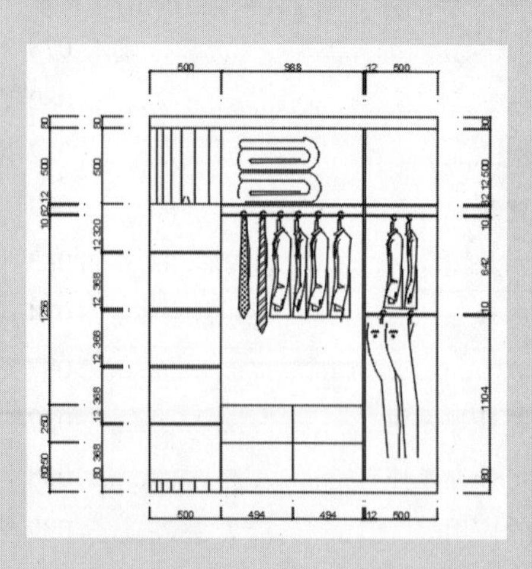

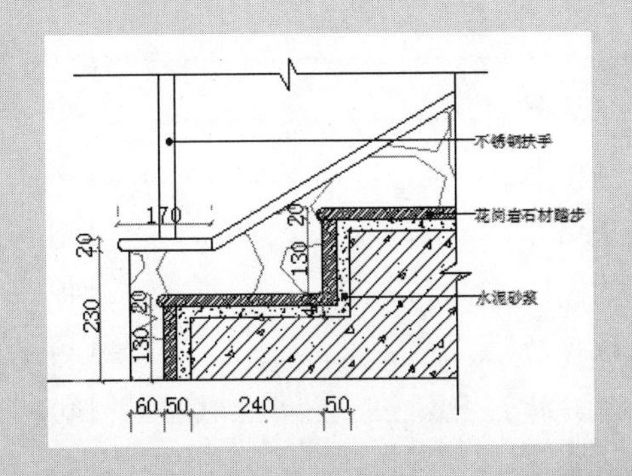

第8章　绘制床头柜模型

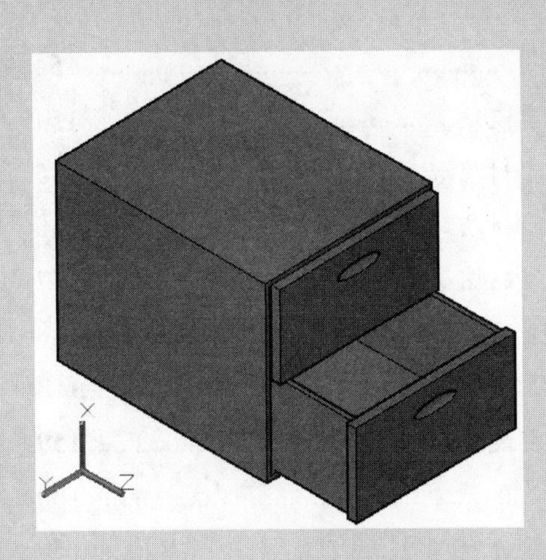

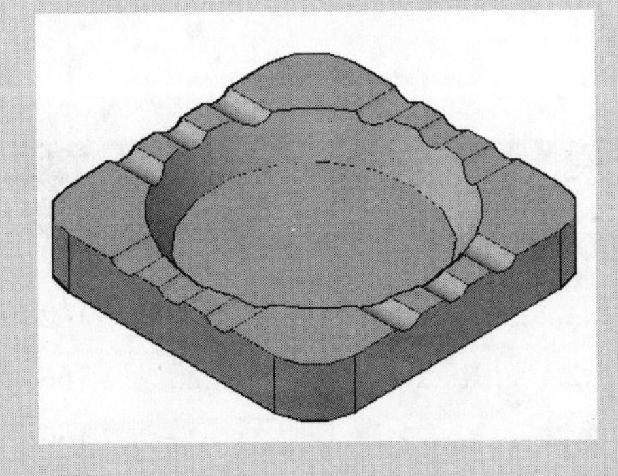

第9章　绘制卧室模型

第10章 绘制并打印居室插座布置图

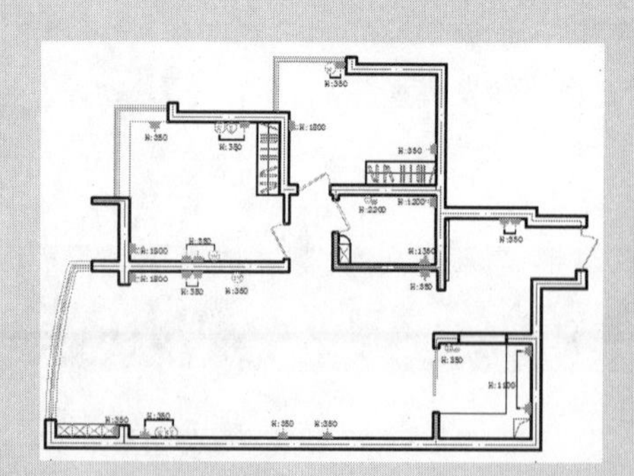

第11章 综合案例：绘制跃层住宅施工图

第12章 综合案例：绘制专卖店施工图

附录 室内设计知识准备

第1章 01 绘制两居室尺寸图

内容概要：

从本章开始，将对AutoCAD 2016的绘图知识进行介绍，包括图形文件的基本操作、绘图环境的设置，以及系统选项设置等内容，以便于快速掌握AutoCAD 2016的基础知识。同时，本章也将详细介绍室内设计图纸中户型尺寸图的绘制过程，该图形的绘制尤为重要，因为其他平面布置图都将在此基础上进行绘制。

知识要点：

- 图形文件的操作
- 绘图单位的设置
- 绘图比例的设置
- 绘图区颜色的设置

课时安排：

理论教学1课时

上机实训2课时

案例效果图：

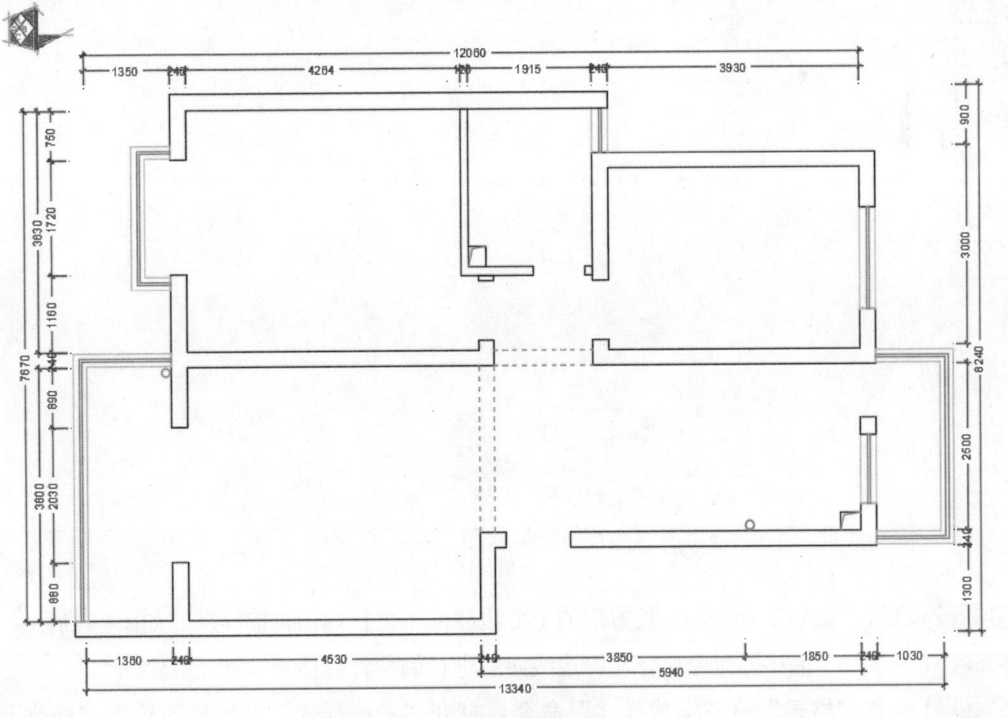

原始户型图

CAD【案例精讲】

案例描述

在绘制室内设计图纸时，户型尺寸图的绘制是极其重要的一步，它所表现的是建筑墙体的尺寸、门窗位置、原始功能分区等，尺寸的准确与否直接关系到后面的设计。在此以一个两居室户型图的绘制为例展开介绍。

案例文件

本案例素材文件和最终效果文件在“光盘:\素材文件\第1章”目录下，本案例的操作视频在“光盘:\操作视频\第1章”目录下。

案例详解

下面将利用AutoCAD最基础的绘图知识绘制两居室尺寸图，可以根据操作一步一步地进行绘制。

STEP 01 启动AutoCAD 2016软件，新建名为“绘制两居室尺寸图”的文件。设置当前对象颜色为红色，执行“直线”命令，绘制12360mm×7910mm的长方形，如图1-1所示。

图1-1

STEP 02 执行“偏移”命令，将长方形的上方边线向下进行偏移，偏移尺寸如图1-2所示。

STEP 03 再执行“偏移”命令，将左侧边线向右进行偏移，偏移尺寸如图1-3所示。

STEP 04 执行“格式”→“多线样式”命令，打开“多线样式”对话框，单击“修改”按钮，如图1-4所示。

STEP 05 打开“修改多线样式”对话框，在“封口”选项区域勾选直线的“起点”和“端点”复选框，单击“确定”按钮，如图1-5所示。

图1-2

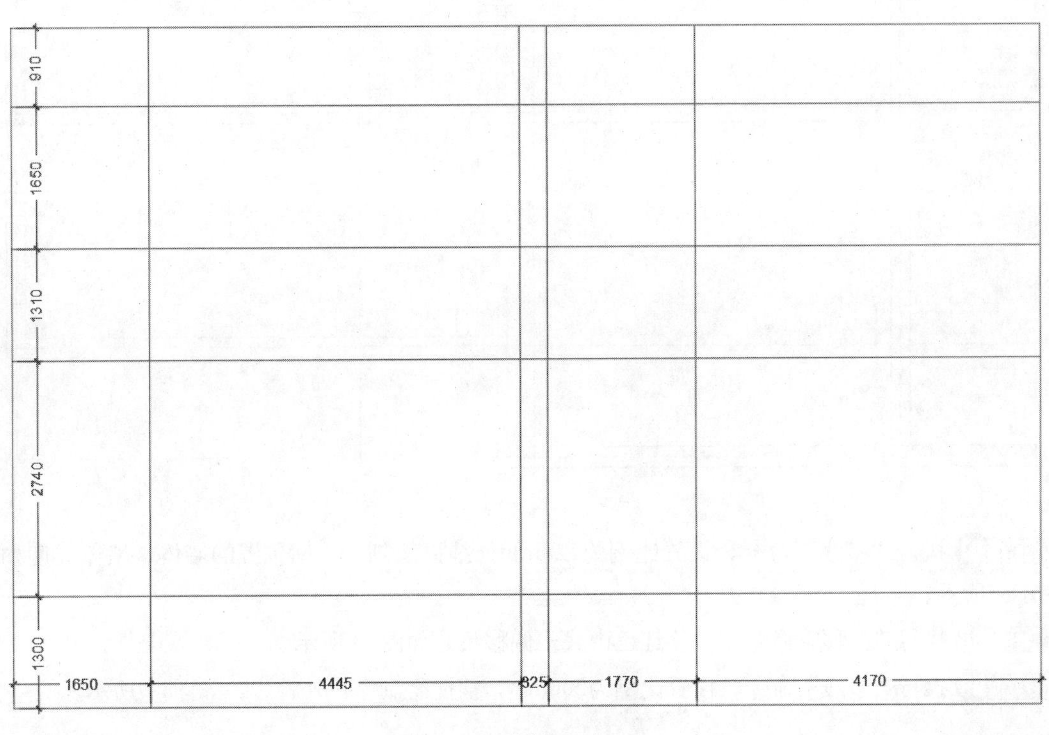

图1-3

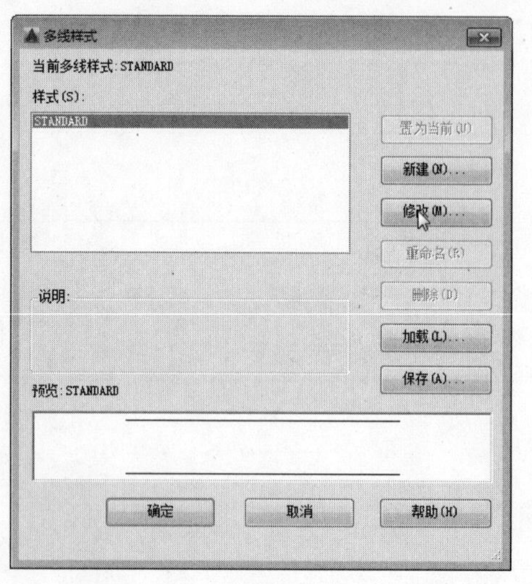

图1-4

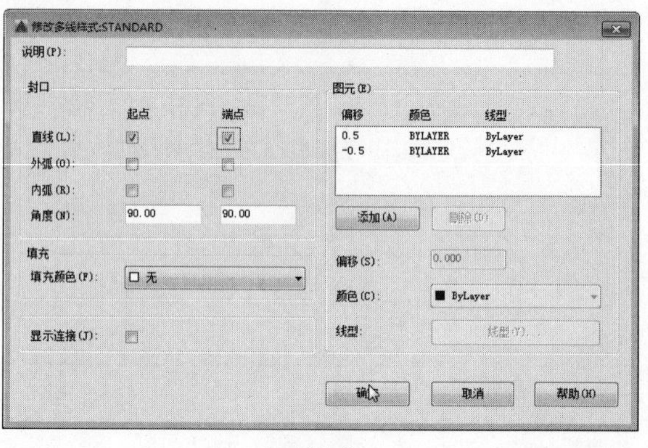

图1-5

STEP 06 设置当前对象颜色为黑色，执行“多线”命令，设置比例为240mm，对正类型为无，捕捉绘制主墙体轮廓，部分墙体长度如图1-6所示。

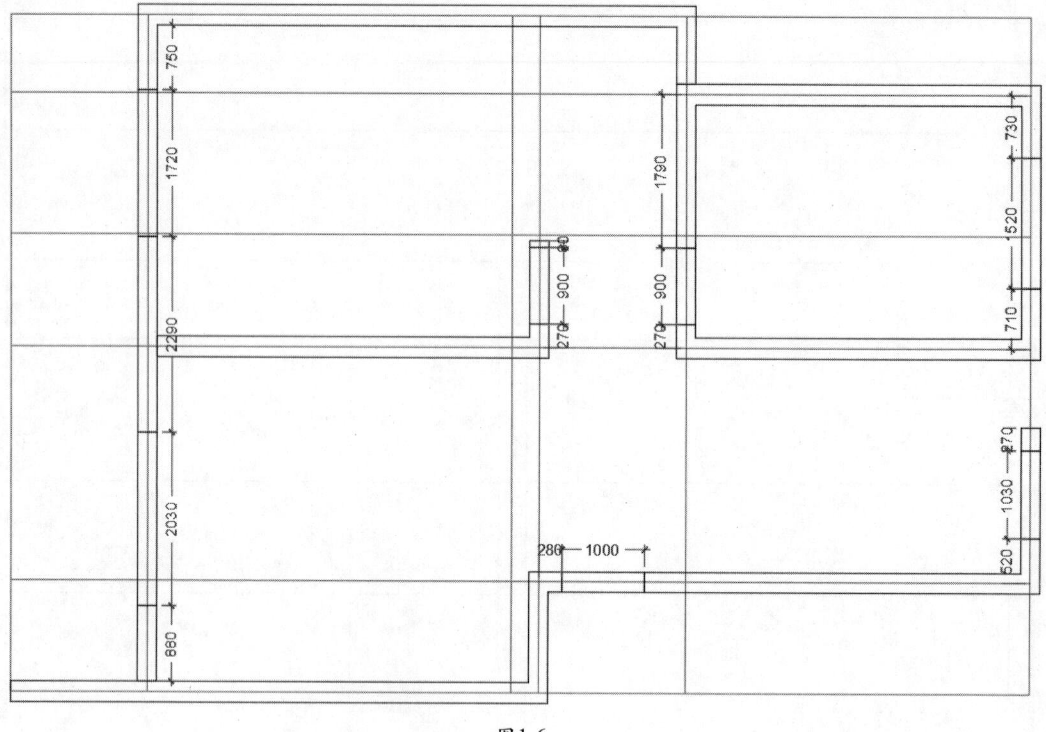

图1-6

STEP 07 执行“多线”命令，设置比例为120mm，捕捉绘制卫生间位置的墙体，墙体长度如图1-7所示。

STEP 08 执行“偏移”命令，偏移红色中线，偏移尺寸如图1-8所示。

STEP 09 执行“多线”命令，设置比例为200mm，捕捉绘制窗户外轮廓，如图1-9所示。

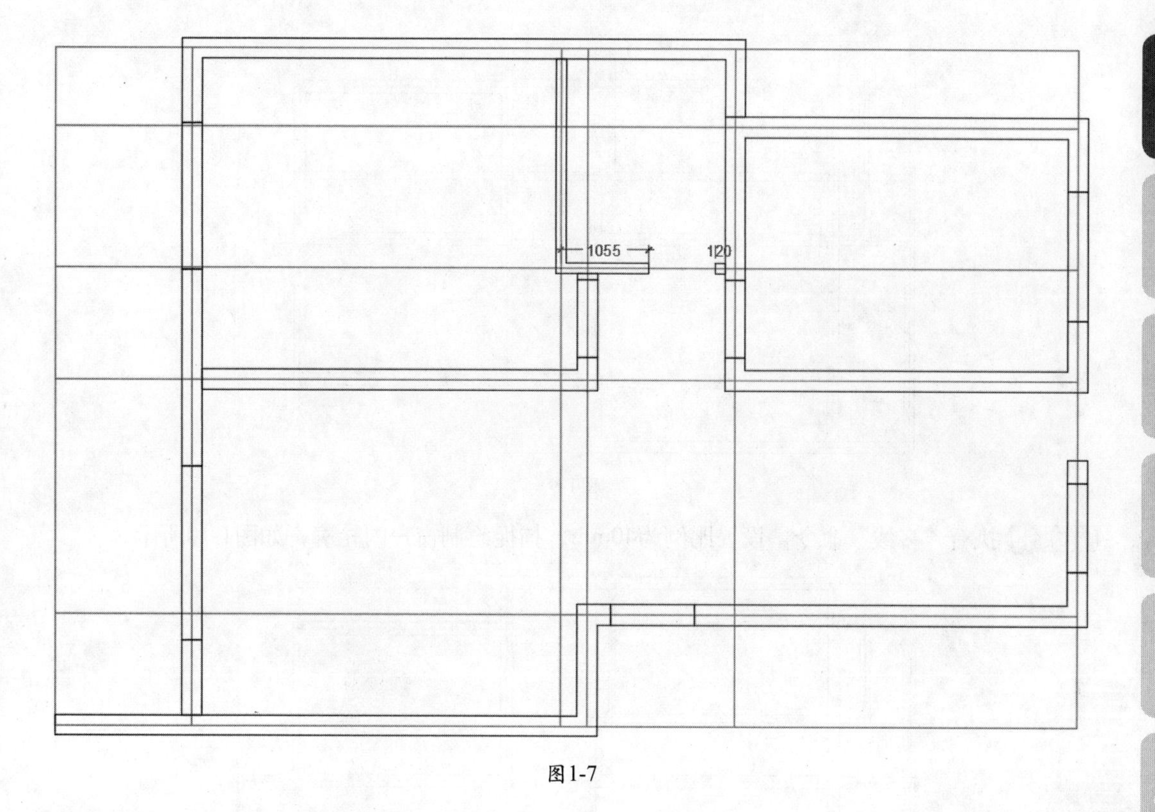

图1-7

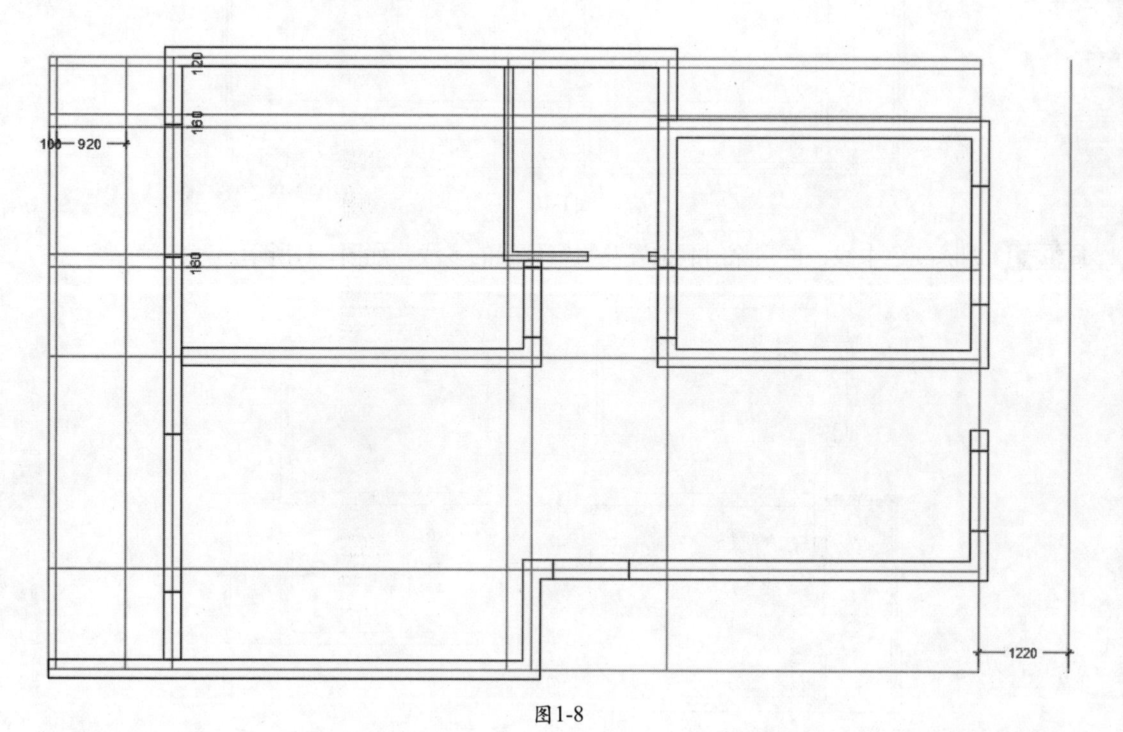

图1-8

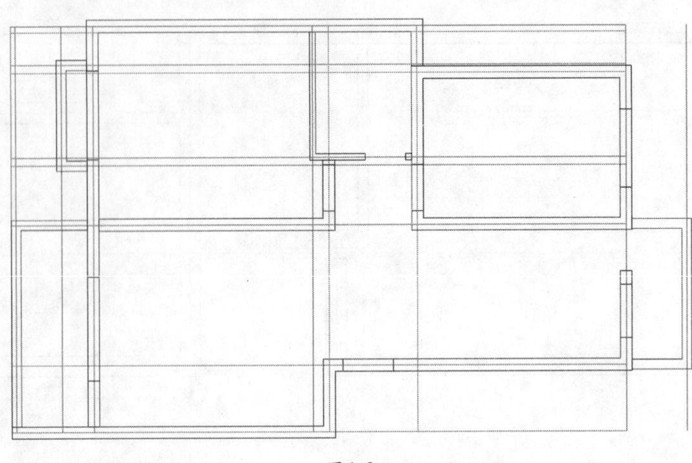

图1-9

STEP 10 执行“多线”命令，设置比例为40mm，捕捉绘制窗户内轮廓，如图1-10所示。

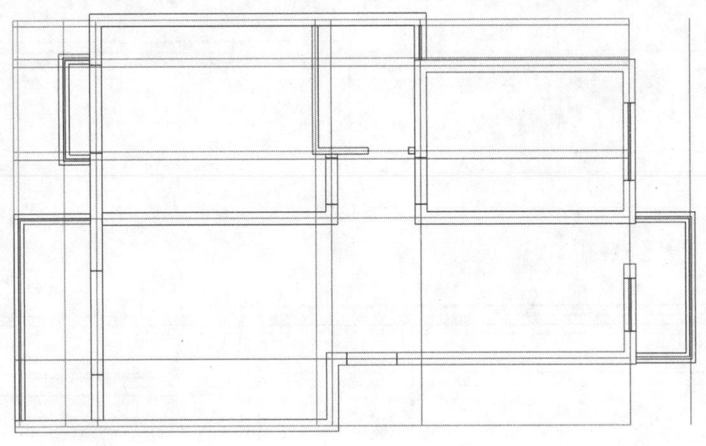

图1-10

STEP 11 删除红色中线，再删除门洞位置及飘窗位置的多线，如图1-11所示。

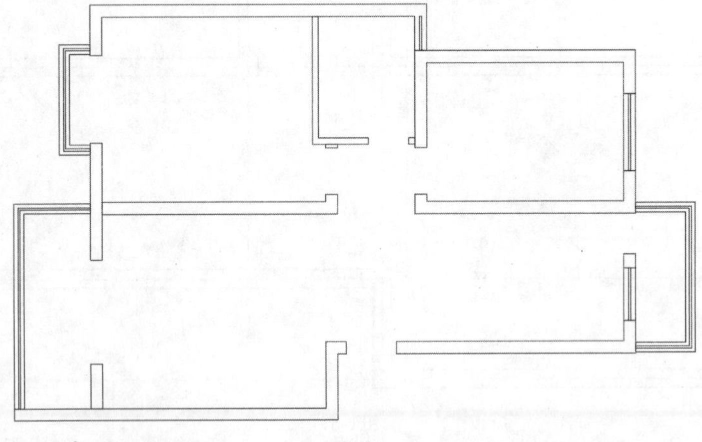

图1-11

STEP 12 双击多线，打开“多线编辑工具”对话框，从中选择合适的编辑工具，如图1-12所示。

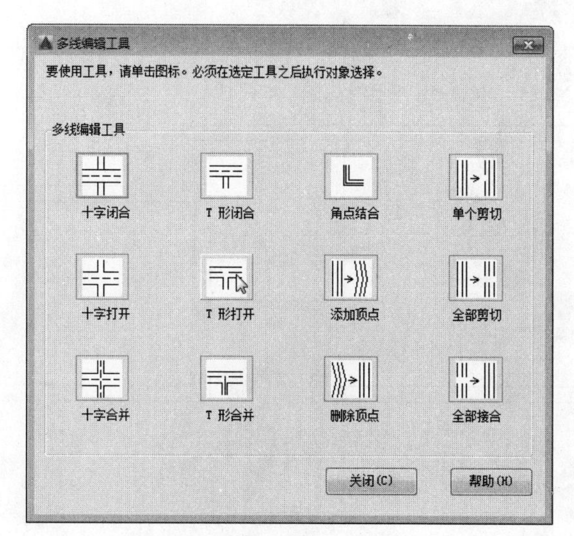

图1-12

STEP 13 对多线进行编辑操作，如图1-13所示。

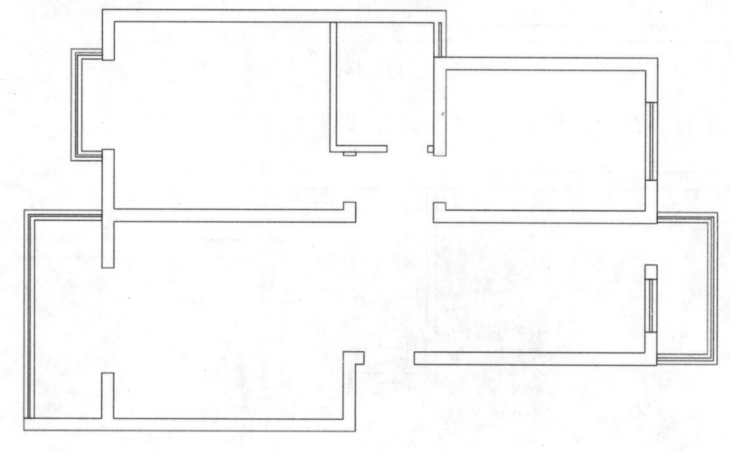

图1-13

STEP 14 选择墙体多线，如图1-14所示。

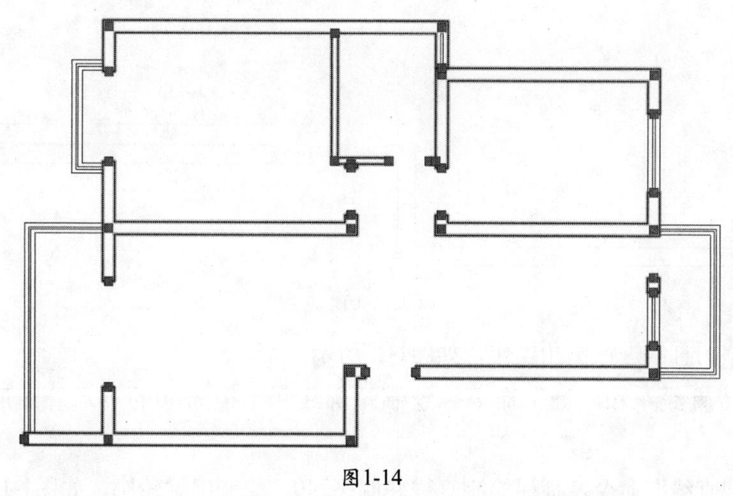

图1-14

STEP 15 将多线炸开，执行“直线”命令，绘制一条直线封闭卫生间位置的窗户，再调整图形颜色，如图1-15所示。

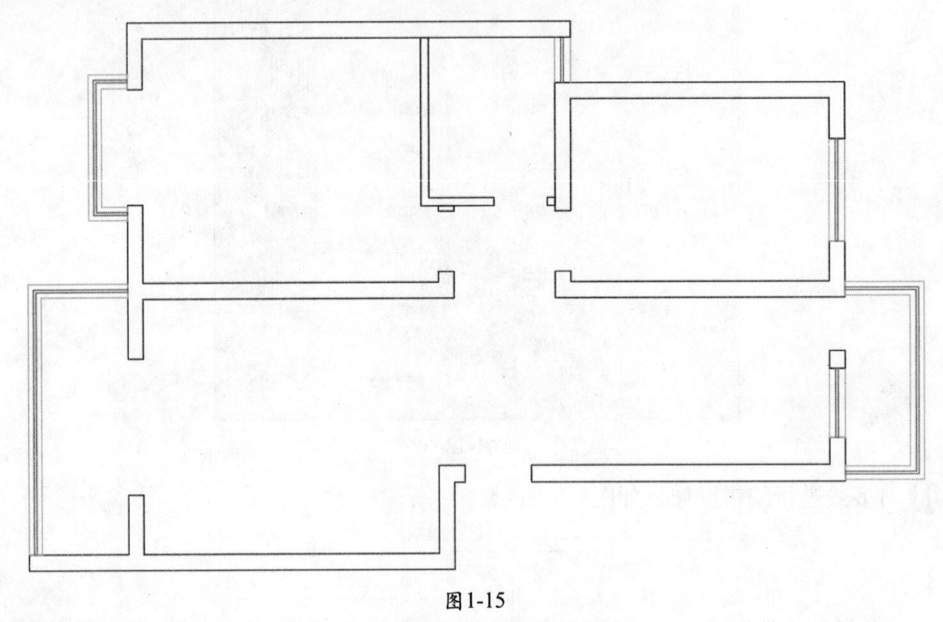

图1-15

STEP 16 执行“偏移”命令，偏移墙体轮廓线，偏移尺寸如图1-16所示。

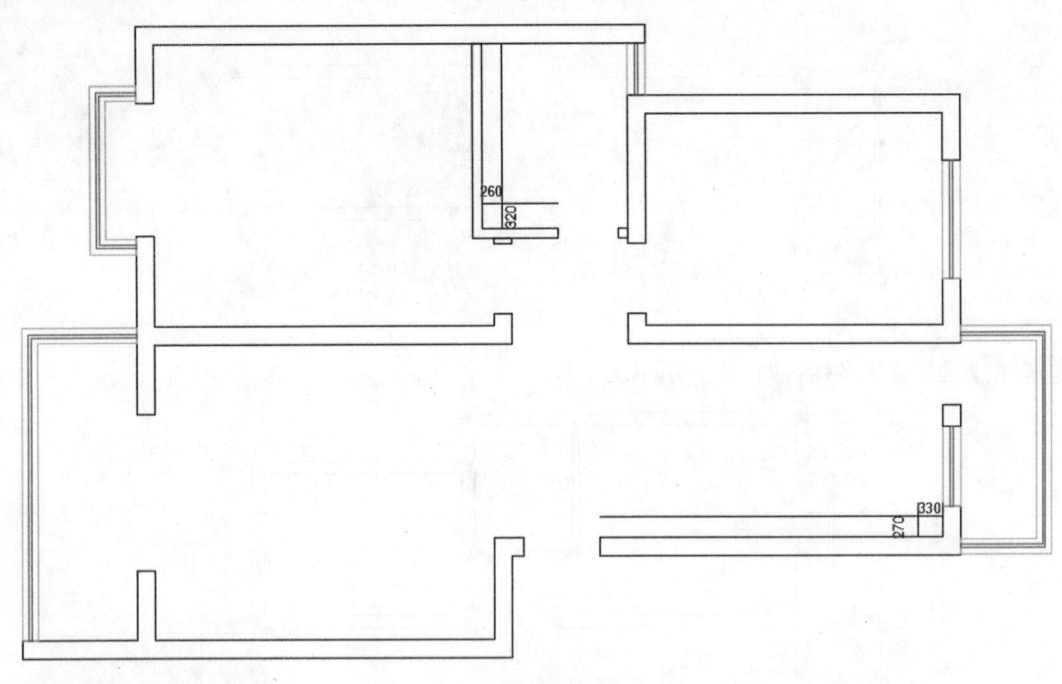

图1-16

STEP 17 对偏移的直线进行倒角操作，如图1-17所示。

STEP 18 执行“直线”和“圆”命令，绘制轮廓线和半径为60的下水管图形，如图1-18所示。

STEP 19 执行“直线”命令，捕捉绘制直线并偏移240，绘制出梁轮廓，如图1-19所示。

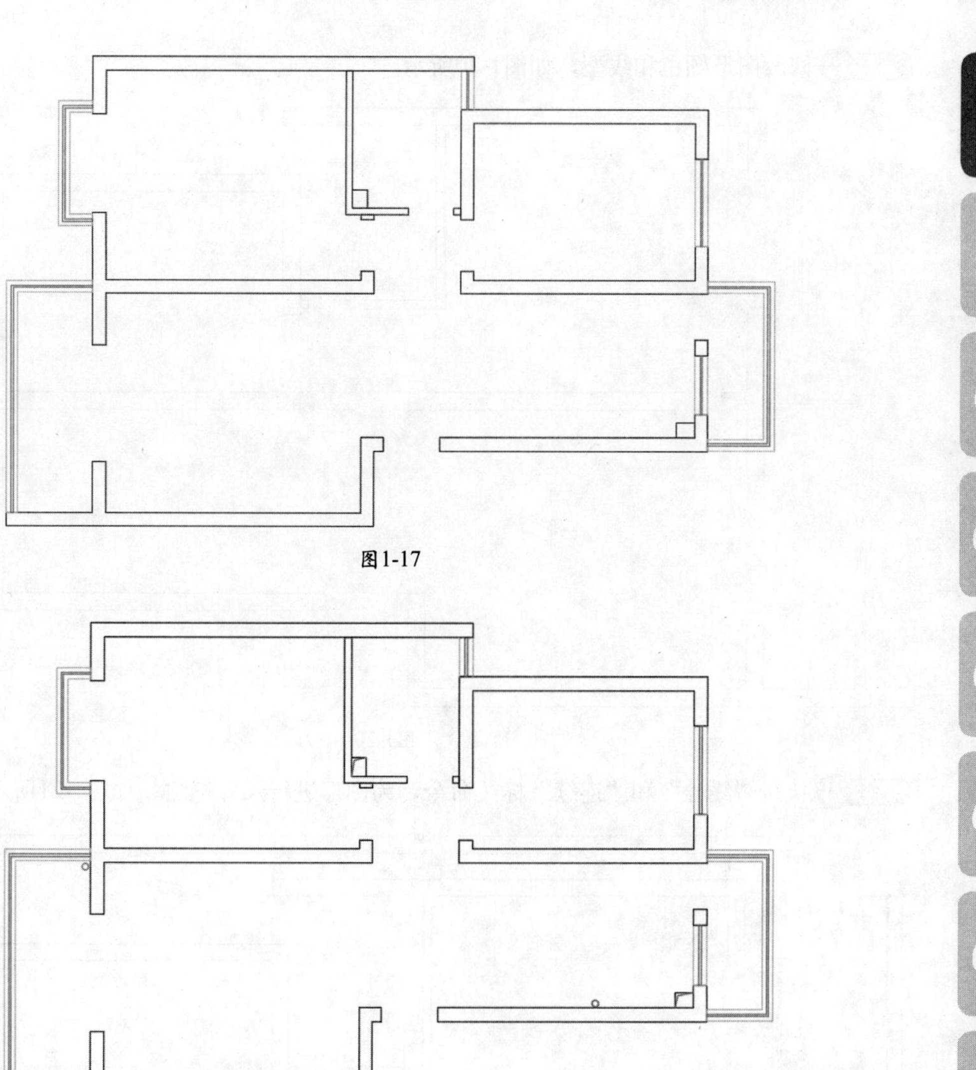

图1-17

图1-18

图1-19

STEP 20 修改图形颜色和线型，如图1-20所示。

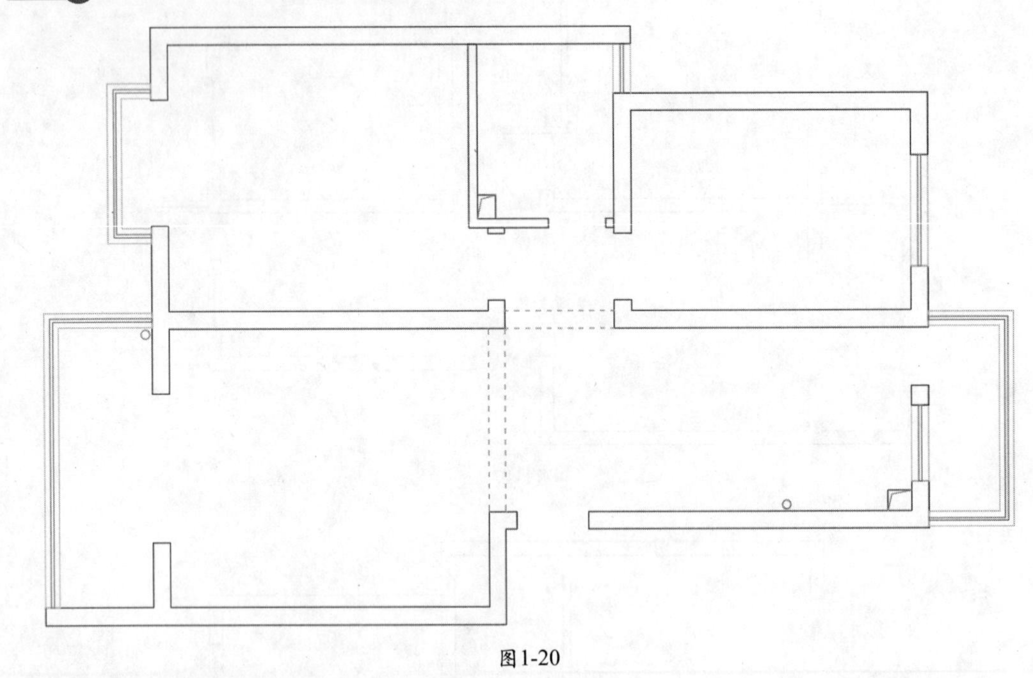

图1-20

STEP 21 执行“线性”和“连续”标注命令，为图形进行尺寸标注，如图1-21所示。

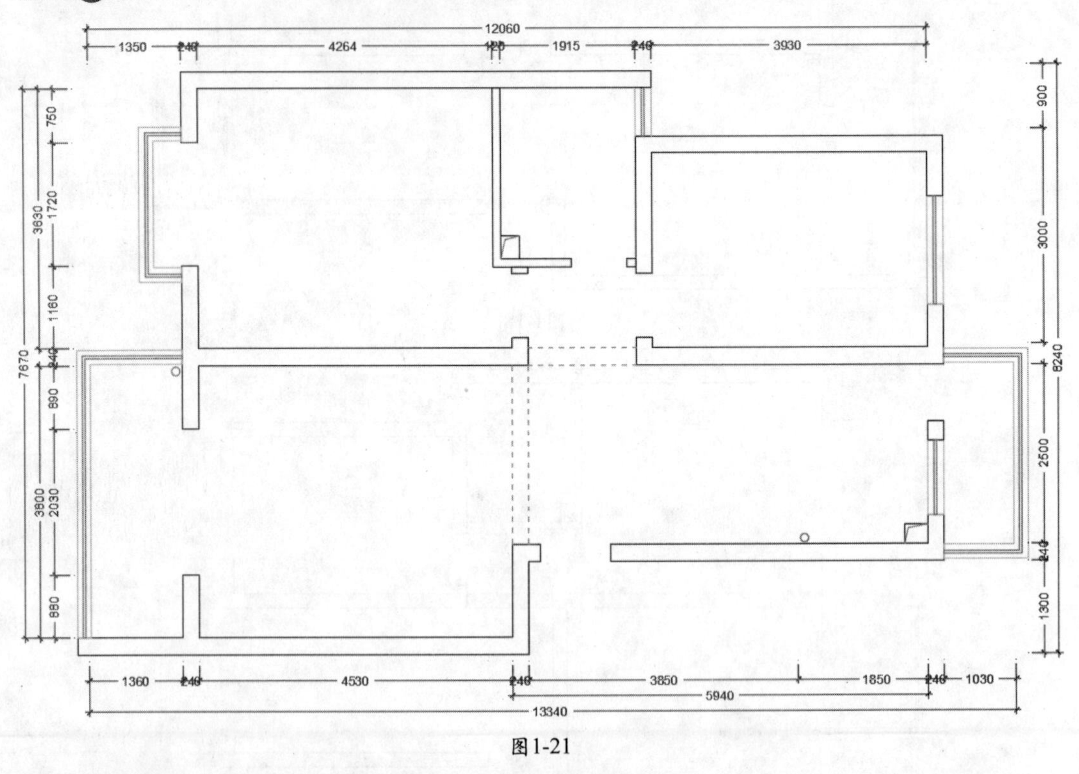

图1-21

STEP 22 最后为图形添加方向指示符以及图纸名称，完成原始户型图的绘制，保存文件，最终效果如图1-22所示。

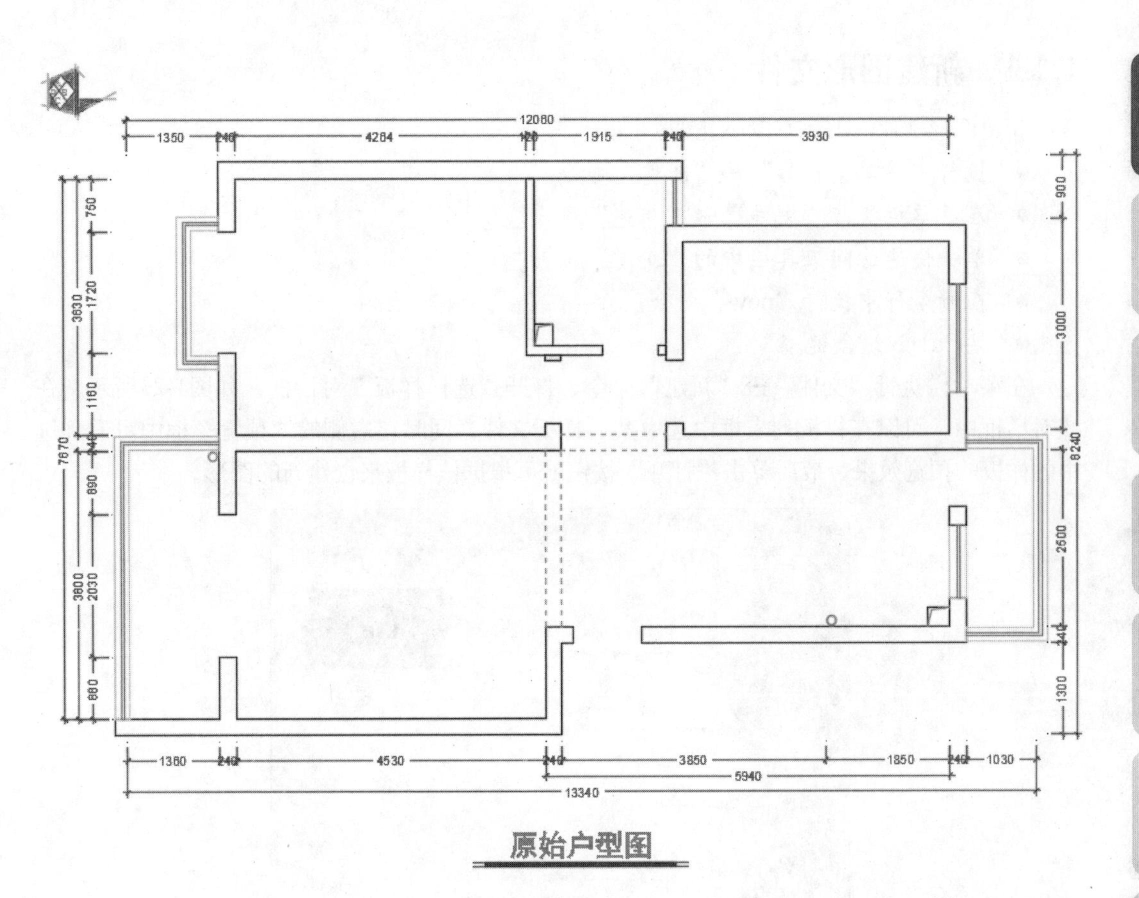

图1-22

提 示

当启动AutoCAD 2016之后，如果在“选项”对话框的“系统”选项卡中设置了“显示‘启动’对话框”选项，那么以后再启动AutoCAD 2016或利用“新建”命令创建新图形时，都将弹出“启动”对话框。使用该对话框还可以设置AutoCAD 2016的绘图环境。

CAD 【从零起步】

1.1 图形文件的操作

在绘制AutoCAD图形之前，熟悉并掌握图形文件的基本操作是很关键的，如新建、打开、保存等。可以通过执行菜单命令实现操作，也可以单击工具栏上的相应按钮进行操作，还可以使用快捷键或者在命令行输入相应的命令来执行。

1.1.1 新建图形文件

新建图形文件的方法有以下几种。

- 执行“菜单浏览器”→“新建”命令。
- 在菜单栏执行“文件”→“新建”命令。
- 单击快速访问工具栏中的“新建”按钮。
- 在命令行中执行“new”命令。
- 按Ctrl+N组合键。

在菜单栏执行“文件”→“新建”命令，打开“选择样板”对话框，如图1-23所示。在该对话框中，可以在样板列表框中选中某一样板文件，同时在右侧的“预览”框中可看到选中的样板的预览效果，最后单击“打开”按钮就可根据该样板来创建新的图形。

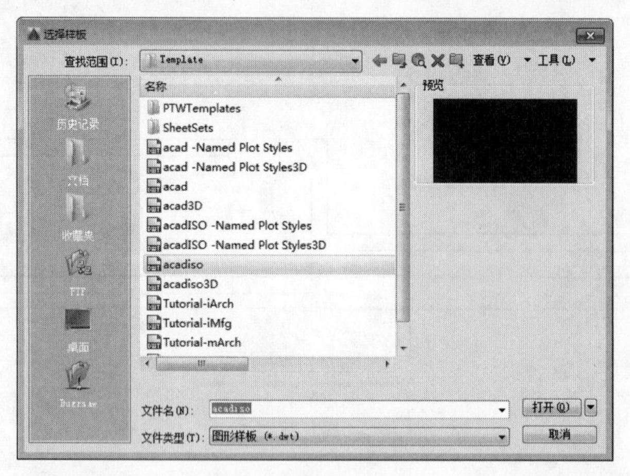

图1-23

提 示

样板文件中通常包含与绘图相关的一些通用设置，如图层、线型、文字样式等。利用样板创建新图形不仅可以提高绘图的效率，而且还能保证图形的一致性。

1.1.2 打开图形文件

打开图形文件的方法有如下几种。

- 执行“菜单浏览器”→“打开”命令。
- 在菜单栏执行“文件”→“打开”命令。
- 单击快速访问工具栏中的“打开”按钮。
- 在命令行中执行“open”命令。
- 按Ctrl+O组合键。

在菜单栏执行“文件”→“打开”命令，打开“选择文件”对话框，如图1-24所示。可以在文件列表框中选择某一图形文件，同时在右侧“预览”框中将显示该图形文件的预览图像。

执行“打开”命令，可以打开计算机中采用DWG、DWS、DXF和DWT格式保存的文件。在“选择文件”对话框中单击“打开”按钮右侧的三角符号，弹出快捷菜单，可从中选择以“打开”“以只读方式打开”“局部打开”或“以只读方式局部打开”方式来打开选中的图形文件。

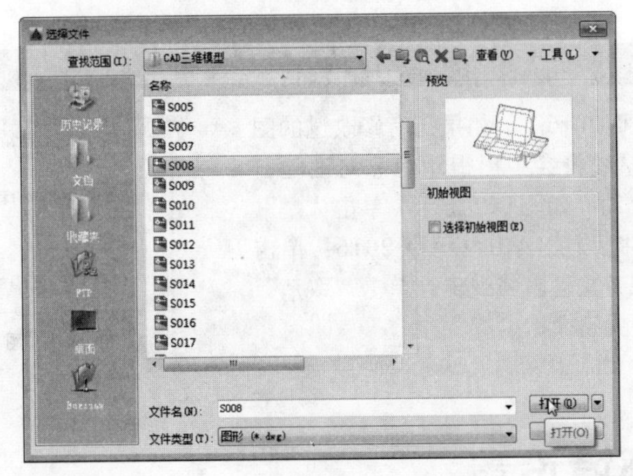

图1-24

1.1.3 保存图形文件

图形绘制完成后，需要将其保存到指定位置，保存图形文件的方法有如下五种。

- 执行“菜单浏览器”→“保存”命令。
- 在菜单栏执行“文件”→“保存”命令。
- 单击快速访问工具栏中的“保存”按钮。
- 在命令行中执行“save”命令。
- 按Ctrl+S组合键。

执行菜单栏中的“文件”→“保存”命令，如果是第一次保存创建的图形，系统会打开“图形另存为”对话框，如图1-25所示。默认情况下，文件以“AutoCAD 2016图形（*.dwg）”格式保存，也可以在“文件类型”下拉列表框中选择其他格式。

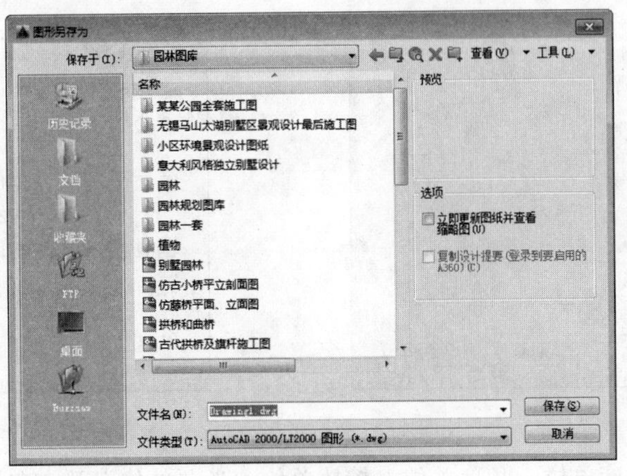

图1-25

在菜单栏执行“文件”→“另存为”命令，可将当前图形以新的名字或在其他位置保存。若将打开的图形进行编辑后再保存，必须正确区分“保存”和“另存为”这两个命令的不同之处。“保存”命令是将编辑后的图形在原图形的基础上进行保存，并覆盖原文件；而执行“另存为”命令则会打开“图形另存为”对话框，以便将编辑后的图形重新命名为一个新文件并保存。

提 示

在退出AutoCAD 2016时，如果还有修改过的图形文件没有保存，系统将会弹出提示信息对话框，询问是否需要保存改动，如图1-26所示。单击“是”按钮，将在保存文件后退出AutoCAD 2016；单击“否”按钮，则不保存文件直接退出；单击“取消”按钮，将撤消这次的关闭操作。

图1-26

1.2 绘图环境设置

成功安装AutoCAD应用程序后，绘图环境是默认的。为了更好地符合个人的绘图习惯，可以按需设置。

1.2.1 设置绘图单位

设置绘图单位的方法很简单，首先在菜单栏执行“格式”→“单位”命令，打开“图形单位”对话框，从中可设置“长度”“角度”等参数，如图1-27所示。

若单击“方向”按钮，将打开“方向控制”对话框，选择基准角度为“东”，单击“确定”按钮，即可完成单位设置，如图1-28所示。

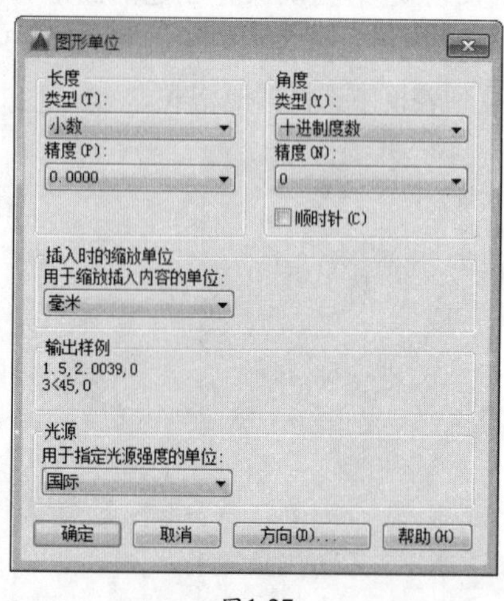

图1-27

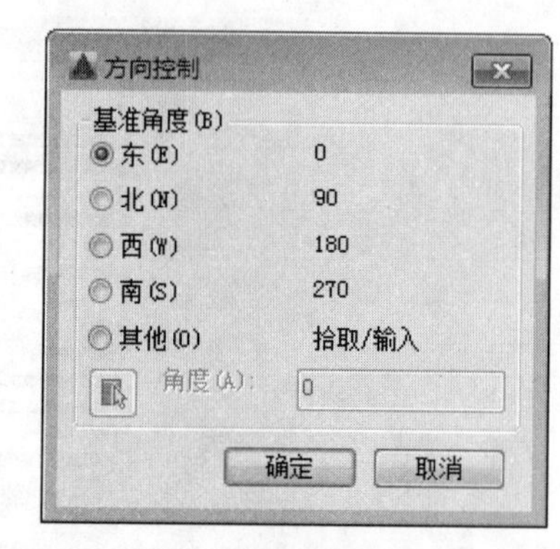

图1-28

图形单位包括长度单位、角度单位、缩放单位、光源单位以及方向控制等。

（1）“长度”选项组。在“类型”下拉列表中可选择长度单位的类型；在“精度”下拉列表中可选择长度单位的精度。

（2）“角度”选项组。在“类型”下拉列表中可选择角度单位的类型；在“精度”下拉列表中可选择角度单位的精度。勾选“顺时针”复选框，将以顺时针方向旋转的角度为正方向，取消勾选则以逆时针方向旋转为正方向。

(3) “插入时的缩放单位”选项组。用于设置使用AutoCAD工具选项区域或设计中心拖入图形的块的测量单位。

(4) “光源”选项组。用于指定光源强度的单位，包括“国际”“美国”和“常规”三个选项。

(5) “方向”按钮。单击“方向”按钮，打开“方向控制”对话框，从中可以设置角度测量的起始位置，系统默认水平向右为角度测量的起始位置。

1.2.2 设置绘图比例

设置绘图比例至关重要，直接影响着所绘图形的精确度。下面将对其操作进行介绍。

STEP 01 在菜单栏执行“格式”→“比例缩放列表”命令，打开“编辑图形比例”对话框，如图1-29所示。

STEP 02 单击“添加”按钮，打开“添加比例”对话框，在“显示在比例列表中的名称”文本框中输入名称，并设置“图形单位”和“图纸单位”的比值，如图1-30所示。

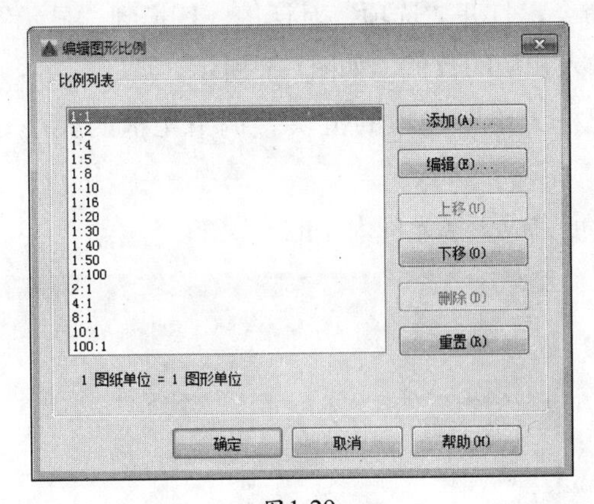

图1-29

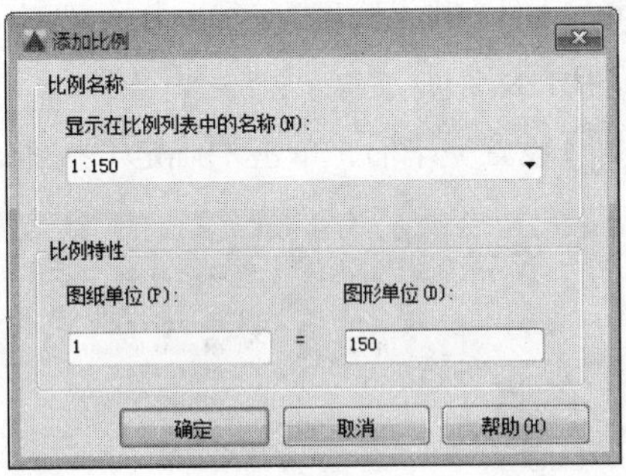

图1-30

STEP 03 设置完成后，单击“确定”按钮，返回上一层对话框，再次单击“确定”按钮，即可完成比例设置。

1.2.3 设置绘图区颜色

绘图区的颜色默认为黑色，可以根据个人喜好和需要改变绘图区的颜色。设置绘图区颜色的操作方法如下。

STEP 01 在菜单栏执行“工具”→“选项”命令，打开“选项”对话框，如图1-31所示。

STEP 02 切换到“显示”选项卡，单击“窗口元素”选项区域中的“颜色”按钮，打开“图形窗口颜色”对话框，如图1-32所示。

STEP 03 在“颜色”下拉列表中选择需要的颜色，在这里选择“白色”，单击“应用并关闭”按钮，返回“图形窗口颜色”对话框；再次单击“确定”按钮，即可完成绘图区颜色的更改。

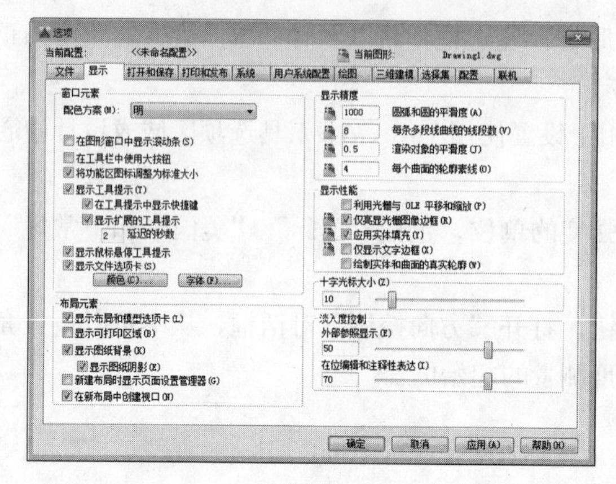

图1-31

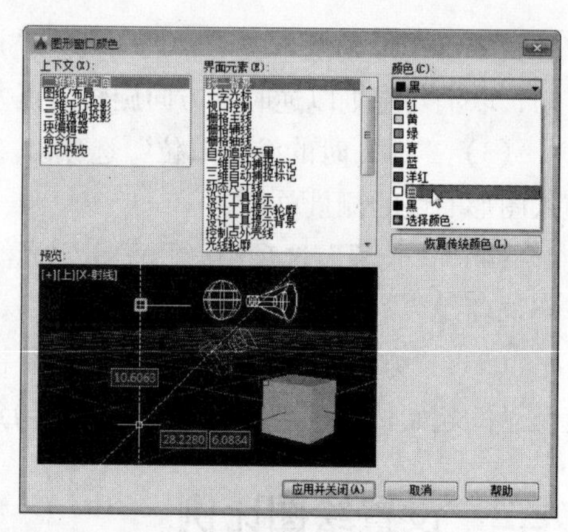

图1-32

1.2.4 设置十字光标

可根据绘图习惯改变十字光标的属性，十字光标的大小影响着绘图人员的视觉观察。设置十字光标的操作方法如下。

STEP 01 在菜单栏执行“工具”→“选项”命令，打开“选项”对话框，切换到“显示”选项卡，在“十字光标大小”选项的文本框中输入相应的数值，如图1-33所示。

STEP 02 切换到“绘图”选项卡，拖动“靶框大小”选项的滑块，调节靶框的大小，如图1-34所示。

STEP 03 设置完毕后，单击“确定”按钮，即可完成十字光标大小的设置。

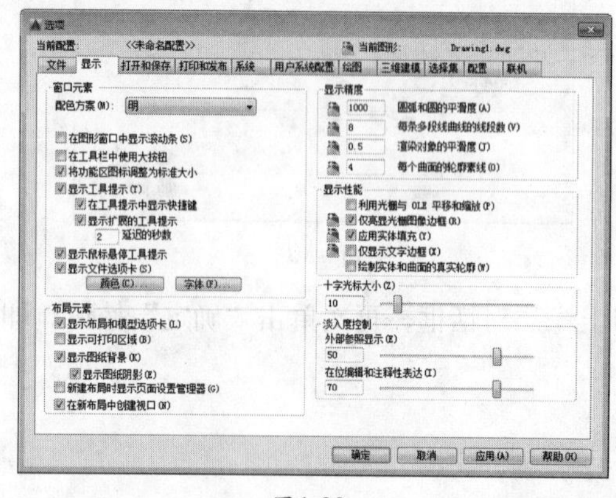

图1-33

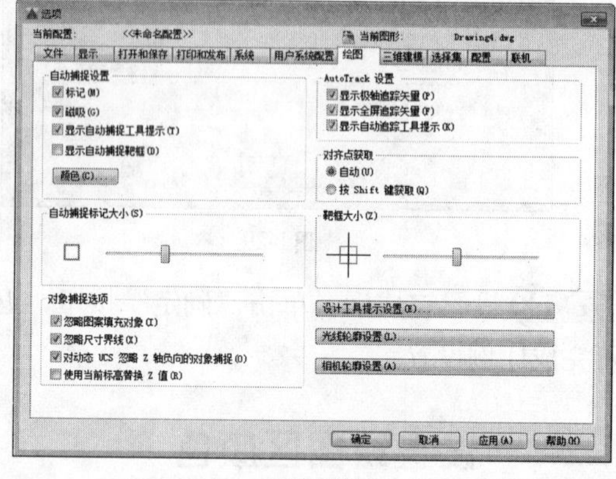

图1-34

CAD【拓展案例】

拓展案例1：绘制单元楼楼层平面图

绘图要领

（1）新建图形文件，设置绘图单位。

（2）绘制墙体中轴线。

（3）绘制墙体、门窗。

（4）绘制大门和阳台推拉门。

最终效果如图1-35所示。最终文件详见“光盘:\素材文件\第1章”目录下。

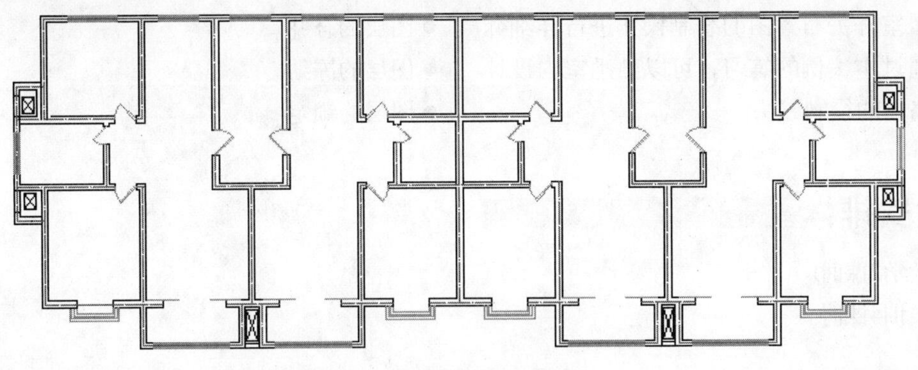

图1-35

拓展案例2：绘制别墅一层墙体图

绘图要领

（1）新建图形文件，设置绘图单位。

（2）绘制墙体中轴线。

（3）绘制墙体、门窗。

最终效果如图1-36所示。最终文件详见“光盘:\素材文件\第1章”目录下。

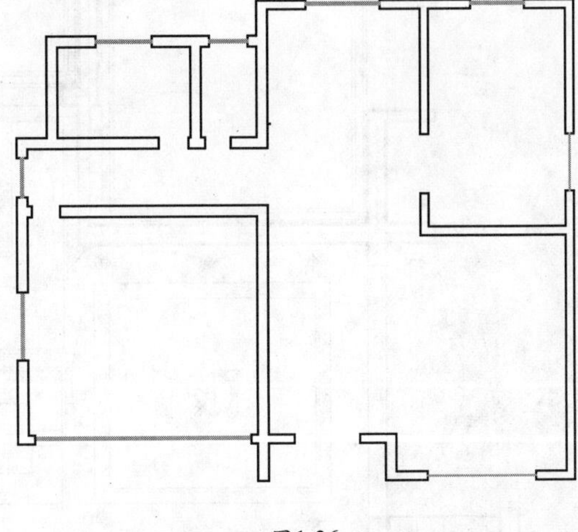

图1-36

第2章 02 绘制居室开关布置图

内容概要：

在使用AutoCAD软件制图时，图形的线型、线宽会有所区别。不同线型、线宽所绘制的线段，其所表达的意义也不同。本章将对居室开关布置图的绘制操作进行详细介绍，通过本案例的练习，可以熟悉室内设计中线路图的绘制方法。

知识要点：

- 图层属性的设置
- 图层的重命名
- 图层的隐藏
- 图层的合并
- 图层的冻结
- 图层的锁定

课时安排：

理论教学2课时
上机实训4课时

案例效果图：

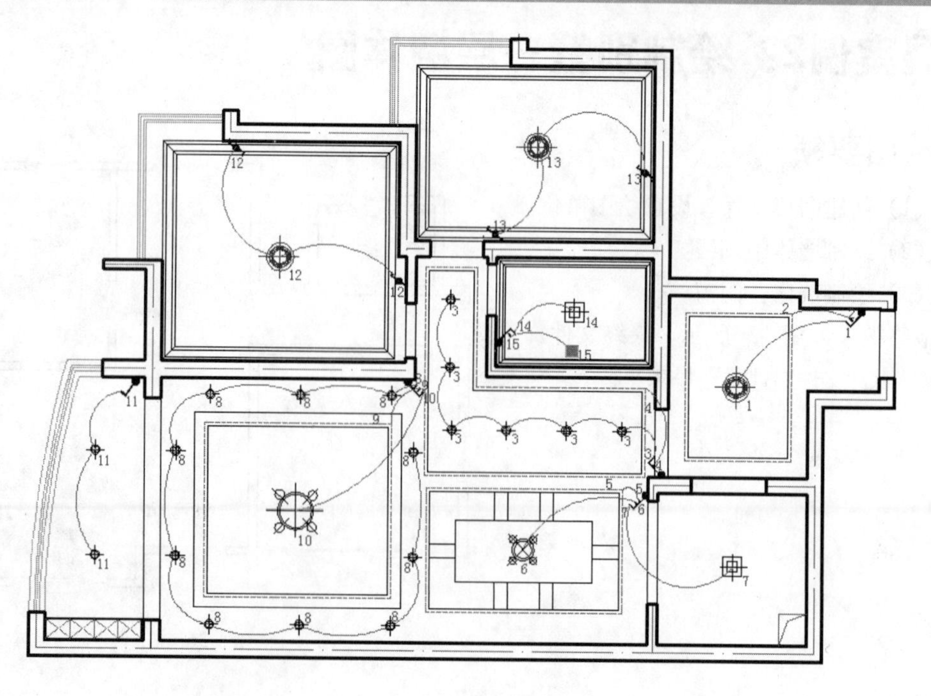

CAD【案例精讲】

案例描述

常用的室内开关符号有单联单控开关、双联单控开关、三联单控开关以及双控开关等。在绘制室内电路图时，需先将各开关符号按照电路要求调入图纸合适位置。绘制开关符号的方法很简单，而开关布置的是否合理才是最关键。在此将介绍室内开关电路图的绘制，该图形可在原有平面图的基础上进行绘制。

案例文件

本案例素材文件和最终效果文件在“光盘:\素材文件\第2章”目录下，本案例的操作视频在“光盘:\操作视频\第2章”目录下。

案例详解

在整个绘制过程中，首先布置开关所在的方位，然后绘制线路的走向，最后标注开关。

STEP 01 打开素材文件“二居室灯具布置图.dwg”，通过图层面板设置各图层的属性，如图2-1所示。

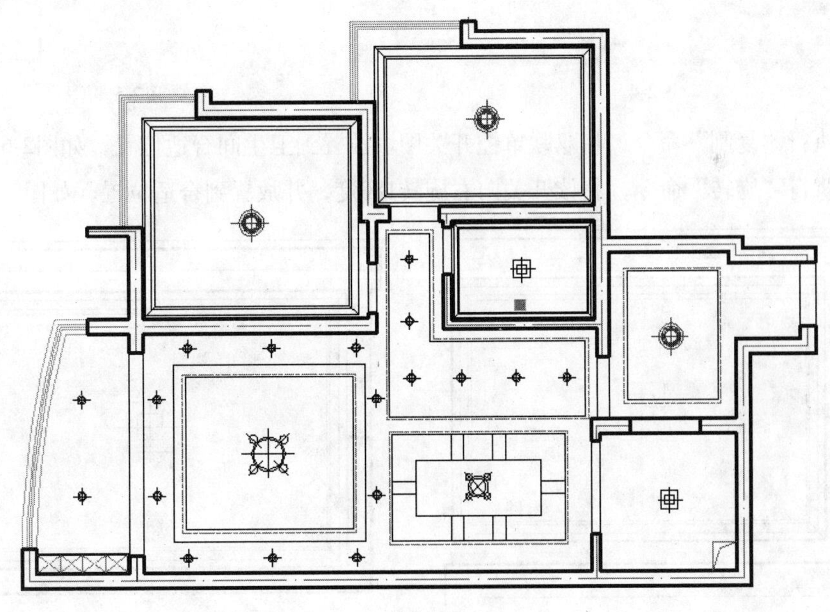

图2-1

STEP 02 执行“圆”和“直线”命令，绘制出双联单控开关符号，并将其放置到门厅合适位置，如图2-2所示。

STEP 03 执行“创建块”命令，打开“块定义”对话框，单击“选择对象”按钮，如图2-3所示。

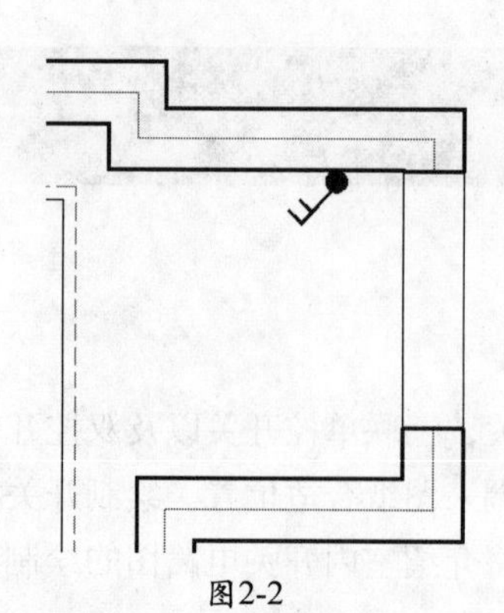

图2-2

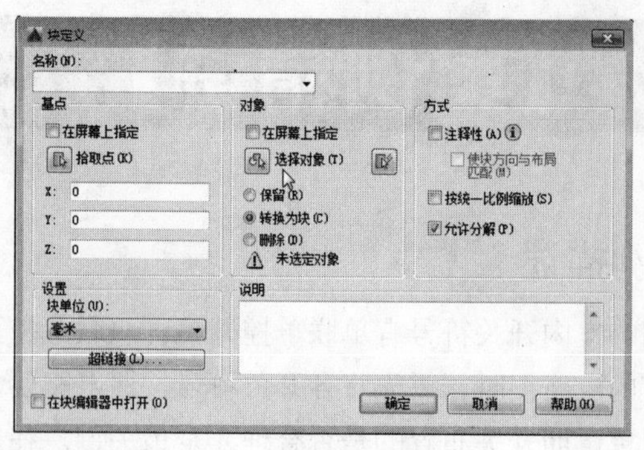

图2-3

STEP04 在绘图区中，框选所需开关符号，并在“块定义”对话框中，输入图块的新名称，如图2-4所示。

STEP05 设置完成后，单击“确定”按钮，完成图块的创建，如图2-5所示。

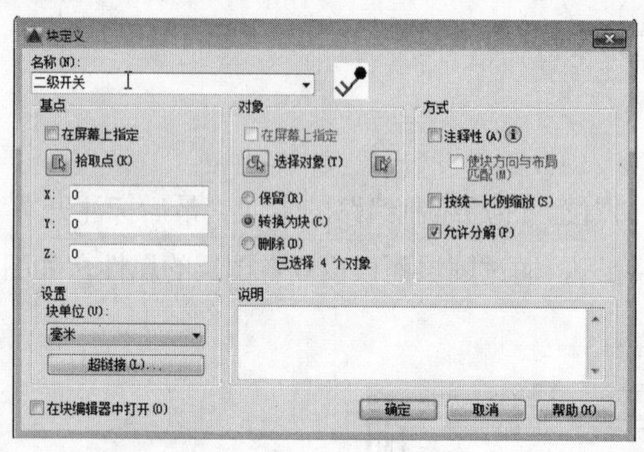

图2-4

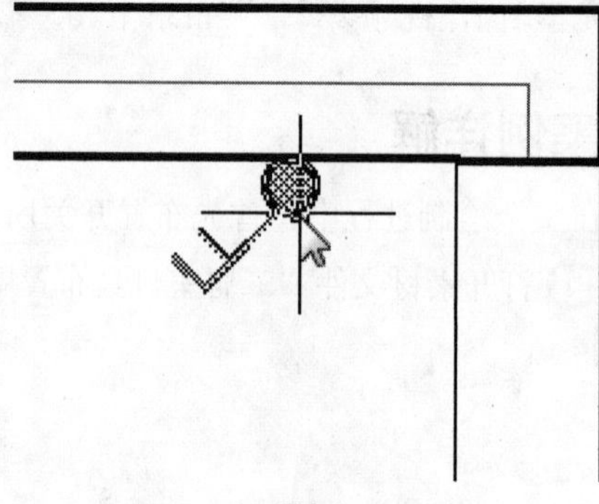

图2-5

STEP06 执行“复制”命令，将双联单控开关图块放置到卫生间合适位置，如图2-6所示。

STEP07 执行“旋转”命令，将该开关向右旋转180度，并放置到合适位置，如图2-7所示。

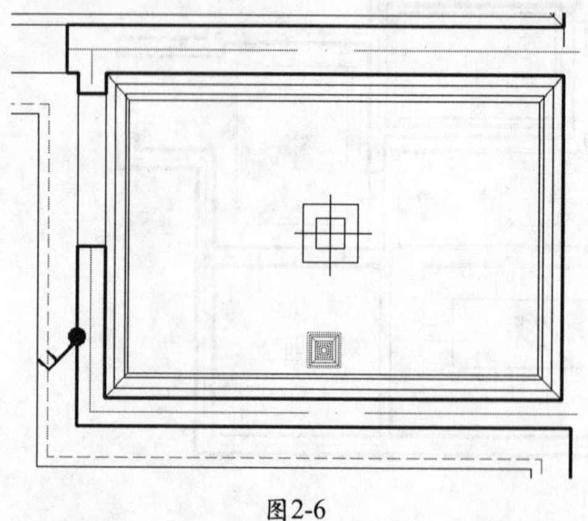

图2-6

图2-7

STEP08 单击“复制”和“旋转”按钮，将双联单控开关复制到餐厅合适位置，如图2-8所示。

STEP09 执行“直线”命令，在双联单控开关符号中，绘制直线，将其转换成三联单控开关，如图2-9所示。

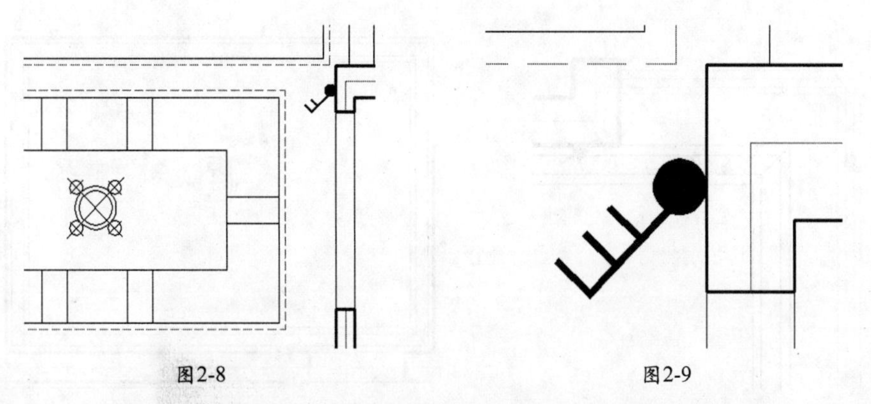

图2-8　　　　图2-9

STEP 10 执行“创建块”命令，将绘制的三联开关创建成块，如图2-10所示。

STEP 11 执行“复制”和“旋转”命令，将三联开关符号复制到客厅合适位置，如图2-11所示。

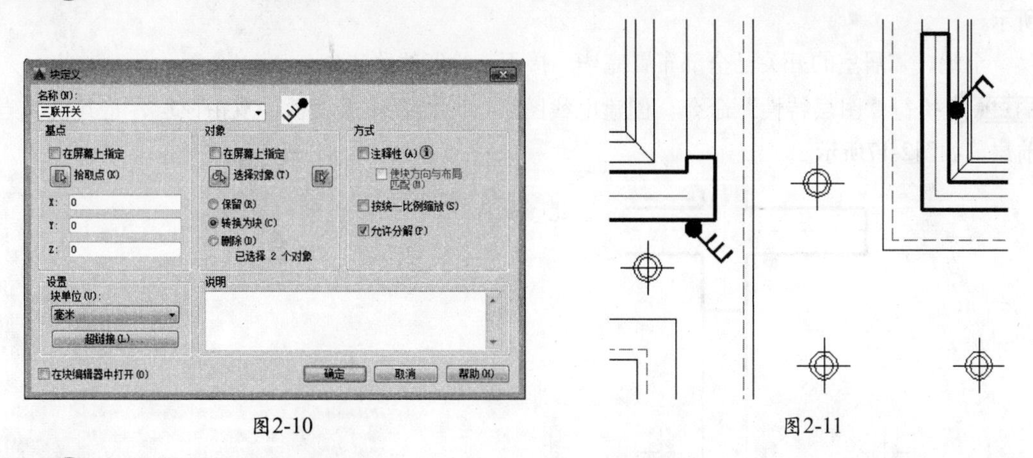

图2-10　　　　图2-11

STEP 12 同样执行“复制”和“旋转”命令，将二联开关符号复制到门厅合适位置，如图2-12所示。

STEP 13 执行“直线”和“圆”命令，绘制出双联双控开关，并将其放置到主卧合适位置，如图2-13所示。

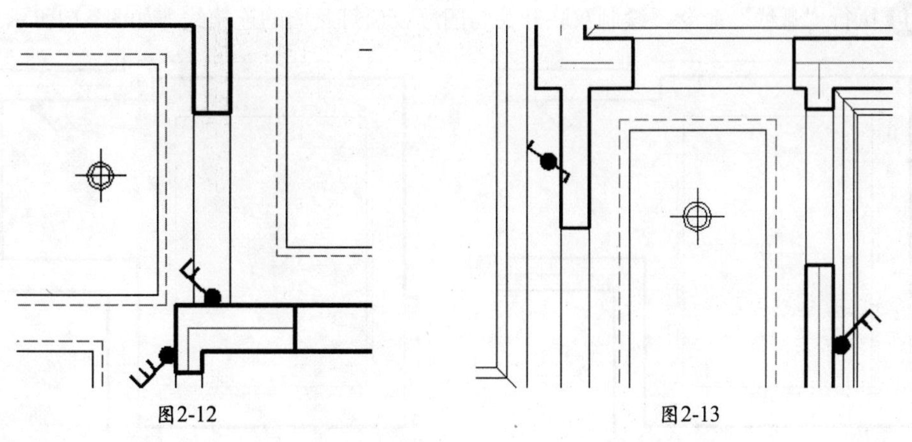

图2-12　　　　图2-13

STEP 14 执行“创建块”命令，将双控开关创建成块，并将其复制到卧室床头的合适位置，如图2-14所示。

STEP 15 执行“复制”命令，将双控开关复制到次卧室合适位置，如图2-15所示。

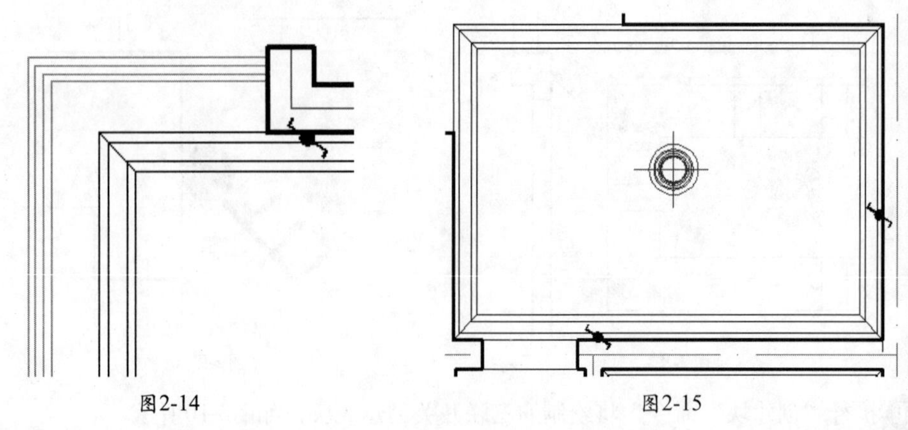

图2-14　　图2-15

STEP 16 执行“直线”和“圆”命令，绘制出单联单控开关，并放置到阳台合适位置，如图2-16所示。

至此，二居室的开关已全部布置完毕。接下来绘制线路走向。

STEP 17 执行“图层特性”命令，创建电线图层，并设置图层属性，双击该层，将其设为当前层，如图2-17所示。

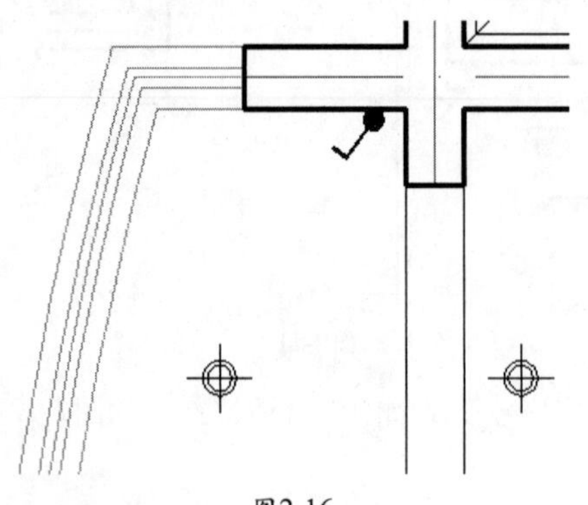

图2-16

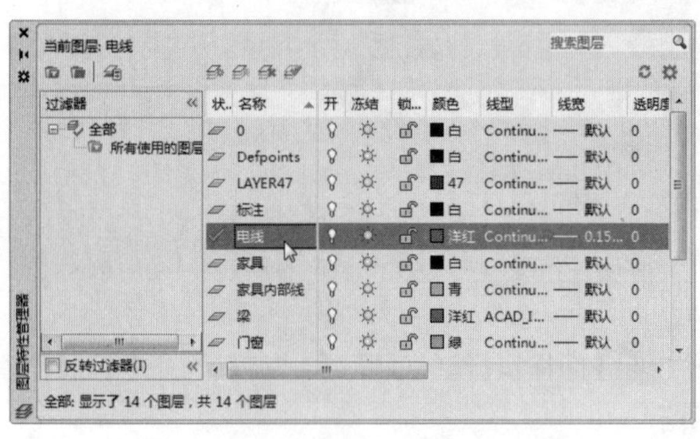

图2-17

STEP 18 执行“弧线”命令，绘制门厅双联开关与软管灯之间的线路，如图2-18所示。

STEP 19 执行“弧线”命令，绘制双联开关与门厅吸顶灯之间的连接线，如图2-19所示。

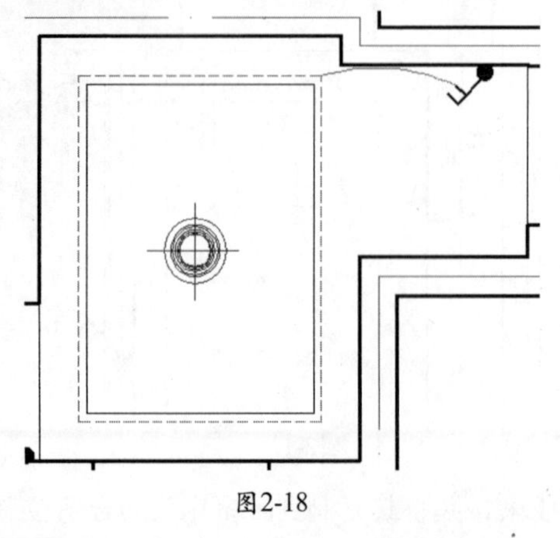

图2-18

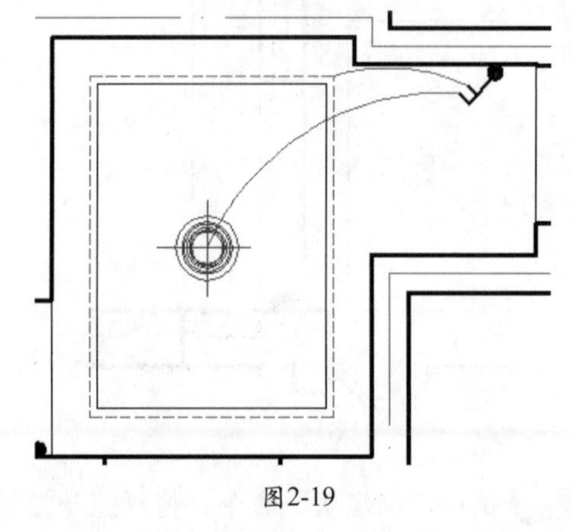

图2-19

STEP 20 执行“弧线”命令，将过道的灯具进行串联，并将其与过道开关相连接，如图2-20所示。

STEP 21 绘制过道软管灯与开关面板的连接线，如图2-21所示。

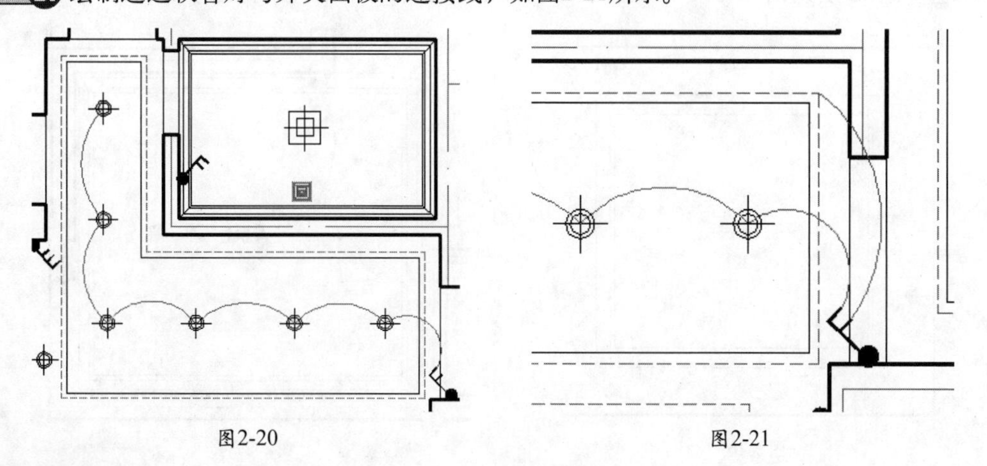

图2-20　　图2-21

STEP 22 将餐厅软管灯与控制餐厅的开关进行连接，如图2-22所示。

STEP 23 将餐厅吊灯与其开关面板进行连接，如图2-23所示。

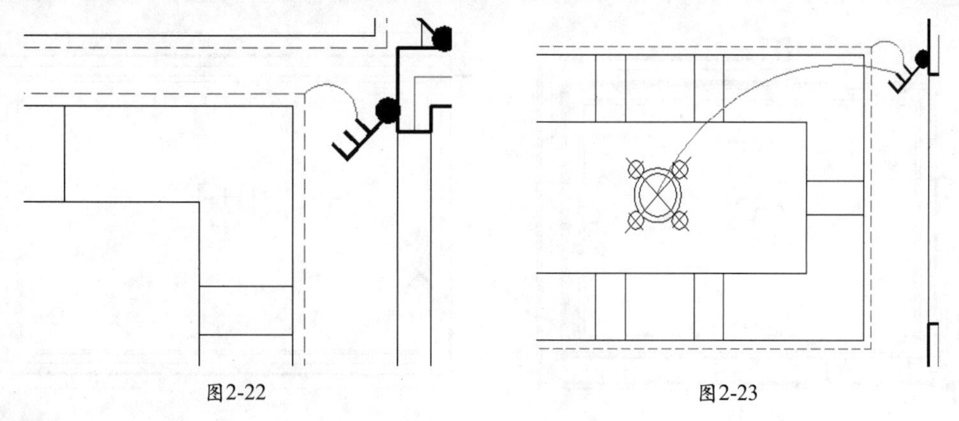

图2-22　　图2-23

STEP 24 将厨房灯具与开关面板进行连接，如图2-24所示。

STEP 25 将客厅中的牛眼灯串联，并将其连接至客厅的开关面板上，如图2-25所示。

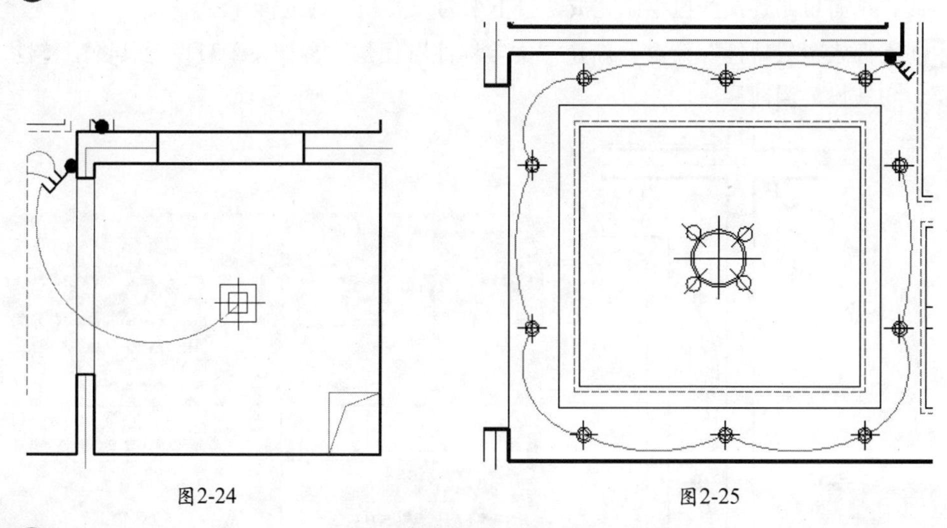

图2-24　　图2-25

STEP 26 将客厅的软管灯和大吊灯分别与其相应的开关面板进行连接，如图2-26所示。

STEP 27 将主卧室吸顶灯与两个双控开关分别进行连接，如图2-27所示。

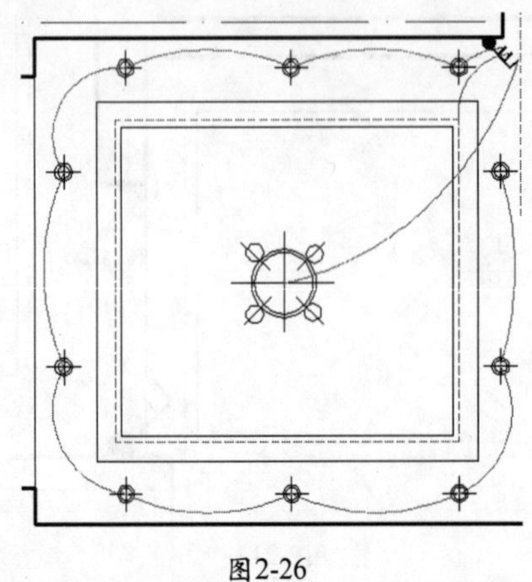
图2-26

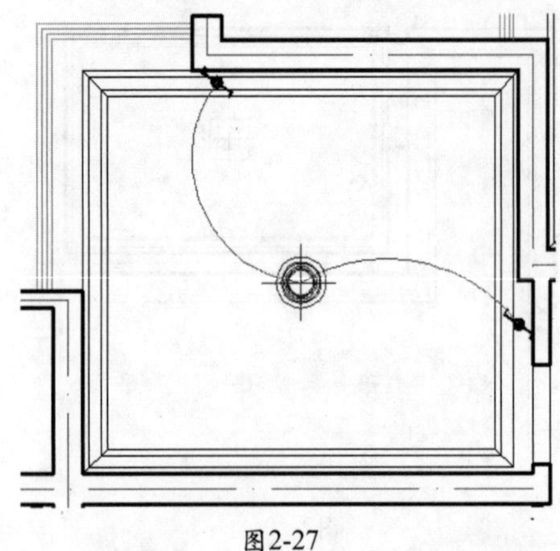
图2-27

STEP 28 使用同样方法，完成次卧室灯具与开关的连接，如图2-28所示。

STEP 29 将卫生间中的吸顶灯、排风扇分别与其相应的双联开关进行连接，如图2-29所示。

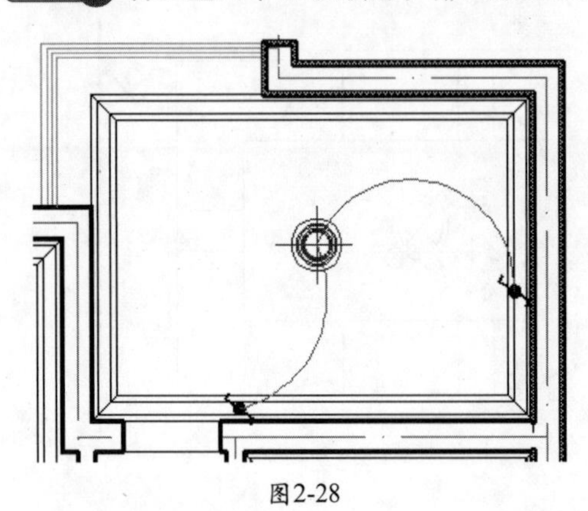
图2-28

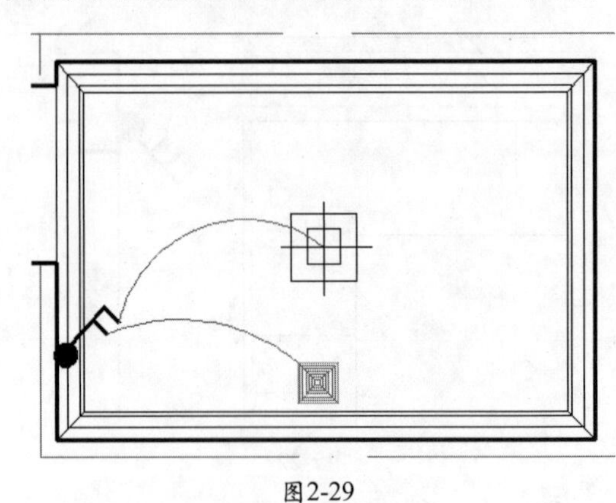
图2-29

STEP 30 使用同样方法，将阳台灯具与其相应的开关进行连接，如图2-30所示。

至此，所有电路连接线已绘制完成，接下来为开关和灯具进行标注。

STEP 31 执行“图层特性”命令，新建“文字标注”图层，参照图2-31设置其图层特性。双击该层，将其设为当前层。

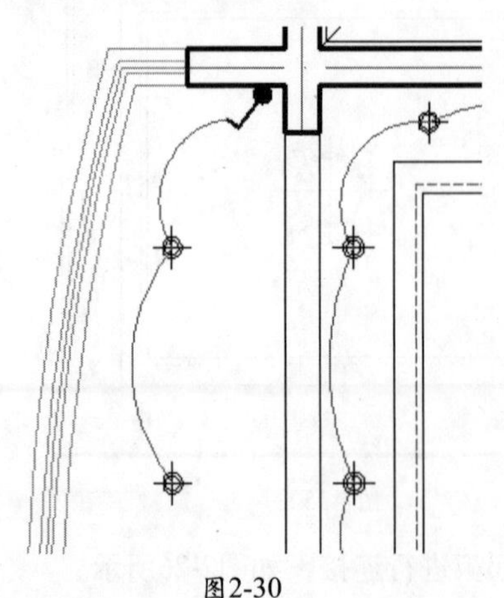
图2-30

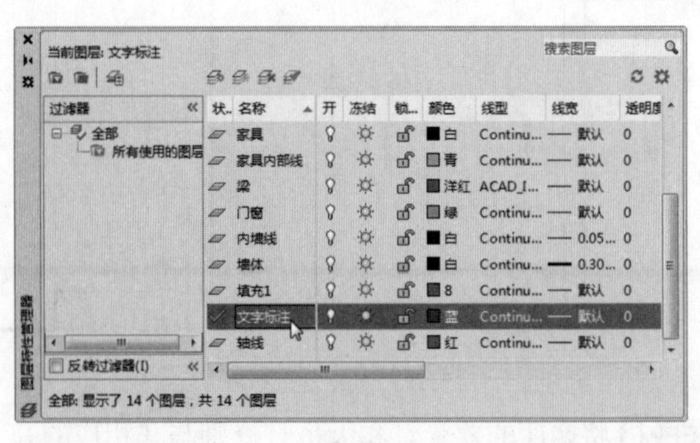

图2-31

STEP 32 执行“多行文字”命令，在门厅开关面板的合适位置框选文字范围，如图2-32所示。

STEP 33 在文字编辑器中，输入开关面板的序号“1”，然后单击空白处任意点，完成输入，如图2-33所示。

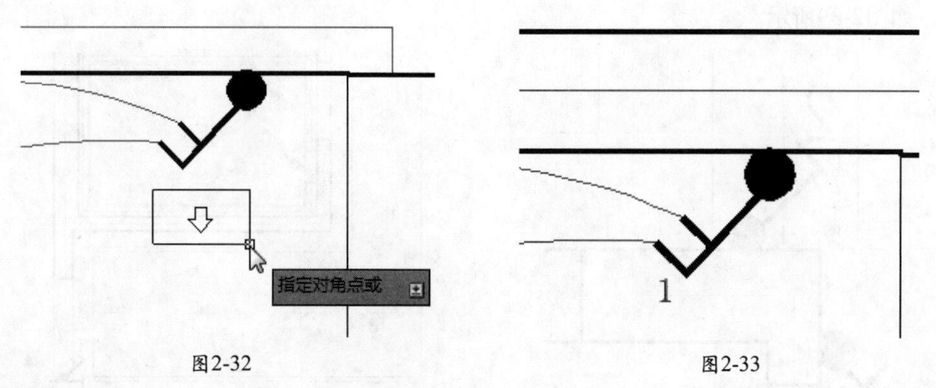

图2-32　　图2-33

STEP 34 双击该序号，将其选中，在“文字编辑器”面板中，设置文字大小为100，如图2-34所示。

STEP 35 设置完成后，执行“复制”命令，将其序号复制到门厅相应的灯具位置，如图2-35所示。

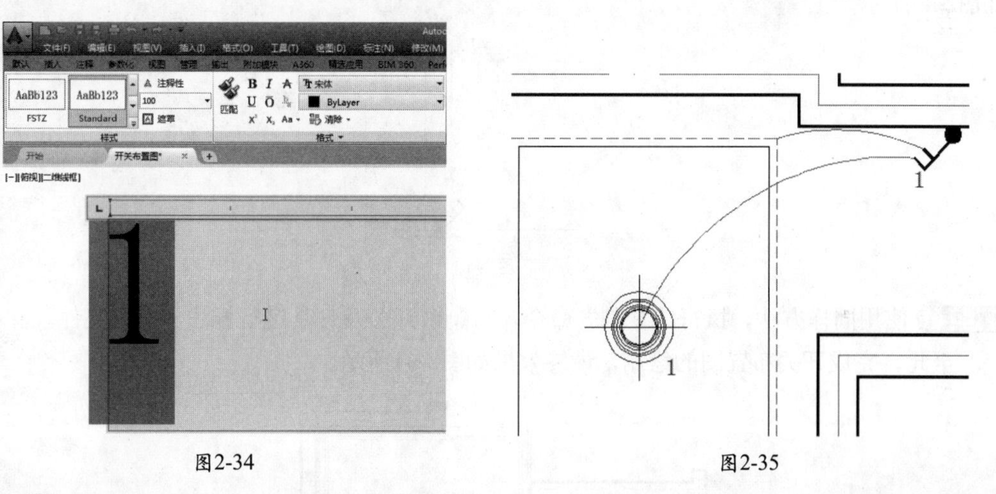

图2-34　　图2-35

STEP 36 同样执行“复制”命令，将该序号复制到开关面板另一侧，并将其序号修改为“2”，如图2-36所示。

STEP 37 同样将该序号复制到门厅灯槽位置，如图2-37所示。

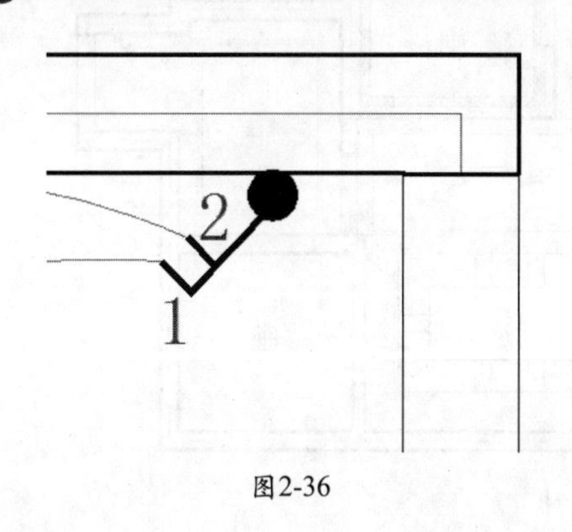

图2-36

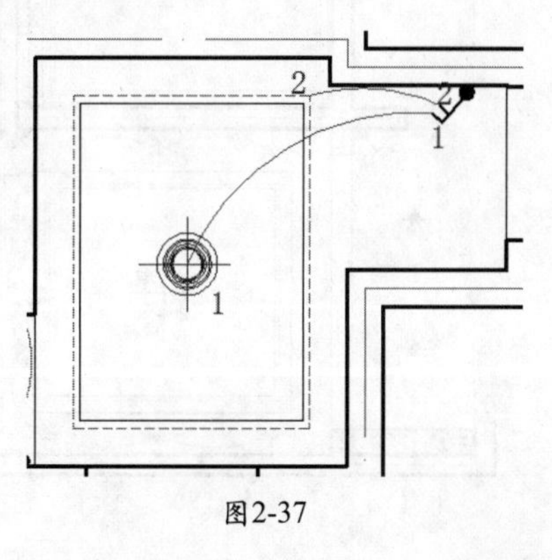

图2-37

01
02
03
04
05
06
07
08
09
10
11
12

STEP 38 标注过道开关序号。执行“复制”命令，将序号复制到过道开关相应位置，如图2-38所示。

STEP 39 双击该序号，将其更改为“3”，然后，执行“复制”命令，将该序号复制到相应灯具上，如图2-39所示。

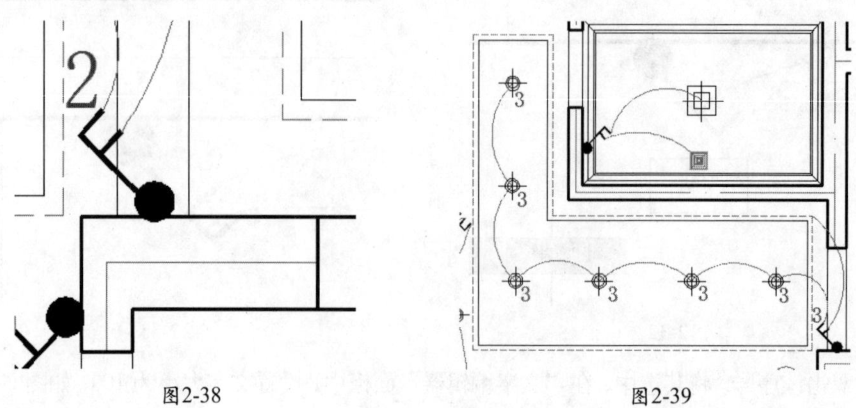

图2-38　　　　图2-39

STEP 40 执行“复制”命令，将序号复制到过道软管灯合适位置，并修改其序号为“4”，如图2-40所示。

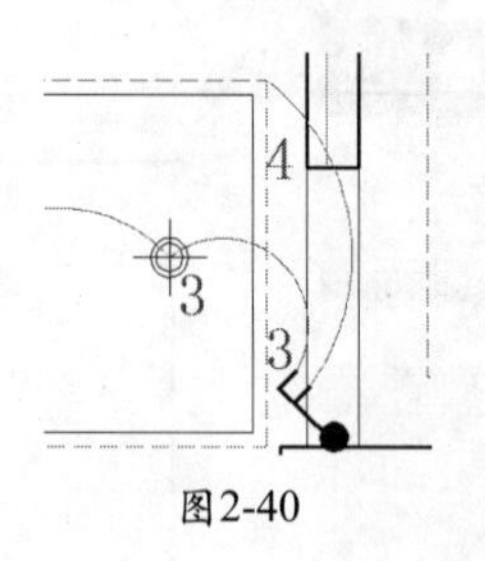

图2-40

STEP 41 使用同样方法，执行“复制”命令，将剩余开关及灯具进行标注，保存文件。

至此，完成开关布置图的绘制，最终效果如图2-41所示。

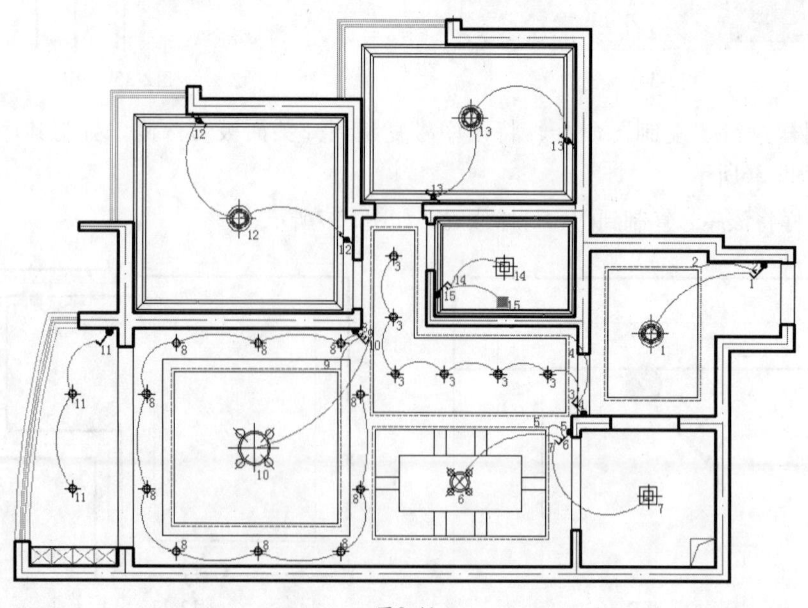

图2-41

2.1 图层的管理

绘制图形时，可以用不同的图层来控制所绘的图形文件。每个图层可设置不同的颜色、线型、线宽等属性，以便从图纸上辨识图形。

2.1.1 设置图层颜色

默认情况下，在某一图层上创建的图形对象都将使用图层所设置的颜色。若想改变图层中预设的颜色，可通过“图层特性管理器”的“颜色”参数进行设定。具体的操作方法如下所述。

STEP 01 单击“墙体”图层中的“颜色”参数，打开“选择颜色”对话框，如图2-42所示。

STEP 02 在“选择颜色”对话框中选择适合的颜色，这里选择“绿色”；单击“确定”按钮，即可更改图层颜色，如图2-43所示。

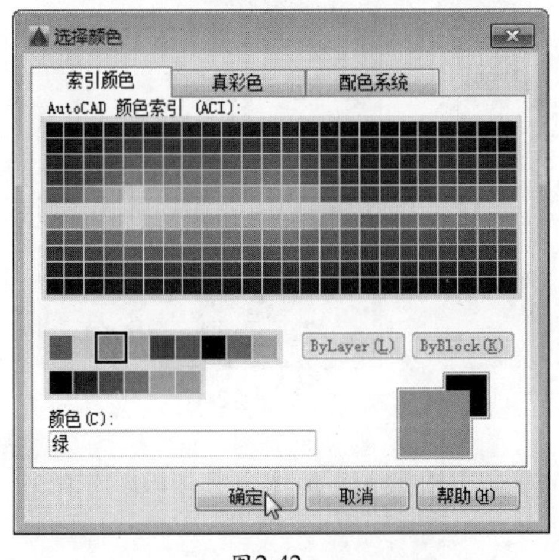

图2-42

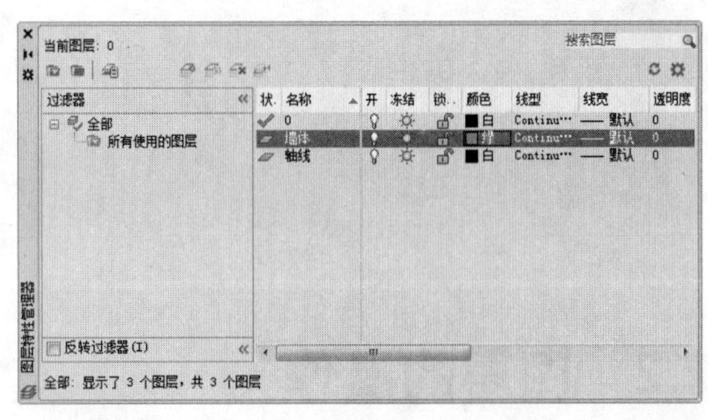

图2-43

2.1.2 设置图层线型

同图层颜色一样，在某一图层上创建的图形，其线型将使用图层设置的线型。如需改变图层中设置的线型，可通过“图层特性管理器”的“线型”参数进行设定。具体的操作方法如下所述。

STEP 01 单击图层中的“线型”参数，打开“选择线型”对话框，如图2-44所示。

STEP 02 单击“加载”按钮，打开“加载或重载线型”对话框，从中选择需要的线型样式，如图2-45所示。

STEP 03 单击“确定”按钮，完成当前线型的设置。

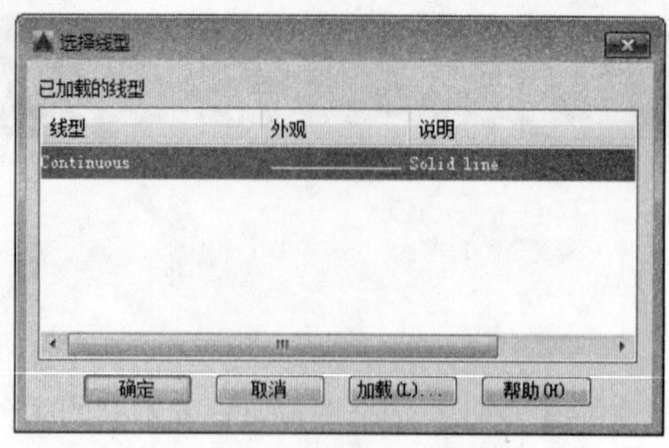

图2-44

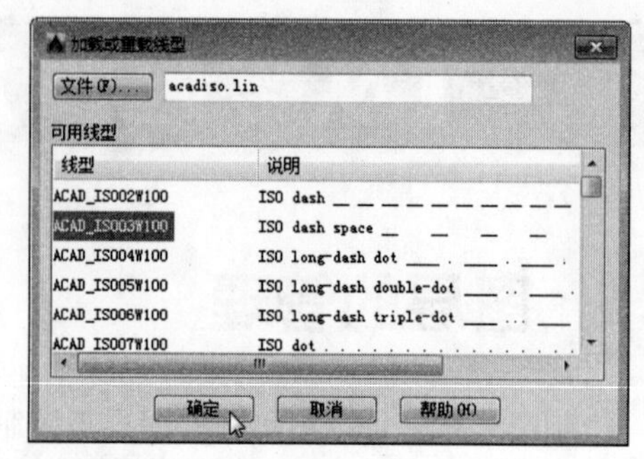

图2-45

2.1.3　设置图层线宽

如需改变图层设置的线宽，可通过“图层特性管理器”的“线宽”参数进行设定。具体的操作方法如下所述。

STEP 01 单击图层中的“线宽”参数，如图2-46所示，打开“线宽”对话框。

STEP 02 在对话框中选择所需的线宽值，这里选择“0.30mm”，如图2-47所示。单击“确定”按钮，即可更改该图层的线宽属性。

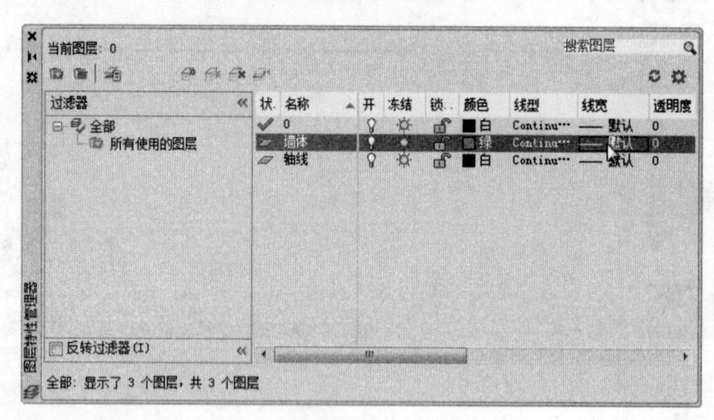

图2-46

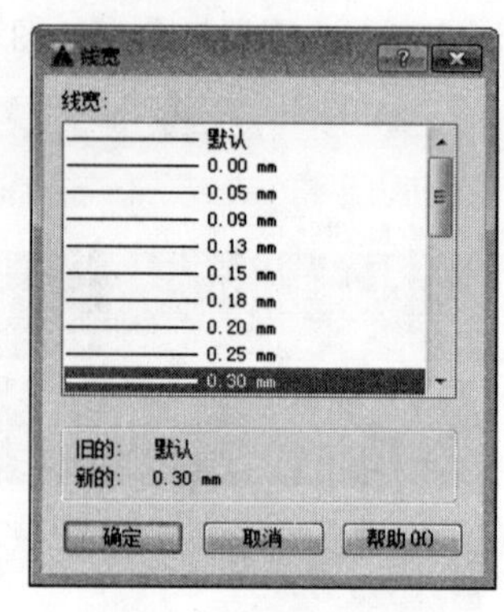

图2-47

2.2　图层的操作

图层的基本操作包括更改图层名称、冻结图层、锁定图层、合并图层等，下面将对这些常见的操作逐一进行介绍。

2.2.1　更改图层名称

合理的图层名称，可将复杂的图形进行分层统一管理，使图形信息更清晰。更改图层名称的操作方法介绍如下。

STEP 01 使用鼠标右键单击图层，在弹出的快捷菜单中执行“重命名图层”命令，也可以直接双击图层名称，如图2-48所示。

STEP 02 此时“名称”输入框处于编辑状态，输入新的图层名即可，如“中线”，如图2-49所示。

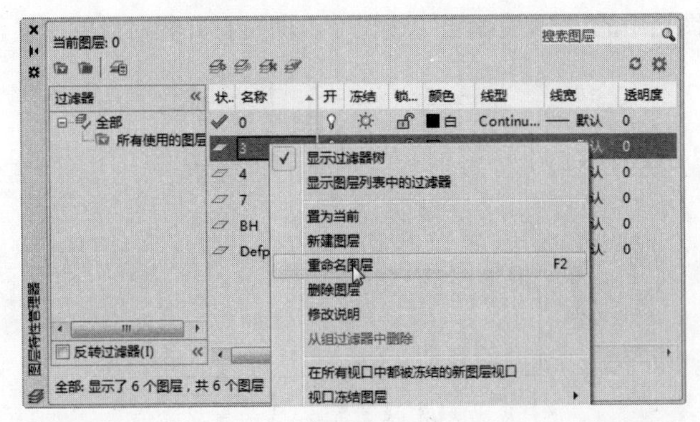

图2-48

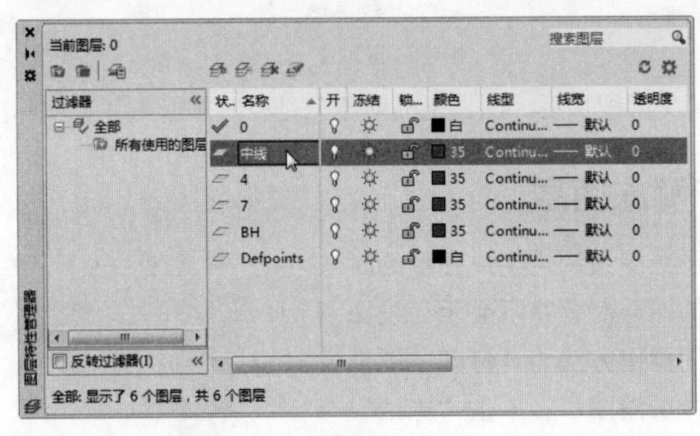

图2-49

2.2.2 打开与关闭图层

可将需隐藏的对象移至某一图层中，然后关闭该图层即可将对象隐藏。下面将对相应的操作进行介绍。

STEP 01 打开图形文件，在菜单栏执行“格式”→“图层”命令，打开“图层特性管理器”面板。选择“植物”图层，单击图层中的“开/关图层”按钮💡，将其图标变为灰色，即可关闭图层，如图2-50所示。

STEP 02 关闭“植物”图层后，此时在绘图窗口中，位于“植物”图层的图形将不再显示，如图2-51所示。

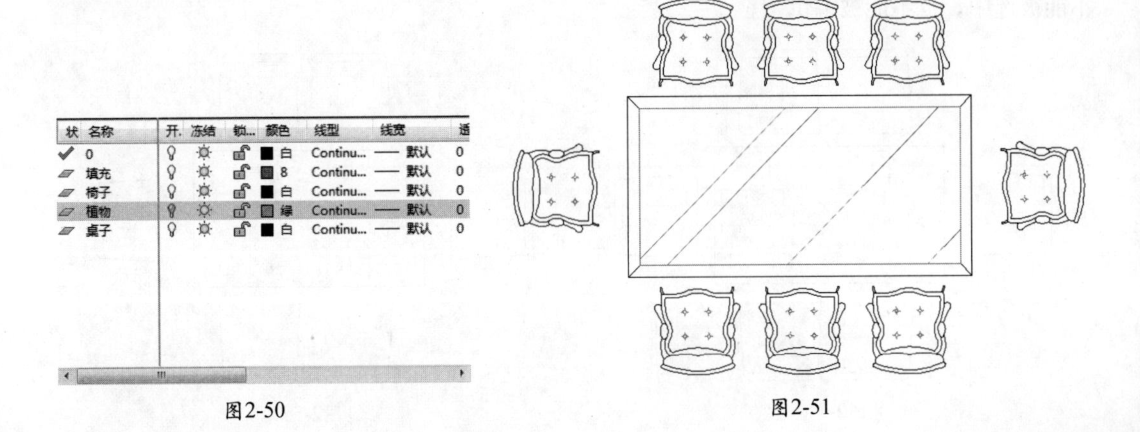

图2-50

图2-51

STEP 03 再次单击图层中的“开/关图层”按钮💡，即可打开相对应的图层，如图2-52所示。

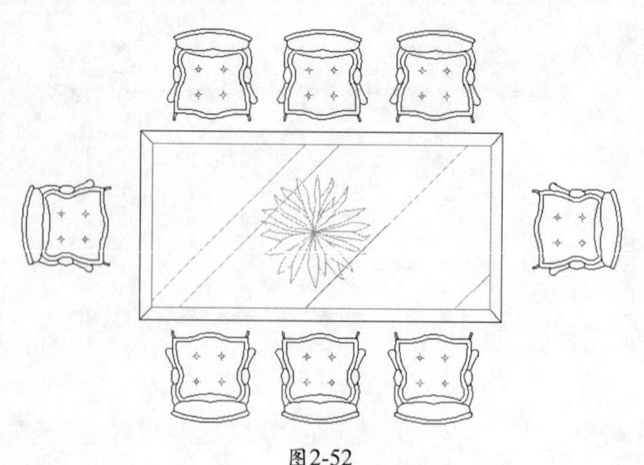

图2-52

需要说明的是，关闭图层后，图层上的对象只是暂时被隐藏了，实际上是存在的。

2.2.3 冻结与解冻图层

冻结图层有利于减少系统重生成图形的时间。在冻结图层中的图形对象将不显示在绘图窗口中。冻结图层的操作方法为：打开“图形特性管理器”；选择所需图层；单击“冻结”按钮☼，当图标变成“雪花”图样❄时即完成图层的冻结，如图2-53所示。

解冻图层的操作是冻结图层的逆操作。

图2-53

2.2.4 锁定与解锁图层

将图层锁定后，将无法修改该图层上的所有对象。锁定图层可以降低意外修改对象的可能性。解锁与锁定图层是一对逆操作。

锁定图层的操作方法为：打开“图形特性管理器”，选择需锁定的图层（如“填充”图层）。单击“锁定”按钮🔓，当图标变成🔒时，表示该图层已经被锁定，其图形颜色会比没有锁定之前要浅，锁定前后的效果对比如图2-54和图2-55所示。此时，被锁定的图形对象就不能被选中，也不能被编辑了。

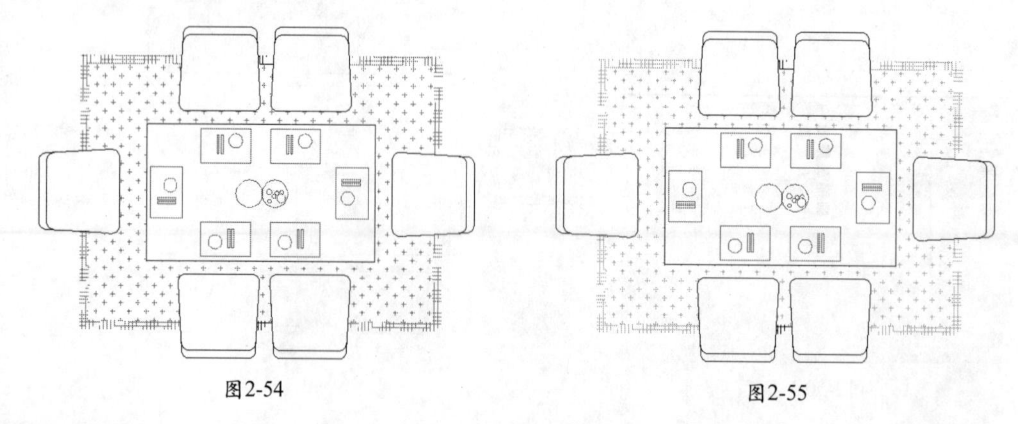

图2-54　　图2-55

2.2.5 删除图层

若想删除多余的图层，可使用“图层特性管理器”面板中的“删除图层”按钮，将其删除。删除选定图层只能删除未被参照的图层，被参照的图层则不能被删除，其中包括图层0、包含对象的图层、当前图层，以及依赖外部参照的图层。另外，一些局部打开图形中的图层也被视为已参照图层，不能删除。

删除图层的具体操作为：在“图层特性管理器”面板中，选中所需删除的图层（当前图层除外），单击“删除图层”按钮✖即可，如图2-56所示。

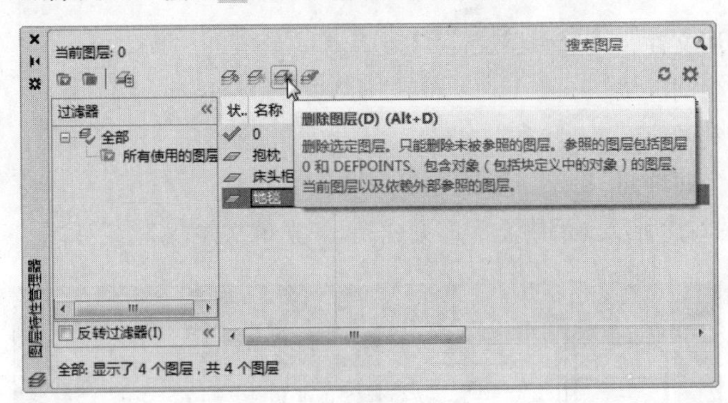

图2-56

还可使用右键菜单命令进行删除操作。其方法为：在“图层特性管理器”面板中选中所需图层，单击鼠标右键，在弹出的快捷菜单中执行“删除图层”命令即可，如图2-57所示。

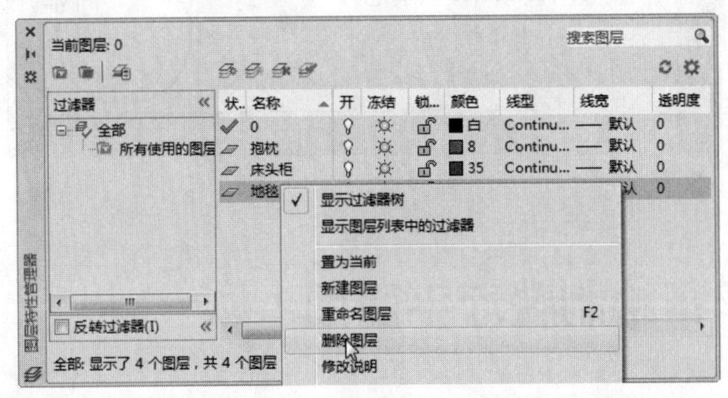

图2-57

2.2.6 隔离图层

对于一些比较复杂的CAD图形，如果只想对某个图层上的图形进行查看或修改，那么让整个图形都显示在绘图区中的话看起来就会比较杂乱，并且有可能影响选择对象，或者是进行对象捕捉等操作，使用图层隔离可以轻松解决这个问题。图层隔离的效果同锁定图层相反，隔离某一图层后，其他图层将会同时被锁定，并且图形颜色会变浅。这里将不做赘述。

CAD【拓展案例】

拓展案例1：绘制卫生间平面布置图

绘图要领

（1）新建图形文件，设置图层属性。

（2）绘制卫生间区域。

（3）插入洁具图块。

（4）填充卫生间地面。

最终效果如图2-58所示。最终文件详见“光盘:\素材文件\第2章”目录下。

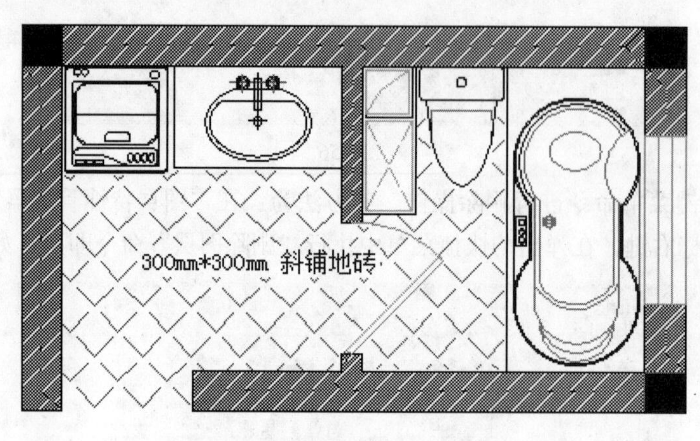

图2-58

拓展案例2：绘制餐厅平面图

绘图要领

（1）新建图形文件，设置图层属性。

（2）绘制餐厅区域图形。

（3）绘制酒柜等图形。

（4）插入餐桌餐椅图形。

最终效果如图2-59所示。最终文件详见“光盘:\素材文件\第2章”目录下。

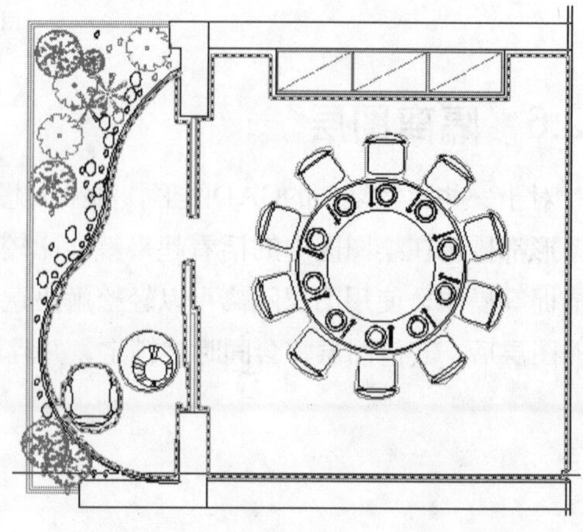

图2-59

第3章 03 绘制办公室平面布置图

内容概要：

本章将详细介绍创建二维图形的知识点，其中包括点、线、曲线、矩形，以及正多边形等操作命令。通过对本章内容的学习，能够掌握一些制图的基本要领，同时为后面章节的学习奠定良好的基础。

知识要点：

- 辅助绘图功能
- 绘制点
- 绘制线
- 绘制圆
- 绘制圆弧
- 绘制椭圆
- 绘制螺旋线

课时安排：

理论教学2课时

上机实训4课时

案例效果图：

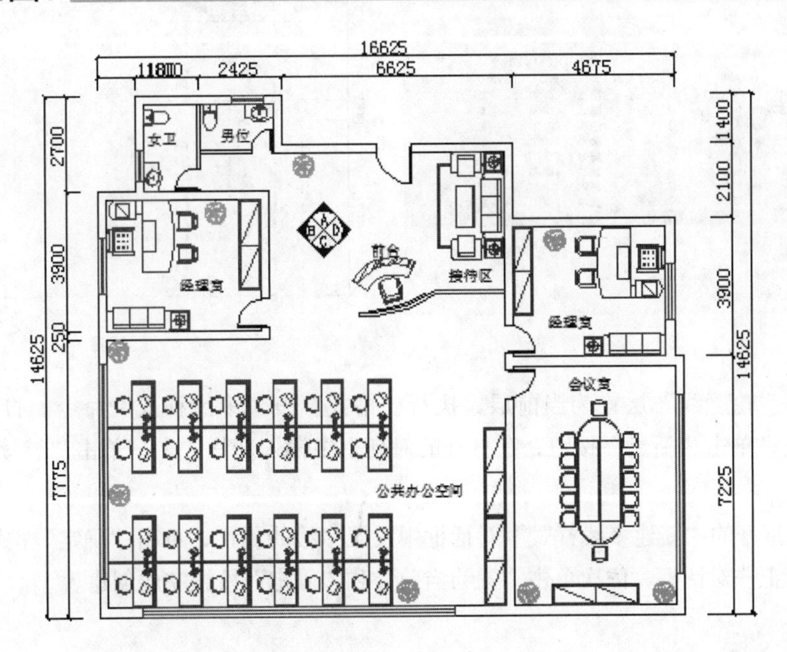

CAD【案例精讲】

案例描述

办公室是为办公而设的场所，其首要任务是使办公人员有一个舒适的办公环境，使办公效率达到最高，因此办公空间的布局应充分设计，各职能部门间、办公桌间的通道与空间不宜窄小。室内设计时也应考虑到办公实际要求，以不影响正常办公为宜。下面以一个整层办公空间的设计为例展开介绍。

案例文件

本案例素材文件和最终效果文件在“光盘:\素材文件\第3章”目录下，本案例的操作视频在“光盘:\操作视频\第3章”目录下。

案例详解

下面将详细介绍办公室平面布置图的绘制过程。

STEP 01 新建名为“绘制办公室平面布置图”文件。执行“默认”→“图层”→“图层特性”命令，打开“图层特性管理器”面板，新建图层，并设置图层参数，如图3-1所示。

STEP 02 将“轴线”层置为当前层，然后执行“直线”和“偏移”命令，绘制办公室平面图轴线，如图3-2所示。

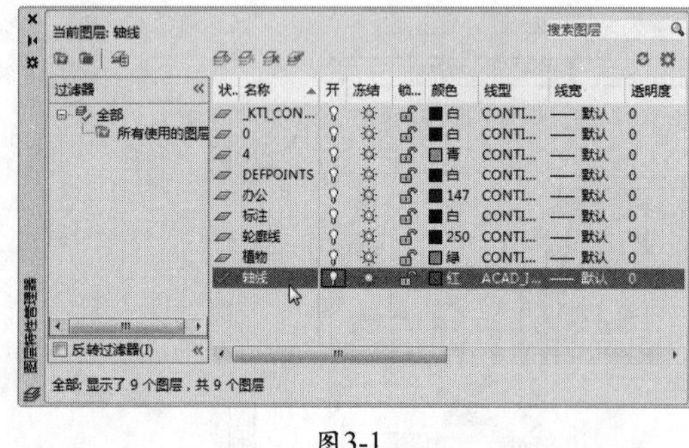

图3-1

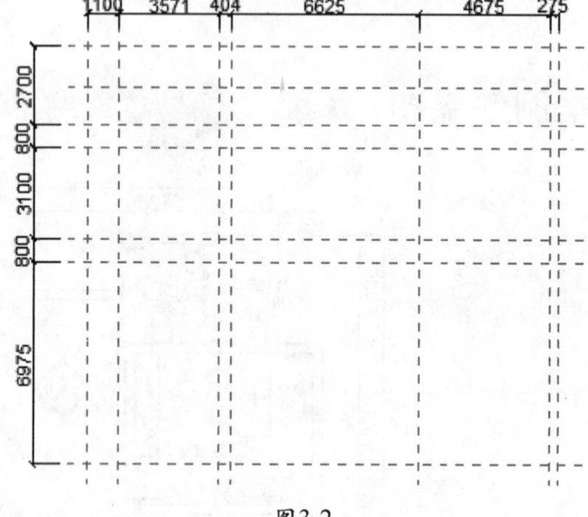

图3-2

STEP 03 将“轮廓线”层置为当前层，执行“格式”→“多线样式”命令，打开“多线样式”对话框，单击“新建”按钮，在打开的对话框中输入新样式名，单击“继续”按钮，如图3-3所示。

STEP 04 在打开的“新建多线样式”对话框中设置多线的属性，单击“确定”按钮，如图3-4所示。返回上一对话框，依次单击“置为当前”和“确定”按钮完成创建。

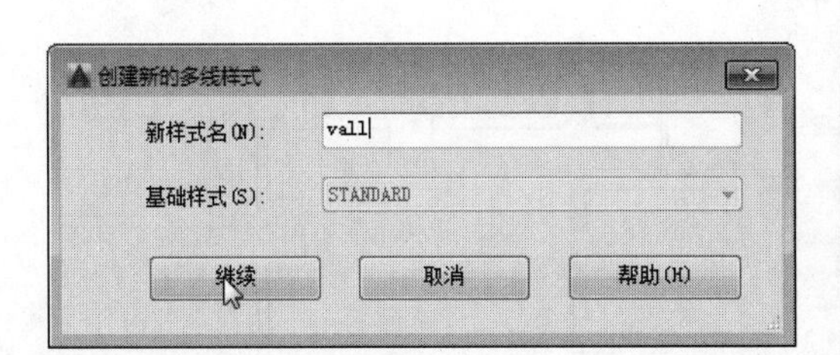

图3-3

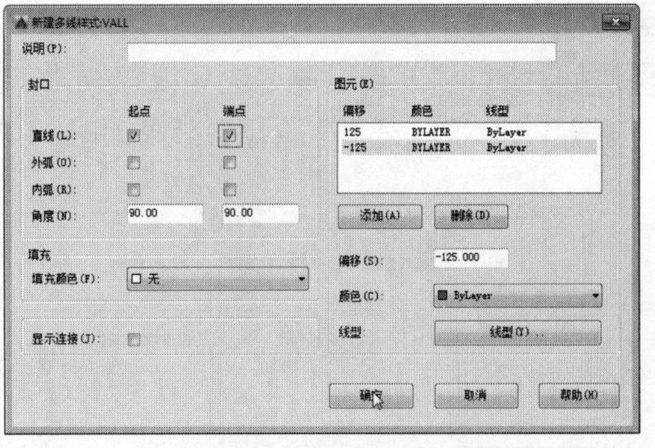

图3-4

STEP 05 在命令行中输入“ML”，根据命令行的提示，选择“对正”选项，然后选择“无”子选项。接着选择“比例”选项，设置比例值为1，进行多线的绘制，如图3-5所示。

STEP 06 执行“修改”→“对象”→“多线”命令，打开“多线编辑工具”对话框，单击“T形合并”按钮，进行多线的修改，如图3-6所示。

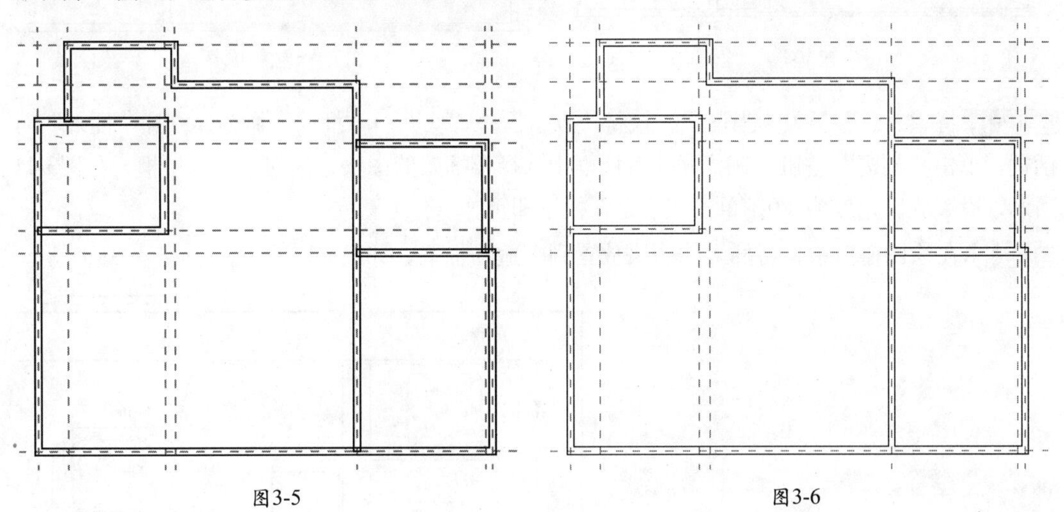

图3-5　　图3-6

STEP 07 单击“轴线”图层上的“开/关闭”按钮，关闭该图层。执行“直线”和“修剪”命令，绘制“门洞”，如图3-7所示。

STEP 08 执行“格式”→“多线样式”命令，新建“win”窗户多线样式，并设置该多线属性，如图3-8所示。单击“确定”按钮返回上一对话框，依次单击“置为当前”和“确定”按钮。

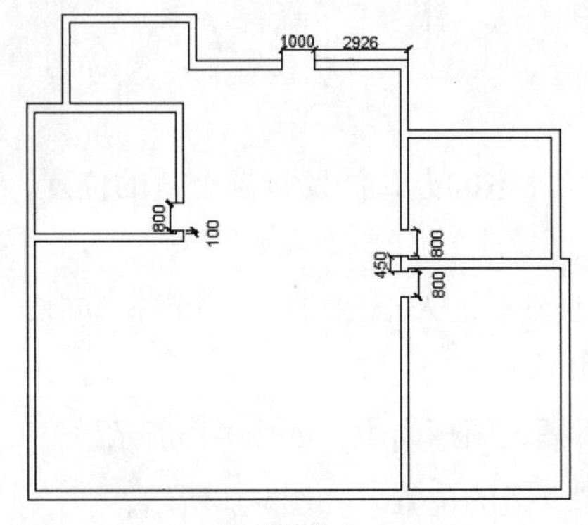

图3-7

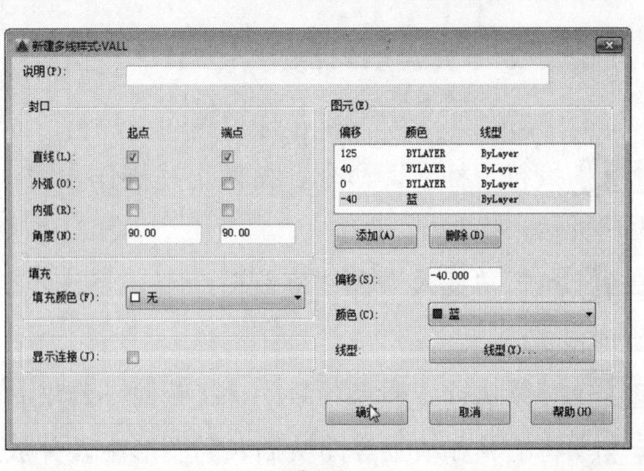

图3-8

STEP 09 在命令行中输入“ML”，在合适的位置添加窗户，如图3-9所示。

STEP 10 执行“工具”→“选项板”→“工具选项板”命令，打开工具选项板，从中选择“建筑”→“门-公制”选项，效果如图3-10所示。

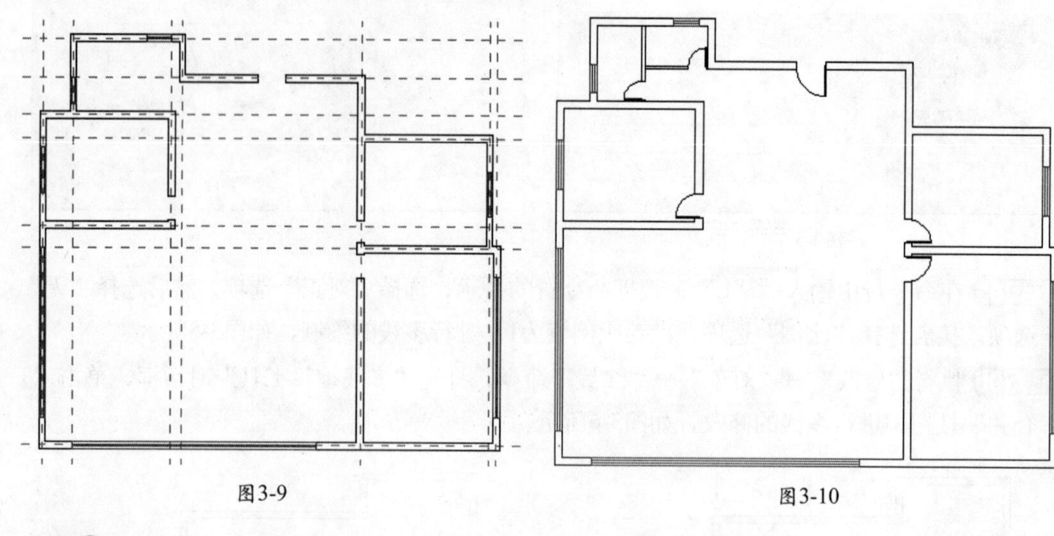

图3-9　　图3-10

STEP 11 将“办公”层置为当前层，执行“默认”→“块”→“插入”命令，打开“插入”对话框，单击“浏览”按钮，在打开的对话框中选择要插入的图块，返回上一对话框，如图3-11所示，设置旋转角度为180，单击“确定”按钮即可。

STEP 12 在绘图窗口中，将插入的图块放置到合适的位置，如图3-12所示。

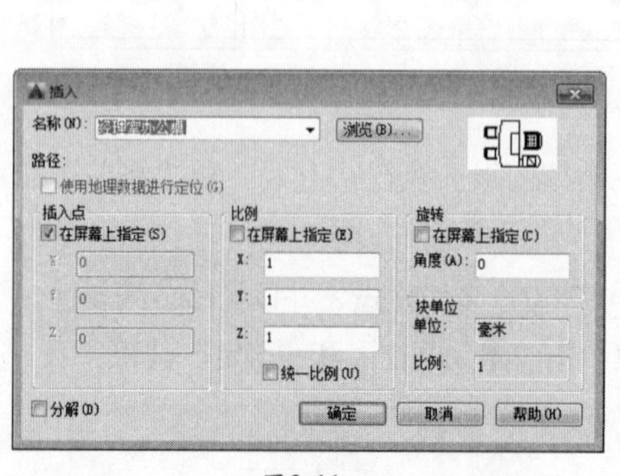

图3-11

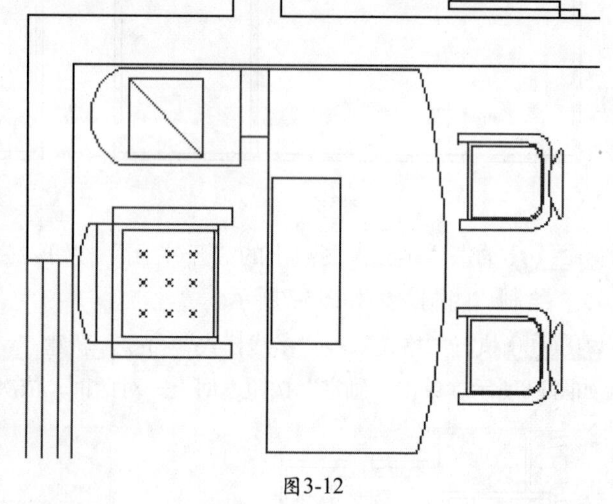

图3-12

STEP 13 执行“插入”命令，按照上述操作步骤，将经理室的办公沙发放置合适的位置，如图3-13所示。

STEP 14 执行“插入”和“复制”命令，将公共空间办公桌插入至图形中，并进行复制，如图3-14所示。

STEP 15 继续执行“插入”命令，将其他办公用品图块插入图形当中，如图3-15所示。

STEP 16 将洁具和植物等图块插入到图形中，并放置到合适的位置，如图3-16所示。

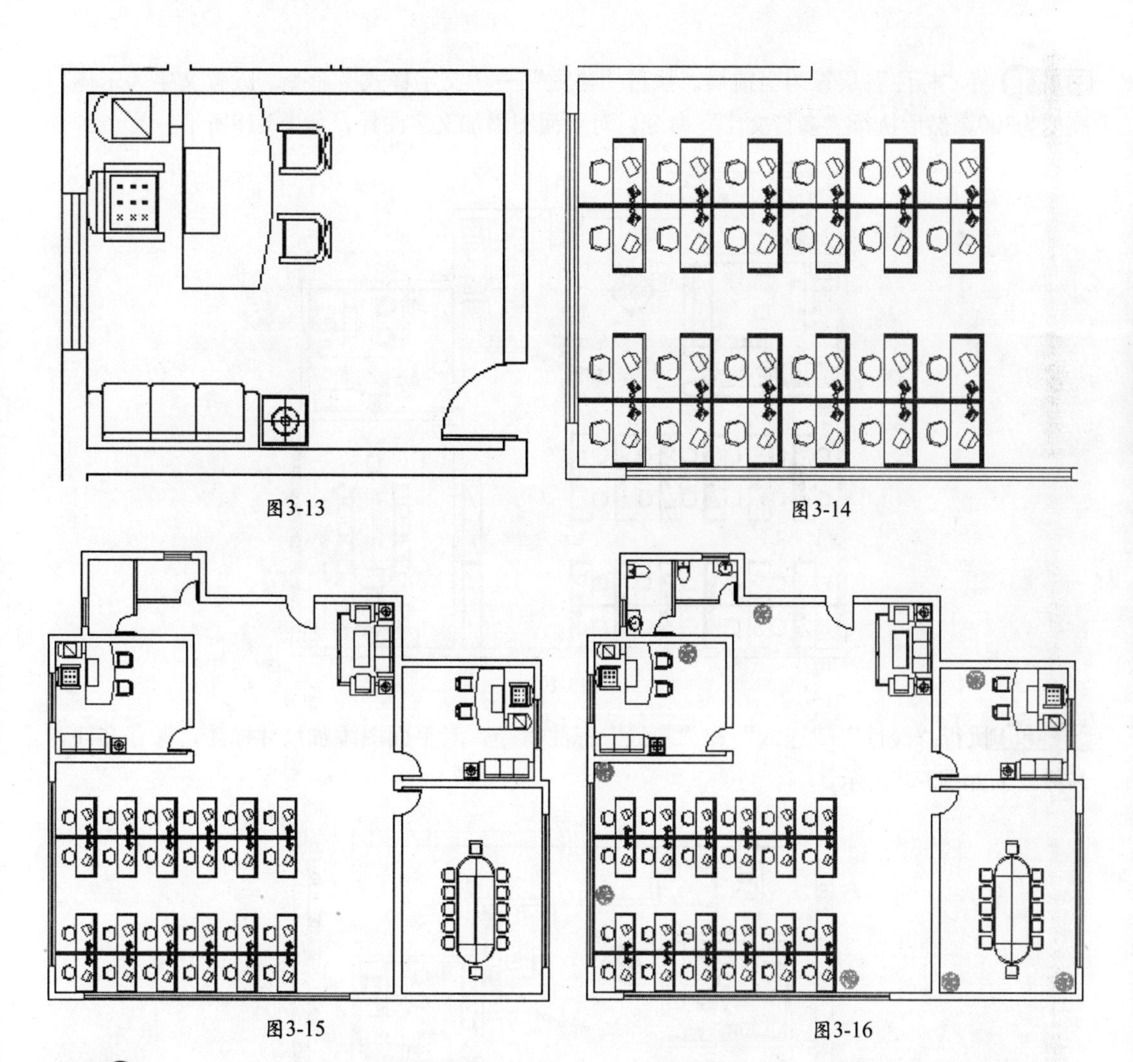
图3-13
图3-14
图3-15
图3-16

STEP 17 执行“矩形”“直线”和“偏移”等命令，绘制档案柜，偏移距离为50，如图3-17所示。

STEP 18 执行“圆弧”和“直线”等命令，绘制前台背景墙，然后将前台办公桌插入到图形中，如图3-18所示。

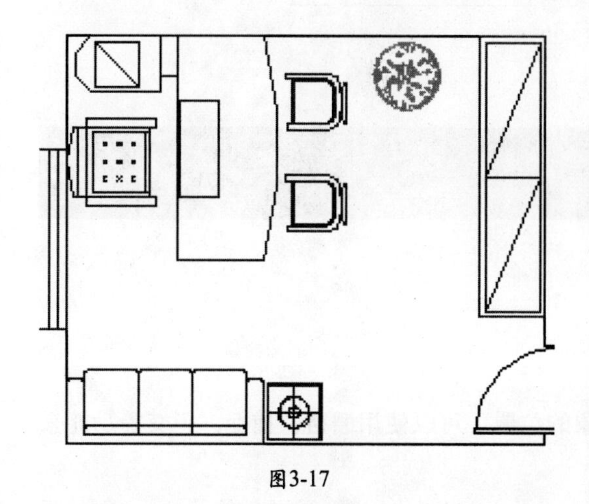
图3-17

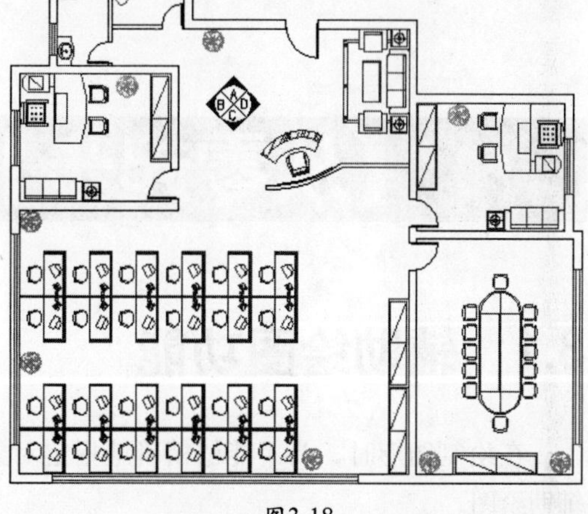
图3-18

STEP 19 将“标注”层置为当前层，执行“格式”→“文字样式”命令，设置文字为宋体、高度为300。然后执行“多行文字”命令，对平面图添加文字注释，如图3-19所示。

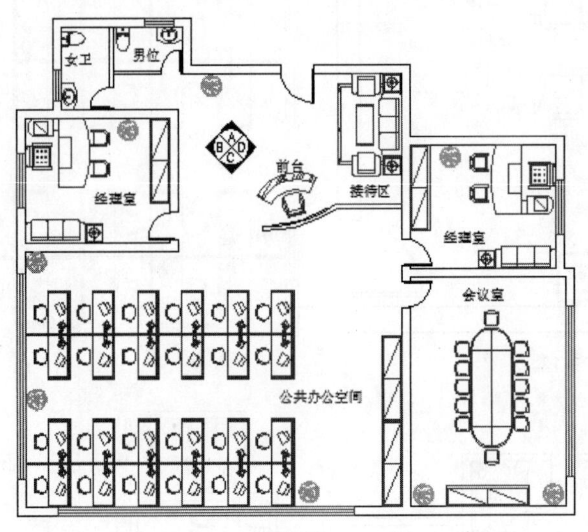

图3-19

STEP 20 执行“线性”“连续”和“基线”标注命令，对平面图添加尺寸标注，保存文件，最终效果如图3-20所示。

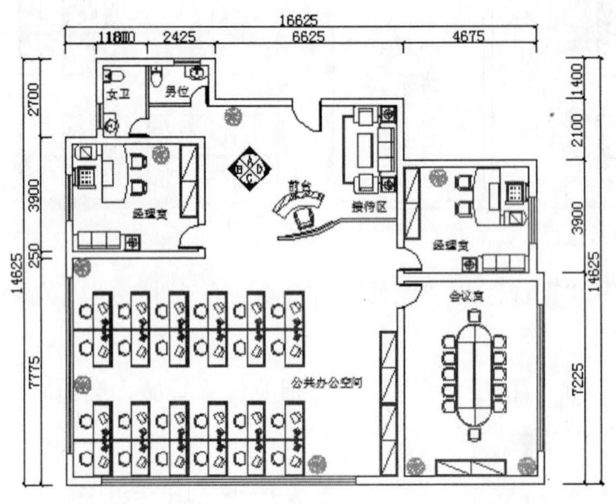

图3-20

CAD 【从零起步】

3.1 辅助绘图功能

在绘制图形时，为了能够精确地指定对象的位置，可以使用栅格、捕捉、正交等功能来辅助绘图。

3.1.1 对象捕捉

使用对象捕捉功能可指定对象上的精确位置，可自定义对象捕捉的距离，如捕捉图形端点、圆心、切点、中点以及两个对象的交点等。当光标移动到对象的对象捕捉位置时，将显示标记和工具提示。使用对象捕捉功能，可快速、准确地捕捉到这些点，从而达到精确绘图的效果。

单击状态栏中的“对象捕捉”按钮，在弹出的菜单中执行“对象捕捉设置”命令，打开“草图设置”对话框，选择“对象捕捉”选项卡，从中勾选所需的捕捉功能即可，如图3-21和图3-22所示。

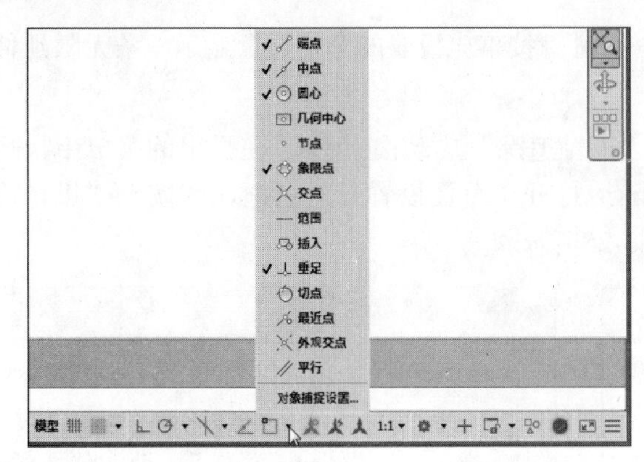

图3-21

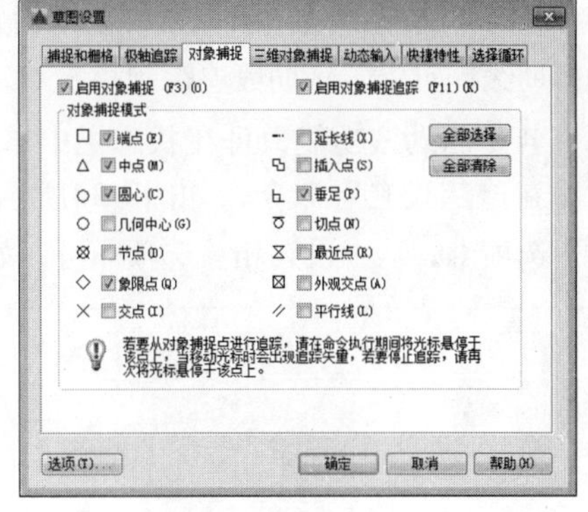

图3-22

3.1.2 栅格显示

所谓栅格是指用点或线的矩阵遍布在指定为栅格界限的整个区域，虽然在屏幕上可见，但是既不会打印到图形文件上，也不会影响绘图位置。栅格只在绘图范围内显示，帮助辨别图形边界，安排对象以及对象之间的距离。可根据需要打开或关闭栅格。

具体的操作方法为：打开图形文件后，在状态栏中单击“显示图形栅格”按钮，即可启动栅格显示功能，如图3-23所示。若再次单击该按钮，则关闭栅格显示功能。也可通过使用快捷键F7来开启或关闭栅格显示。

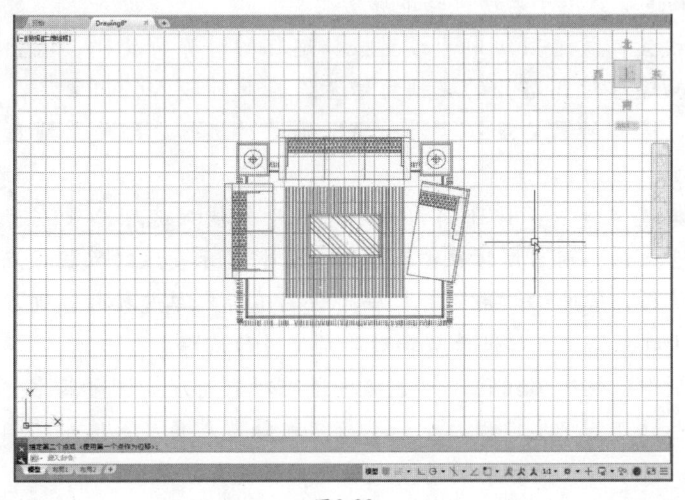

图3-23

3.1.3 正交模式

正交模式是指在任意角度和直角之间进行切换。在约束线段为水平或垂直的时候可以使用正交模式。绘图时若同时打开该模式，则只需输入线段的长度值，AutoCAD将会自动绘制出水平或垂直的线段。

启动该功能后，光标只能限制在水平或垂直方向移动，通过在绘图区中单击鼠标或输入线条长度来绘制水平线或垂直线。

3.1.4 极轴追踪

极轴追踪功能是指当在系统要求指定一点时，按事先设置的角度增量显示一条无限延伸的辅助线，可沿着辅助线追踪到指定点。

若要启动该功能，可在状态栏中单击“极轴追踪”启动按钮，在弹出的菜单中执行“正在追踪设置”命令，如图3-24所示。随后打开“草图设置”对话框，切换至“极轴追踪”选项卡，从中设置相关选项即可，如图3-25所示。

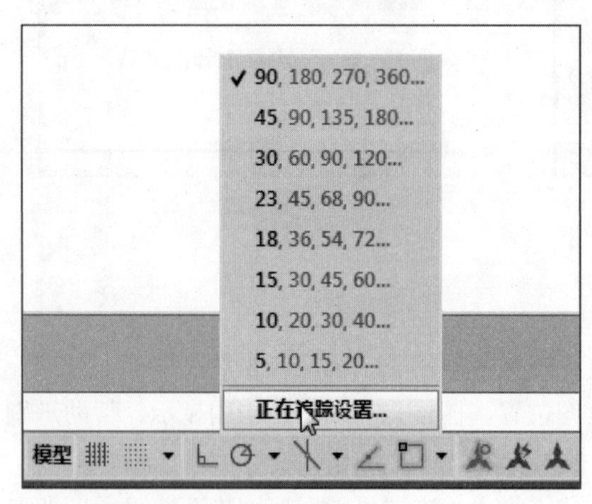

图3-24

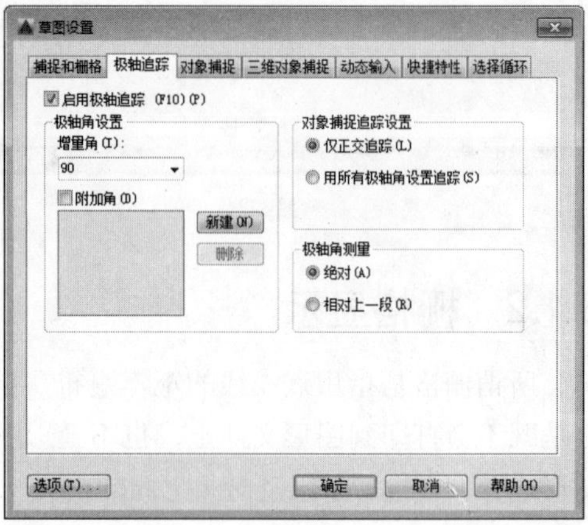

图3-25

“极轴追踪”选项卡中各选项说明如下。

- 启用极轴追踪：用于启动极轴追踪功能。
- 极轴角设置：该选项组用于设置极轴追踪的对齐角度；“增量角”用于设置显示极轴追踪对齐路径的极轴角增量，在此可输入任何角度，也可在其下拉列表中，选择所需角度；“附加角”则是对极轴追踪使用列表中的任何一种附加角度。
- 对象捕捉追踪设置：该选项组用于设置对象捕捉追踪选项。选中“仅正交追踪”单选按钮，则启用对象捕捉追踪时，将显示获取对象捕捉点的正交对象捕捉追踪路径；若选中“用所有极轴角设置追踪”单选按钮，则在启用对象追踪时，将从对象捕捉点起沿着极轴对齐角度进行追踪。
- 极轴角测量：该选项组用于设置极轴追踪对齐角度的测量基准。选中“绝对”单选按钮，可基于当前用户坐标系确定极轴追踪角度；选中“相对上一段”单选按钮，则可基于最后绘制的线段确定极轴追踪角度。

提 示

自动追踪功能可帮助用户快速精确定位所需点。执行“工具”→“选项”命令，打开“选项”对话框，切换至“绘图”选项卡，在其中的“AutoTrack设置”选项组进行设置即可。该选项组中各选项说明如下。

- 显示极轴追踪矢量：用于设置是否显示极轴追踪的矢量数据。
- 显示全屏追踪矢量：用于设置是否显示全屏追踪的矢量数据。
- 显示自动追踪工具栏提示：用于在追踪特征点时是否显示工具栏上的相应按钮的提示文字。

3.2 绘制点

在AutoCAD中，可以根据需要绘制单点和多点。

1. 绘制单点

绘制单点的方法有以下两种。

- 使用菜单栏命令：执行“绘图”→“点”→“单点”命令。
- 在命令行中输入“point”命令。

2. 绘制多点

绘制多点的方法有以下三种。

- 使用菜单栏命令：执行“绘图”→“点”→“多点”命令。
- 使用功能区命令：执行“默认”→“绘图”→“多点”命令。
- 在命令行中输入“point”命令。

3.3 绘制线

在AutoCAD中，线性对象的类型有多种，如直线、射线、构造线、多线、多段线、样条曲线及矩形等，可根据需求选择相关的命令进行操作。

3.3.1 绘制直线

直线是最基本的对象，可以是一条线段或一系列相连的线段。绘制直线可以通过闭合一系列直线线段，将第一条线段一直到最后一条线段连接起来。

绘制直线的方法包含以下三种。

- 使用菜单栏命令：执行“绘图”→“直线”命令。
- 使用功能区命令：执行“默认”→“绘图”→“直线”命令。
- 在命令行中输入“line”命令。

3.3.2 绘制射线

射线是以一个起点为中心，向某个方向无限延伸的直线，一般用来作为创建其他直线的参照。绘制射线有以下三种方法。

- 使用菜单栏命令：执行“绘图”→“射线”命令。
- 使用功能区命令：执行“默认”→“绘图”→“射线”命令。
- 在命令行中输入“ray”命令。

具体的操作方法为：在功能栏中执行“默认”→“绘图”→“射线”命令。在绘图窗口中指定好起始点；根据需要将光标移至所需位置，指定第二点，即可完成射线的绘制。可在同一起始点绘制无数条射线。

3.3.3 绘制构造线

构造线在建筑制图中的应用与射线相同，都是起辅助制图的作用。构造线是无限延伸的线，也可以用作创建其他直线的参照，可以创建出水平、垂直或是具有一定角度的构造线。绘制构造线有以下三种方法。

- 使用菜单栏命令：执行“绘图”→“构造线”命令。
- 使用功能区命令：执行“默认”→“绘图”→“构造线”命令。
- 在命令行中输入“xline”命令。

执行构造线命令，在绘图区中，分别指定线段起点和端点，即可创建出构造线，这两个点就是构造线上的点。命令行提示如下：

```
命令: _xline
指定点或 [水平(H)/垂直(V)/角度(A)/二等分(B)/偏移(O)]:    （指定构造线上的一点）
指定通过点:                                              （指定构造线第二点）
```

3.3.4 绘制多段线

多段线是一种非常有用的线段对象，是由多个直线线段或圆弧段组成的一个组合体，可以一起编辑，也可以分开编辑，还可以具有不同的宽度。绘制多段线有如下三种方法。

- 使用菜单栏命令：执行“绘图”→“多段线”命令。
- 使用功能区命令：执行“默认”→“绘图”→“多段线”命令。
- 在命令行中输入“pline”命令。

执行“多段线”命令，根据命令行中的提示，指定线段起点和终点，即可完成多段线的绘制。当然也可在命令行中，输入“PL”后按Enter键，同样可以绘制多段线。命令行提示如下：

```
命令: _pline
指定起点:                                （指定多段线起点）
当前线宽为 0.0000
指定下一个点或 [圆弧(A)/半宽(H)/长度(L)/放弃(U)/宽度(W)]:
                                         （输入线段长度，指定下一点）
指定下一点或 [圆弧(A)/闭合(C)/半宽(H)/长度(L)/放弃(U)/宽度(W)]:
```

命令行中各选项含义介绍如下。

- 圆弧：在命令行中，输入“A”，则可进行圆弧的绘制。
- 半宽：用于设置多线的半宽度。可分别指定所绘制对象的起点半宽和端点半宽。
- 闭合：用于自动封闭多段线，系统默认以多段线的起点作为闭合终点。
- 长度：用于指定绘制的直线段的长度。在绘制时，系统将以沿着绘制上一段直线的方向接着绘制直线，如果上一段对象是圆弧，则方向为圆弧端点的切线方向。
- 放弃：用于撤消上一次操作。
- 宽度：用于设置多段线的宽度。还可通过“fill”命令来自由选择是否填充具有宽度的多段线。

编辑多段线有以下两种方法。

- 使用菜单栏命令：执行“修改”→“对象”→“多段线”命令。
- 在命令行中输入“pedit”命令。

在菜单栏中执行“修改”→“对象”→“多段线”命令，选择图形，如果选择的对象是直线或弧线，则会出现提示信息。这里以直线绘制的长方形为例，如图3-26所示，输入“y”即可将直线或弧线转换为多段线。

如果选择的对象是直线多段线或弧线多段线，则会直接弹出一个菜单，这里以矩形为例，菜单中有10个选项，如图3-27所示，执行所需的命令即可进行操作。

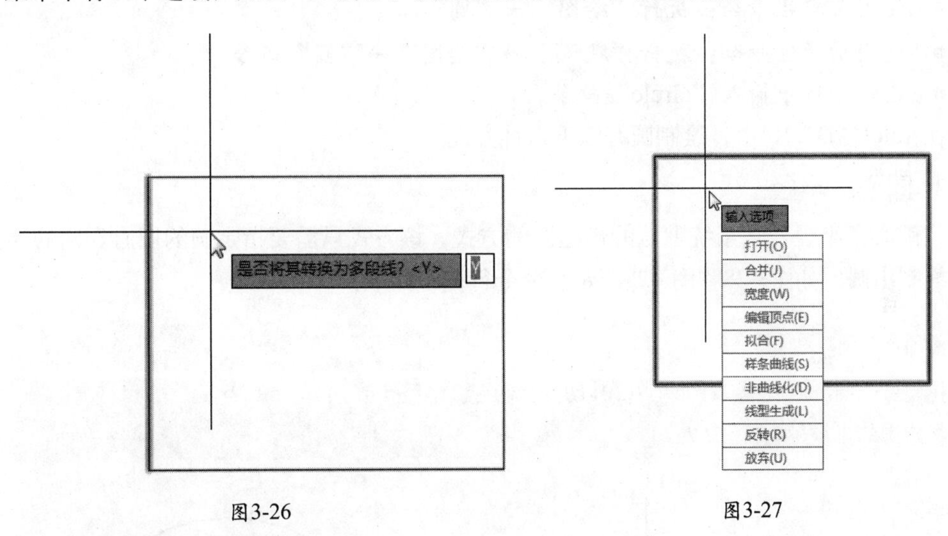

图3-26　　　　图3-27

下面将对图3-27中的选项进行介绍。

- 打开：执行该选项可将多段线从封闭处打开，而提示中的“打开”会换成“闭合”。执行“闭合”命令，则会封闭多段线。
- 合并：将线段、圆弧或多段线连接到指定的非闭合多段线上。执行该命令后，选取各对象，会将它们连成一条多段线。
- 宽度：指定所编辑多段线的新宽度。执行该命令后，命令行会提示输入所有线段的新宽度，完成操作后，所编辑多段线上的各个线段均会采用新的宽度显示。
- 编辑顶点：编辑多段线的顶点。
- 拟合：创建一条平滑曲线，由连接各对顶点的弧线段组成，且曲线通过多段线的所有顶点并使用指定的切线方向。

- 样条曲线：用样条曲线拟合多段线。系统变量splframe控制是否显示所产生的样条曲线的边框，当该变量为0时（默认值），只显示拟合曲线；当值为1时，同时显示拟合曲线和曲线的线框。
- 非曲线化：反拟合，即对多段线恢复到上述执行“拟合”或“样条曲线”命令之前的状态。
- 线型生成：规定非连续性多段线在各顶点处的绘线方式。
- 反转：可反转多段线的方向。
- 放弃：取消“编辑”命令的上一次操作，可重复使用该选项。

3.4 绘制曲线

绘制曲线对象在AutoCAD中是经常会用到的，曲线对象主要包括圆弧、圆、椭圆和椭圆弧等。下面分别对其绘制操作进行介绍。

3.4.1 绘制圆

“圆”命令是最常用的命令之一，其绘制方法包括以下三种。

- 使用菜单栏命令：执行“绘图”→“圆”命令。
- 使用功能区命令：执行“默认”→“绘图”→“圆”命令。
- 在命令行中输入“circle”命令。

在AutoCAD 2016中，绘制圆有以下六种方式。

1. 圆心、半径

“圆心、半径”是系统默认的创建圆的方式，该方式只需要指定圆的圆心和圆的半径值即可绘制出圆，如图3-28和图3-29所示。命令行提示如下：

```
命令: _circle
指定圆的圆心或 [三点(3P)/两点(2P)/切点、切点、半径(T)]:
指定圆的半径或 [直径(D)]: 200
```

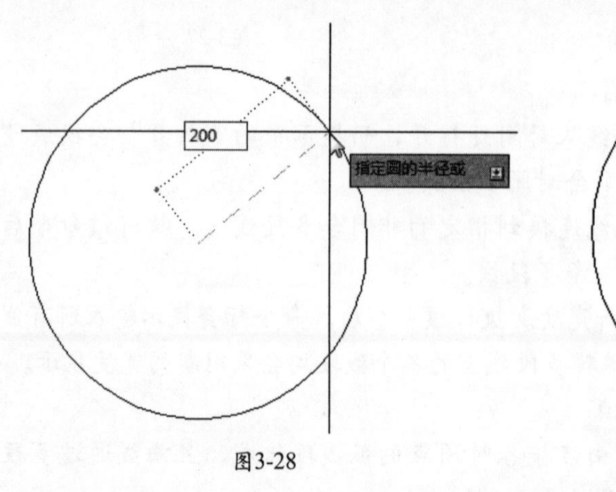

图3-28

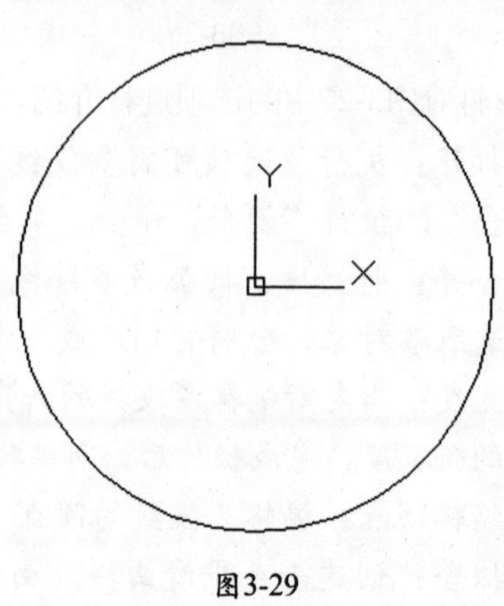

图3-29

2. 圆心、直径

该方式是通过指定圆的圆心和直径来绘制圆。其操作方法与“圆心、半径”的操作方法基本一致，只不过这里输入的数值是直径值。命令行提示如下：

```
命令: _circle
指定圆的圆心或 [三点(3P)/两点(2P)/切点、切点、半径(T)]:
指定圆的半径或 [直径(D)] <200.0000>: _d 指定圆的直径 <200.0000>: 200
```

3. 两点

该方式是通过指定圆直径的两个端点来绘制圆，如图3-30所示。命令行提示如下：

```
命令: _circle
指定圆的圆心或 [三点(3P)/两点(2P)/切点、切点、半径(T)]: _2p 指定圆直径的第一个端点:
指定圆直径的第二个端点: 600
```

4. 三点

该方式是通过指定三个点来创建圆，根据命令提示，依次指定圆上的三个点，即可绘制出圆，如图3-31所示。命令行提示如下：

```
命令: _circle
指定圆的圆心或 [三点(3P)/两点(2P)/切点、切点、半径(T)]: _3p 指定圆上的第一个点:
指定圆上的第二个点:
指定圆上的第三个点:
```

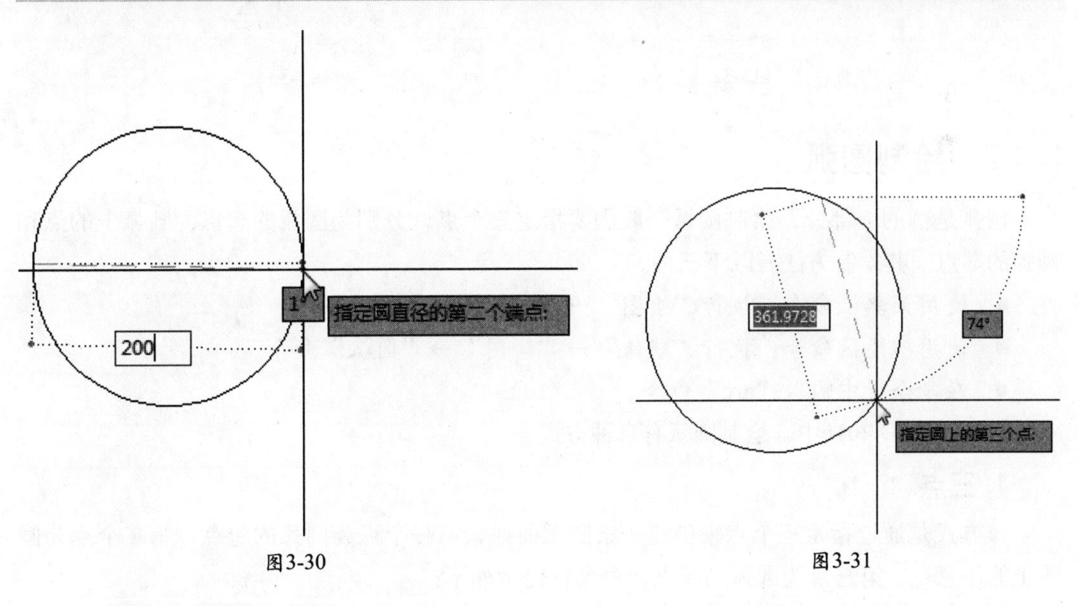

图3-30　　图3-31

5. 相切、相切、半径

该方式是通过指定与已有对象相切的两个切点，并输入圆的半径来绘制圆的，在使用该命令时所选的相切对象必须是“圆”或“圆弧曲线”，如图3-32所示。命令行提示如下：

```
命令: _circle
指定圆的圆心或 [三点(3P)/两点(2P)/切点、切点、半径(T)]: _ttr
指定对象与圆的第一个切点:
指定对象与圆的第二个切点:
指定圆的半径 <401.3610>: 600
```

6. 相切、相切、相切

该方式是通过指定与已经存在的圆弧或圆对象相切的三个切点来绘制圆的，根据命令提示，依次在第一、第二、第三个圆或圆弧上分别指定切点，即可完成创建，如图3-33所示。命令行提示如下：

```
命令: _circle
指定圆的圆心或 [三点(3P)/两点(2P)/切点、切点、半径(T)]: _3p 指定圆上的第一个点: _tan 到
指定圆上的第二个点: _tan 到
指定圆上的第三个点: _tan 到
```

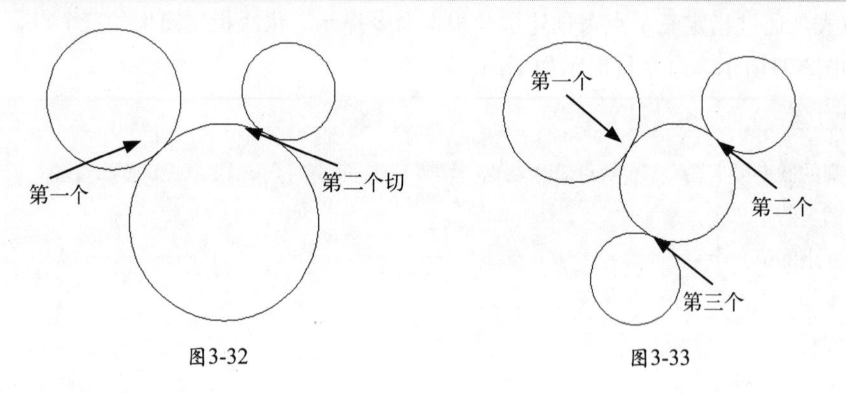

图3-32　　图3-33

3.4.2　绘制圆弧

圆弧是圆的一部分，绘制圆弧一般需要指定三个点，分别为圆弧的起点、圆弧上的点和圆弧的端点。其绘制方法有以下三种。

- 使用菜单栏命令：执行“绘图”→“圆弧”命令。
- 使用功能区命令：执行“默认”→“绘图”→“圆弧”命令。
- 在命令行中输入“arc”命令。

在AutoCAD 2016中，绘制圆弧有11种方式。

1. 三点

该方式是通过指定三个点来创建一条圆弧曲线，第一个点为圆弧的起点，第二个点为圆弧上的任意点，第三点为圆弧的端点。命令行提示如下：

```
命令: _arc
指定圆弧的起点或 [圆心(C)]:
指定圆弧的第二个点或 [圆心(C)/端点(E)]:
```

```
指定圆弧的端点:
```

2. 起点、圆心、端点

该方式是通过指定圆弧的起点、圆心以及端点来绘制圆弧。命令行提示如下：

```
命令: _arc
指定圆弧的起点或 [圆心(C)]:
指定圆弧的第二个点或 [圆心(C)/端点(E)]: _c 指定圆弧的圆心:
指定圆弧的端点或 [角度(A)/弦长(L)]:
```

3. 起点、圆心、角度

该方式是通过指定圆弧的起点、圆心以及角度来绘制圆弧。命令行提示如下：

```
命令: _arc
指定圆弧的起点或 [圆心(C)]:
指定圆弧的第二个点或 [圆心(C)/端点(E)]: _c 指定圆弧的圆心:
指定圆弧的端点或 [角度(A)/弦长(L)]: _a 指定包含角: 120
```

4. 起点、圆心、长度

该方式是通过指定圆弧的起点、圆心以及长度来绘制圆弧。命令行提示如下：

```
命令: _arc
指定圆弧的起点或 [圆心(C)]:
指定圆弧的第二个点或 [圆心(C)/端点(E)]: _c 指定圆弧的圆心:
指定圆弧的端点或 [角度(A)/弦长(L)]: _l 指定弦长: 1500
```

5. 起点、端点、角度

该方式是通过指定圆弧的起点、端点以及角度来绘制圆弧。命令行提示如下：

```
命令: _arc
指定圆弧的起点或 [圆心(C)]:
指定圆弧的第二个点或 [圆心(C)/端点(E)]: _e
指定圆弧的端点:
指定圆弧的圆心或 [角度(A)/方向(D)/半径(R)]: _a 指定包含角: 80
```

6. 起点、端点、方向

该方式是通过指定圆弧的起点、端点以及方向来绘制圆弧。命令行提示如下：

```
命令: _arc
指定圆弧的起点或 [圆心(C)]:
指定圆弧的第二个点或 [圆心(C)/端点(E)]: _e
指定圆弧的端点:
指定圆弧的圆心或 [角度(A)/方向(D)/半径(R)]: _d 指定圆弧的起点切向:
```

7. 起点、端点、半径

该方式是通过指定圆弧的起点、端点以及半径来绘制圆弧。命令行提示如下：

```
命令: _arc
指定圆弧的起点或 [圆心(C)]:
指定圆弧的第二个点或 [圆心(C)/端点(E)]: _e
指定圆弧的端点:
指定圆弧的圆心或 [角度(A)/方向(D)/半径(R)]: _r 指定圆弧的半径: 400
```

8. 圆心、起点、端点

该方式是通过指定圆弧的圆点、起点以及端点来绘制圆弧。命令行提示如下：

```
命令: _arc
指定圆弧的起点或 [圆心(C)]: _c 指定圆弧的圆心:
指定圆弧的起点:
指定圆弧的端点或 [角度(A)/弦长(L)]:
```

9. 圆心、起点、角度

该方式是通过指定圆弧的圆点、起点以及角度来绘制圆弧。命令行提示如下：

```
命令: _arc
指定圆弧的起点或 [圆心(C)]: _c 指定圆弧的圆心:
指定圆弧的起点:
指定圆弧的端点或 [角度(A)/弦长(L)]: _a 指定包含角: 60
```

10. 圆心、起点、长度

该方式是通过指定圆弧的圆点、起点以及长度来绘制圆弧。命令行提示如下：

```
命令: _arc
指定圆弧的起点或 [圆心(C)]: _c 指定圆弧的圆心:
指定圆弧的起点:
指定圆弧的端点或 [角度(A)/弦长(L)]: _l 指定弦长: 900
```

11. 连续

“连续”也是一种绘制圆弧的方法，但是其绘制的前提是有直线或圆弧可连续。使用该方法绘制的圆弧将会与之前最后一个创建的直线或圆弧对象相切。命令行提示如下：

```
命令: _arc
指定圆弧的起点或 [圆心(C)]:
指定圆弧的端点:
```

3.4.3 绘制圆环

圆环是由两个圆心相同、半径不同的圆组成的，分为填充环和实体填充圆，即带有宽度的闭合多段线。其绘制方法有以下三种。

- 使用菜单栏命令：执行“绘图”→“圆环”命令。
- 使用功能区命令：执行“默认”→“绘图”→“圆环”命令◎。
- 在命令行中输入“donut”命令。

命令行提示如下：

```
命令: _donut
指定圆环的内径 <0.5000>: 500
指定圆环的外径 <1.0000>: 600
指定圆环的中心点或 <退出>:
指定圆环的中心点或 <退出>:
```

3.4.4 绘制椭圆曲线

椭圆有长半轴和短半轴，长半轴和短半轴的值决定了椭圆的形状。设置椭圆的起始角度和终止角度可以绘制椭圆弧。其绘制方法有以下三种。

- 使用菜单栏命令：执行“绘图”→“椭圆”命令。
- 使用功能区命令：执行“默认”→“绘图”→“椭圆”命令。
- 在命令行中输入“ellipse”命令。

绘制椭圆有以下三种方式。

1. 圆心

该方式是通过指定一个点作为椭圆曲线的圆心点，再分别指定椭圆曲线的长半轴长度和短半轴长度来绘制椭圆，如图3-34所示。

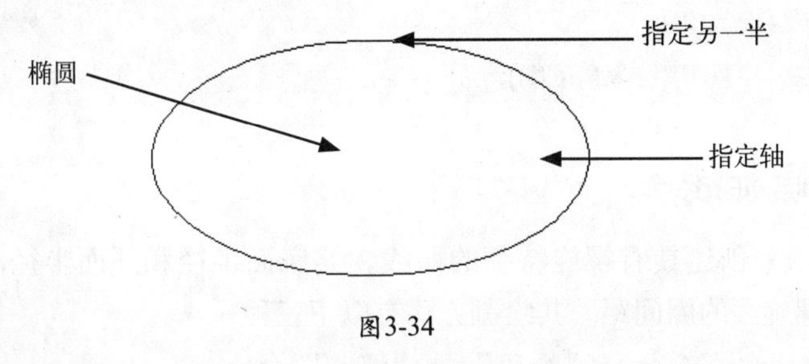

图3-34

命令行提示如下：

```
命令: _ellipse
指定椭圆的轴端点或 [圆弧(A)/中心点(C)]: _c
指定椭圆的中心点:
指定轴的端点:
指定另一条半轴长度或 [旋转(R)]:
```

2. 轴、端点

该方式是指定一个点作为椭圆曲线半轴的起点，指定第二个点作为长半轴（或短半轴）的端点，再指定第三个点为短半轴（或长半轴）的半径点。命令行提示如下：

```
命令: _ellipse
指定椭圆的轴端点或 [圆弧(A)/中心点(C)]:
指定轴的另一个端点:
指定另一条半轴长度或 [旋转(R)]:
```

3. 椭圆弧

该方式的创建方法与“轴、端点”的创建方式相似，只是使用该方法创建的椭圆既可以是完整的椭圆，也可以是其中的一段椭圆弧，如图3-35所示。

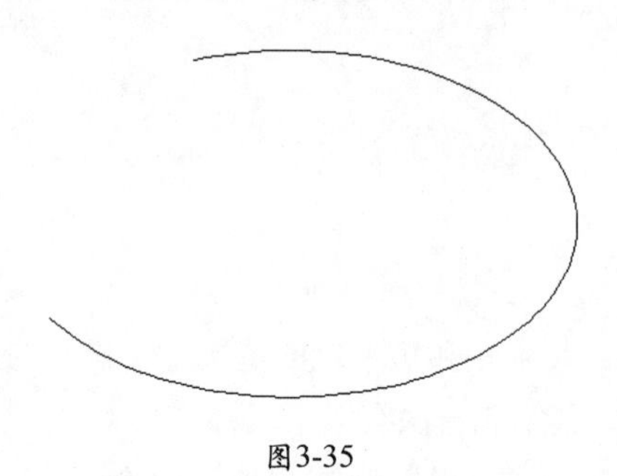

图3-35

命令行提示如下：

```
命令: _ellipse
指定椭圆的轴端点或 [圆弧(A)/中心点(C)]: _a
指定椭圆弧的轴端点或 [中心点(C)]:
指定轴的另一个端点:
指定另一条半轴长度或 [旋转(R)]:
指定起点角度或 [参数(P)]:
指定端点角度或 [参数(P)/包含角度(I)]:
```

3.4.5 绘制螺旋线

螺旋线常被用来创建具有螺旋特征的曲线，其底面半径和顶面半径决定了螺旋线的形状，还可以控制螺旋线的圈间距。其绘制方法有以下三种。

- 使用菜单栏命令：执行“绘图”→“螺旋”命令。
- 使用功能区命令：执行“默认”→“绘图”→“螺旋”命令。
- 在命令行中输入“helix”命令。

执行螺旋命令，根据命令行提示，指定螺旋底面中心点，并输入底面半径值和螺旋顶面半径值，以及螺旋线高度值，即可完成绘制，如图3-36所示。图3-37所示为螺旋线的三维视图效果。命令行提示如下：

```
命令: _Helix
圈数 = 3.0000    扭曲=CCW
指定底面的中心点:
```

指定底面半径或 [直径(D)] <1.0000>: 50　　　　　　（输入底面半径值）
指定顶面半径或 [直径(D)] <50.0000>: 100　　　　　　（输入顶面半径值）
指定螺旋高度或 [轴端点(A)/圈数(T)/圈高(H)/扭曲(W)] <1.0000>: 50
（输入螺旋高度值）

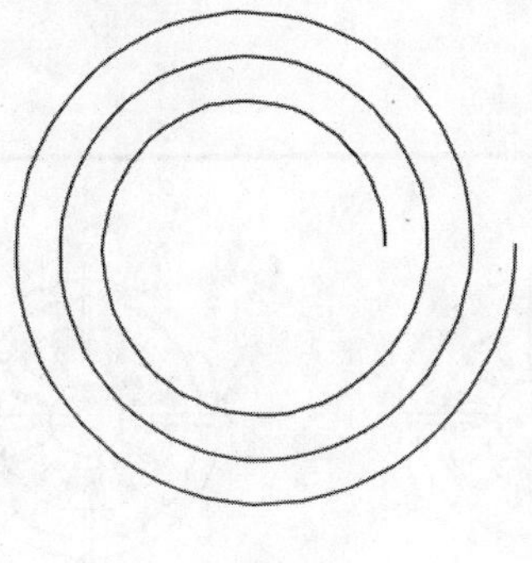
图3-36

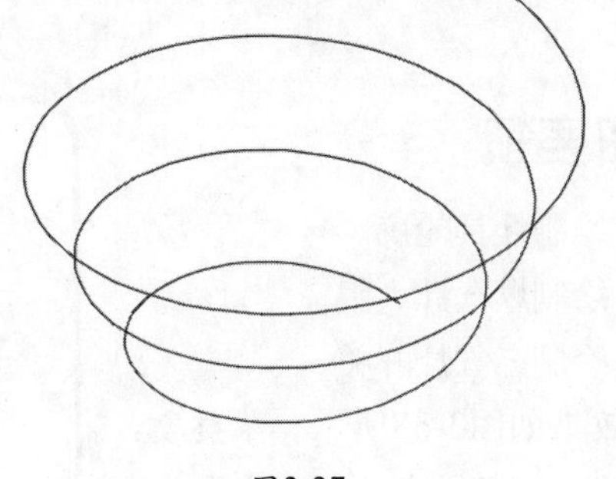
图3-37

CAD【拓展案例】

拓展案例1：绘制嵌入式灶具

绘图要领

（1）绘制灶具轮廓。

（2）绘制燃气灶火眼。

（3）绘制燃气灶开关。

最终效果如图3-38所示。最终文件详见“光盘:\素材文件\第3章”目录下。

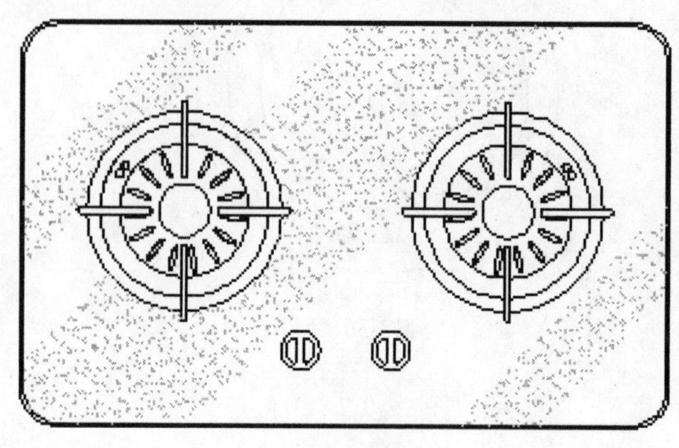

图3-38

拓展案例2：绘制洗手间台盆

绘图要领

（1）绘制椭圆轮廓。

（2）绘制水龙头开关。

（3）绘制台盆下水。

最终效果如图3-39所示。最终文件详见“光盘:\素材文件\第3章”目录下。

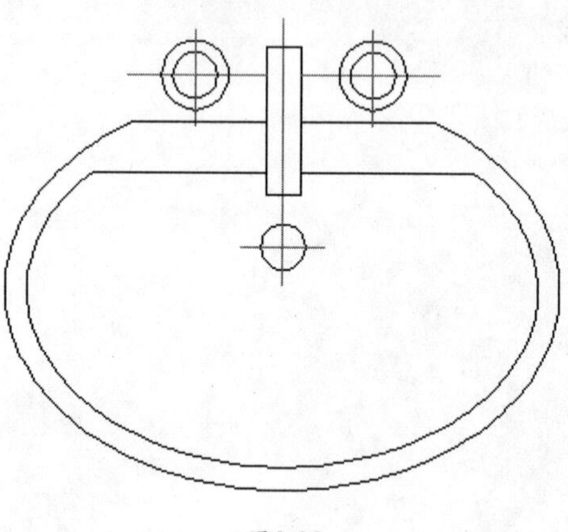

图3-39

第4章 04 绘制会议室立面图

内容概要：

利用AutoCAD完成简单二维图形的绘制后，对其进行编辑即可得到想要的复杂图形。AutoCAD 2016中的图形编辑功能非常强大，提供了一系列编辑图形的工具。本章将对这些图形编辑工具进行详细介绍，其中包括镜像、旋转、阵列、偏移以及修剪等，通过综合应用这些编辑命令即可绘制出更为完美的设计图纸。

知识要点：

- 选择图形
- 复制图形
- 调整图形
- 填充图形

课时安排：

理论教学3课时
上机实训6课时

案例效果图：

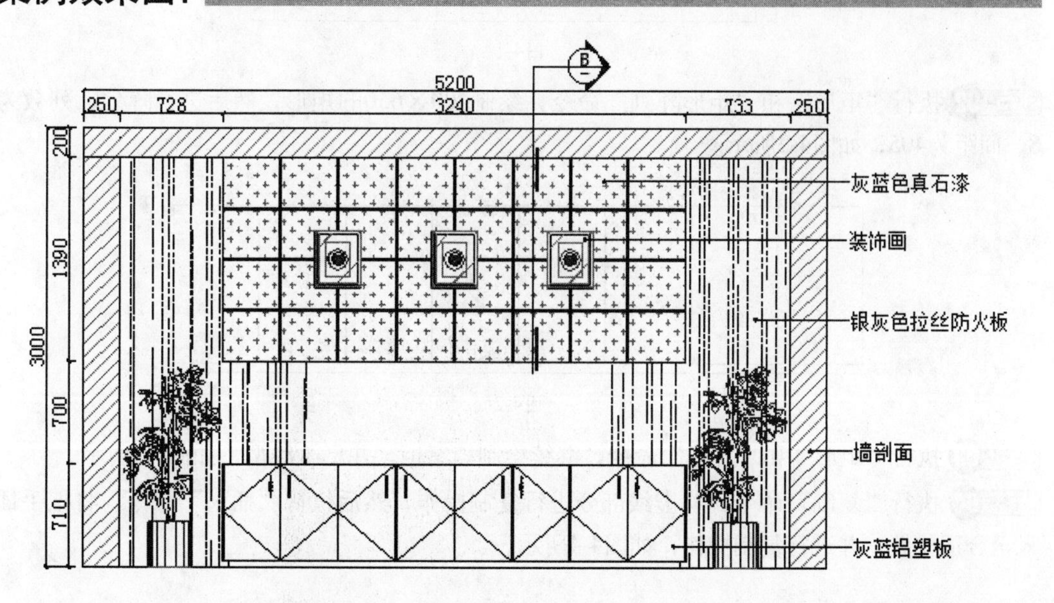

CAD【案例精讲】

案例描述

本案例绘制的是一个会议室的立面图，在绘图之前，先要了解其对应的平面布置图，之后根据该功能区的尺寸进行绘制。整个绘制过程较为简单，只要熟悉绘图命令和编辑图形的命令，即能顺利地完成该图纸。

案例文件

本案例素材文件和最终效果文件在“光盘:\素材文件\第4章”目录下，本案例的操作视频在“光盘:\操作视频\第4章”目录下。

案例详解

下面介绍会议室C立面图的绘制步骤。

STEP 01 新建名为“绘制会议室立面图”的文件，根据会议室尺寸，执行“矩形”和“直线”命令，绘制会议室C立面图的轮廓线，如图4-1所示。

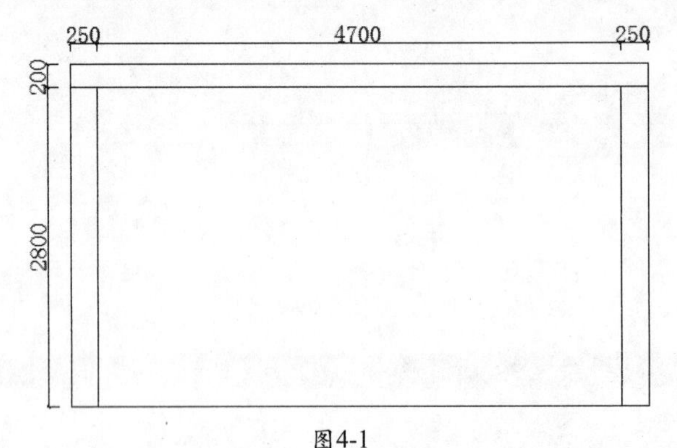

图4-1

STEP 02 执行“矩形”和“矩形阵列”命令，绘制400×650的矩形，然后进行阵列，列数为8，间距为405，如图4-2所示。

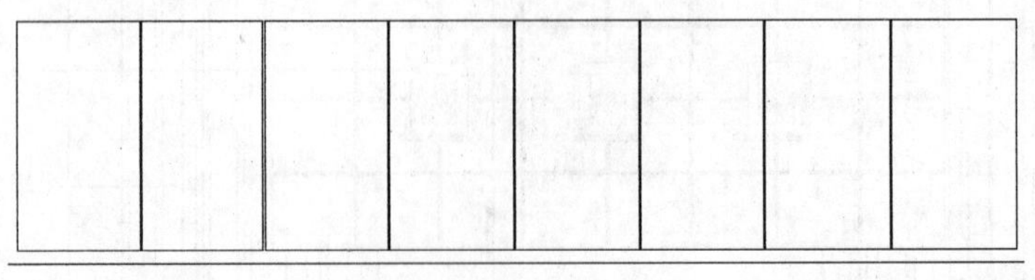

图4-2

STEP 03 执行“矩形”和“直线”命令，继续绘制档案柜，并更改线型，如图4-3所示。

STEP 04 执行“复制”命令，将虚线部分进行复制操作，然后执行“插入”命令，将把手插入至合适位置，并进行复制操作，如图4-4所示。

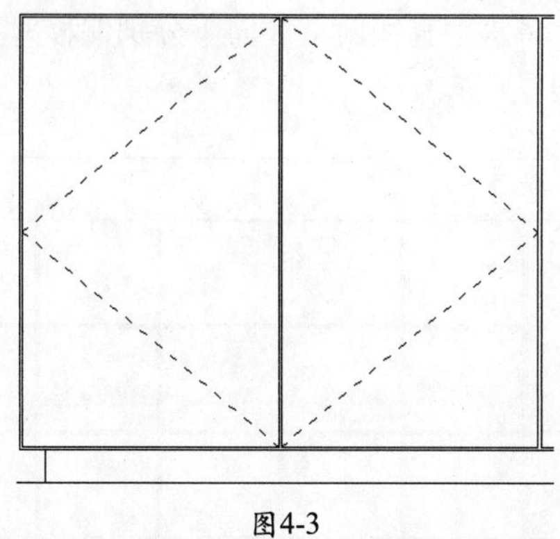

图4-3

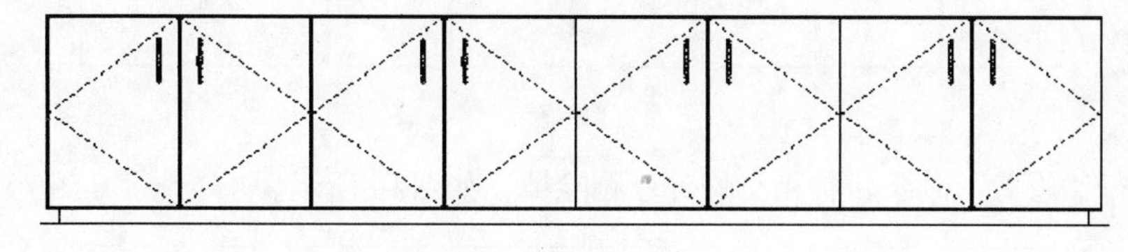

图4-4

STEP05 执行“直线”命令，绘制1390×3240的矩形，然后将左边和底边进行定数等分，分别为4块和8块，如图4-5所示。

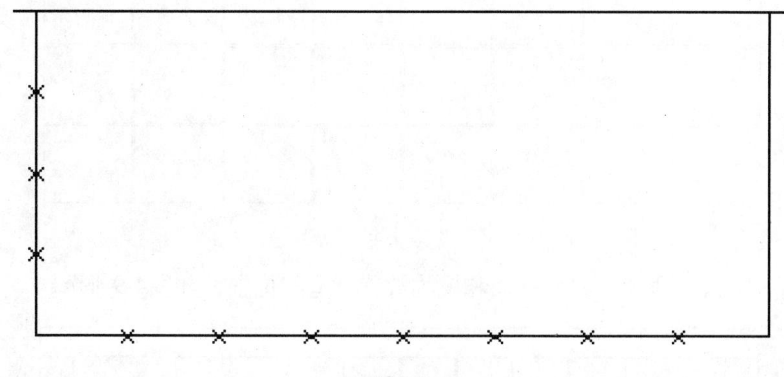

图4-5

STEP06 执行“直线”命令，连接节点，如图4-6所示。

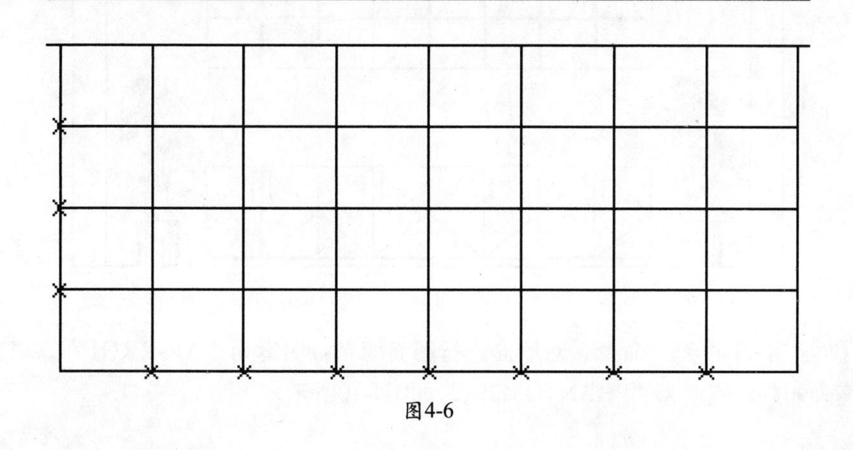

图4-6

STEP 07 执行“偏移”命令，将水平直线向上和向下分别偏移5，竖直直线向左向右分别偏移5，并删除节点和直线，如图4-7所示。

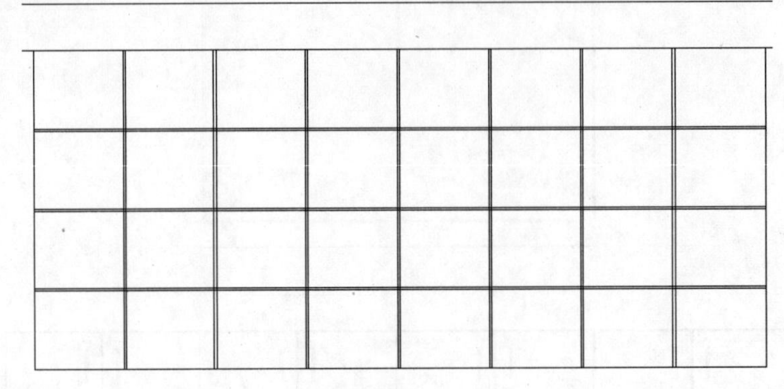

图4-7

STEP 08 执行“修剪”命令，将相交的部分删除掉，如图4-8所示。

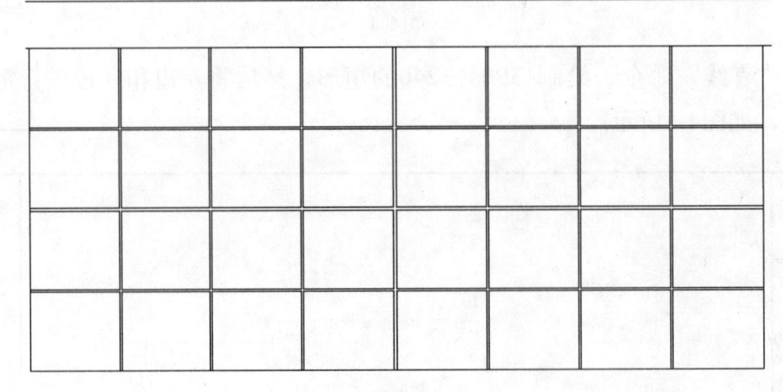

图4-8

STEP 09 执行“插入”命令，将装饰品和植物放置合适的位置，如图4-9所示。

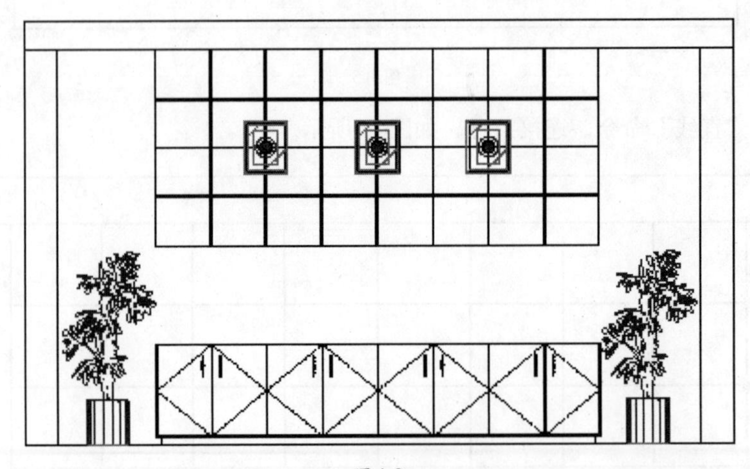

图4-9

STEP 10 执行“图案填充”命令，对墙面进行图案填充：图案为“AR-RROF”，填充比例为200，角度为90°，线型为“PHANTOM2”，如图4-10所示。

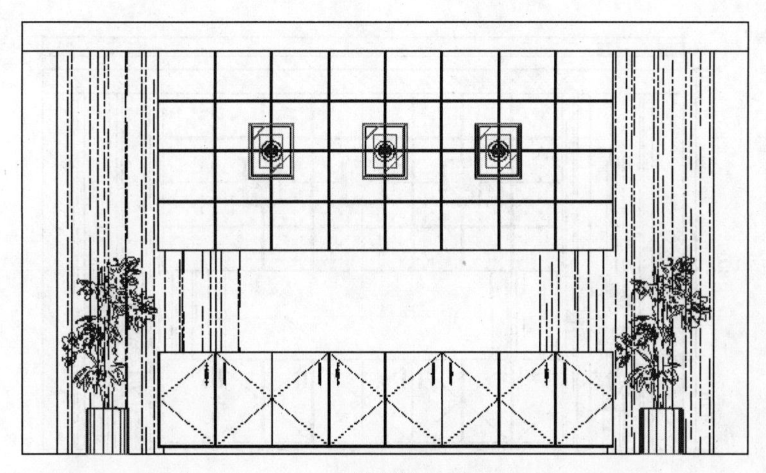

图4-10

STEP 11 执行“图案填充”命令，对装饰面和墙体剖切的部分填充图案，如图4-11所示。

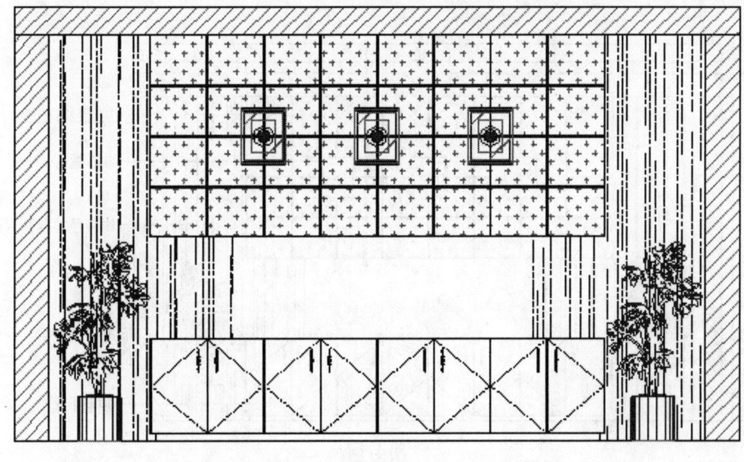

图4-11

STEP 12 执行“修剪”命令，将墙面多余的部分删除，如图4-12所示。

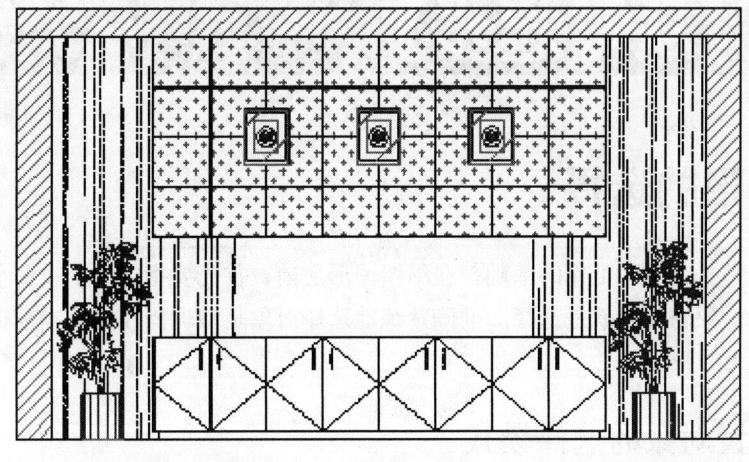

图4-12

STEP 13 执行“线性”标注命令，对图形进行线性标注，如图4-13所示。

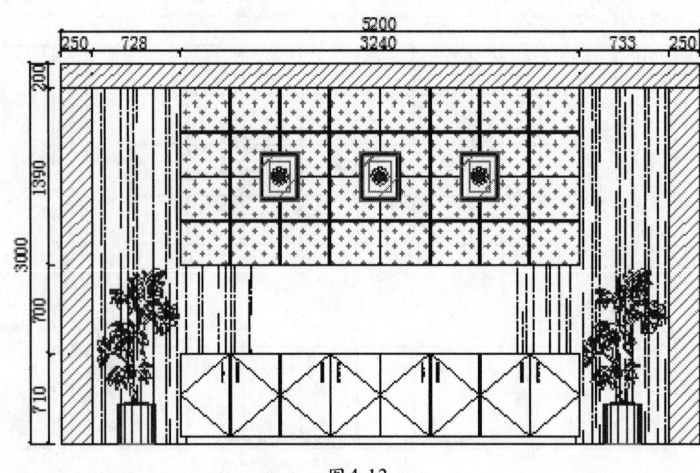

图4-13

STEP 14 执行“多重引线”等命令，对图形进行引线标注，保存文件，最终效果如图4-14所示。

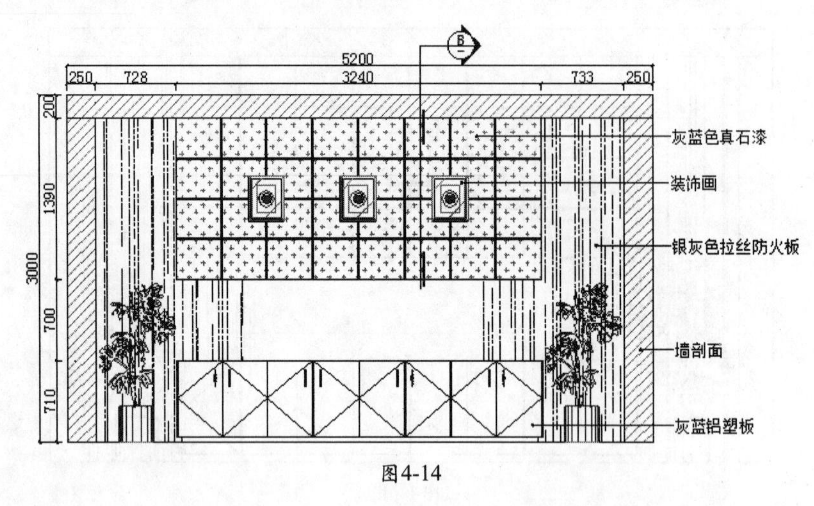

图4-14

CAD 【从零起步】

4.1 图形的选择

选择对象是整个绘图工作的基础，在编辑图形之前，首先要指定一个或多个编辑对象，这个指定编辑对象的过程就是选择。准确熟练地选择对象是编辑操作的基本前提，可以给绘图工作带来很大的帮助。

4.1.1 设置对象的选择模式

设定方便的选择模式是提高绘图效率的方法之一。可以通过“选项”对话框进行设置。首先在菜单栏执行“工具”→“选项”命令，或者在绘图窗口中单击鼠标右键，从弹出的快捷菜单中执行“选项”命令，打开“选项”对话框。然后切换到“选择集”选项卡。通过拖动滑块来设置拾取框大小和夹点尺寸，再根据需要设置选择集模式及夹点属性，如图4-15所示。设置完成后单击“确定”按钮即可。

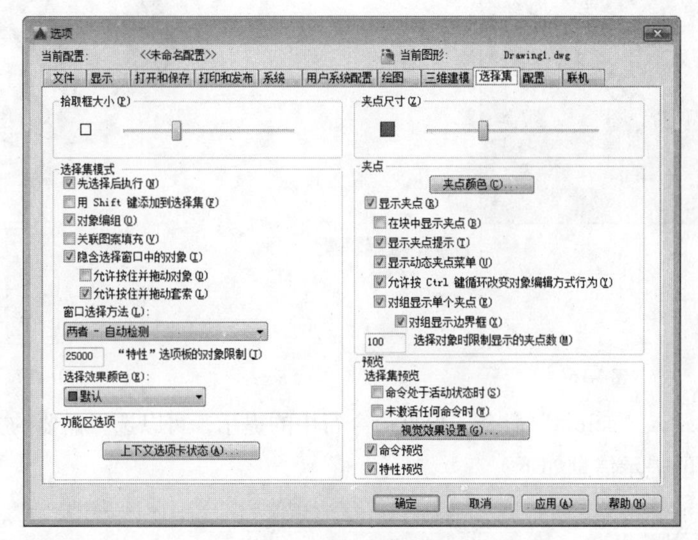

图4-15

在“选择集模式”选项组中，各个复选框的功能介绍如下。

- 先选择后执行：用于执行大多数修改命令时调换传统的次序。可以在命令提示下，先选择图形对象，再执行修改命令。
- 用Shift键添加到选择集：勾选该复选框，将激活一个附加选择方式，即需要按住Shift键才能添加新对象。
- 对象编组：勾选该复选框，若选择组中的任意一个对象，则该对象所在的组都将被选中。
- 关联图案填充：勾选该复选框，若选择关联填充的对象，则填充的边界对象也被选中。
- 隐含选择窗口中的对象：勾选该复选框，在图形窗口用鼠标拖动或者用定义对角线的方法定义出一个矩形即可进行对象的选择。
- 允许按住并拖动对象：勾选该复选框，可以按住定点设备的拾取按钮，拖动光标确定选择窗口。

4.1.2　选择对象的方法

在AutoCAD中，选择对象的方法有很多种：可以通过单击对象逐个拾取；也可利用矩形窗口或交叉窗口来选择；可以选择最近创建的对象、前面的选择集或图形中的所有对象；也可以向选择集中添加对象或从中删除对象。

使用光标拖出矩形框进行选择，这是最快捷的选择方式。当使用鼠标从左向右拖出矩形框进行选择时，全部位于矩形框内的图形对象将被选中，只有部分位于矩形框内的图形对象不被选中；当使用鼠标从右向左选择时，全部位于矩形窗口内的和只有部分位于矩形窗口内的对象均被选中，如图4-16和图4-17所示。

图4-16　　图4-17

在命令行中输入"select"命令。根据命令行中的提示，可以选择需要的方式来选择图形对象。命令行中的提示信息如下：

命令: select
选择对象: ?
无效选择
需要点或窗口(W)/上一个(L)/窗交(C)/框(BOX)/全部(ALL)/栏选(F)/圈围(WP)/圈交(CP)/编组(G)/添加(A)/删除(R)/多个(M)/前一个(P)/放弃(U)/自动(AU)/单个(SI)/子对象(SU)/对象(O)

根据提示信息，输入其中的大写字母，即可指定对象选择模式。其中，命令行中各选项的含义介绍如下。

- "窗口（W）"选项：可以通过绘制一个矩形区域来选择对象。当指定了矩形窗口的两个角点时，位于这个矩形窗口内的对象将被选中，不在该窗口内或者只有部分在该窗口内的对象则不被选中。选取方法是按住鼠标左键从左到右拖动选择对象，以实线、半透明的蓝色显示矩形窗口。
- "上一个（L）"选项：选取图形窗口内可见元素中最后创建的对象，不管使用多少次，都只有一个对象被选中，执行本选项只有最后创建的图形被选中。
- "窗交（C）"选项：使用交叉窗口可以选择对象。该方法与窗口选择对象的方法类似，但使用该方法时，全部位于窗口之内或与窗口边界相交的对象都将被选中。选取方法是按住鼠标左键从右到左拖动选取选择对象，以虚线、半透明的绿色显示矩形窗口。
- "框（B）"选项：由窗口和窗交组合的一个单独选项。从左到右设置拾取框的两角点，则执行"窗口"选项；从右到左设置拾取框的两角点，则执行"窗交"选项。
- "全部（A）"选项：选取图形中没有被锁定、关闭或冻结层上的所有对象。
- "栏选（F）"选项：通过绘制一条开放的多点栅栏（多段直线）来选择，其中所有与栅栏相接触的对象均会被选中。使用栏选方法定义的直线可以自身相交。
- "圈围（WP）"选项：通过绘制一个不规则的封闭多边形，并用它作为"窗口”来选取对象，完全包围在多边形中的对象将被选中。如果给定的多边形顶点不封闭系统将自动将其封闭。

- “圈交（CP）”：与窗交选取法类似，通过绘制一个不规则的封闭多边形，并用它作为“窗口”来选取对象，所有在多边形内或与多边形相交的对象都将会被选中。
- “编组（G）”选项：通过使用组名字来选择一个已定义的对象组。
- “添加（A）”选项：通过设置Pickadd系统变量把对象加入到选择集中。如果Pickadd被设为1（默认），后面所选择的对象均被加入到选择集中；如果Pickadd被设为0，则只有最近所选择的对象被加入到选择集中，其他所选择的对象则被取消选择，即只能选择最近的一个对象或对象组。
- “删除（R）”选项：可以从选择集中（而不是图中）移出已选取的对象，此时只需单击要从选择集中移出的对象即可。
- “多个（M）”选项：可以选取多点但不醒目显示对象，从而加速对象的选取。
- “前一个（P）”选项：将最近的选择集设置为当前选择集。
- “放弃（U）”选项：取消最近的对象选择操作，如果最后一次选择的对象多于一个，此时将从选择集中删除最后一次选择的所有对象。
- “自动（AU）”选项：自动选择对象。如果第一次拾取点就发现了一个对象，则单个对象就会被选取而“框”模式被中止。
- “单个（SI）”选项：与其他选项配合使用。如果提前使用单个方式来完成选取，则当对象被发现时，对象选取工作就会自动结束。

默认情况下，可以直接选择对象，此时光标变成一个小方框“□”的形状（即拾取框），利用该方框可逐个拾取所需对象。这种方法也称为单选方法，即单击鼠标一次只能选择一个对象。

4.2 图形的复制

AutoCAD 提供了丰富的复制图形对象的命令，可以轻松地对图形对象进行不同方式的复制操作。如果只是简单地复制图形对象，可执行“复制”命令；如果还有一些特殊的位置要求，可执行“镜像”“偏移”或“阵列”命令来实现复制。

4.2.1 复制图形

复制对象是将原图形对象保留，创建并移动原图形对象副本，且复制后的对象将继承原对象的属性。在AutoCAD中，可以使用“复制”命令进行图形对象的复制操作，其操作方法有以下三种。

- 使用菜单栏命令：执行“修改”→“复制”命令。
- 使用功能区命令：执行“默认”→“修改”→“复制”命令。
- 在命令行中输入“copy”命令。

下面将通过具体的复制操作对复制命令的执行进行介绍。

STEP 01 打开图形文件，执行“复制”命令，根据命令提示，选取复制对象后指定基点。

STEP 02 随后指定第二点、第三点作为复制的目标点。按Enter键确定即可完成复制，如图4-18所示。使用“复制”命令可以对原对象进行连续复制。

命令行提示如下：

```
命令: _copy 找到 1 个
当前设置: 复制模式 = 多个
指定基点或 [位移(D)/模式(O)] <位移>:
指定第二个点或 [阵列(A)] <使用第一个点作为位移>:
指定第二个点或 [阵列(A)/退出(E)/放弃(U)] <退出>:
```

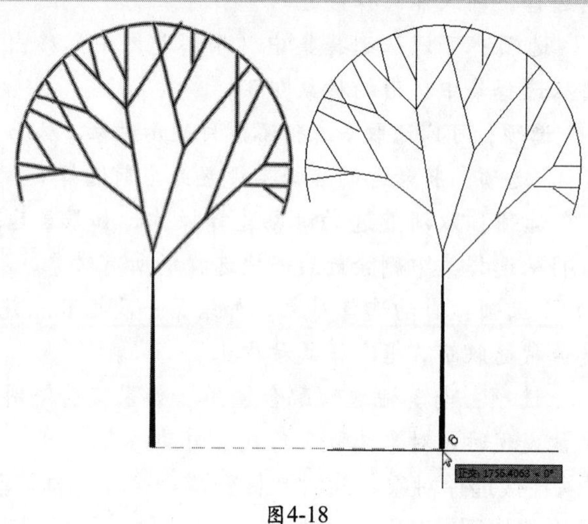

图4-18

4.2.2 镜像图形

镜像功能对绘制对称的图形非常有用，可以快速地绘制半个对象，然后将其镜像，而不必绘制整个对象。因为需要绕轴（镜像线）翻转对象创建镜像图形，所以要通过输入两点指定临时镜像线，同时，还要选择是删除源对象还是保留源对象。

镜像图形的方法有以下三种。

- 使用菜单栏命令：执行“修改”→“镜像”命令。
- 使用功能区命令：执行“默认”→“修改”→“镜像”命令。
- 在命令行中输入“mirror”命令。

下面将通过具体的镜像操作对镜像命令的执行进行介绍。

STEP 01 选择图形对象，在菜单栏中执行“修改”→“镜像”命令。

STEP 02 根据命令行提示，指定两点确定镜像线，决定对称图形的位置和角度；按Enter键确定完成操作，如图4-19所示。命令行提示如下：

```
命令: _mirror 找到 1 个
指定镜像线的第一点: 指定镜像线的第二点:
要删除源对象吗? [是(Y)/否(N)] <N>:
```

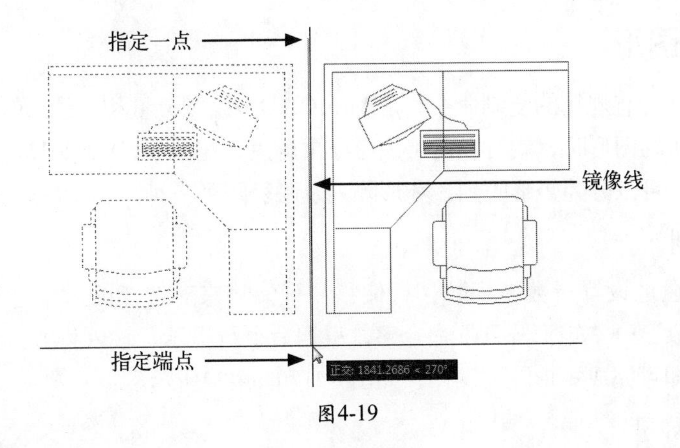

图4-19

4.2.3 偏移图形

使用偏移命令可以绘制直线的平行线，也可以绘制曲线的同心结构。偏移的对象可以为直线、圆弧、圆、椭圆、椭圆弧、二维多段线、构造线、射线或样条曲线组成的对象。

偏移图形有以下三种方法。

- 使用菜单栏命令：执行“修改”→“偏移”命令。
- 使用功能区命令：执行“默认”→“修改”→“偏移”命令。
- 在命令行中输入“offset”命令。

下面将通过具体的偏移操作对偏移命令的执行进行介绍。

STEP 01 打开图形文件。在菜单栏中执行“修改”→“偏移”命令。

STEP 02 根据命令行提示，在动态输入框内输入偏移尺寸，指定要偏移的点；按Enter键完成操作，如图4-20所示。

命令行提示如下：

```
命令: _offset
当前设置: 删除源=否  图层=源  OFFSETGAPTYPE=0
指定偏移距离或 [通过(T)/删除(E)/图层(L)] <通过>: 100
选择要偏移的对象，或 [退出(E)/放弃(U)] <退出>:
指定要偏移的那一侧上的点，或 [退出(E)/多个(M)/放弃(U)] <退出>:
选择要偏移的对象，或 [退出(E)/放弃(U)] <退出>:
```

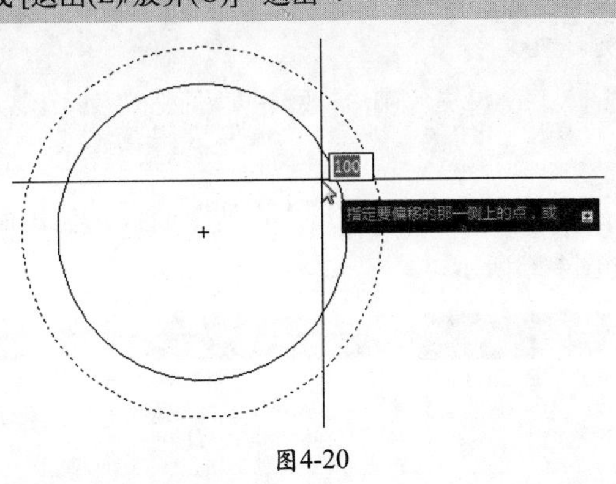

图4-20

4.2.4 阵列图形

阵列命令是一种有规律的复制命令，是AutoCAD中绘制大量相同结构的有力工具。当遇到一些有规则分布的图形时，就可以使用该命令来解决。在AutoCAD 2016中，根据阵列生成对象的分布情况，可以分为矩形阵列、环形阵列及路径阵列三种。

1. 矩形阵列

矩形阵列是通过设置行数、列数、行偏移和列偏移来对选择的对象进行复制的。执行“默认”→“修改”→“矩形阵列”命令，根据命令行提示，输入行数、列数，以及间距值，按Enter键，即可完成矩形阵列操作，如图4-21和图4-22所示。

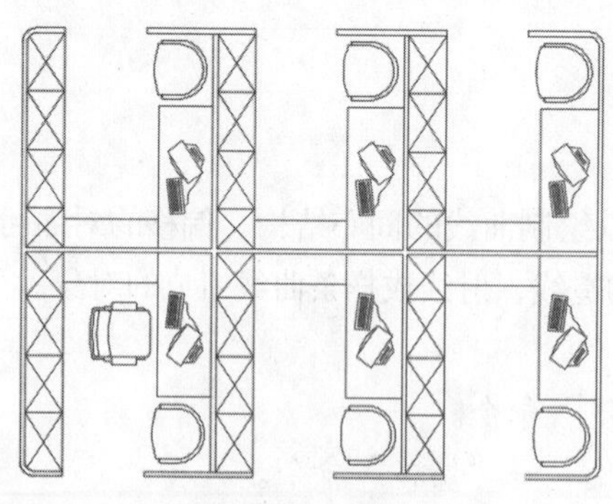

图4-21

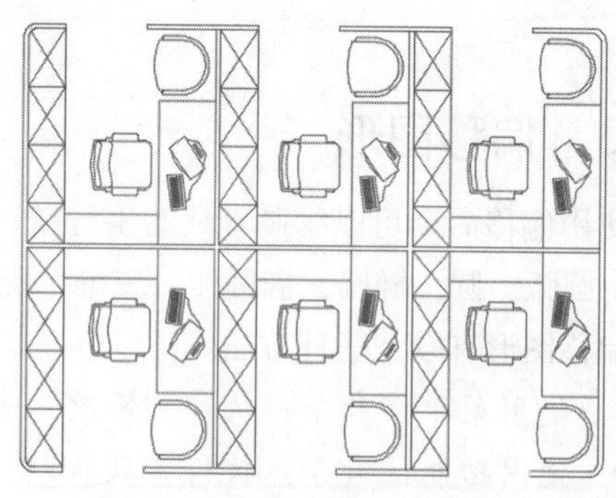

图4-22

命令行提示如下：

```
命令: _arrayrect
选择对象: 指定对角点: 找到 1个
选择对象:
类型 = 矩形 关联 = 是
选择夹点以编辑阵列或 [关联(AS)/基点(B)/计数(COU)/间距(S)/列数(COL)/行数(R)/层数(L)/退出(X)] <退出>: cou
输入列数数或 [表达式(E)] <4>: 3
输入行数数或 [表达式(E)] <3>: 2
选择夹点以编辑阵列或 [关联(AS)/基点(B)/计数(COU)/间距(S)/列数(COL)/行数(R)/层数(L)/退出(X)] <退出>: s
指定列之间的距离或 [单位单元(U)] <420>: 2000
指定行之间的距离 <555>:1700
选择夹点以编辑阵列或 [关联(AS)/基点(B)/计数(COU)/间距(S)/列数(COL)/行数®/层数(L)/退出(X)] <退出>:
```

当执行阵列命令后，在功能区中则会打开“阵列”面板，在该命令面板中，可对阵列后的图形进行编辑修改，如图4-23所示。

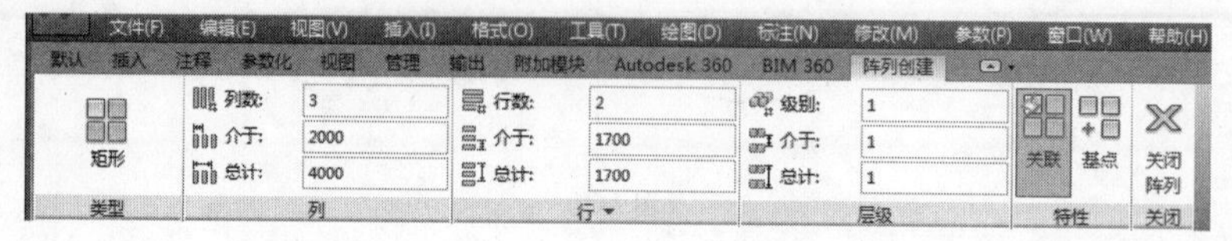

图4-23

上述命令面板中的主要选项说明如下。

- 列：在该命令组中，可设置列数、列间距以及列的总距离值。
- 行：在该命令组中，可设置行数、行间距以及行的总距离值。
- 层级：在该命令组中，可设置层数、层间距以及级层的总距离。
- 基点：该选项用于重新定义阵列的基点。

2. 环形阵列

环形阵列是指阵列后的图形呈环形。使用环形阵列时也需要设定有关参数，其中包括中心点、方法、项目总数和填充角度。与矩形阵列相比，环形阵列创建出的阵列效果更灵活。执行“默认”→“修改”→“环形阵列”命令，根据命令行提示，指定阵列中心，并输入阵列数目值，即可完成环形阵列，如图4-24和图4-25所示。

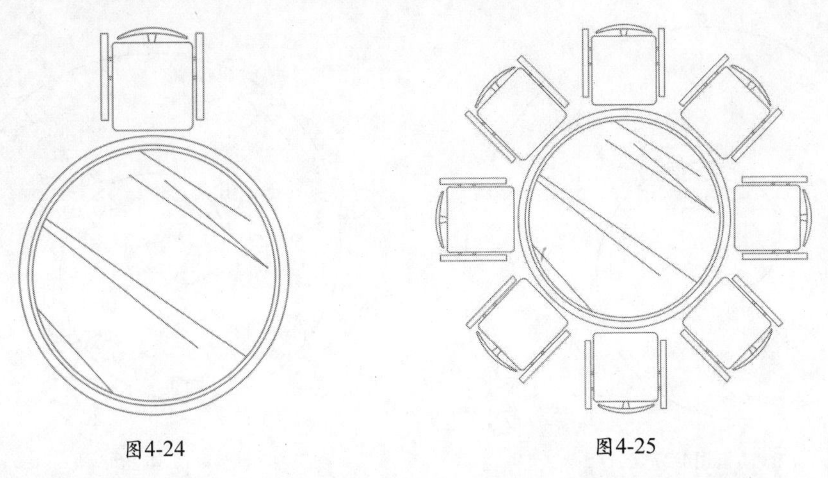

图4-24　　图4-25

命令行提示如下：

命令: _arraypolar
选择对象: 指定对角点: 找到 1个
选择对象:　　（选中所需阵列的图形）
类型 = 极轴 关联 = 是
指定阵列的中心点或 [基点(B)/旋转轴(A)]:　　（指定阵列中心点）
选择夹点以编辑阵列或 [关联(AS)/基点(B)/项目(I)/项目间角度(A)/填充角度(F)/行(ROW)/层(L)/旋转项目(ROT)/退出(X)] <退出>: I　　（选择“项目”选项）
输入阵列中的项目数或 [表达式(E)] <6>: 8　　（输入阵列数目值）
选择夹点以编辑阵列或 [关联(AS)/基点(B)/项目(I)/项目间角度(A)/填充角度(F)/行(ROW)/层(L)/旋转项目(ROT)/退出(X)] <退出>:　　（按Enter键，完成操作）

环形阵列完毕后，选中阵列的图形，同样会打开“阵列”命令面板。在该面板中可对阵列后的图形进行编辑，如图4-26所示。

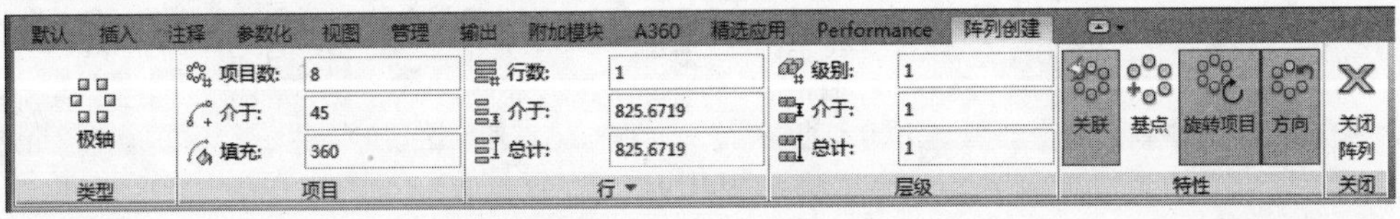

图4-26

上述命令面板中的主要选项说明如下。

- 项目：在该选项组中，可设置阵列项目数、阵列角度，以及指定阵列中第一项到最后一项之间的角度。
- 行：该选项组可设置行数、行间距以及行的总距离值。
- 层级：该命令组可设置层数、层间距以及级层的总距离。

3. 路径阵列

路径阵列是根据所指定的路径进行阵列，如曲线、弧线、折线等所有开放型线段。执行“默认”→“修改”→“路径阵列”命令，根据命令行提示，选择所要阵列图形对象，其后选择所需阵列的路径曲线，并输入阵列数目，即可完成路径阵列操作，如图4-27和图4-28所示。

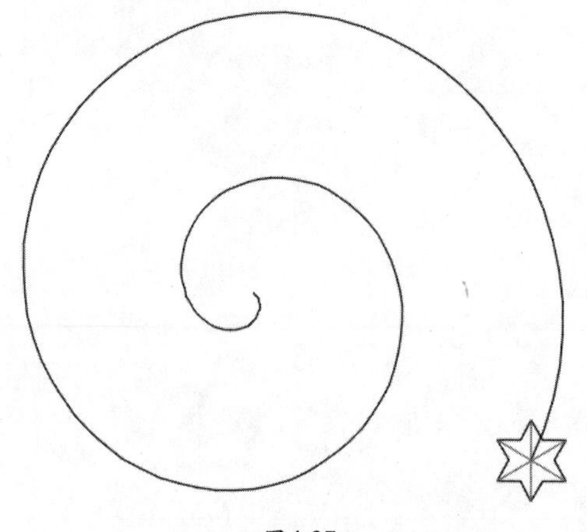

图4-27

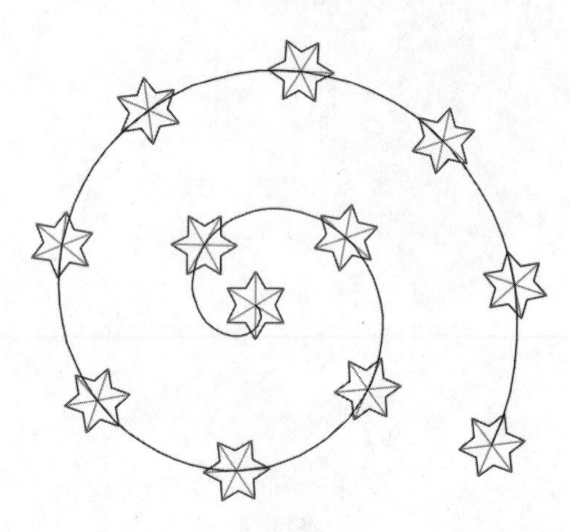

4-28

命令行提示如下：

```
命令: _arraypath 找到 1 个
类型 = 路径 关联 = 是
选择路径曲线:
选择夹点以编辑阵列或 [关联(AS)/方法(M)/基点(B)/切向(T)/项目(I)/行(R)/层(L)/对齐项目(A)/z 方向(Z)/退出(X)] <退出>:
选择夹点以编辑阵列或 [关联(AS)/方法(M)/基点(B)/切向(T)/项目(I)/行(R)/层(L)/对齐项目(A)/z 方向(Z)/退出(X)] <退出>:
选择夹点以编辑阵列或 [关联(AS)/方法(M)/基点(B)/切向(T)/项目(I)/行(R)/层(L)/对齐项目(A)/z 方向(Z)/退出(X)] <退出>:          (按Enter键，完成操作)
```

同样，在执行路径阵列后，系统也会打开“阵列”命令面板。该命令面板与其他阵列面板相似，都可对阵列后的图形进行编辑操作，如图4-29所示。

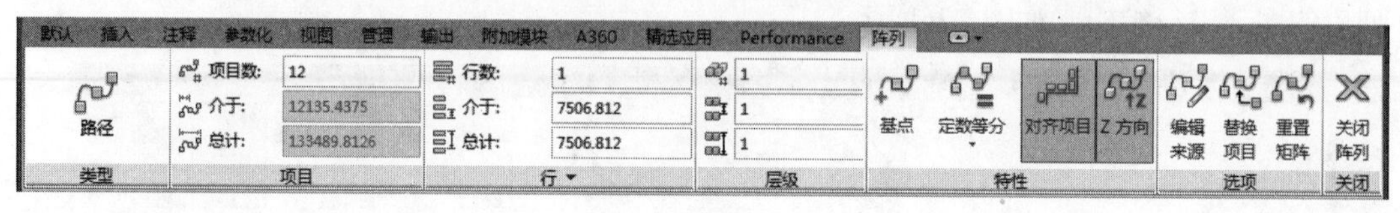

图4-29

上述命令面板中的主要选项说明如下。

- 项目：该选项组可设置项目数、项目间距、项目总间距。
- 定数等分：该选项可重新布置项目，以沿路径长度平均定数等分。
- 对齐项目：该选项指定是否对其每个项目以与路径方向相切。
- Z方向：该选项控制是保持项的原始Z方向还是沿三维路径倾斜方向。
- 编辑来源：该选项可编辑选定项的原对象或替换原对象。
- 替换项目：该选项可引用原始源对象的所有项的原对象。
- 重置矩阵：恢复已删除项、并删除任何替代项。

4.3 图形的编辑

在绘制二维图形时，有时会遇到图形方向、大小、尺寸等不合理的状况。这时就需要利用移动、旋转、缩放、拉伸等命令对图形对象进行调整和优化。

4.3.1 移动图形

移动图形是指在不改变对象大小和方向的情况下，从当前位置移动到新的位置。可以通过输入距离数值进行移动，也可以利用自动捕捉功能从一个点移动到另一个点。移动图形有以下三种方法。

- 使用菜单栏命令：执行“修改”→“移动”命令。
- 使用功能区命令：执行“默认”→“修改”→“移动”命令。
- 在命令行输入“move”命令。

执行“移动”命令，根据命令行提示，选中所需移动图形，并指定移动基点，即可将其移动至新位置，如图4-30和图4-31所示。

命令行提示如下：

```
命令: move
MOVE 找到 1 个                              （选择所需移动对象）
指定基点或 [位移(D)] <位移>:               （指定移动基点）
指定第二个点或 <使用第一个点作为位移>:      （指定新位置点或输入移动距离值即可）
```

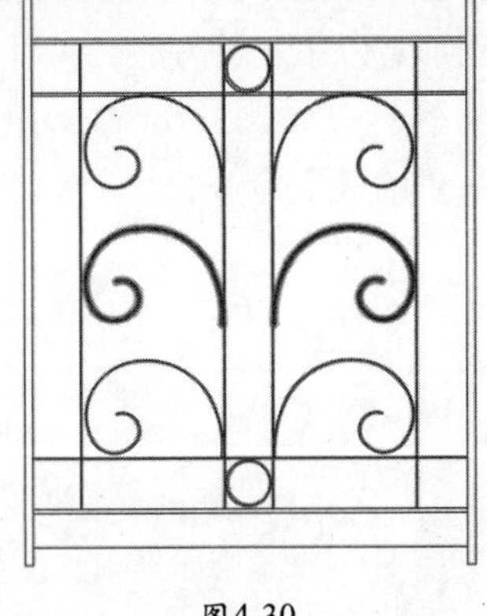

图4-30

图4-31

4.3.2 旋转图形

旋转图形是将选择的图形按照指定的点进行旋转或者旋转复制，可以改变所选择的一个或多个图形的方向（位置）。可通过指定一个基点和一个相对或绝对的旋转角度来对所选图形对象进行旋转。旋转图形有以下三种方法。

- 使用菜单栏命令：执行“修改”→“旋转”命令。
- 使用功能区命令：执行“默认”→“修改”→“旋转”命令。
- 在命令行输入“rotate”命令。

执行“旋转”命令，选择所需旋转对象，指定旋转基点，并输入旋转角度即可完成，如图4-32和图4-33所示。

命令行提示如下：

```
命令: _rotate
UCS 当前的正角方向: ANGDIR=逆时针  ANGBASE=0
选择对象: 指定对角点: 找到 1 个
选择对象:                                          (选中图形对象)
指定基点:                                          (指定旋转基点)
指定旋转角度，或 [复制(C)/参照(R)] <0>: 90          (输入旋转角度)
```

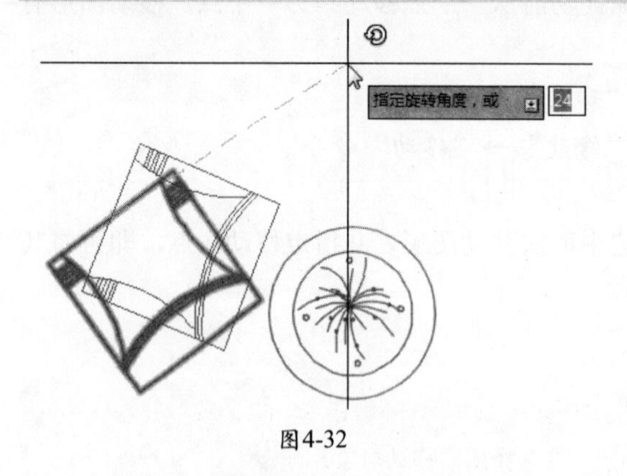

图4-32

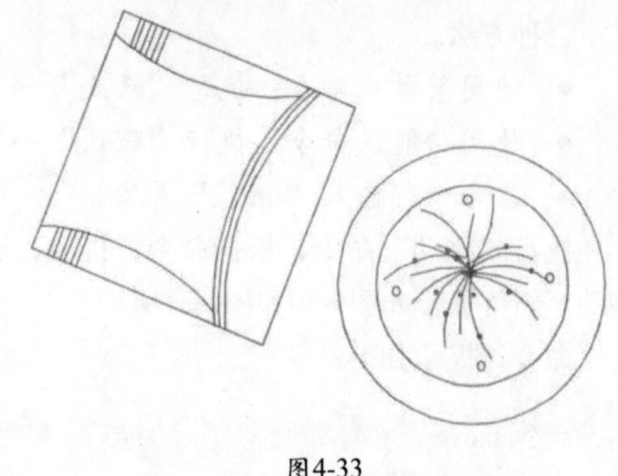
图4-33

4.3.3 缩放图形

缩放图形是指将选择的图形对象按照一定的比例进行放大或缩小，从而改变图形的尺寸大小。缩放前后效果对比如图4-34和图4-35所示。缩放图形有以下三种方法。

- 使用菜单栏命令：执行“修改”→“缩放”命令。
- 使用功能区命令：执行“默认”→“修改”→“缩放”命令。
- 在命令行中输入“scale”命令。

执行“缩放”命令后，命令行提示内容如下所述。

```
命令: _scale
选择对象: 指定对角点: 找到 1 个          (选择对象)
选择对象:                                (按Enter键)
指定基点:                                (指定一点)
```

指定比例因子或 [复制(C)/参照(R)]:

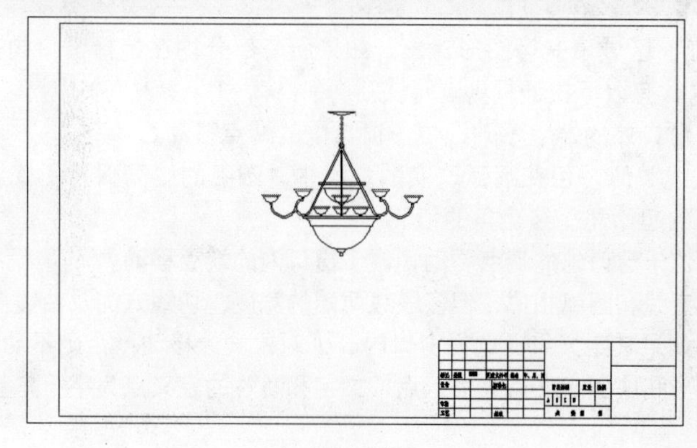

图4-34

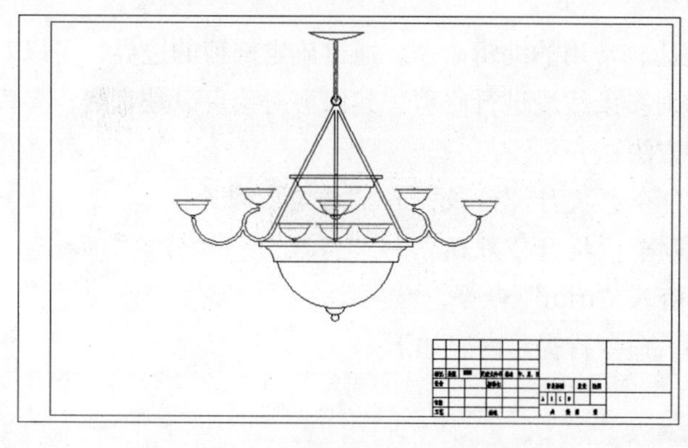

图4-35

4.3.4 拉伸图形

拉伸对象是将对象沿指定的方向和距离进行延伸。拉伸后的源对象只是长度发生改变。该命令用于修改非闭合的直线、多段线、样条曲线、圆弧、椭圆弧及圆弧的包含角等对象的长度。拉伸图形有以下三种方法。

- 使用菜单栏命令：执行“修改”→“拉伸”命令。
- 使用功能区命令：执行“默认”→“修改”→“拉伸”命令。
- 在命令行中输入“stretch”命令。

执行“拉伸”命令后，命令行提示内容如下：

命令: _stretch
以交叉窗口或交叉多边形选择要拉伸的对象...
选择对象: 指定对角点: 找到 3 个　　（选择对象）
选择对象:　　（按Enter键）
指定基点或 [位移(D)] <位移>:　　（指定一点）
指定第二个点或 <使用第一个点作为位移>:　　（指定第二点）

在“选择对象”命令提示下，可输入C（交叉窗口方式）或CP（不规则交叉窗口方式），将位于选择窗口之内的对象进行位移，与窗口边界相交的对象按规则拉伸、压缩和移动。

提 示

对于直线、圆弧、区域填充等图形对象，如果所有部分均在选择窗口内被移动。如果只有一部分在选择窗口内，有以下拉伸规则。

- 直线：位于窗口外的端点不动，位于窗口内的端点移动。
- 圆弧：与直线类似，但在圆弧改变的过程中，圆弧的弦高保持不变，同时调整圆心的位置和圆弧的起始角、终止角的值。
- 区域填充：位于窗口外的端点不动，位于窗口内的端点移动。
- 多段线：与直线和圆弧相似，但多段线两端的宽度、切线方向及曲线拟合信息均不变。
- 其他对象：如果其定义点在选择窗口内，则对象发生移动；否则不动。其中，圆的定义点为圆心，形和块的定义点为插入点，文字和属性的定义点为字符串基线的左端点。

4.3.5 修剪图形

“修剪”命令是比较常用的编辑命令。通过确定修剪的边界，可以对两条相交的线段进行修剪；也可以同时对多条线段进行修剪，其修剪对象可以是直线、多段线、样条曲线等。修剪图形有以下三种方法。

- 使用菜单栏命令：执行“修改”→“修剪”命令。
- 使用功能区命令：执行“默认”→“修改”→“修剪”命令。
- 在命令行中输入“trim”命令。

执行修剪命令后，命令行提示内容如下：

```
命令: _trim
选择对象:
选择要修剪的对象，或按住 Shift 键选择要延伸的对象，或[栏选(F)/窗交(C)/投影(P)/边(E)/删除(R)/放弃(U)]:
```

在进行修剪或延伸的处理之前，可先选择剪切边或边界边，这些边可以与修剪对象相交，也可以不相交。在指定剪切边或边界边后，可将对象修剪或延伸至投影边或延长线交点，即对象拉长后相交的地方。

提 示

命令行中各选项的含义介绍如下。

- 选择要修剪的对象或按住Shift键选择要延伸的对象：选择对象进行修剪或延伸到剪切边对象，此选项为默认项。
- 栏选：选择与选择栏相交的所有对象。选择栏是一系列临时线段，是用两个或多个栏选点指定的。选择栏不构成闭合环。
- 窗交：选择矩形区域（由两点确定）内部或与之相交的对象。
- 投影：指定修剪对象时使用的投影方式。“无”指定无投影，该命令只修剪与三维空间中的剪切边相交的对象；“UCS”指定在当前用户坐标系XY平面上的投影，该命令将修剪不与三维空间中的剪切边相交的对象；“视图”指定沿当前观察方向的投影，该命令将修剪与当前视图中的边界相交的对象。
- 边：用于确定对象是在另一对象的延长边处进行修剪，还是仅在三维空间中与该对象相交的对象处进行修剪。

4.3.6 延伸图形

延伸命令可以将对象延伸到指定的边界。其操作方法有以下三种。

- 使用菜单栏命令：执行“修改”→“延伸”命令。
- 使用功能区命令：执行“默认”→“修改”→“延伸”命令。
- 在命令行中输入“extend”命令。

执行“延伸”命令后，命令行提示内容如下：

命令: _extend
当前设置:投影=UCS，边=延伸
选择边界的边...
选择对象或 <全部选择>: 找到 1 个　　　　　　　　（选择边界）
选择对象:　　　　　　　　　　　　　　　　　　（按Enter键）
选择要延伸的对象，或按住 Shift 键选择要修剪的对象，或
[栏选(F)/窗交(C)/投影(P)/边(E)/放弃(U)]:

提 示

在修剪或延伸的过程中，按住Shift键，可以将两个命令切换使用。

4.3.7 合并图形

合并对象是将相似的对象合并为一个对象，如将两条断开的直线合并成一条线段，但合并的对象必须位于相同的平面上。合并的对象可以为圆弧、椭圆弧、直线、多段线和样条曲线。合并图形有以下三种方法。

- 使用菜单栏命令：执行“修改”→“合并”命令。
- 使用功能区命令：执行“默认”→“修改”→“合并”命令。
- 在命令行中输入“join”命令。

执行“合并”命令后，根据命令行提示，选中所需合并的线段，按Enter键即可完成合并操作。命令行提示如下：

命令: _join
选择源对象或要一次合并的多个对象: 找到 1 个
选择要合并的对象: 找到 1 个，总计 2 个　　　　（选择所需合并的图形对象）
选择要合并的对象:　　　　　　　　　　　　　　　　（按Enter键，完成合并）
2 条直线已合并为 1 条直线

提 示

合并两条或多条圆弧时，将从源对象开始沿逆时针方向合并圆弧。合并直线时，所要合并的所有直线必须共线，即位于同一无限长的直线上；合并多个线段时，其对象可以是直线、多段线或圆弧，但各对象之间不能有间隙，而且必须位于同一平面上。

4.3.8 分解图形

分解对象功能是将多段线、面域或块对象分解成独立的对象。该命令可以分解矩形、多段线、多线、图块、尺寸标注、表格、多行文字和图案填充等多种对象，但不能分解圆、椭圆和样条曲线等图形。分解图形有以下三种方法。

- 使用菜单栏命令：执行“修改”→“分解”命令。
- 使用功能区命令：执行“默认”→“修改”→“分解”命令。
- 在命令行中输入“explode”命令。

打开图形文件，将光标移至图形上，会显示其相关信息“块参照”，如图4-36所示。随后执行“分解”命令，选择图块，按Enter键即可完成图形的分解。再次选择图形，将看到图形显示为多个独立图形，如图4-37所示。

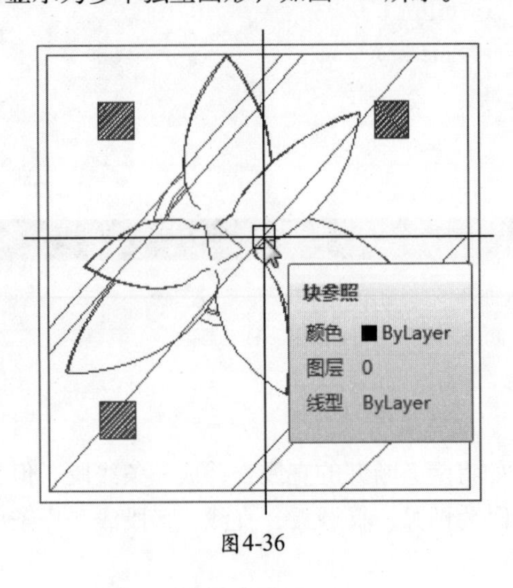

图4-36

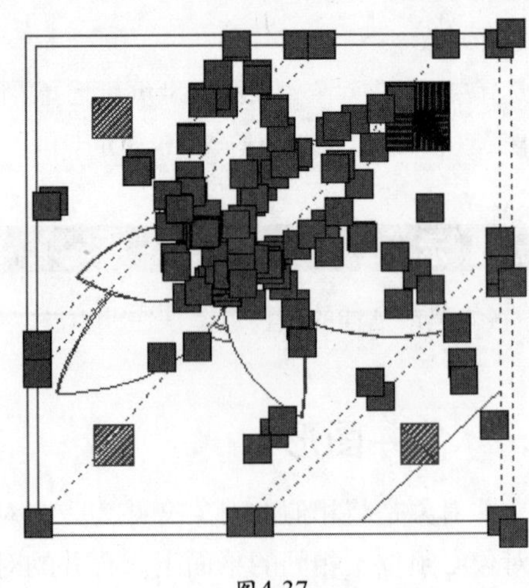

图4-37

4.4 图案的填充

在AutoCAD 2016中，只需要在“图案填充创建”选项板中进行操作，即可创建图案填充。使用以下三种方法可以执行“图案填充”命令。

- 使用菜单栏命令：执行“绘图”→“图案填充”命令。
- 使用功能区命令：执行“默认”→“绘图”→“图案填充”命令。
- 在命令行中输入“hatch”命令。

执行“图案填充”命令，打开“图案填充创建”功能面板，如图4-38所示。利用其中的相关命令便可以设置图案填充的边界、图案、特性，以及其他属性。

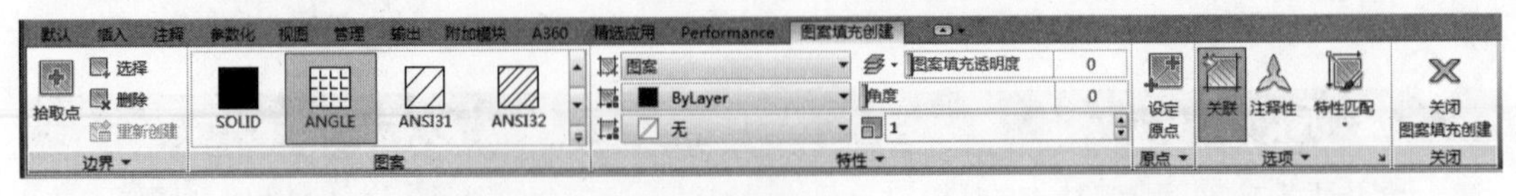

图4-38

“图案填充创建”面板中的主要选项介绍如下。

1. 边界

“边界”选项组主要是用来选择填充的边界点或边界线段。

（1）拾取点。根据围绕指定点构成封闭区域的现有对象来确定边界。

单击该按钮时，命令行提示内容如下：

```
命令: _hatch
拾取内部点或 [选择对象(S)/设置(T)]:
```

其中，命令行各选项介绍如下。

- 拾取内部点：该选项为默认选项，在填充区域单击即可对图形进行图案填充。
- 选择对象：选择该选项，单击图形对象进行图案填充。
- 设置：选择该选项，将打开“图案填充和渐变色”对话框，进行参数设置。

（2）选择。根据构成封闭区域的选定对象确定边界。

使用“选择对象”选项时，图案填充命令不自动检测内部对象，必须选择选定边界内的对象，以按照当前孤岛检测样式填充这些对象。每次单击“选择对象”时，图案填充命令将清除上一选择集。

（3）删除。从边界定义中删除之前添加的任何对象。

（4）重新创建。围绕选定的图案填充或填充对象创建多段线或面域，并使其与图案填充对象相关联。

2. 图案

该选项组用于显示所有预定义和自定义图案的预览图像。在打开的下拉列表中可选择图案的类型，如图4-39所示。

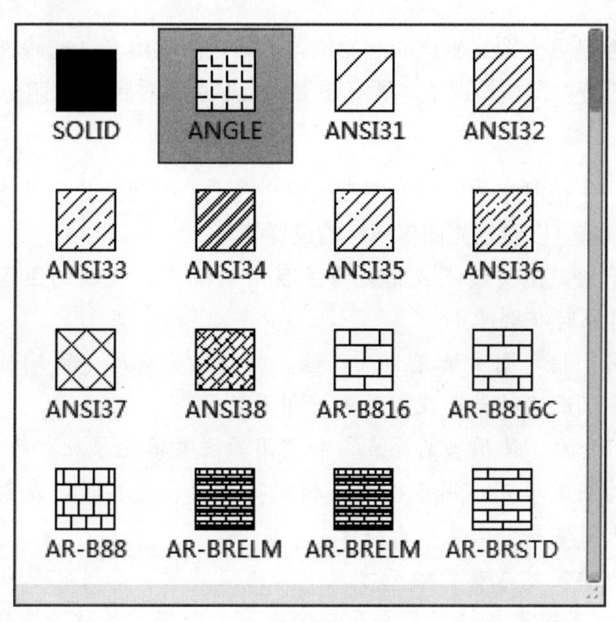

图4-39

3. 特性

在该选项组中，可根据需要设置填充类型、填充颜色、填充透明度、填充角度以及填充比例值等，如图4-40所示。

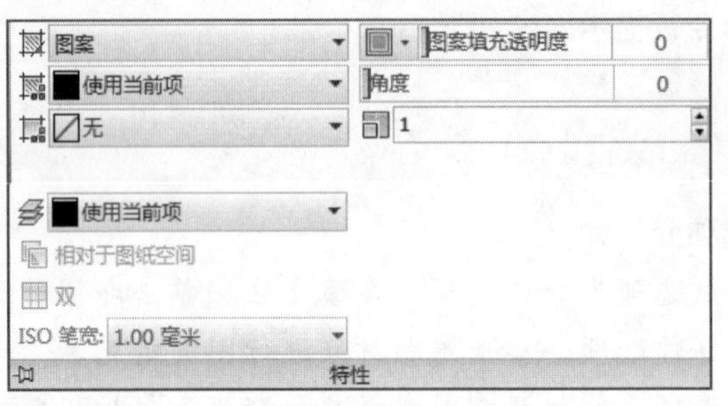

图4-40

- 图案填充类型：用于指定是创建实体填充、渐变填充、预定义填充图案，还是创建用户自定义的填充图案。
- 图案填充颜色：用于替代实体填充和填充图案的当前颜色。
- 背景色：用于指定填充图案背景的颜色。
- 图案填充透明度：设定新图案填充或填充的透明度，替代当前对象的透明度。选择“使用当前值”可使用当前对象的透明度设置。
- 图案填充角度：指定图案填充或填充的角度，有效值为0到359。
- 图案填充比例：放大或缩小预定义或自定义填充图案。只有将“图案填充类型”设定为“图案”，此选项才可用。

4. 原点

该选项组用于控制填充图案生成的起始位置。某些图案填充（如砖块图案）需要与图案填充边界上的一点对齐。默认情况下，所有图案填充原点都对应于当前的UCS原点。

5. 选项

该选项组主要用于控制常用的图案填充或填充选项，如选择是否自动更新图案、自动视口大小调整填充比例值，以及填充图案属性的设置等。

- 关联：用于指定图案填充或填充为关联图案填充，关联的图案填充或填充在修改其边界对象时将会更新。
- 注释性：用于指定图案填充为注释性。此特性会自动完成缩放注释过程，从而使注释能够以正确的大小在图纸上打印或显示。
- 特性匹配：分为“使用当前原点”和“用源图案填充原点”两种。
- 创建独立的图案填充：用于控制当指定多条闭合边界时，是创建单个图案填充对象，还是创建多个图案填充对象。
- 孤岛：孤岛填充方式属于填充方式中的高级功能。在其扩展列表中，该功能分为4种类型。当填充区域内部存在一个或多个内部边界时，选择不同的孤岛检测样式将产生不同的填充效果。
- 绘图次序：用于为图案填充或填充指定绘图次序。图案填充可以放在所有其他对象之后、所有其他对象之前、图案填充边界之后或图案填充边界之前。

提 示

关于孤岛填充类型的介绍如下。

- 普通孤岛检测：该样式用于从外部边界开始向内交替填充，即从最外一层封闭区域开始，如图4-41所示。
- 外部孤岛检测：该样式用于填充最外一层的封闭区域，而其内部均不进行填充，如图4-42所示。
- 忽略孤岛检测：该样式将忽略所有内部对象并让填充线穿过它们，如图4-43所示。
- 无孤岛检测：关闭孤岛检测。

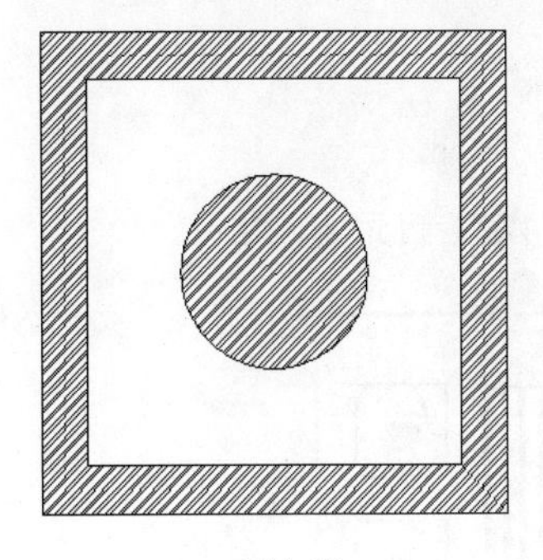

图4-41

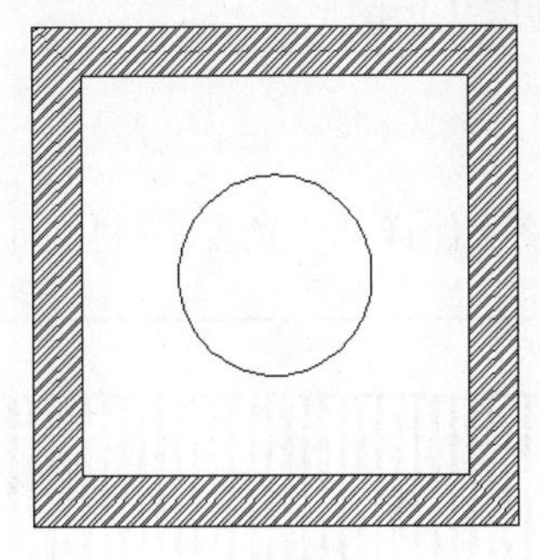

图4-42

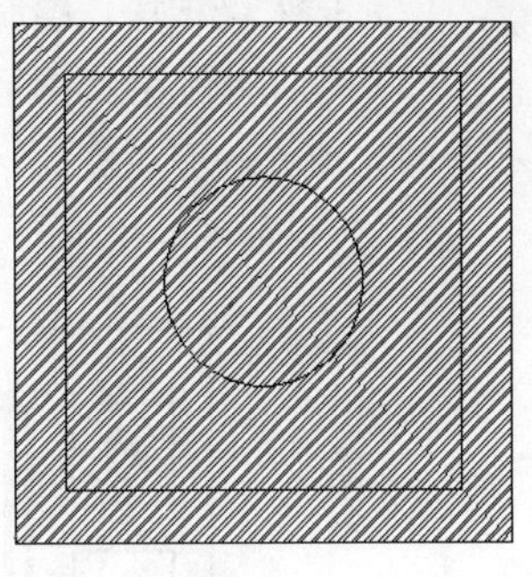

图4-43

CAD【拓展案例】

拓展案例1：绘制卧室立面图

绘图要领

（1）绘制卧房平面的墙体线。

（2）插入墙图块，绘制其他床头柜图形。

（3）绘制其他装饰图形。

（4）填充墙面图案。

最终效果如图4-44所示。最终文件详见“光盘:\素材文件\第4章”目录下。

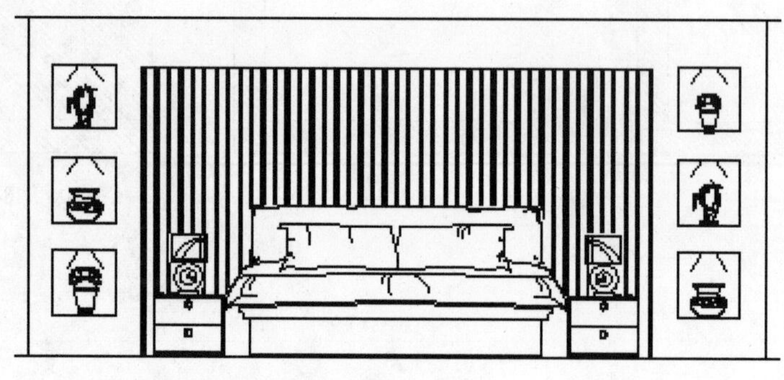

图4-44

拓展案例2：绘制餐厅立面图

绘图要领

（1）绘制餐厅平面墙体线。

（2）绘制酒柜图形。

（3）绘制餐桌餐椅图形。

（4）绘制其他装饰物图形。

最终效果如图4-45所示。最终文件详见“光盘:\素材文件\第4章”目录下。

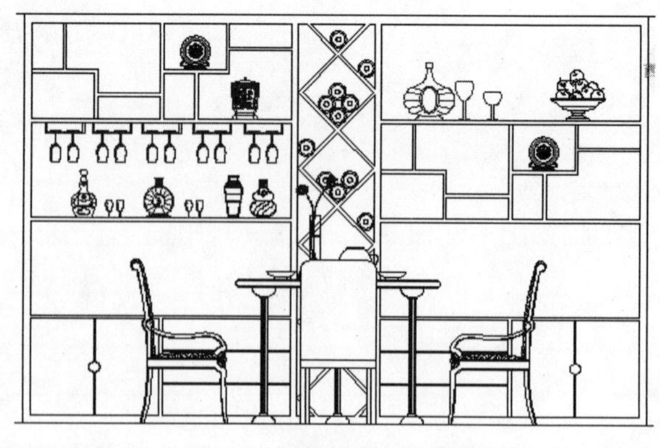

图4-45

第5章 05 绘制两居室平面布置图

内容概要：

本章将对图块的应用进行介绍，如果图形中含有大量相同的图形，便可以把这些图形保存为图块进行调用。此外，还可以把已有的图形文件以参照的形式插入到当前图形中，或者通过AutoCAD设计中心使用和管理文件。

知识要点：

- 创建块
- 插入块
- 外部参照的应用
- 外部参照的管理

课时安排：

理论教学1课时
上机实训3课时

案例效果图：

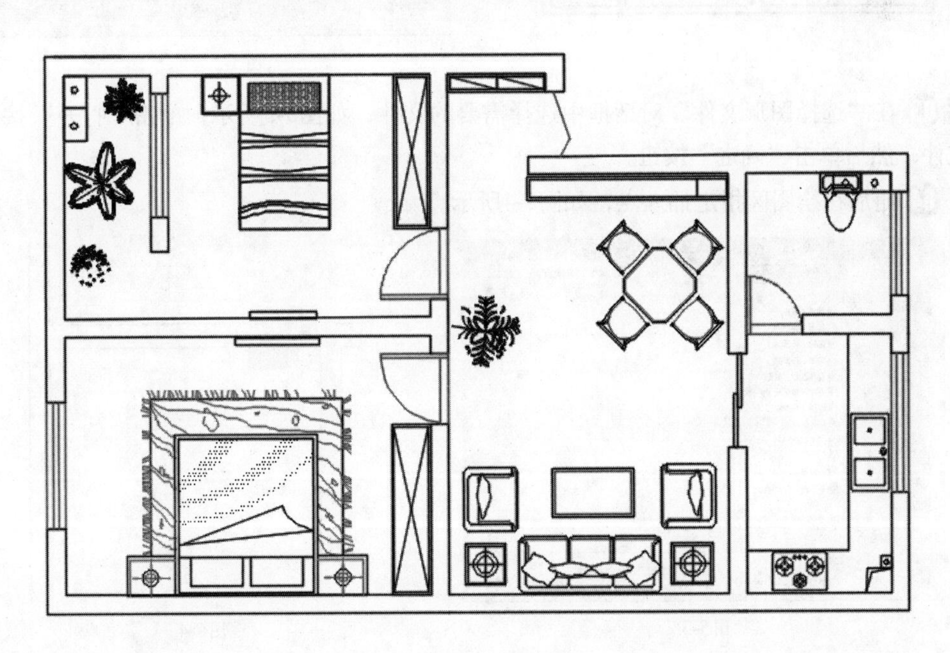

CAD【案例精讲】

案例描述

本案例将以两居室平面布置图的绘制展开介绍，其所涉及的知识点包括创建块、插入块、创建动态块、外部参照等命令。

案例文件

本案例素材文件和最终效果文件在“光盘:\素材文件\第5章”目录下，本案例的操作视频在“光盘:\操作视频\第5章”目录下。

案例详解

下面将对其绘制过程进行详细的介绍。

STEP 01 打开已经绘制好的“墙线”文件，如图5-1所示。

STEP 02 单击“插入”按钮，打开“插入”对话框，在“名称”列表框后单击“浏览”按钮，如图5-2所示。

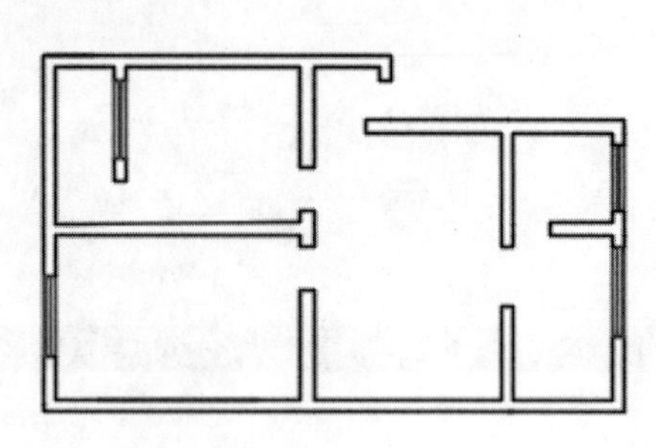

图5-1

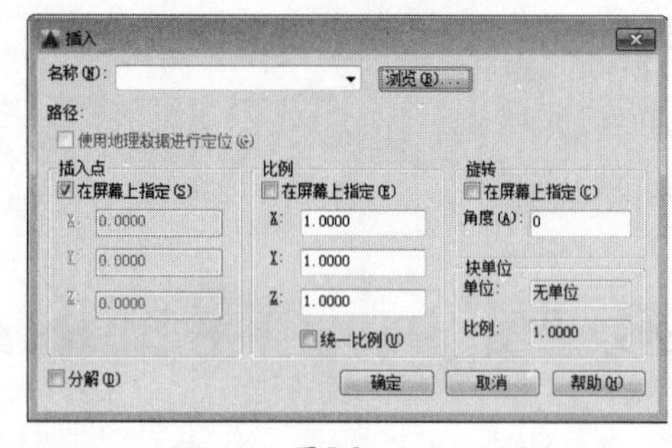

图5-2

STEP 03 在“选择图形文件”对话框中选择需要的文件，如图5-3所示。单击“打开”按钮打开文件，然后单击“确定”按钮。

STEP 04 随后在绘图区指定插入点，如图5-4所示。

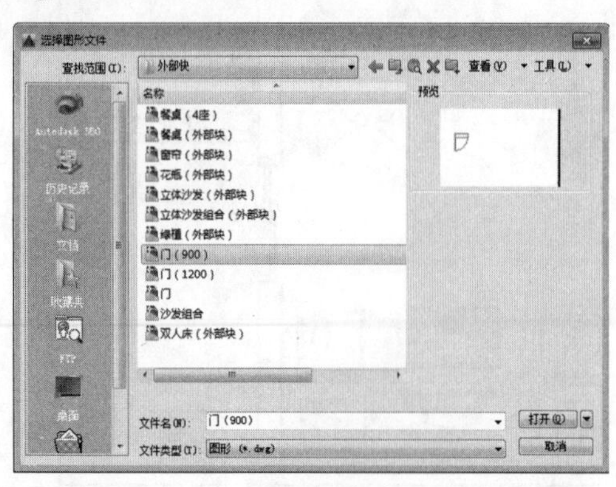

图5-3

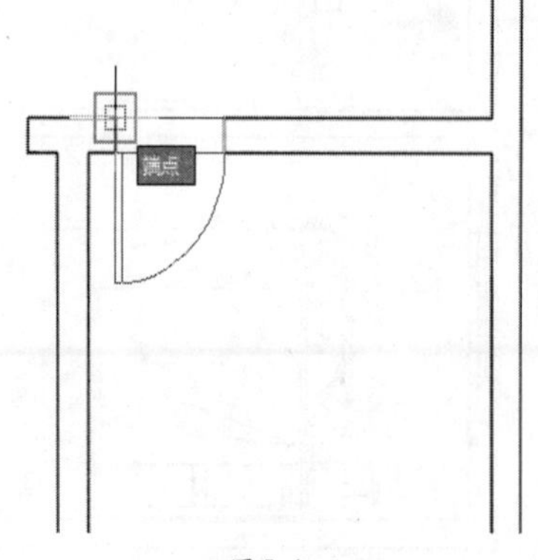

图5-4

STEP05 双击插图的图块，打开“编辑块定义”对话框，选择“门（900）”选项，如图5-5所示。

STEP06 单击“确定”按钮进入编辑状态，在参数选项卡中单击“线性”按钮，然后指定图形的两个端点，拖动鼠标得到标记，如图5-6所示。

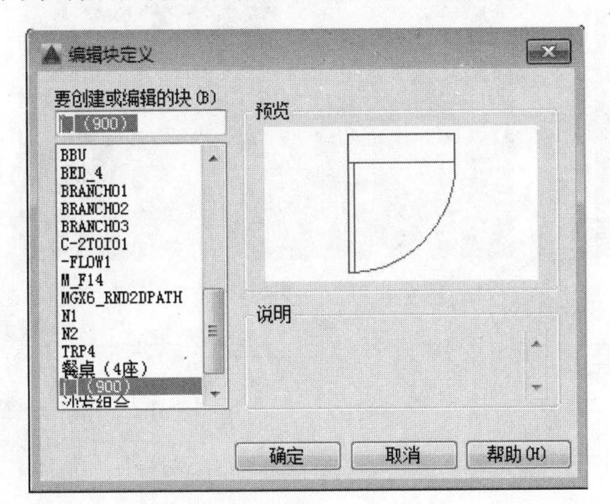

图5-5

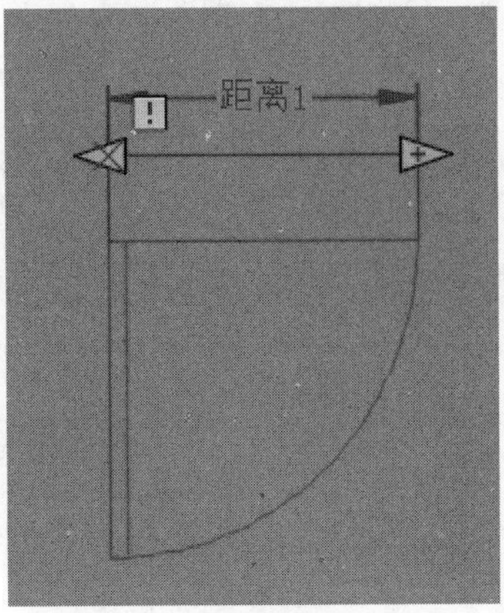

图5-6

STEP07 单击“旋转”按钮，指定基点，再输入参数：半径为500、旋转角度为0°，如图5-7所示。

STEP08 进入“动作”选项卡，然后单击“缩放”按钮，在左上方的叉号处单击鼠标左键，在弹出的“选择集”面板中选择“线性参数”选项，如图5-8所示。

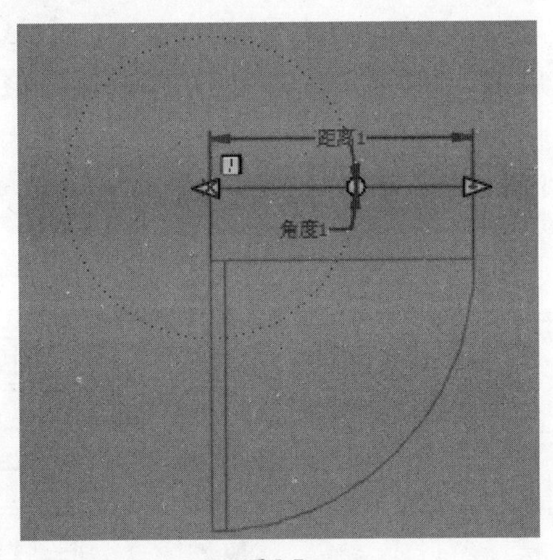

图5-7

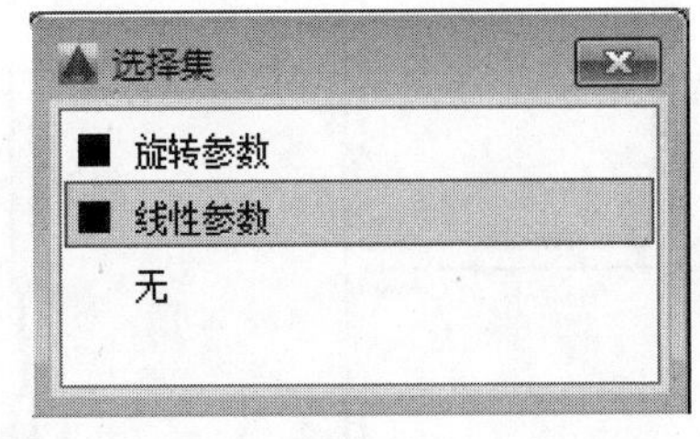

图5-8

STEP09 根据提示选择门图形，按Enter键完成操作。这时，线性参数周围就会出现一个缩放的小图标，如图5-9所示。

STEP10 重复以上步骤，完成旋转操作，如图5-10所示。至此，动态块设置完成了，保存设置后退出编辑状态，复制设置好的图块至指定位置。

STEP11 因为每个门的大小都不相同，重复的调用命令非常不方便，下面就利用动态块旋转和放大缩小图形，选择门图块单击圆形符号，旋转至合适的位置，如图5-11所示。

STEP12 更改图形方向后，拖动三角符号至合适的大小，如图5-12所示。

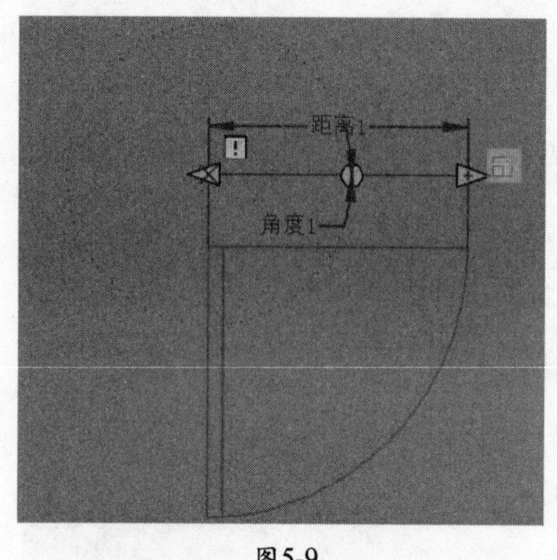

图5-9

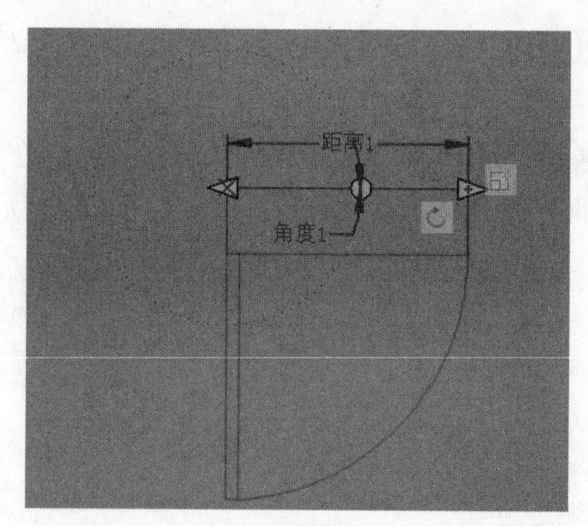

图5-10

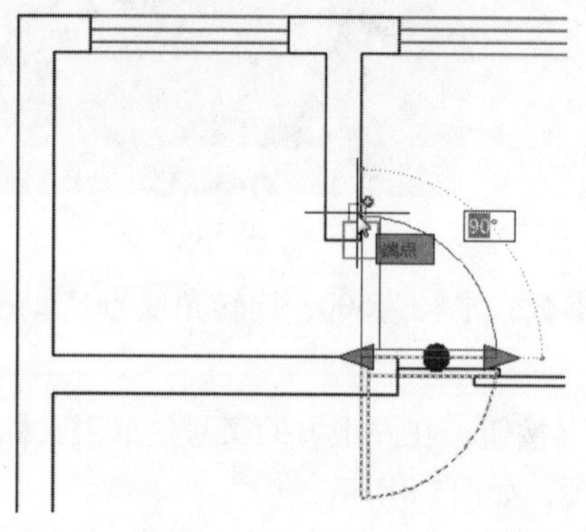

图5-11

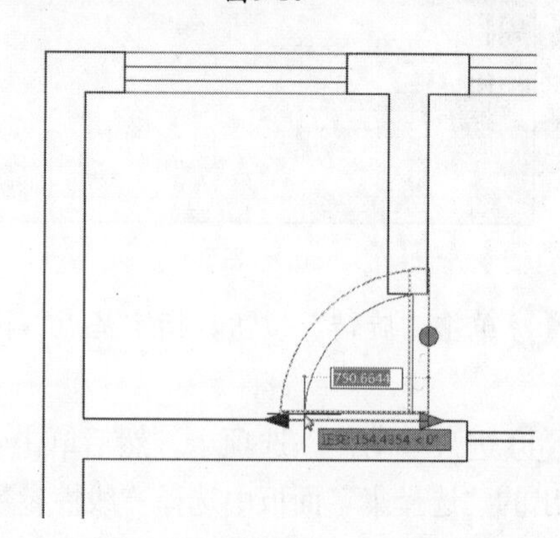

图5-12

STEP 13 执行“绘图”→“直线”命令绘制大门，并重复以上步骤插入其余门，如图5-13所示。

STEP 14 执行“插入”→“块”命令，插入“沙发组合”图块，如图5-14所示。

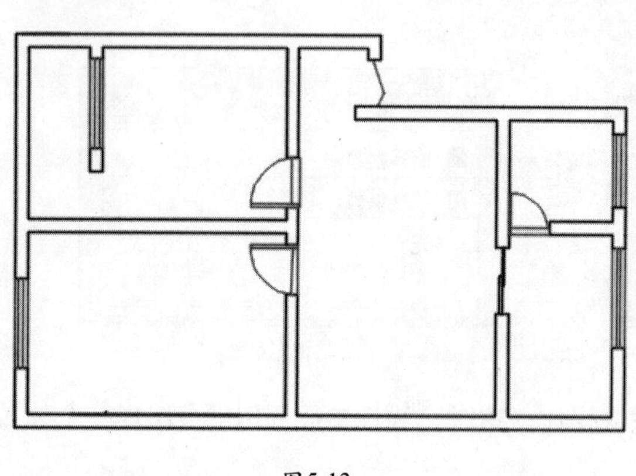

图5-13

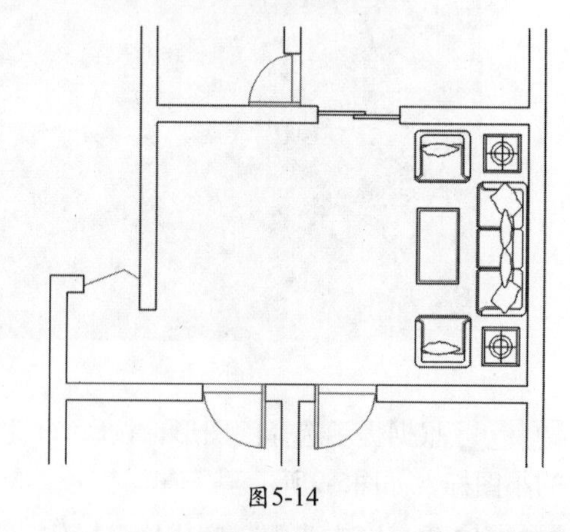

图5-14

STEP 15 按Ctrl+2组合键打开“设计中心”选项板，选中文件并单击鼠标右键，在弹出的快捷菜单中执行“插入为块”命令，如图5-15所示。

STEP 16 此时将打开“插入”对话框，如图5-16所示，然后单击“确定”按钮。

STEP 17 在绘图区指定插入点即可插入餐桌，如图5-17所示。

STEP 18 执行“直线”和“复制”命令，绘制厨台，如图5-18所示。

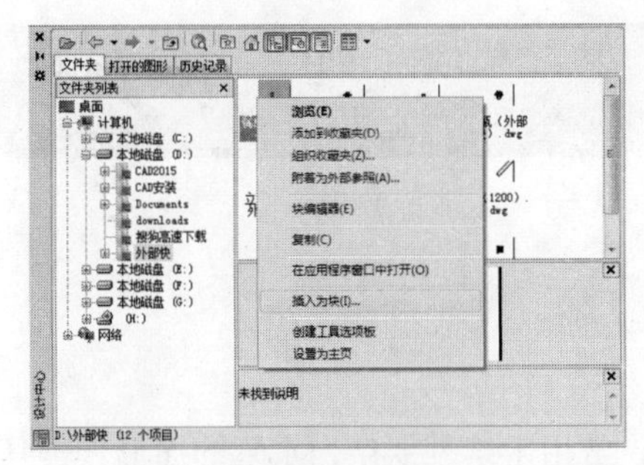

图5-15

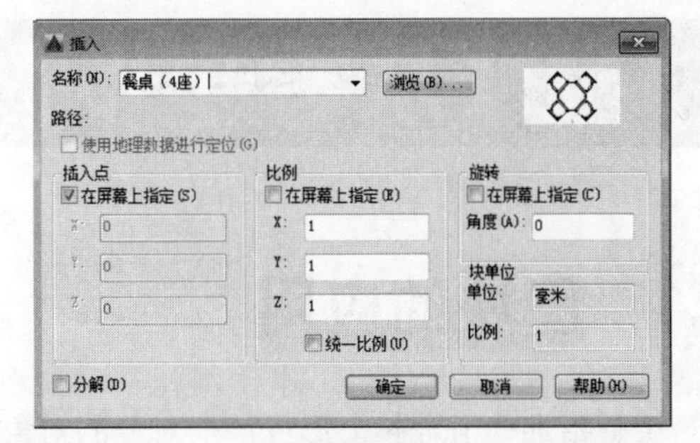

图5-16

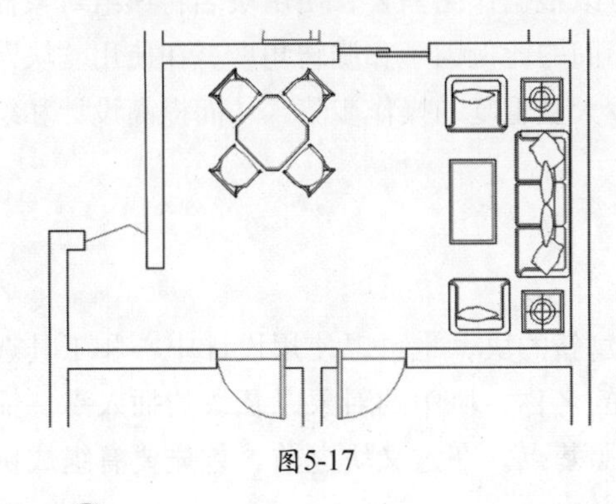

图5-17

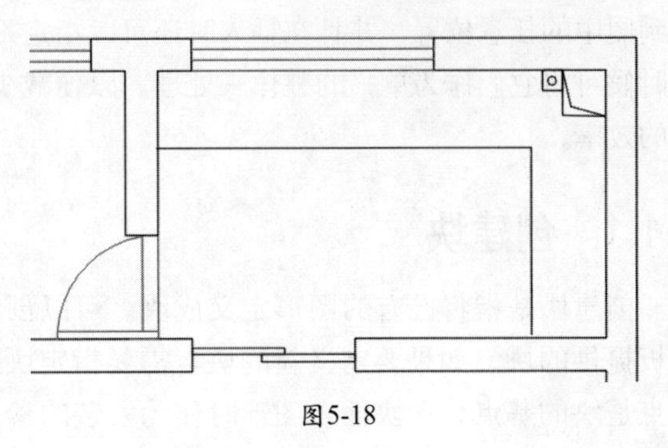

图5-18

STEP 19 执行“插入”命令，插入水槽和煤气灶，将其放置在合适的位置上，如图5-19所示。

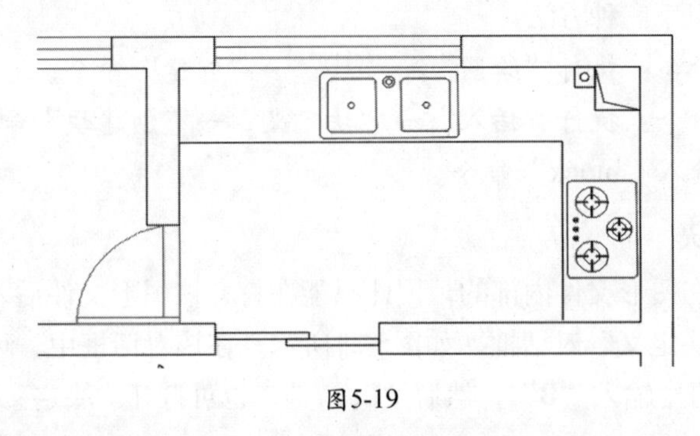

图5-19

STEP 20 重复以上步骤，将其余家具插入当前图形中，最后执行“绘图”→“矩形”命令绘制柜子，完成两居室平面布置图，保存文件，最终效果如图5-20所示。

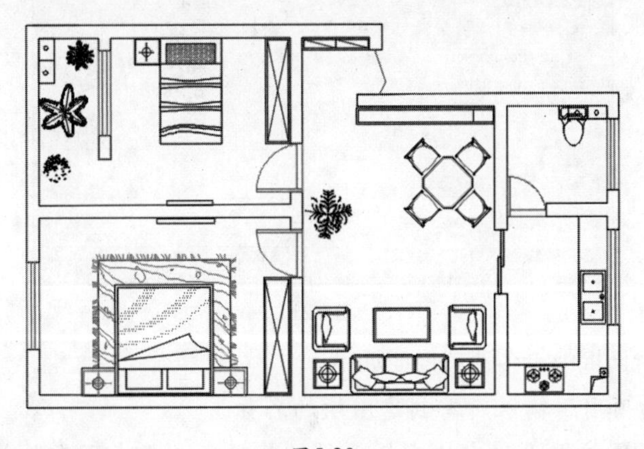

图5-20

01
02
03
04
05
06
07
08
09
10
11
12

5.1 图块的应用

块是指那些组合起来形成单个对象的对象集合，常用于绘制复杂、重复的图形。一旦一组对象组合成块，这组对象就被赋予一个块名。可以根据作图需要，使用块名将该组对象插入到图中的任意位置，并且在插入时还可以指定不同的比例因子和旋转角度。在使用“块”的时候可将它们作为单一的整体来处理，以便减少大量重复的操作步骤，从而提高设计和绘图的效率。

5.1.1 创建块

创建块是指将已有的图形定义成块。可以创建新的块，也可以使用设计中心和工具选项板提供的块。如果要定义新的块，需要指定块的名称、块中的对象以及块的插入点。插入点是块的基点，在块插入图形时作为安装的参照基点。在定义块之前，首先要有组成块的实体。

创建块可以通过以下三种方法。

- 使用菜单栏命令：执行“绘图”→“块”→“创建”命令。
- 使用功能区命令：执行“插入”→“块定义”→“创建块”命令。
- 在命令行中输入“block”命令。

1. 创建内部图块

内部图块是储存在图形文件内部的，因此只能在打开该图形文件后才能使用。执行“创建块”命令，打开“块定义”对话框，如图5-21所示。在该对话框中，可设置图块的名称、基点等内容。在命令行中输入“B”，然后按Enter键，也可打开“块定义”对话框。

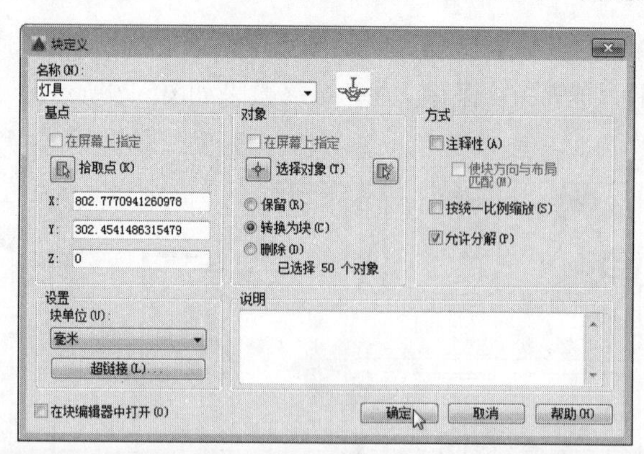

图5-21

在“块定义”对话框中，各选项说明如下。

- 名称：该选项用于输入所需创建图块的名称。
- 基点：该选项组用于确定块在插入时的基准点。基点可在屏幕中指定，也可通过拾取点方式指定，当指定完成后，在X、Y、Z的文本框中则可显示相应的坐标点。

- 对象：该选项组用于选择创建块的图形对象。选择对象可在屏幕上指定，也可通过拾取点方式指定。单击“选择对象”按钮，可在绘图区中选择对象，此时可以选择将图块进行删除、转换成块或保留。
- 方式：该选项组用于指定块的一些特定方式，如注释性、使块方向与布局匹配、按统一比例缩放、允许分解等。
- 设置：该选项组用于指定图块的单位。其中，“块单位”用来指定块参照插入单位；“超链接”可将某个超链接与块定义相关联。
- 说明：该选项可对所定义的块进行必要的说明。
- 在块编辑器中打开：勾选该选项后，则表示在块编辑器中打开当前的块定义。

提 示

使用该方法创建的图块只能在当前文件中使用，若是打开其他图形文件，则无法找到该图块。

2. 创建外部图块

写块也是创建块的一种，又叫块存盘，是将文件中的块作为单独的对象保存为一个新文件，被保存的新文件可以被其他对象使用。创建块只能在本章图纸中应用，以后在绘制图纸当中不能被引用，而写块定义的块，则可以被大量无限的引用。

外部图块不依赖于当前图形，可以在任意图形中调入并插入。其实就是将这些图形变成一个新的、独立的图形。执行功能区“插入”→“块定义”→“写块”命令，在打开的“写块”对话框中，可将对象保存到文件或将块转换为文件。当然，也可在命令行中直接输入W后按Enter键，同样也可以打开相应的对话框。

5.1.2 插入块

插入块是指将定义好的内部或外部图块插入到当前图形中。在插入图块时，必须指定插入点、比例与旋转角度。插入块可以有以下三种方法。

- 使用菜单栏命令：执行“插入”→“块”命令。
- 使用功能区命令：执行“插入”→“块”→“插入”命令。
- 在命令行中输入“insert”命令。

执行以上任意一种操作后，可打开“插入”对话框，如图5-22所示。利用该对话框可以把创建的内部图块插入到当前的图形中，或者把创建的图块从外部插入到当前的图形中。

该对话框中各主要选项的含义如下。

- 名称：用于选择块或图形的名称。单击其后的“浏览”按钮，可打开“选择图形文件”对话框，从中选择图块或外部文件，如图5-23所示。
- 插入点：用于设置块的插入点位置。
- 比例：用于设置块的插入比例。“统一比例”复选框用于确定插入块在X、Y、

Z这三个方向的插入块比例是否相同。

- 旋转：用于设置块插入时的旋转角度。
- 分解：用于将插入的块分解为组成块的各基本对象。

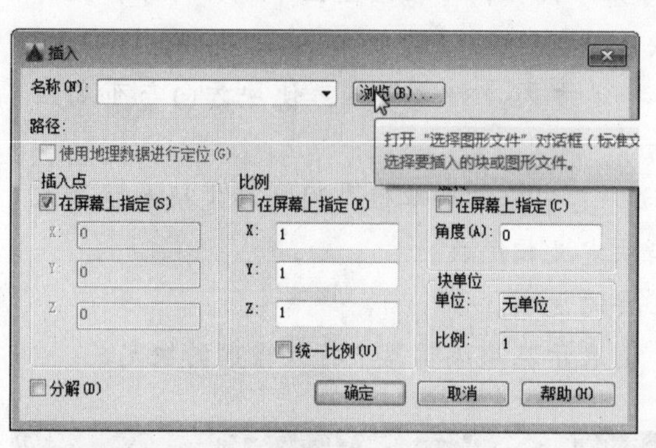

图5-22

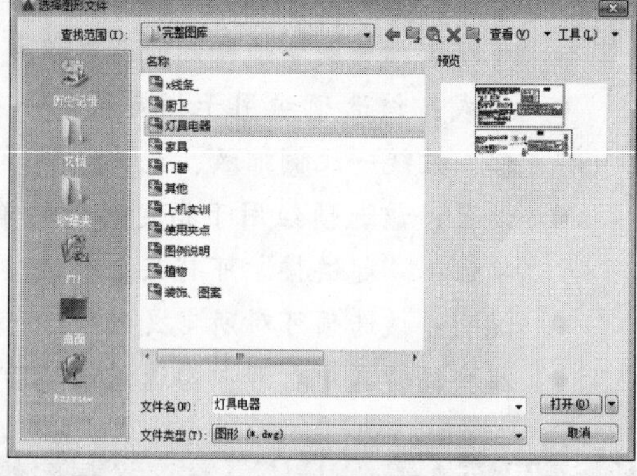

图5-23

提 示

在“插入”对话框中，可指定块的旋转角度和插入比例，还可以通过设置不同的X、Y、Z值指定块参照的比例。在插入图块后，如果插入图块的大小不合适，可以使用“缩放”命令来调整图块的大小。

5.1.3 动态块

动态块是指使用块编辑添加参数和动作，向图块添加动态行为。在添加动态行为后，还可以利用加点进行调节图块，省略了输入和命令的步骤，使用起来非常方便。若想要编辑动态块，就需要在块编写选项卡中进行操作。进入块编写选项卡首先要在“编辑块定义”对话框中选择需要编辑的动态块，单击“确定”按钮，即可进入编辑状态。

可以通过以下三种方式打开“编辑块定义”对话框。

- 执行“工具”→“块编辑器”命令。
- 在“插入”选项卡“块定义”面板中单击“块编辑器”按钮。
- 在命令行输入“bedit”命令并按Enter键。

在“编辑块定义”对话框中选择需要编辑的动态块后进入编辑状态，并打开块编写选项卡。该选项卡由参数、动作、参数集和约束组成。

1. 参数

单击“参数”按钮打开参数选项卡，如图5-24所示，其中包括点、线性、极轴、XY、旋转、对齐、翻转、可见性、查寻、基点等选项。

- 点：在图块中指定一处作为点，外观类似于坐标标注。
- 线性：显示两个目标之间的距离。
- 极轴：显示两个目标之间的距离和角度。可以使用夹点和“特性”选项板来共同更改距离值和角度值。
- XY：显示指定夹点X距离和Y距离。

- 旋转：在图块指定旋转点，定义旋转参数和旋转角度。
- 对齐：定义X位置、Y位置和角度，对齐参数对应于整个块。该选项不需要设置动作。
- 翻转：用于翻转对象。翻转参数显示为投影线。
- 可见性：设置对象在图块中的可见性。该选项不需要设置动作，在图形中单击加点即可显示参照中所有可见性状态的列表。
- 查寻：添加查寻参数，与查寻动作相关联并创建查询表，利用查询表查寻指定动态块的定义特性和值。
- 基点：指定动态块的基点。

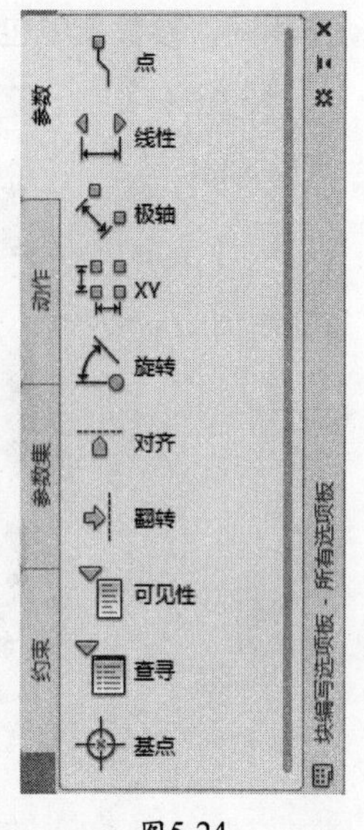

图5-24

2. 动作

添加参数后，在“动作”选项板添加动作，才可以完成整个操作，单击“动作”按钮打开“动作”选项卡，如图5-25所示。该选项卡由移动、缩放、拉伸、极轴拉伸、旋转、翻转、阵列、查寻、块特性表等选项组成。

下面具体介绍选项卡中各选项卡的含义。

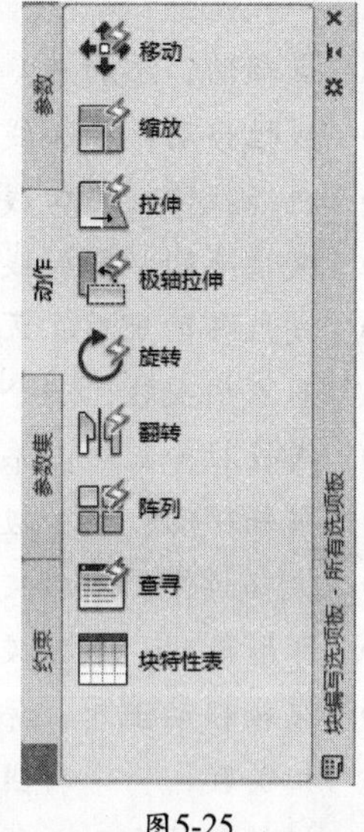

图5-25

- 移动：移动动态块，在点、线性、极轴、XY等参数选项下可以设置该动作。
- 缩放：使图块进行缩放操作。在线性、极轴、XY等参数选项下可以设置该动作。
- 拉伸：使对象在指定的位置移动和拉伸指定的距离，在点、线性、极轴、XY等参数选项下可以设置该动作。
- 极轴拉伸：当通过“特性”选项板更改关联的极轴参数上的关键点时，该动作将使对象旋转、移动和拉伸指定的距离。在极轴参数选项下可以设置该动作。
- 旋转：使图块进行旋转操作。在旋转参数选项下可以设置该动作。
- 翻转：使图块进行翻转操作。在翻转参数选项下可以设置该动作。
- 阵列：使图块按照指定的基点和间距进行阵列。在线性、极轴、XY等参数选线下可以设置该动作。
- 查寻：添加并与查寻参数相关联后，将创建一个查询表，可以使用查询表指定动态的自定义特性和值。

3. 参数集

单击“参数”按钮，即可打开“参数”选项卡，如图5-26所示，参数集是参数和动作的结合，在“参数集”选项卡中可以向动态块定义添加一对的参数和动作，操作方法与添加参数和动作相同，参数集中包含的动作将自动添加到块定义中，并与添加的参数相关联。

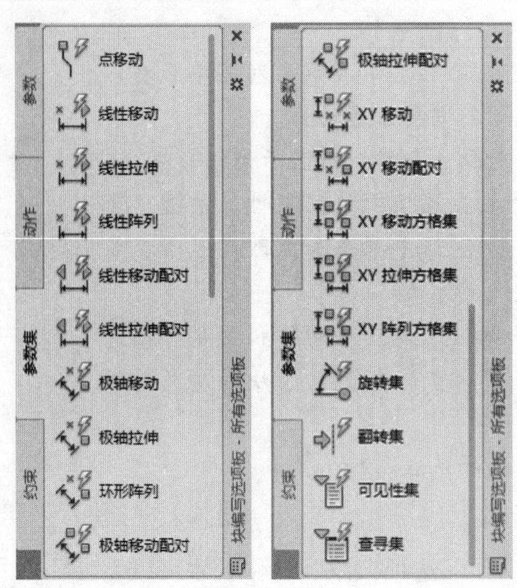

图5-26

- 点移动：添加点参数再设置移动动作。
- 线性移动：添加线性参数再设置移动动作。
- 线性拉伸：添加线性参数再设置拉伸动作。
- 线性阵列：添加线性参数再设置阵列动作。
- 线性移动配对：添加线性动作，此时系统会自动添加两个移动动作，一个与准基点相关联，一个与线性参数的端点相关联。
- 线性拉伸配对：添加两个加点的线性参数再设置拉伸动作。
- 极轴移动：添加极轴参数再设置移动动作。
- 极轴拉伸：添加极轴参数再设置拉伸动作。
- 环形阵列：添加极轴参数再设置阵列动作。
- 极轴移动配对：添加极轴参数，系统会自动添加两个移动动作，一个与准基点相关联，一个与线性参数的端点相关联。
- 极轴拉伸配对：添加极轴参数，系统会自动添加两个移动动作，一个与准基点相关联，一个与线性参数的端点相关联。
- XY移动：添加XY参数再设置移动动作。
- XY移动配对：添加带有两个夹点的XY参数再设置移动动作。
- XY移动方格集：添加带有四个夹点的XY参数再设置拉伸动作。
- XY拉伸方格集：添加带有四个夹点的XY参数和与每个夹点相关联的拉伸动作。
- XY阵列方格集：添加XY参数，系统会自动添加与该XY参数相关联的阵列动作。
- 旋转集：指定旋转基点，设置半径和角度，再设置旋转动作。
- 翻转集：指定投影线的基点和端点，再设置翻转动作。
- 可见性集：添加可见性参数，该选项不需要设置动作。
- 查寻集：添加查寻参数，再设置查询动作。

4. 约束

约束分为几何约束和约束参数，几何约束主要是约束对象的形状以及位置的限制，约束参数是将动态块中的参数进行约束。只有约束参数才可以编辑动态块的特性。约束后的参数包含参数信息，可以显示或编辑参数值，下面具体介绍选项卡中各选项的含义。

（1）几何约束，含义如下。

- 重合：约束两个点使其重合。
- 垂直：约束两条线段保持垂直状态。
- 平行：约束两条线段保持水平状态。
- 水平：约束一条线或一个点与当前UCS的X轴保持水平。
- 相切：约束两条曲线保持相切或与其延长线保持相切。
- 竖直：约束一条直线或一个点，使其与当前UCS的Y轴平行。
- 共线：约束两个直线位于一条无限长的直线上。
- 同心：约束两个或多个圆保持一个中心点。
- 平滑：约束一条样条曲线，使其与其他样条曲线、直线、圆弧或多段线彼此相连并保持连续性。
- 对称：约束两条线段或者两个点保持对称。
- 相等：约束两条线段和半径具有相同的属性值。
- 固定：约束一个点或一个线段在一个固定的位置上。

（2）约束参数，含义如下。

- 对齐：约束一条直线的长度或两条直线之间、一个对象上的一点与一条直线之间，以及不同对象上两点之间的距离。
- 水平：约束一条直线或不同对象上两点之间在X轴反向上的距离。
- 竖直：约束一条直线或不同对象上两点之间在Y轴反向上的距离。
- 角度：约束两条直线和多线段的圆弧夹角的角度值。
- 半径：约束图块的半径值。
- 直径：约束图块的直径值。

5.2 外部参照

外部参照是指在绘制图形的过程中，将其他图形以块的形式插入，并且可以作为当前图形的一部分。在绘制图形时，如果需要参照其他图形或图像，而又不希望占用太多的存储空间，这时就可以使用外部参照功能。

5.2.1 附着外部参照

在AutoCAD中，要使用外部参照图形就先要附着外部参照文件，在“插入”选项卡的“参照”面板中单击“附着”按钮，打开“选择参照文件”对话框，选择合适的文件，单击“打开”按钮，即可打开“附着外部参照”对话框，如图5-27所示。从中可将图形文件以外部参照的形式插入到当前的图形中。

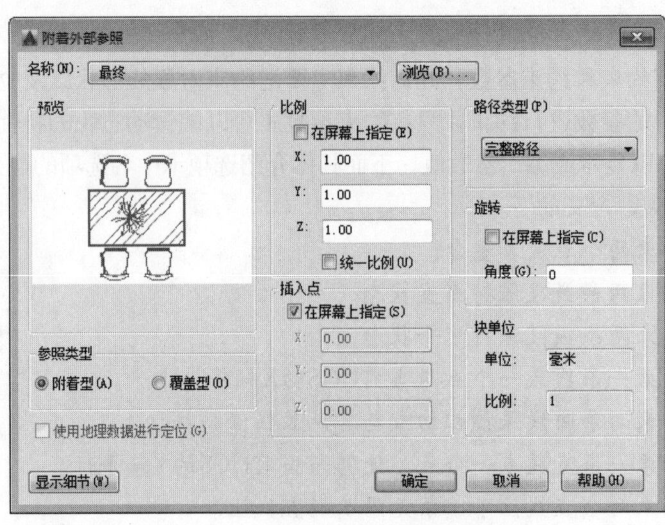

图5-27

在“附着外部参照”对话框中，各主要选项的含义介绍如下。

- 浏览：单击该按钮将打开“选择参照文件”对话框，从中可以为当前图形选择新的外部参照。
- 参照类型：用于指定外部参照为附着型还是覆盖型。与附着型的外部参照不同，当附着覆盖型外部参照的图形作为外部参照附着到另一图形时，将忽略该覆盖型外部参照。
- 比例：用于指定所选外部参照的比例因子。
- 插入点：用于指定所选外部参照的插入点。
- 路径类型：用于设置是否保存外部参照的完整路径。如果选择该选项，外部参照的路径将保存到数据库中，否则将只保存外部参照的名称而不保存其路径。
- 旋转：用于为外部参照引用指定旋转角度。

提 示

各参照类型的功能介绍如下。

- 附着型。在图形中附着附加型的外部参照时，如果其中嵌套有其他外部参照，则将嵌套的外部参照包含在内。
- 覆盖型。在图形中附着覆盖型的外部参照时，任何嵌套在其中的覆盖型外部参照都将被忽略，而且本身也不能显示。

5.2.2 绑定外部参照

在对包含外部参照的图块的图形进行保存时，有两种保存方式，一种是将外部参照图块与当前图形一起保存，而另一种则是将外部参照图块绑定至当前图形。如果选择前者，则要求是参照图块与图形始终保持在一起，对参照图块的任何修改持续反映在当前图形中。为了防止修改参照图块时更新归档图形，通常都是将外部参照图块绑定到当前图形。

选择外部参照图形，执行“外部参照”→“选项”→“外部参照”命令，在打开的外部参照设置面板中，右击选中外部参照文件，从右键菜单中执行“绑定”命令，如图5-28所示。随后在打开的对话框中选择绑定类型，最后单击“确定”按钮即可，如图5-29所示。

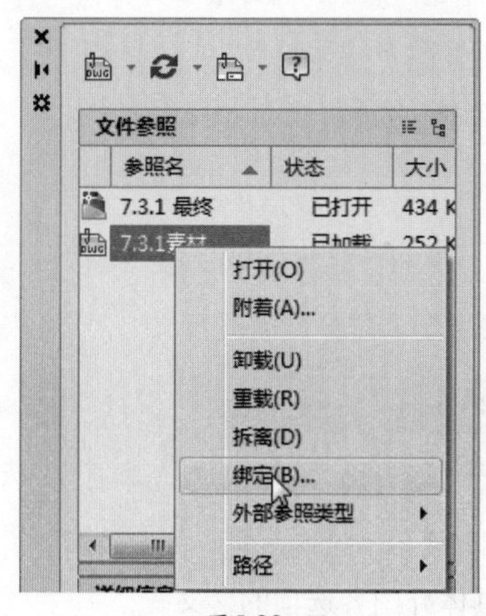

图5-28

图5-29

绑定外部参照图块到图形上后，外部参照将成为图形中固有的一部分，而不再是外部参照文件了。

提 示

“绑定外部参照/DGN参考底图”对话框中各选项功能介绍如下。

- 绑定：选中该选项，是将外部参照中的图形对象转换为块参照，命名对象定义将添加有n前缀的当前图形。
- 插入：选中该选项，同样是将外部参照中的图形转换为块参照，命名对象定义将合并到当前图形中，但不添加前缀。

5.3 设计中心的应用

AutoCAD设计中心为用户提供了一个高效且直观的工具，在“设计中心”选项板中，可以浏览、查找、预览和管理AutoCAD图形。可以将原图形中的任何内容拖动到当前图形中，还可以对图形进行修改，使用起来非常方便。可以通过以下四种方式打开选项板。

- 执行“工具”→“选项板”→“设计中心”命令。
- 在“视图”选项板的“选项板”面板中单击“设计中心”按钮。
- 在命令行输入“adcenter”命令并按Enter键。
- 按Ctrl+R组合键。

执行以上任意一种方法均可打开“设计中心”选项板，如图5-30所示。

从选项板中可以看出设计中心是由工具栏和选项卡组成。工具栏包括：加载、上一级、搜索、主页、树状图切换、预览、说明、视图和内容窗口等工具。

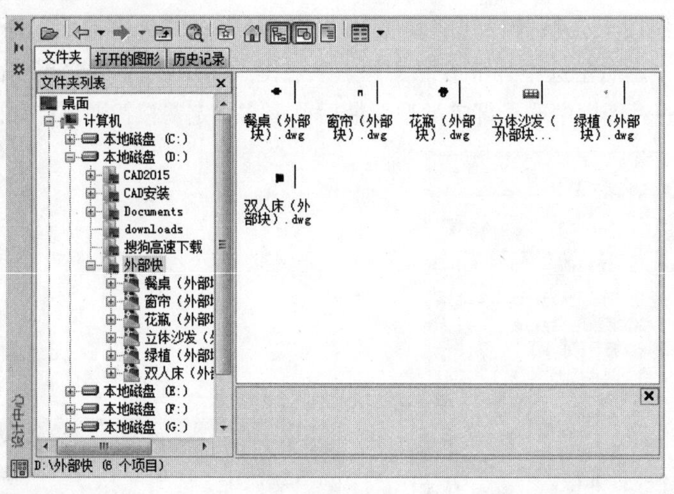

图5-30

1. 工具栏

工具栏是控制内容区中信息的显示和搜索。下面具体介绍各选项的含义。

- 加载：单击“加载”按钮，显示加载对话框，可以浏览本地和网络驱动器的文件，然后选择文件加载到内容区域。
- 上一级：返回显示上一个文件夹和上一个文件夹中的内容和内容源。
- 搜索：对指定位置和文件名进行搜索。
- 主页：返回到默认文件夹，单击树状图按钮，在文件上单击鼠标右键即可设置默认文件夹。
- 树状图切换：显示和隐藏树状图更改内容窗口的大小显示。
- 预览：显示或隐藏内容区域选定项目的预览。
- 说明：显示或隐藏内容区域窗格中选定项目的文字说明。
- 视图：更改内容窗口中文件的排列方式。
- 内容窗口：显示选定文件夹中的文件。

2. 选项卡

“设计中心”选项卡是由文件夹、打开的图形和历史记录组成。

- 文件夹：可浏览本地磁盘或局域网中所有的文件、图形和内容。
- 打开的图形：显示软件已经打开的图形。
- 历史记录：显示最近编辑过的图形名称及目录。

CAD【拓展案例】

拓展案例1：绘制别墅一层平面图

绘图要领

（1）绘制别墅墙体线。

（2）绘制卧室、餐厅等功能区图形。

（3）插入相应图块图形。

（4）对地面进行图案填充。

最终效果如图5-31所示。最终文件详见“光盘:\素材文件\第5章”目录下。

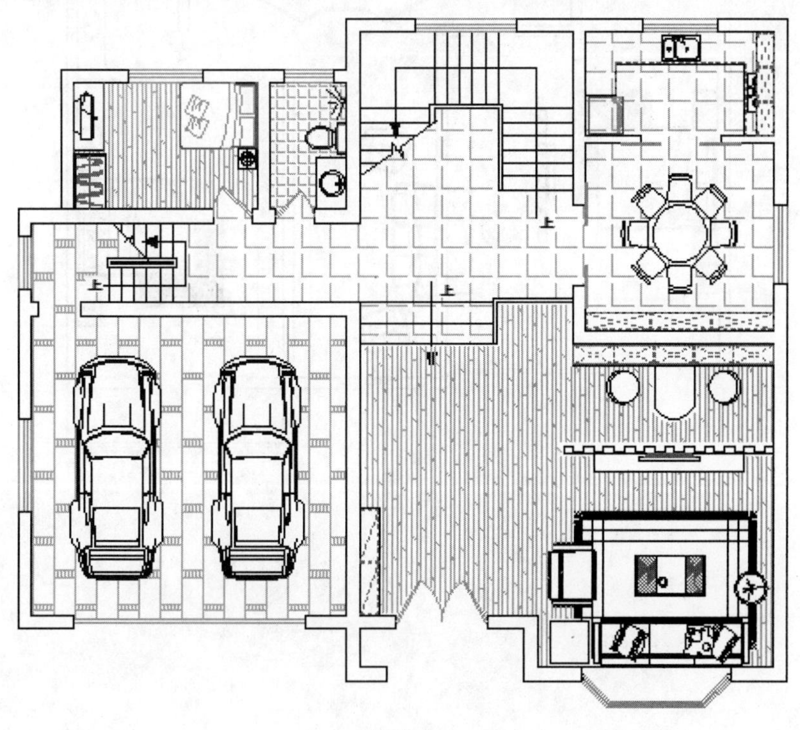

图5-31

拓展案例2：绘制别墅二层平面图

绘图要领

(1) 绘制别墅墙体线。

(2) 绘制卧室、客厅等功能区图形。

(3) 将所需要的图块图形插入到指定位置。

最终效果如图5-32所示。最终文件详见“光盘:\素材文件\第5章”目录下。

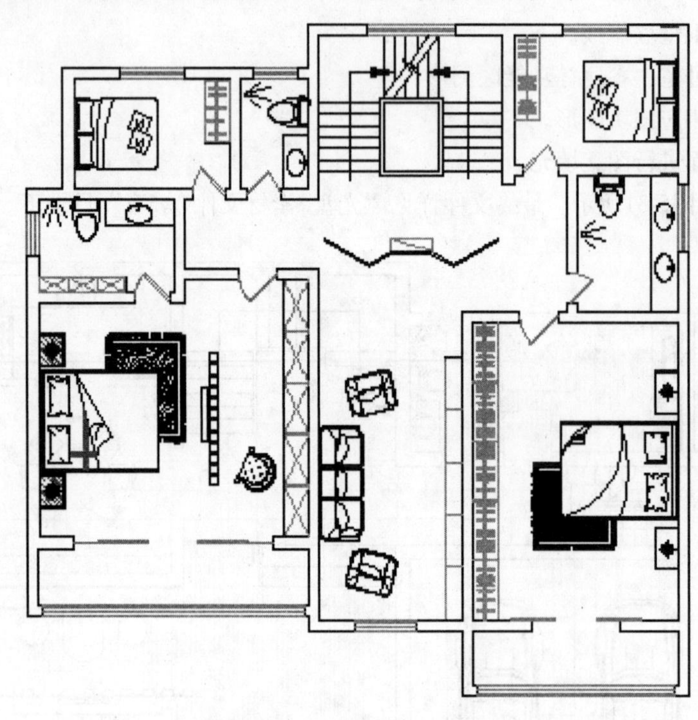

图5-32

第6章

06 制作室内设计图纸目录

内容概要：

本章将对文字、表格的应用知识进行介绍。在CAD室内设计图纸中，文字注释是必不可少的，如文字标注、文字说明等。通过学习本章内容，可以掌握单行文本、多行文本、表格的添加操作，并能熟练使用这些功能进行快速绘图。

知识要点：

- 文字样式的设置
- 单行文字的创建
- 多行文字的创建

课时安排：

理论教学2课时

上机实训4课时

案例效果图：

吊顶工程			
序号	项目工程	工程量计算方法	工艺说明
1	木龙骨石膏板平顶	按水平投影面积	(1) 采用标准25*35湘杉木方，350*350井字龙骨．
			(2) 木方防火涂料处理，采用9mm厚纸面石膏板罩面．
			(3) 沉头自攻螺钉固定并在钉头刷防锈漆．
			(4) 接缝处做拼缝处理，采用9mm厚纸面石膏板．
2	木龙骨石膏板造型顶	按展开面积	(1) 采用标准25*35湘杉木方，350*350井字龙骨．
	(直线型、不带灯槽)		(2) 木方防火涂料处理，采用9MM厚纸面石膏板．
			(3) 沉头自攻螺钉固定并在钉头刷防锈漆．
			(4) 接缝处做拼缝处理，醇酸清漆封底漆一遍．
3	木龙骨石膏板造型顶	按展开面积	(1) 采用标准25*35湘杉木方，350*350井字龙骨．
	(直线型、带灯槽)		(2) 木方防火涂料处理，采用9MM厚纸面石膏板．
			(3) 沉头自攻螺钉固定并在钉头刷防锈漆．
			(4) 接缝处做拼缝处理，醇酸清漆封底漆一遍．
4	木龙骨石膏板造型顶	按展开面积	(1) 采用标准25*35湘杉木方，350*350井字龙骨．
	(艺术造型)		(2) 木方防火涂料处理，采用9MM厚纸面石膏板．
			(3) 沉头自攻螺钉固定并在钉头刷防锈漆．
			(4) 接缝处做拼缝处理，醇酸清漆封底漆一遍．
5	铝扣板吊顶	按展开面积	(1) 采用0.6mm 厚度方形铝扣板．
			(2) 专用铝扣板龙骨，木枋防火涂料处理．
			(3) 工程量按展开面积计算．
6	成品石膏艺术顶角线	按延长米	(1) 普通80mm宽成品石膏角线．
	(宽80mm)		(2) 采取生石膏粘贴法施工．

CAD【案例精讲】

案例描述

本案例主要介绍文字与表格的创建方法。通过学习本案例能很好掌握文字与表格的应用方法与编辑技巧，从而为完美地呈现图纸打下良好的基础。

案例文件

本案例素材文件和最终效果文件在“光盘:\素材文件\第6章”目录下，本案例的操作视频在“光盘:\操作视频\第6章”目录下。

案例详解

利用CAD创建室内设计图纸目录的过程介绍如下。

STEP 01 启动AutoCAD软件，新建名为“制作室内设计图纸目录”的文件，执行“表格”命令，打开“插入表格”对话框，如图6-1所示。

STEP 02 将表格的行设为12、列设为4，单击“确定”按钮，并在绘图区中指定表格插入点，插入表格，结果如图6-2所示。

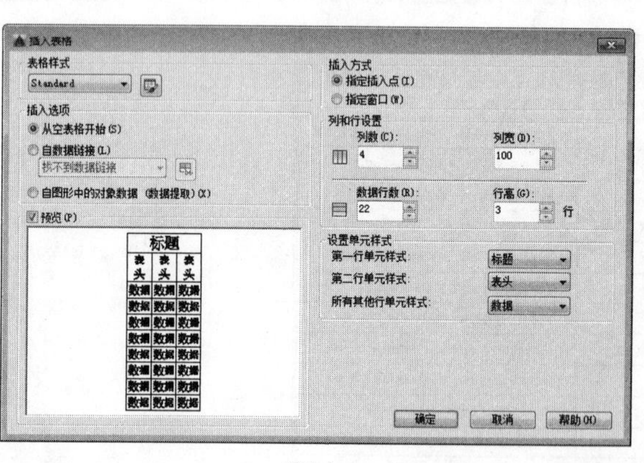

图6-1

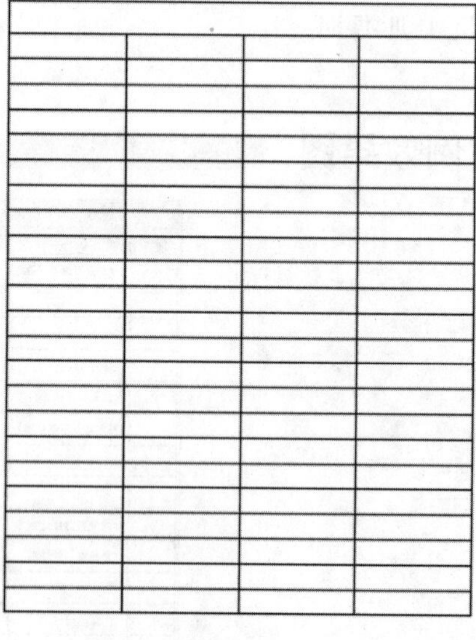
图6-2

STEP 03 双击表格标题行，进入可编辑状态，输入标题内容，此处输入“吊顶工程”字样，如图6-3所示。

STEP 04 输入完成后，选中标题行内容，设置字体为黑体，设置文字高度为10，并设置为粗体，如图6-4所示。

图6-3　　图6-4

STEP 05 双击表头第1个单元格，当其转换成可编辑状态后，输入表格表头内容，结果如图6-5所示。

STEP 06 选中输入的文字内容，设置文字高度为8，并设置为粗体，如图6-6所示。

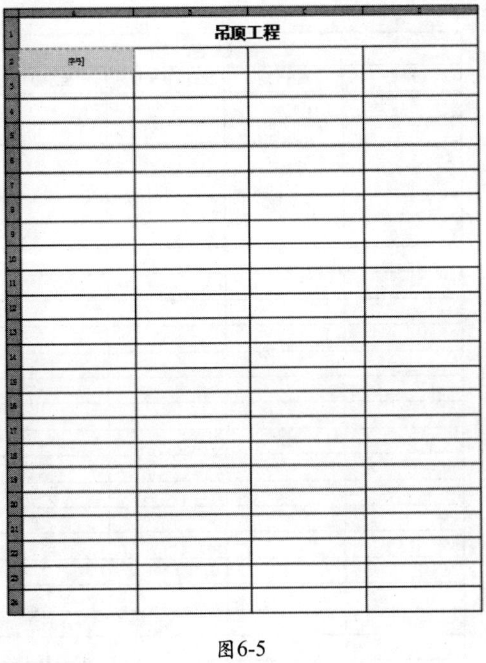

图6-5 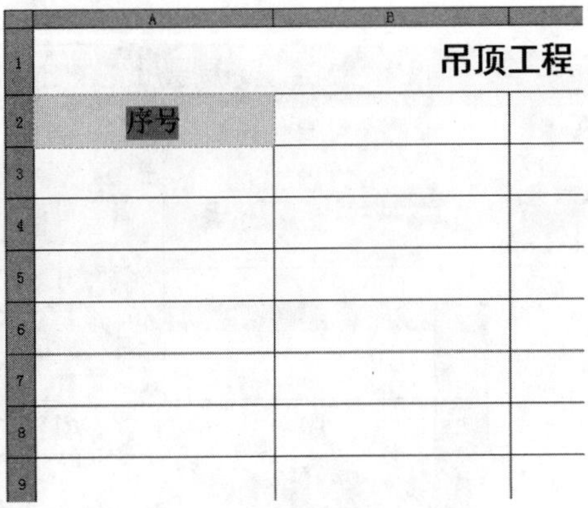　　图6-6

STEP 07 使用相同方法，依次输入所有的表头内容，结果如图6-7所示。

STEP 08 双击第3行第1个单元格，输入图号“1”，并将其文字高度设为10，其结果如图6-8所示。

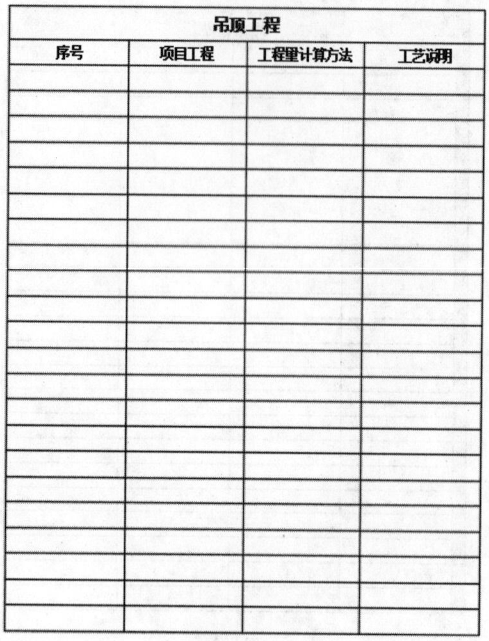

吊顶工程			
序号	项目工程	工程量计算方法	工艺说明

图6-7

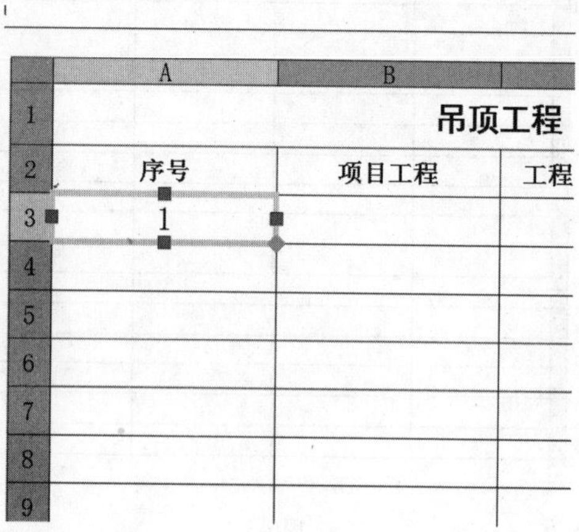

	A	B	
1		吊顶工程	
2	序号	项目工程	工程
3	1		
4			
5			
6			
7			
8			
9			

图6-8

STEP 09 单击该单元格，执行“表格单元”→“单元样式”命令，将该数据设置为“正中”排列方式，如图6-9所示。

STEP 10 使用同样方法，输入其他序号，如图6-10所示。

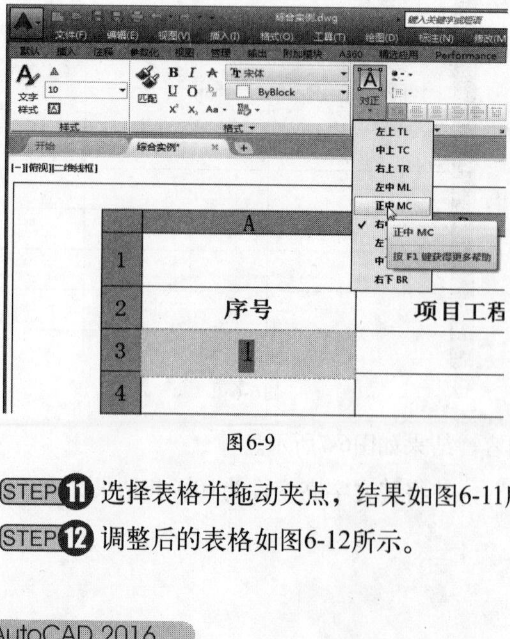

图6-9

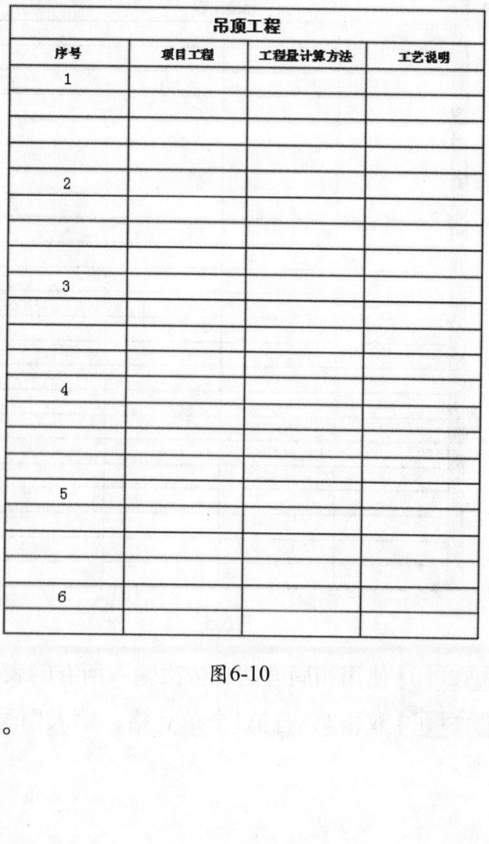

吊顶工程			
序号	项目工程	工程量计算方法	工艺说明
1			
2			
3			
4			
5			
6			

图6-10

STEP 11 选择表格并拖动夹点，结果如图6-11所示。

STEP 12 调整后的表格如图6-12所示。

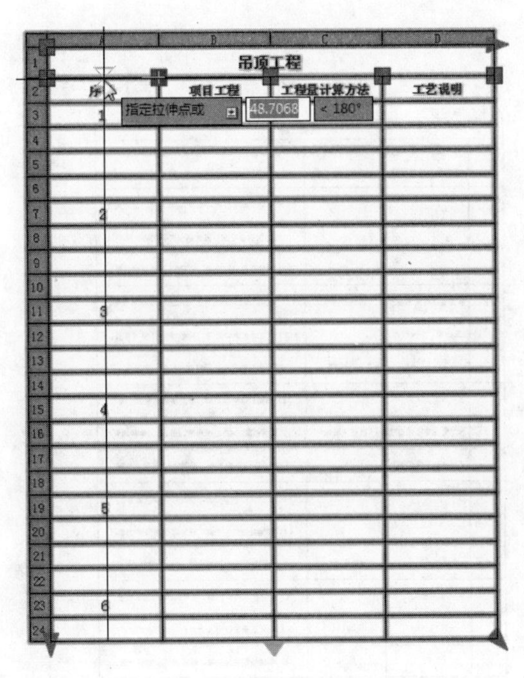

图6-11

吊顶工程			
序号	项目工程	工程量计算方法	工艺说明
1			
2			
3			
4			
5			
6			

图6-12

STEP 13 使用同样方法，完成第二列内容的输入，再将输入好的文本内容设置为正中排列方式，如图6-13所示。

STEP 14 全选表格，捕捉表格右上角夹点并进行调节，调整至合适列宽，结果如图6-14所示。

吊顶工程			
序号	项目工程	工程量计算方法	工艺说明
1	木龙骨石膏板平顶		
2	木龙骨石膏板造型顶		
	（直线型、不带灯槽）		
3	木龙骨石膏板造型顶		
	（直线型、带灯槽）		
4	木龙骨石膏板造型顶		
	（艺术造型）		
5	铝扣板吊顶		
6	成品石膏艺术顶角线		
	（宽80mm）		

图6-13

	A	B	C	D
1	吊顶工程			
2	序号	项目工程	工程量计算方法	工艺说明
3	1	木龙骨石膏板平顶		
4				
5				
6				
7	2	木龙骨石膏板造型顶		
8		（直线型、不带灯槽）		
9				
10				
11	3	木龙骨石膏板造型顶		
12		（直线型、带灯槽）		
13				
14				
15	4	木龙骨石膏板造型顶		
16		（艺术造型）		
17				
18				
19	5	铝扣板吊顶		
20				
21				
22				
23	6	成品石膏艺术顶角线		
24		（宽80mm）		

图6-14

STEP 15 输入表格第3列和第4列的表格内容，并设为“正中”对齐，如图6-15所示。

STEP 16 调整表格当前的列宽，效果如图6-16所示。

吊顶工程			
序号	项目工程	工程量计算方法	工艺说明
1	木龙骨石膏板平顶	按水平投影面积	（1）采用标准25*35湘杉木方，350*350井字龙骨。
			（2）木方防火涂料处理，采用9mm厚纸面石膏板罩面。
			（3）沉头自攻螺钉固定并在钉头刷防锈漆。
			（4）接缝处做拼缝处理，采用9mm厚纸面石膏板。
2	木龙骨石膏板造型顶	按展开面积	（1）采用标准25*35湘杉木方，350*350井字龙骨。
	（直线型、不带灯槽）		（2）木方防火涂料处理，采用9MM厚纸面石膏板。
			（3）沉头自攻螺钉固定并在钉头刷防锈漆。
			（4）接缝处做拼缝处理，醇酸清漆封底漆一遍。
3	木龙骨石膏板造型顶	按展开面积	（1）采用标准25*35湘杉木方，350*350井字龙骨。
	（直线型、带灯槽）		（2）木方防火涂料处理，采用9MM厚纸面石膏板。
			（3）沉头自攻螺钉固定并在钉头刷防锈漆。
			（4）接缝处做拼缝处理，醇酸清漆封底漆一遍。
4	木龙骨石膏板造型顶	按展开面积	（1）采用标准25*35湘杉木方，350*350井字龙骨。
	（艺术造型）		（2）木方防火涂料处理，采用9MM厚纸面石膏板。
			（3）沉头自攻螺钉固定并在钉头刷防锈漆。
			（4）接缝处做拼缝处理，醇酸清漆封底漆一遍。
5	铝扣板吊顶	按展开面积	（1）采用0.6mm 厚度方形铝扣板。
			（2）专用铝扣板龙骨，木枋防火涂料处理。
			（3）工程量按展开面积计算。
6	成品石膏艺术顶角线	按延长米	（1）普通80mm宽成品石膏角线。
	（宽80mm）		（2）采取生石膏粘贴法施工。

图6-15

吊顶工程			
序号	项目工程	工程量计算方法	工艺说明
1	木龙骨石膏板平顶	按水平投影面积	（1）采用标准25*35湘杉木方，350*350井字龙骨。
			（2）木方防火涂料处理，采用9mm厚纸面石膏板罩面。
			（3）沉头自攻螺钉固定并在钉头刷防锈漆。
			（4）接缝处做拼缝处理，采用9mm厚纸面石膏板。
2	木龙骨石膏板造型顶	按展开面积	（1）采用标准25*35湘杉木方，350*350井字龙骨。
	（直线型、不带灯槽）		（2）木方防火涂料处理，采用9MM厚纸面石膏板。
			（3）沉头自攻螺钉固定并在钉头刷防锈漆。
			（4）接缝处做拼缝处理，醇酸清漆封底漆一遍。
3	木龙骨石膏板造型顶	按展开面积	（1）采用标准25*35湘杉木方，350*350井字龙骨。
	（直线型、带灯槽）		（2）木方防火涂料处理，采用9MM厚纸面石膏板。
			（3）沉头自攻螺钉固定并在钉头刷防锈漆。
			（4）接缝处做拼缝处理，醇酸清漆封底漆一遍。
4	木龙骨石膏板造型顶	按展开面积	（1）采用标准25*35湘杉木方，350*350井字龙骨。
	（艺术造型）		（2）木方防火涂料处理，采用9MM厚纸面石膏板。
			（3）沉头自攻螺钉固定并在钉头刷防锈漆。
			（4）接缝处做拼缝处理，醇酸清漆封底漆一遍。
5	铝扣板吊顶	按展开面积	（1）采用0.6mm 厚度方形铝扣板。
			（2）专用铝扣板龙骨，木枋防火涂料处理。
			（3）工程量按展开面积计算。
6	成品石膏艺术顶角线	按延长米	（1）普通80mm宽成品石膏角线。
	（宽80mm）		（2）采取生石膏粘贴法施工。

图6-16

STEP 17 选择A3到D23的表格，单击鼠标右键，在弹出的快捷菜单中执行“行”→“均匀调整行大小”命令，如图6-17所示。

STEP 18 继续调整整体表格的高度，使行高自动调整到合适大小，再设置第4列的文字为左对齐，完成表格的制作，如图6-18所示。

剪切
复制
粘贴
最近的输入
单元样式
背景填充
对齐
边框...
锁定
数据格式...
匹配单元
删除所有特性替代
数据链接...
插入点
编辑文字
管理内容...
删除内容
删除所有内容
列
行
合并
取消合并
特性(S)
快捷特性
在上方插入
在下方插入
删除
均匀调整行大小

图6-17

吊顶工程			
序号	项目工程	工程量计算方法	工艺说明
1	木龙骨石膏板平顶	按水平投影面积	（1）采用标准25*35湘杉木方，350*350井字龙骨。
			（2）木方防火涂料处理，采用9mm厚纸面石膏板罩面。
			（3）沉头自攻螺钉固定并在钉头刷防锈漆。
			（4）接缝处做拼缝处理，采用9mm厚纸面石膏板。
2	木龙骨石膏板造型顶	按展开面积	（1）采用标准25*35湘杉木方，350*350井字龙骨。
	（直线型、不带灯槽）		（2）木方防火涂料处理，采用9MM厚纸面石膏板。
			（3）沉头自攻螺钉固定并在钉头刷防锈漆。
			（4）接缝处做拼缝处理。醇酸清漆封底漆一遍。
3	木龙骨石膏板造型顶	按展开面积	（1）采用标准25*35湘杉木方，350*350井字龙骨。
	（直线型、带灯槽）		（2）木方防火涂料处理，采用9MM厚纸面石膏板。
			（3）沉头自攻螺钉固定并在钉头刷防锈漆。
			（4）接缝处做拼缝处理。醇酸清漆封底漆一遍。
4	木龙骨石膏板造型顶	按展开面积	（1）采用标准25*35湘杉木方，350*350井字龙骨。
	（艺术造型）		（2）木方防火涂料处理，采用9MM厚纸面石膏板。
			（3）沉头自攻螺钉固定并在钉头刷防锈漆。
			（4）接缝处做拼缝处理。醇酸清漆封底漆一遍。
5	铝扣板吊顶	按展开面积	（1）采用0.6mm 厚度方形铝扣板。
			（2）专用铝扣板龙骨。木枋防火涂料处理。
			（3）工程量按展开面积计算。
6	成品石膏艺术顶角线	按延长米	（1）普通80mm宽成品石膏角线。
	（宽80mm）		（2）采取生石膏粘贴法施工。

图6-18

STEP 19 全选表格内部，单击鼠标右键，在弹出的快捷菜单中执行“边框”命令，打开“单元边框特性”对话框，如图6-19所示。

STEP 20 勾选“双线”复选框，并将“间距”值设为3，然后单击“外边框”按钮，即可将表格边框设为双线，如图6-20所示。

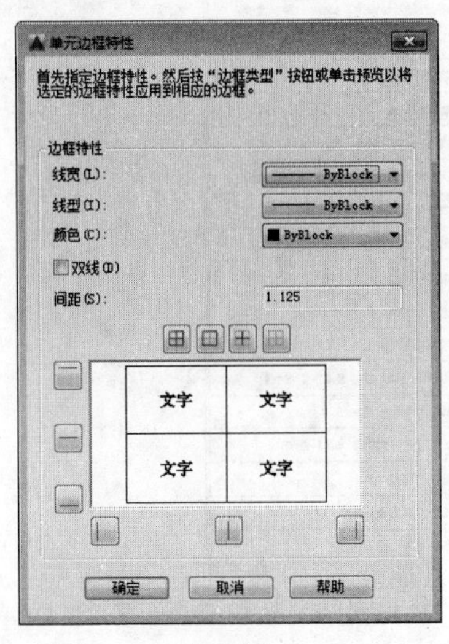

图6-19

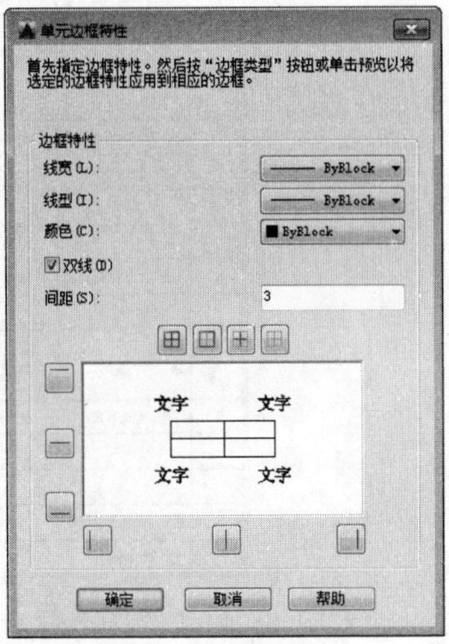

图6-20

STEP 21 设置完成后，单击“确定”按钮，即可完成设置，按Esc键即可看到效果，如图6-21所示。

STEP 22 单击表格标题栏，执行“单元样式”→“表格单元背景色”命令，在下拉列表中可以选择合适颜色，如图6-22所示。

吊顶工程			
序号	项目工程	工程量计算方法	工艺说明
1	木龙骨石膏板平顶	按水平投影面积	(1) 采用标准25*35湘杉木方，350*350井字龙骨。
			(2) 木方防火涂料处理，采用9mm厚纸面石膏板罩面。
			(3) 沉头自攻螺钉固定并在钉头刷防锈漆。
			(4) 接缝处做拼缝处理，采用9mm厚纸面石膏板。
2	木龙骨石膏板造型顶	按展开面积	(1) 采用标准25*35湘杉木方，350*350井字龙骨。
	(直线型、不带灯槽)		(2) 木方防火涂料处理，采用9MM厚纸面石膏板。
			(3) 沉头自攻螺钉固定并在钉头刷防锈漆。
			(4) 接缝处做拼缝处理。醇酸清漆封底漆一遍。
3	木龙骨石膏板造型顶	按展开面积	(1) 采用标准25*35湘杉木方，350*350井字龙骨。
	（直线型、带灯槽）		(2) 木方防火涂料处理，采用9MM厚纸面石膏板。
			(3) 沉头自攻螺钉固定并在钉头刷防锈漆。
			(4) 接缝处做拼缝处理。醇酸清漆封底漆一遍。
4	木龙骨石膏板造型顶	按展开面积	(1) 采用标准25*35湘杉木方，350*350井字龙骨。
	（艺术造型）		(2) 木方防火涂料处理，采用9MM厚纸面石膏板。
			(3) 沉头自攻螺钉固定并在钉头刷防锈漆。
			(4) 接缝处做拼缝处理。醇酸清漆封底漆一遍。
5	铝扣板吊顶	按展开面积	(1) 采用0.6mm 厚度方形铝扣板。
			(2) 专用铝扣板龙骨。木枋防火涂料处理。
			(3) 工程量按展开面积计算。
6	成品石膏艺术顶角线	按延长米	(1) 普通80mm宽成品石膏角线。
	（宽80mm）		(2) 采取生石膏粘贴法施工。

图6-21

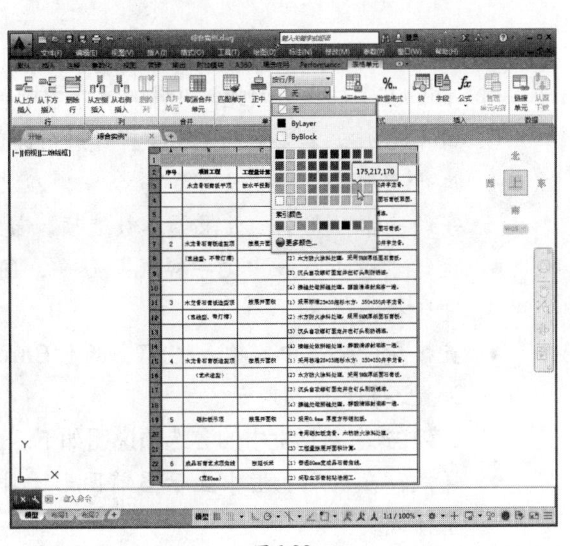

图6-22

STEP 23 同样执行“表格单元背景色”命令，将表头设置合适的底纹颜色，保存文件，即可完成本次表格的制作，最终效果如图6-23所示。

吊顶工程			
序号	项目工程	工程量计算方法	工艺说明
1	木龙骨石膏板平顶	按水平投影面积	(1) 采用标准25*35湘杉木方，350*350井字龙骨。
			(2) 木方防火涂料处理，采用9mm厚纸面石膏板罩面。
			(3) 沉头自攻螺钉固定并在钉头刷防锈漆。
			(4) 接缝处做拼缝处理，采用9mm厚纸面石膏板。
2	木龙骨石膏板造型顶	按展开面积	(1) 采用标准25*35湘杉木方，350*350井字龙骨。
	(直线型、不带灯槽)		(2) 木方防火涂料处理，采用9MM厚纸面石膏板。
			(3) 沉头自攻螺钉固定并在钉头刷防锈漆。
			(4) 接缝处做拼缝处理，醇酸清漆封底漆一遍。
3	木龙骨石膏板造型顶	按展开面积	(1) 采用标准25*35湘杉木方，350*350井字龙骨。
	(直线型、带灯槽)		(2) 木方防火涂料处理，采用9MM厚纸面石膏板。
			(3) 沉头自攻螺钉固定并在钉头刷防锈漆。
			(4) 接缝处做拼缝处理，醇酸清漆封底漆一遍。
4	木龙骨石膏板造型顶	按展开面积	(1) 采用标准25*35湘杉木方，350*350井字龙骨。
	(艺术造型)		(2) 木方防火涂料处理，采用9MM厚纸面石膏板。
			(3) 沉头自攻螺钉固定并在钉头刷防锈漆。
			(4) 接缝处做拼缝处理，醇酸清漆封底漆一遍。
5	铝扣板吊顶	按展开面积	(1) 采用0.6mm 厚度方形铝扣板。
			(2) 专用铝扣板龙骨，木枋防火涂料处理。
			(3) 工程量按展开面积计算。
6	成品石膏艺术顶角线	按延长米	(1) 普通80mm宽成品石膏角线。
	(宽80mm)		(2) 采取生石膏粘贴法施工。

图6-23

CAD【从零起步】

6.1 文字样式的设置

在AutoCAD中，所有文字都有与之相关联的文字样式。工程图样中所标注的文字往往需要采用不同的文字样式。因此，在输入文字之前首先应创建所需要的文字样式。

在AutoCAD中，若要对当前文字样式进行设置，可通过以下三种方法进行操作。

- 执行“注释”→“文字”命令，在“文字样式”对话框中，根据需要设置文字的字体、大小、效果等参数选项，最后单击“确定”按钮即可。
- 执行“格式”→“文字样式”命令，同样也可在打开的“文字样式”对话框中进行相关设置。
- 直接在命令行中，输入“ST”后按Enter键，也可打开“文字样式”对话框进行设置，如图6-24所示。

“文字样式”对话框中的各选项说明如下。

- 样式：在该列表框中显示当前图形文件中的所有文字样式，并默认选择当前文字样式。
- 字体：在该选项组中，可设置字体名称和字体样式。
- 大小：在该选项组中，可设置字体的高度。单击“高度”文本框，输入文字高度值即可。

● 效果：在该选项组中，可对字体的效果进行设置，其中包括颠倒、反向、垂直、宽度因子、倾斜角度等。
● 置为当前：该选项可将选择的文字样式设置为当前文字样式。
● 新建：用于新建文字样式。
● 删除：用于将选择的文字样式进行删除。

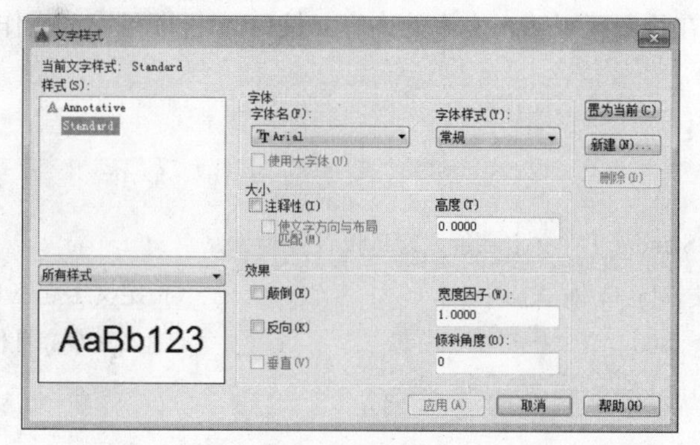

图6-24

提 示

修改文字样式也是在“文字样式”对话框中进行的，其过程与创建文字样式相似，这里不再重复。在修改文字样式时，应注意以下几点。

● 修改完成后，单击“文字样式”对话框中的“应用”按钮，则修改会立即生效，AutoCAD会立即更新图样中与此文字样式关联的文字对象。
● 当修改文字样式连接的字体文件时，AutoCAD将改变所有文字外观。
● 当修改文字的“颠倒”“反向”或“垂直”特性时，AutoCAD将改变单行文字外观。而修改文字高度、宽度比例及倾斜角时，则不会引起已有单行文字外观的改变，但将影响此后创建的文字对象。
● 对于多行文字，只有“垂直”“宽度比例”和“倾斜角”复选项才能影响已有多行文字的外观。

6.2 文字的创建

本节将对单行文字和多行文字的创建与编辑操作进行介绍。

6.2.1 单行文字

利用“单行文字”命令，可以动态书写一行或多行文字。每一行文字为一个独立的对象，可对其进行编辑修改。发出此命令后，不仅可以设定文本的对齐方式及文字的倾斜角度，而且还能用十字光标在不同的地方选取点以定位文本的位置，该特性使用户只发出一次命令就能在图形的任何位置放置文本。

另外，“单行文字”命令还提供了屏幕预演功能，即在输入文字的同时该文字也将在屏幕上显示出来。这样就能很容易地发现文本输入是否错误，以便及时修改。输入单行文字有以下三种操作方法。

- 使用菜单栏命令：执行“绘图”→“文字”→“单行文字”命令。
- 使用功能区命令：执行“默认”→“注释”→“单行文字”命令。
- 在命令行中输入“text”命令。

执行“单行文字”命令，在绘图区中指定文本的插入点，根据命令行提示，输入文本高度和旋转角度，然后在绘图区中输入文本的内容，按Enter键即可完成操作，如图6-25和图6-26所示。

命令行提示如下：

```
命令: _text
当前文字样式: “Standard” 文字高度: 2.5000 注释性: 否
指定文字的起点或 [对正(J)/样式(S)]:                  (指定文字起点)
指定高度 <2.5000>: 100                               (输入文字高度值)
指定文字的旋转角度 <0>:
```

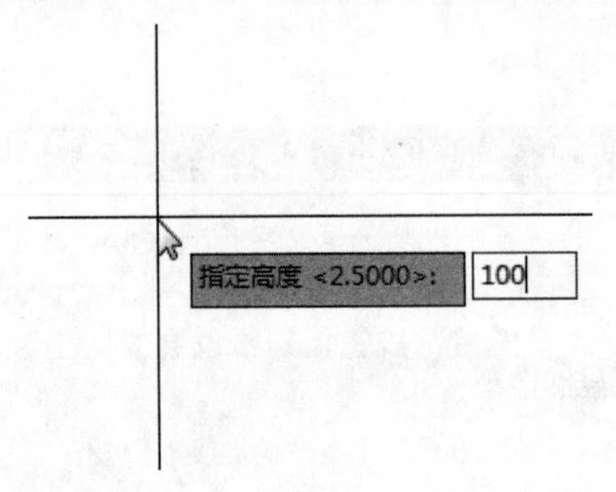

图6-25

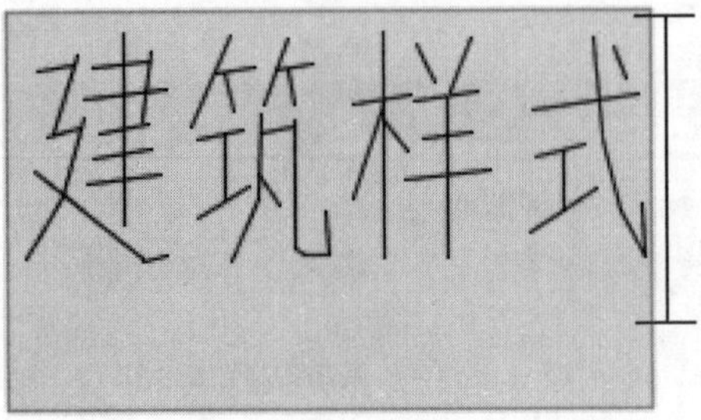

图6-26

其中，命令行中各选项的含义介绍如下。

1. 指定文字的起点

在绘图区域单击一点，确定文字的高度后，将指定文字的旋转角度，按Enter键即可完成创建。在执行“单行文字”命令过程中，可随时用光标确定下一行文字的起点，也可按Enter键换行，但输入的文字与前面的文字属于不同的实体。

2. “对正”选项

该选项用于确定标注文本的排列方式和排列方向。AutoCAD 2016用4条直线确定标注文本的位置，分别是顶线、中线、基线和底线。选择该选项后，命令行提示内容如下：

```
输入选项 [对齐(A)/布满(F)/居中(C)/中间(M)/右对齐(R)/左上(TL)/中上(TC)/右上(TR)/左中(ML)/正中(MC)/右中(MR)/左下(BL)/中下(BC)/右下(BR)]:
```

- 对齐：通过指定基线端点来指定文字的高度和方向。
- 布满：指定文字按照由两点定义的方向和一个高度值布满一个区域。
- 居中：用于确定标注文本基线的中点。选择该选项后，输入的文本均匀分布在该中点的两侧。
- 中间：文字在基线的水平中点和指定高度的垂直中点上对齐。中间对齐的文字不保持在基线上。“中间”选项与“正中”选项不同，“中间”选项使用的中点是所有文字包括下行文字在内的中点，而“正中”选项使用大写字母高度的中点。

3.“样式”选项

指定文字样式，文字样式决定文字字符的外观。创建的文字使用当前文字样式。输入“?”将列出当前文字样式、关联的字体文件、字体高度及其他参数。

在该提示下按Enter键，系统将自动打开“AutoCAD文本窗口”对话框，如图6-27所示，在此窗口列出了指定文字样式的具体设置。

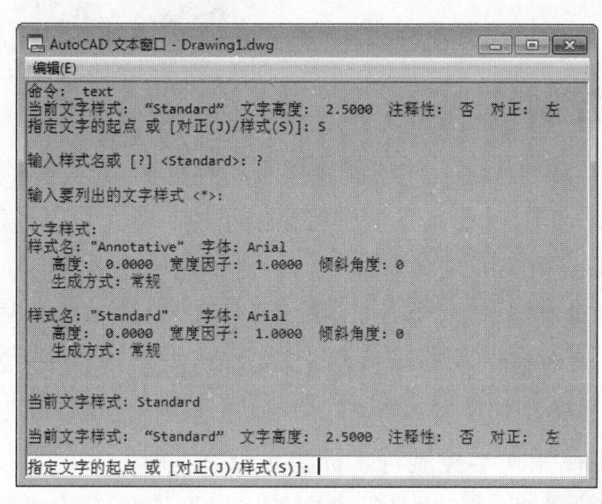

图6-27

提 示

在进行文字标注时，不论采用哪种文字排列方式，输入文字时在屏幕上显示的文字都是按左对齐的方式排列，直到结束命令后，才会按照指定的排列方式重新生成。

6.2.2 多行文字

“多行文字”命令可以创建复杂的文字说明。用“多行文字”命令生成的文字段落称为多行文字，可由任意数目的文字行组成，所有的文字构成一个单独的实体。可以指定文本分布的宽度，但文字沿竖直方向可无限延伸。输入多行文字有以下三种操作方法。

- 使用菜单栏命令：执行“绘图”→“文字”→“多行文字”命令。
- 使用功能区命令：执行“默认”→“注释”→“多行文字”命令。
- 在命令行中输入“mtext”命令。

执行“多行文字”命令，在绘图区中，指定文本起点，框选出多行文字的区域范围，如图6-28所示。此时则可进入文字编辑文本框，在此输入相关文本内容，输入完成后，单击空白处任意一点，可完成多行文本操作，如图6-29所示。

提 示

利用“多行文字”命令，可以在绘图窗口指定的矩形边界内创建多行文字，且所创建的多行文字为一个对象。使用“多行文字”命令，可以灵活方便地设置文字样式、字体、高度、加粗、倾斜，快速输入特殊字符，并可实现文字的堆叠效果。

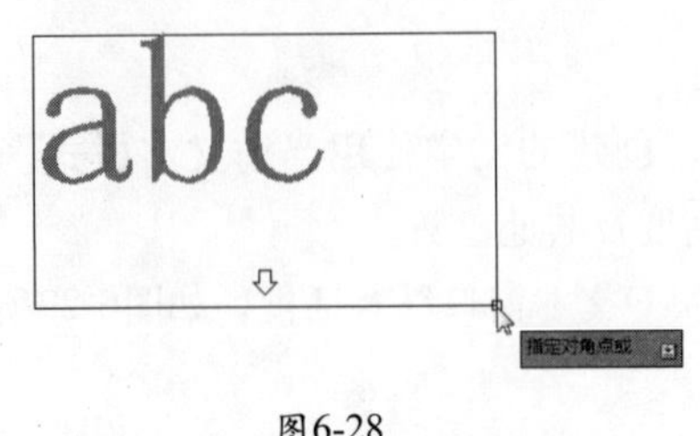

图6-28

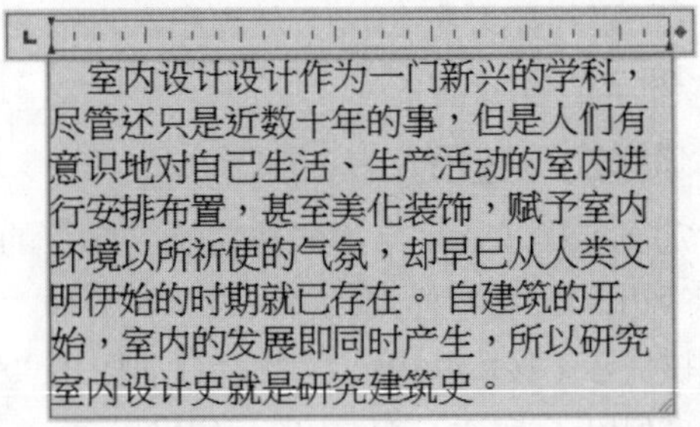

室内设计设计作为一门新兴的学科，尽管还只是近数十年的事，但是人们有意识地对自己生活、生产活动的室内进行安排布置，甚至美化装饰，赋予室内环境以所祈使的气氛，却早已从人类文明伊始的时期就已存在。自建筑的开始，室内的发展即同时产生，所以研究室内设计史就是研究建筑史。

图6-29

6.2.3 使用文字控制符

在文本标注中，经常需要标注一些不能直接利用键盘输入的特殊字符，如直径“Φ”、角度“°”等。AutoCAD 2016为输入这些字符提供了控制符，可以通过输入控制符来输入特殊的字符。在单行文本标注和多行文本标注中，控制符的使用方法有所不同。

（1）在单行文本中使用文字控制符。在需要使用特殊字符的位置直接输入相应的控制符，那么输入的控制符将会显示在图中特殊字符的位置上，当单行文本标注命令执行结束后，控制符将会自动转换为相应的特殊字符。

（2）在多行文本中使用文字控制符。标注多行文本时，可以灵活地输入特殊字符，因为其本身具有一些格式化选项。在“多行文字编辑器”选项卡的“插入”面板中单击“符号”下拉按钮，在展开的下拉列表中将会列出特殊字符的控制符选项，如图6-30所示。

另外，在“符号”下拉列表中选择“其他”选项，将打开“字符映射表”对话框，从中选择所需字符进行输入即可，如图6-31所示。

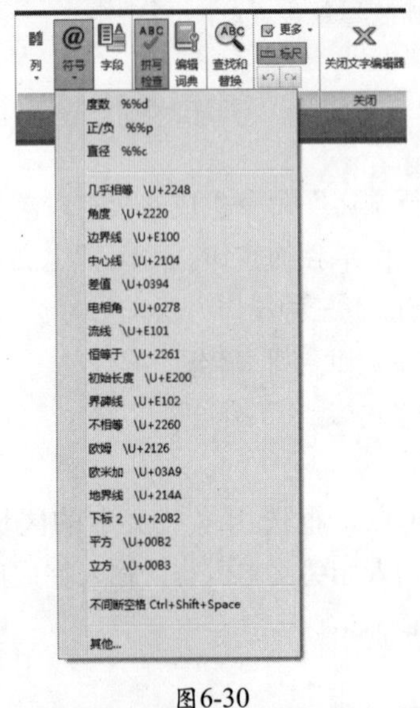

图6-30

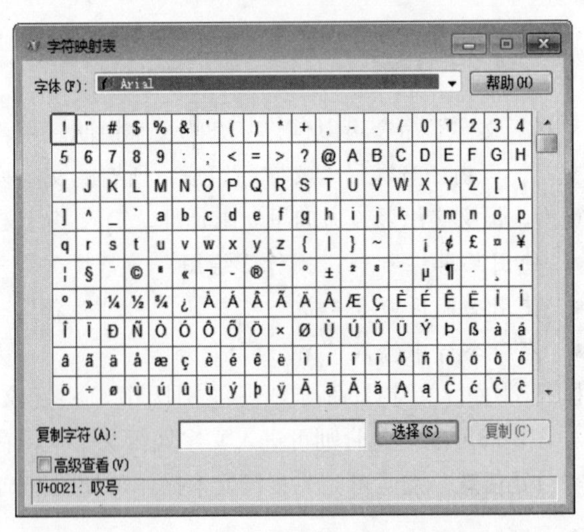

图6-31

在“字符映射表”对话框中，通过“字体”下拉列表选择不同的字体，选择所需字符，单击该字符，如图6-32所示。然后单击“选择”按钮，选中的字符会显示在“复制字符”文本框中，单击“复制”按钮，选中的字符即被复制到剪贴板中，如图6-33所示。最后打开多行文本编辑框的快捷菜单，执行“粘贴”命令即可插入所选字符。

图6-32

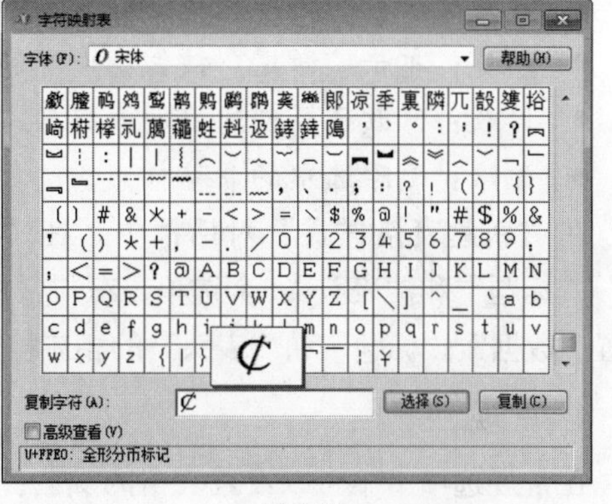

图6-33

6.3 表格的应用

表格是一种以行和列格式提供信息的工具，使用表格可以帮助用户清晰地表达一些统计数据。在此主要介绍如何设置表格样式、创建和编辑表格等知识。

6.3.1 设置表格样式

在创建表格前要设置表格样式，方便之后调用。在“表格样式”对话框中可以选择设置表格样式的方式，可以通过以下三种方式打开“表格样式”对话框。

- 执行“格式”→“表格样式”命令。
- 在“注释”选项卡中，单击“表格”面板右下角的箭头。
- 在命令行输入“tablestyle”命令并按Enter键。

打开“表格样式”对话框后单击“新建”按钮，如图6-34所示，输入表格名称，单击“继续”按钮，即可打开“新建表格样式”对话框，如图6-35所示。

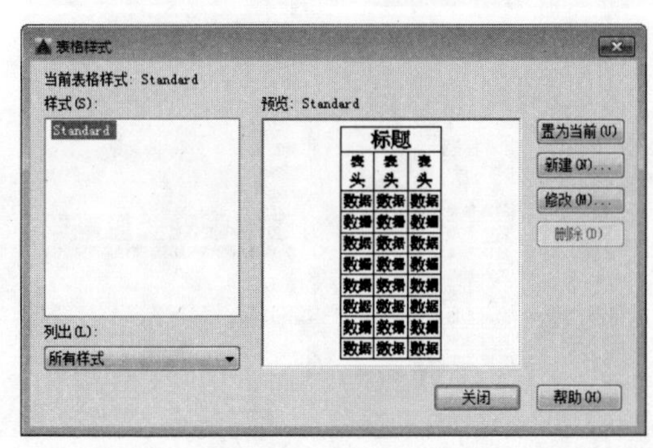

图6-34

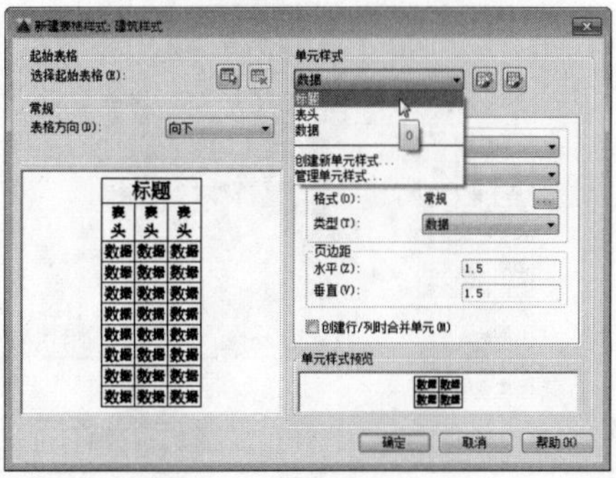

图6-35

下面将具体介绍“表格样式”对话框中各选项的含义。

- 样式：显示已有的表格样式。单击“所有样式”列表框右侧的三角符号，在弹出的下拉列表中，可以设置“样式”列表框是显示所有表格样式，还是正在使用的表格样式。

- 预览：预览当前的表格样式。
- 置为当前：将选中的表格样式置为当前。
- 新建：单击“新建”按钮，即可新建表格样式。
- 修改：修改已经创建好的表格样式。
- 删除：删除选中的表格样式。

在“新建表格样式”对话框中，在“单元样式”选项组标题下拉列表框中包含“数据”“标题”和“表头”3个选项，在“常规”“文字”和“边框”3个选项卡中，可以分别设置“数据”“标题”和“表头”的相应样式。

1. 常规

在常规选项卡中可以设置表格的颜色、对齐方式、格式、类型和页边距等特性。下面具体介绍该选型卡各选项的含义。

- 填充颜色：设置表格的背景填充颜色。
- 对齐：设置表格文字的对齐方式。
- 格式：设置表格中的数据格式，单击右侧的...按钮，即可打开“表格单元格式”对话框，在该对话框中可以设置表格的数据格式。
- 类型：设置是数据类型，还是标签类型。
- 页边距：“水平”设置表格内容距边线的水平和垂直距离。

2. 文字

打开“文字”选项卡，可在该选项卡中设置文字的样式、高度、颜色、角度等，如图6-36所示。

3. 边框

打开“边框”选项卡，在该选项卡可以设置表格边框的线宽、线型、颜色等选项。此外，还可以设置有无边框或是否是双线，如图6-37所示。

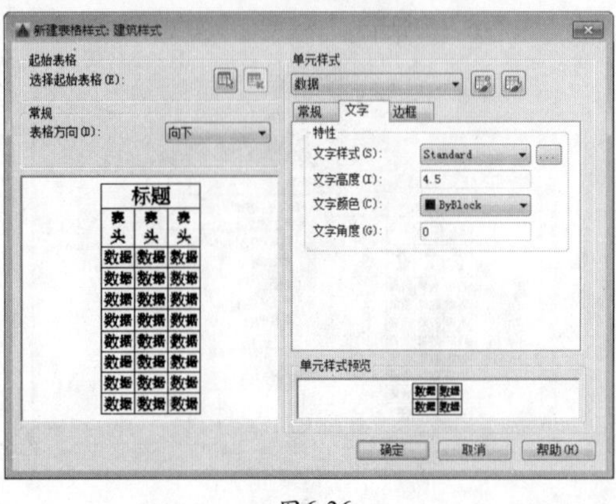

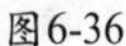
图6-36

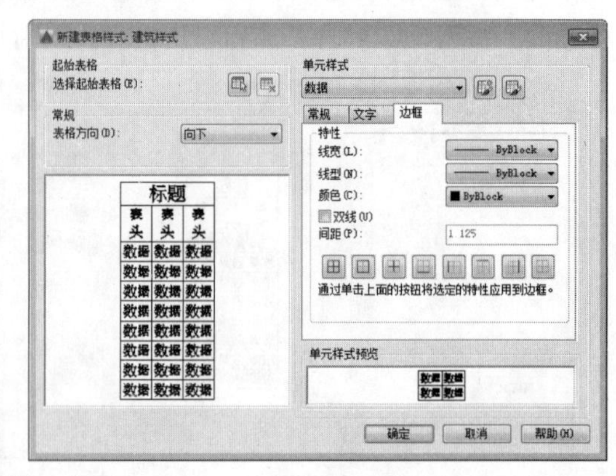

图6-37

6.3.2 创建表格

在AutoCAD中可以直接创建表格对象，而不需要单独用直线绘制表格，创建表格后可以进行编辑操作。可以通过以下三种方式调用创建表格命令。

- 执行“绘图”→“表格”命令。
- 在“注释”选项卡“表格”面板中单击“表格”按钮▦。
- 在命令行输入“table”命令并按Enter键。

打开“插入表格”对话框，从中设置列和行的相应参数，单击“确定”按钮，然后在绘图区指定插入点，即可创建表格。

6.3.3 编辑表格

当创建表格后，如果对创建的表格不满意，可以编辑表格，在AutoCAD中可以使用夹点、选项板进行编辑操作。

1. 夹点

大多情况下，创建的表格都需要进行编辑才可以符合表格定义的标准。在AutoCAD中，不仅可以对整体的表格进行编辑，还可以对单独的单元格进行编辑，可以单击并拖动夹点调整宽度或在快捷菜单中进行相应的设置。

单击表格，表格上将出现编辑的夹点，如图6-38所示。

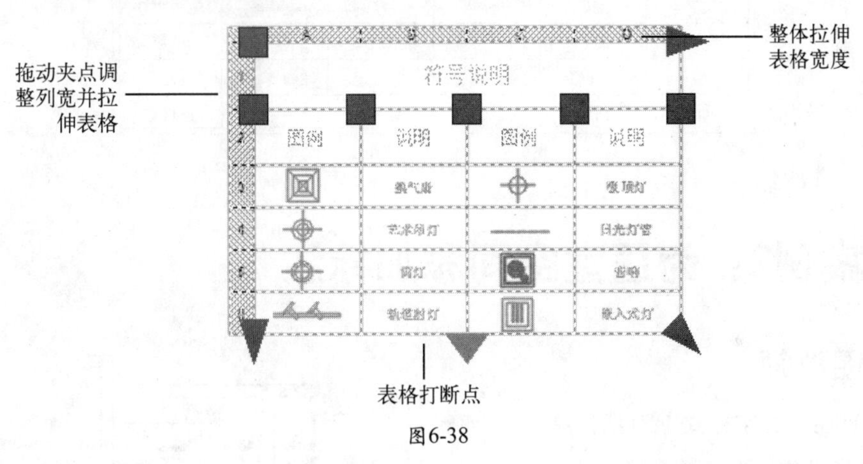

图6-38

2. 选项卡

在“特性”选项板中也可以编辑表格，在“表格”卷展栏中可以设置表格样式、方向、表格宽度和表格高度。

双击需要编辑的表格，会弹出“特性”选项板，如图6-39所示。

图6-39

提 示

若本地磁盘中有可以使用的表格对象，可以直接从外部导入表格对象，从而节省重新创建表格的时间，提高工作效率。

CAD【拓展案例】

拓展案例1：绘制灯具示意图

绘图要领

(1) 创建表格。

(2) 输入文字内容。

(3) 插入相应的图块图形。

最终效果如图6-40所示。最终文件详见“光盘:\素材文件\第6章”目录下。

常用灯具示意图

图形	名称	图形	名称	图形	名称
	壁灯		台灯		轨道射灯
	筒灯		装饰吊灯		浴霸
	冷光灯		镜前灯		日光灯
	吊灯		换气扇		栅格灯

图6-40

拓展案例2：为居室空间添加标注

绘图要领

(1) 在“文字样式”对话框中对文本属性进行设置。

(2) 执行“单行文字”命令，在布置图中的合适位置输入各功能的名称。

最终效果如图6-41所示。最终文件详见“光盘:\素材文件\第6章”目录下。

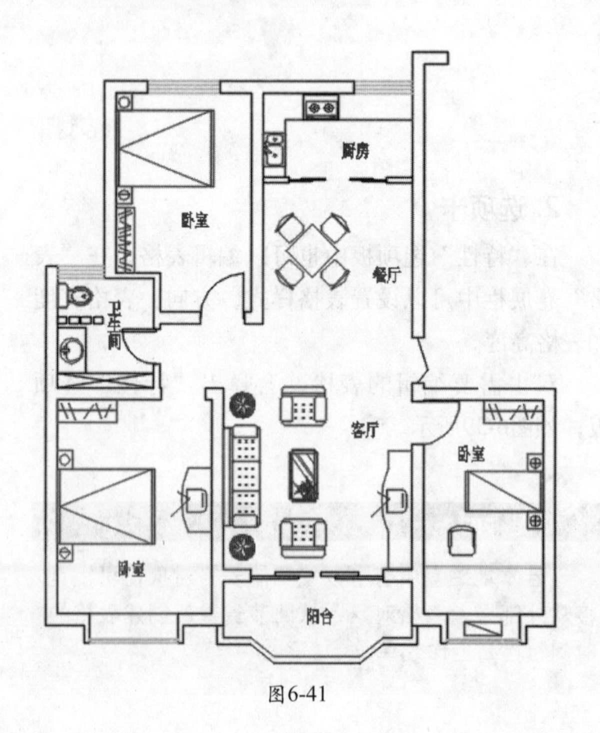

图6-41

第7章

07 为衣柜添加尺寸标注

内容概要：

在CAD室内设计图纸中，尺寸标注是不可缺少的一个重要组成部分。通过添加尺寸标注可以显示图形的数据信息，使用户清晰有序的查看图形的真实大小和相互位置，方便施工。本章将主要介绍标注样式的创建和设置、尺寸标注的添加，以及尺寸标注的编辑等。

知识要点：

- 尺寸标注的原则
- 线性标注
- 对齐标注
- 直径标注
- 半径标注
- 弧长标注
- 坐标标注
- 角度标注
- 连续标注

课时安排：

理论教学3课时　　上机实训6课时

案例效果图：

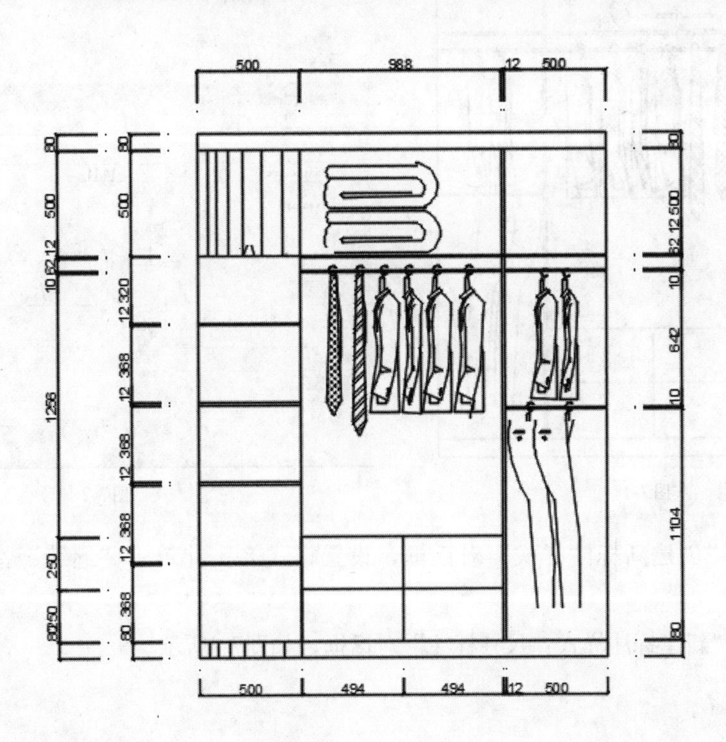

CAD【案例精讲】

案例描述

在实际绘图中，标注是必不可少的。当完成图形绘制后，就需要对其进行标注，以便查看图形的基本尺寸信息。下面将标注一个衣柜图形，这也是室内设计环节中一个重要的环节。

案例文件

本案例素材文件和最终效果文件在“光盘:\素材文件\第7章”目录下，本案例的操作视频在“光盘:\操作视频\第7章”目录下。

案例详解

下面将对尺寸标注的具体操作过程进行介绍。

STEP 01 打开“立面衣柜”文件，如图7-1所示。

STEP 02 执行“格式”→“标注样式”命令，打开“标注样式管理器”对话框，如图7-2所示，然后单击“新建”按钮。

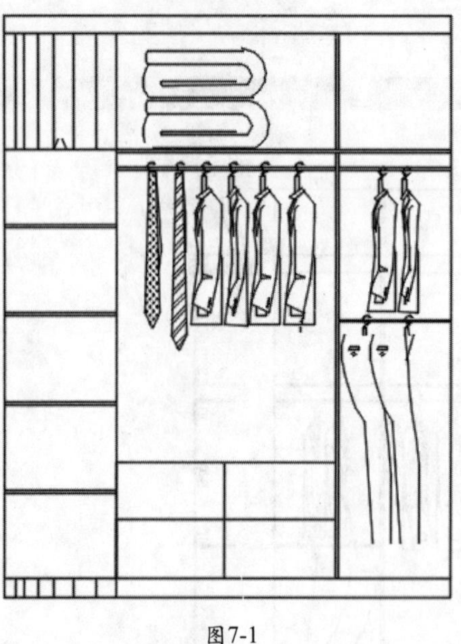

图7-1

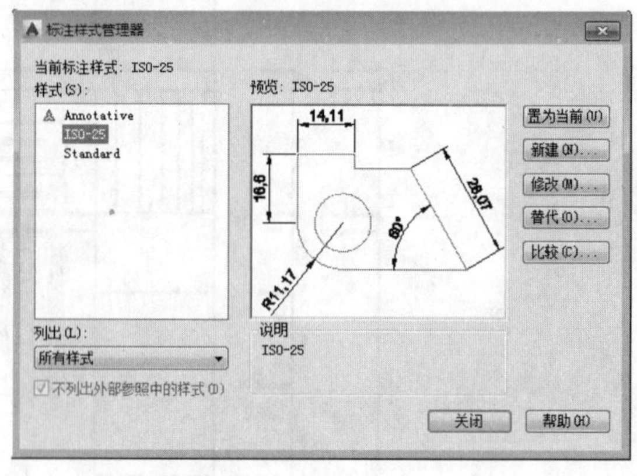

图7-2

STEP 03 打开“创建新标注样式”对话框，设置样式名，并单击“继续”按钮，如图7-3所示。

STEP 04 打开“新建标注样式：尺寸标注”对话框，如图7-4所示。

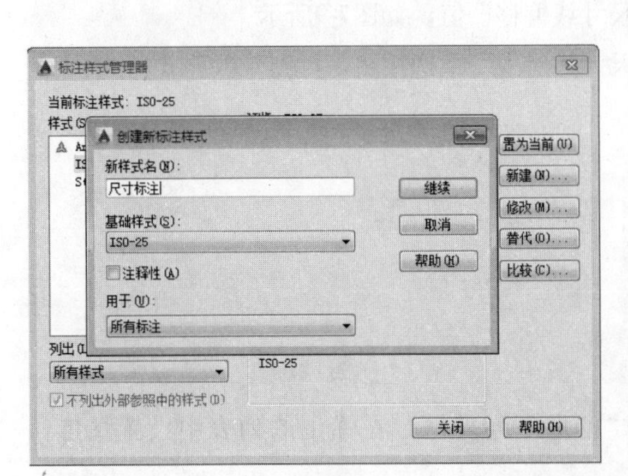

图7-3

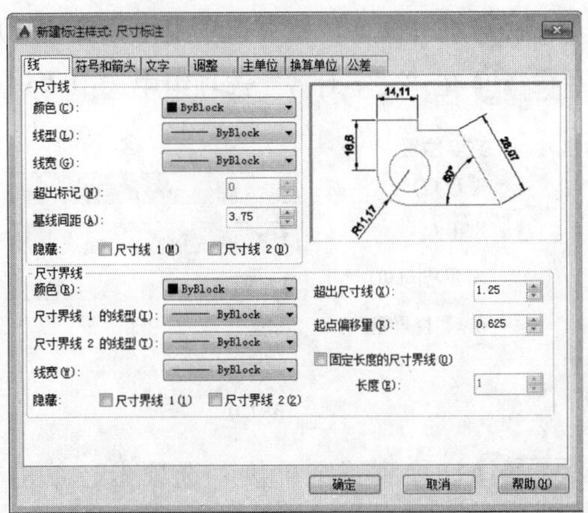

图7-4

STEP 05 在“线”选项卡“尺寸界线”选项组中设置“起点偏移量”为40，如图7-5所示。

STEP 06 切换到“符号与箭头”选项卡，单击第一个选项的列表框，在弹出的列表中设置标注尺寸的符号，如图7-6所示。

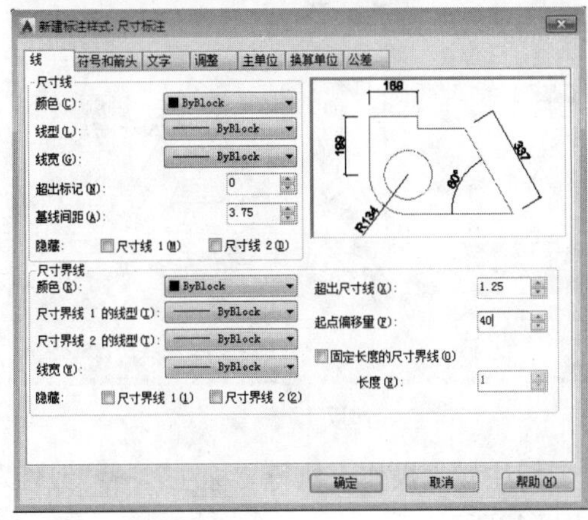

图7-5

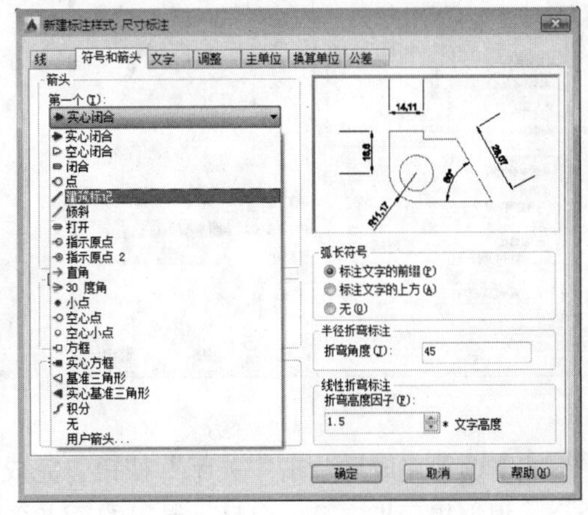

图7-6

STEP 07 在“箭头大小”选项框内输入数值，如图7-7所示。

STEP 08 切换到“文字”选项卡，在“文字外观”选项组中设置文字高度，如图7-8所示。

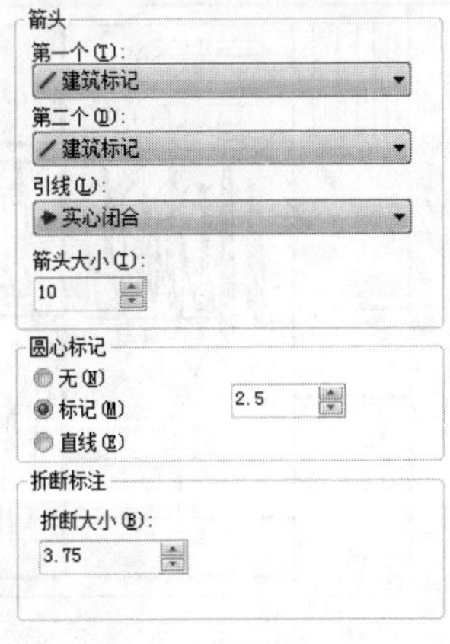

图7-7

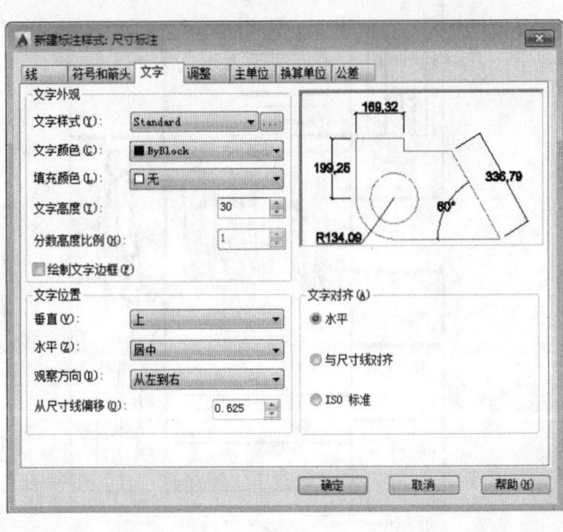

图7-8

STEP 09 在“文字位置”选项组中设置“从尺寸线偏移”值，如图7-9所示。

STEP 10 在“文字对齐”选项组中选中“与尺寸线对齐”单选按钮，如图7-10所示。

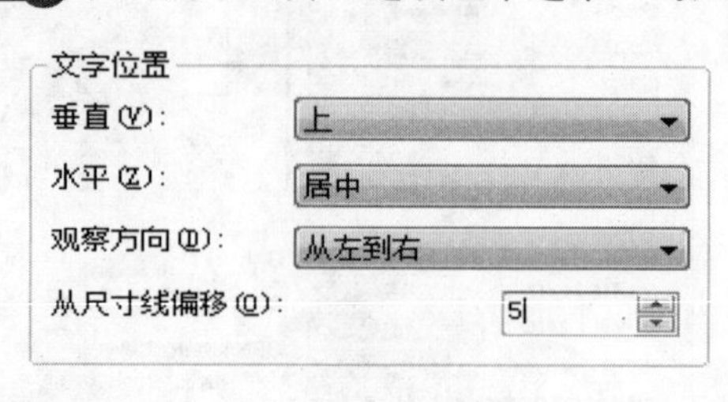

图7-9

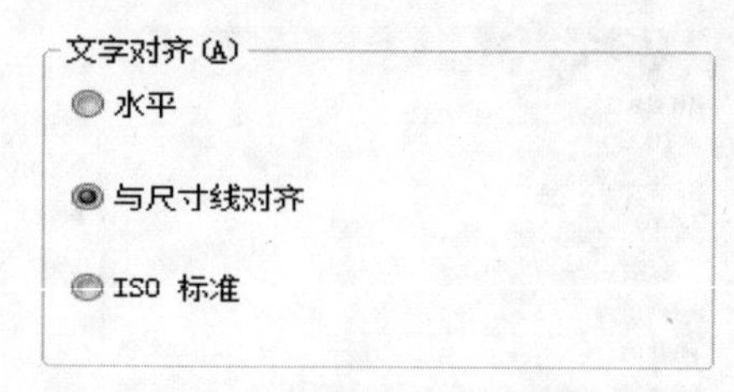

图7-10

STEP 11 切换到“主单位”选项卡，单击“精度”列表框，在弹出的列表中设置精度，如图7-11所示。

STEP 12 设置完成后单击“确定”按钮，返回“标注样式管理器”对话框，选择创建的样式名，单击“置为当前”按钮，如图7-12所示。

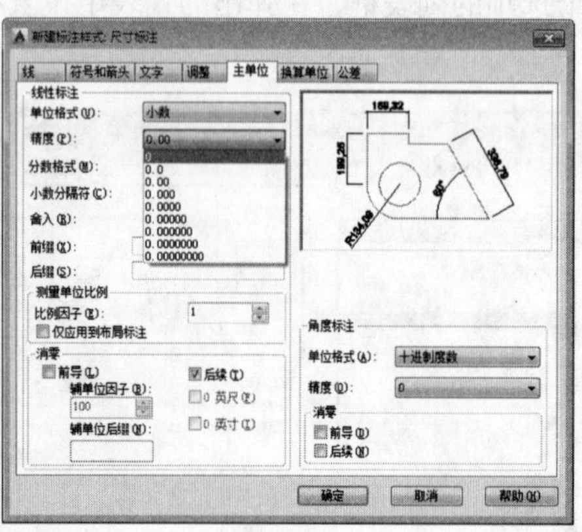

图7-11

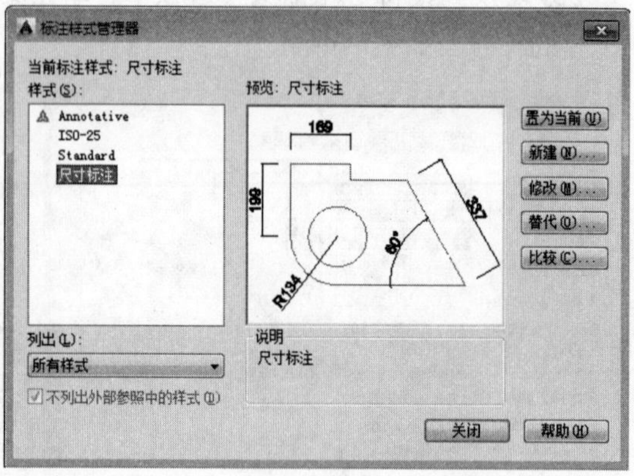

标注样式管理器

图7-12

STEP 13 设置完成后单击“关闭”按钮，完成设置标注样式操作。执行“标注”→“线性”命令，根据提示指定第一个尺寸界限的原点，如图7-13所示。

STEP 14 指定第2个尺寸界线的原点并拖动鼠标，单击鼠标左键完成创建线性标注，效果如图7-14所示。

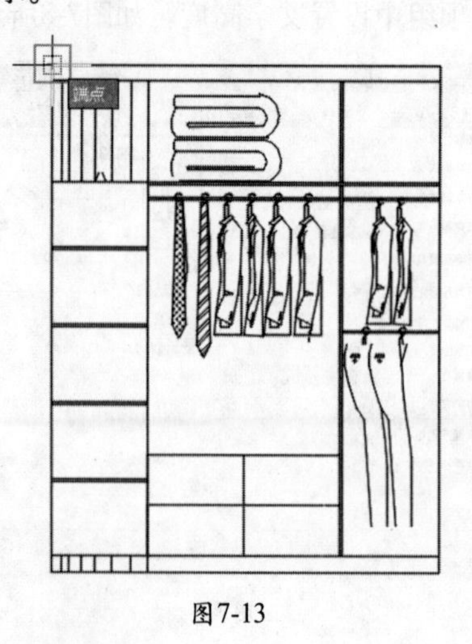

图7-13

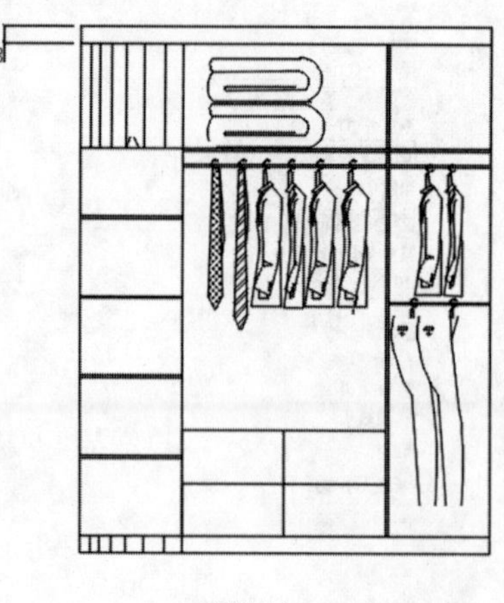

图7-14

STEP 15 移动夹点，更改数值的位置和尺寸界线的长度，完成后效果如图7-15所示。

STEP 16 执行“标注”→“快速标注”命令，根据命令行提示选择需要标注的几何图形，如图7-16所示。

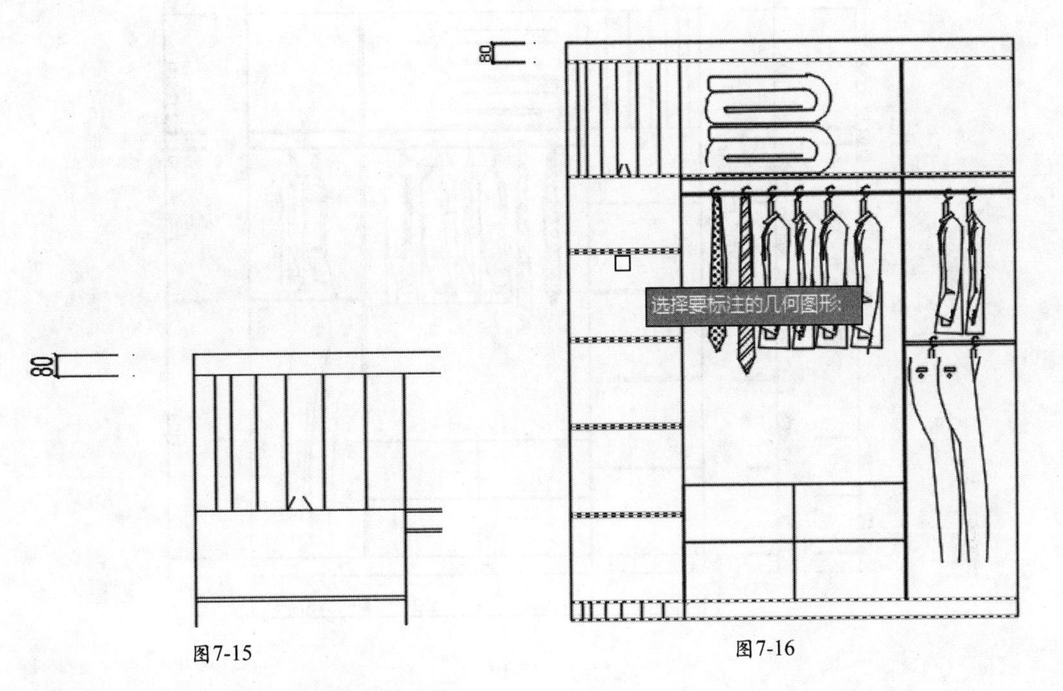

图7-15　　图7-16

STEP 17 按Enter键，拖动鼠标即可创建标注尺寸，如图7-17所示。

STEP 18 在合适的位置单击鼠标左键，然后使用夹点将标注文字和尺寸界线移至满意的位置，完成后效果如图7-18所示。

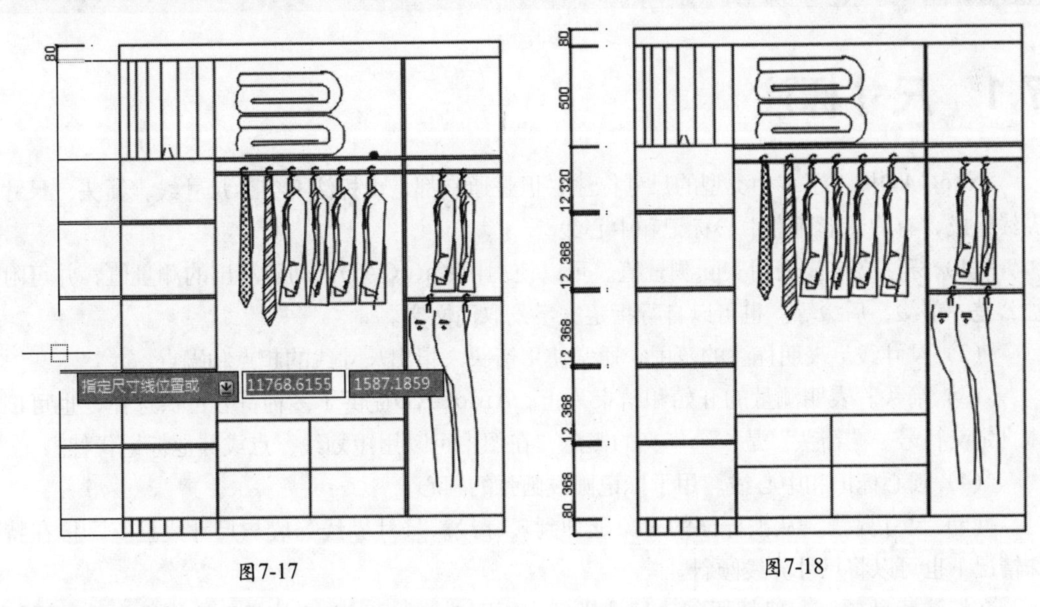

图7-17　　图7-18

STEP 19 重复以上步骤标注其他尺寸，保存文件。标注完成后的最终效果如图7-19所示。

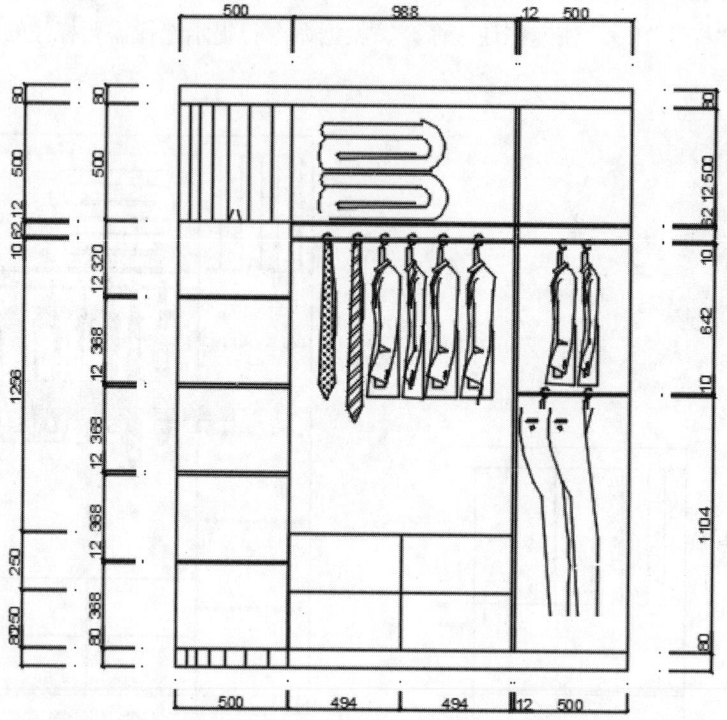

图7-19

CAD【从零起步】

7.1 尺寸标注

AutoCAD提供了多种类型的尺寸标注，但是通常都是由标注文字、尺寸线、箭头、尺寸界线组成，有的图形还有中心标记和中心线。

（1）标注文字。表明实际测量值。可以使用由AutoCAD自动计算出的测量值，并可附加公差、前缀、后缀等。也可以自行指定文字或取消文字。

（2）尺寸线。表明标注的范围。通常使用箭头来指出尺寸线的起点和端点。

（3）箭头。表明测量的开始和结束为止。AutoCAD提供了多种符号可供选择，也可创建自定义符号。“箭头”是一个广义的概念，在图中可以用短划线、点或其他标记代替。

（4）圆心标记和中心线。用于标记圆或圆弧的圆心。

（5）尺寸界线。从被标注的对象延伸到尺寸线。尺寸界线一般与尺寸线垂直，但在特殊情况下也可以将尺寸界线倾斜。

在标注尺寸前，一般都要创建尺寸样式，否则，AutoCAD将使用默认样式生成尺寸标注。AutoCAD中可以定义多种不同的标注样式并为之命名。标注时，只需指定某个样式为当前样式，就可以创建相应的标注形式。其操作方法有以下三种。

- 使用菜单栏命令：执行“格式”→“标注样式”命令。
- 使用功能区命令：执行“注释”→“标注样式”命令。
- 在命令行中输入“dimstyle”命令。

7.1.1 新建尺寸样式

新建尺寸标注样式的操作步骤介绍如下。

STEP01 执行“格式”→“标注样式”命令，打开“标注样式管理器”对话框，单击“新建”按钮，如图7-20所示。

STEP02 在打开的“创建新标注样式”对话框中，输入样式新名称，单击“继续”按钮，如图7-21所示。

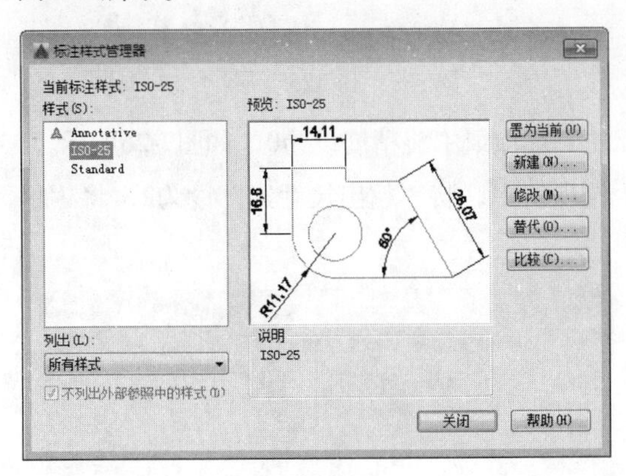

图7-20

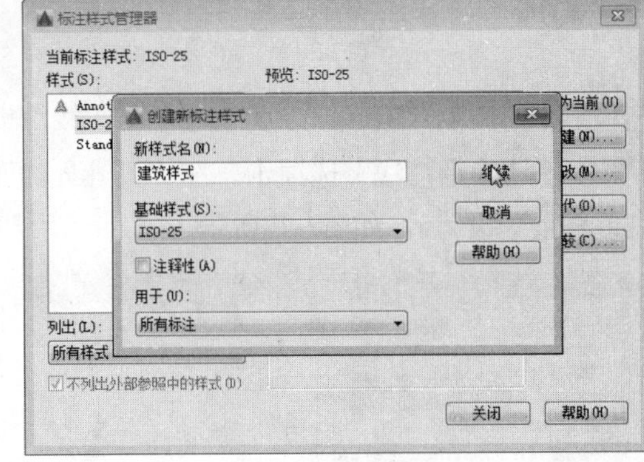

图7-21

STEP03 打开“新建标注样式”对话框，切换到“符号和箭头”选项卡。在“箭头”选项组中，将箭头样式设为“建筑标记”，如图7-22所示。

STEP04 将“箭头大小”设为5，如图7-23所示。

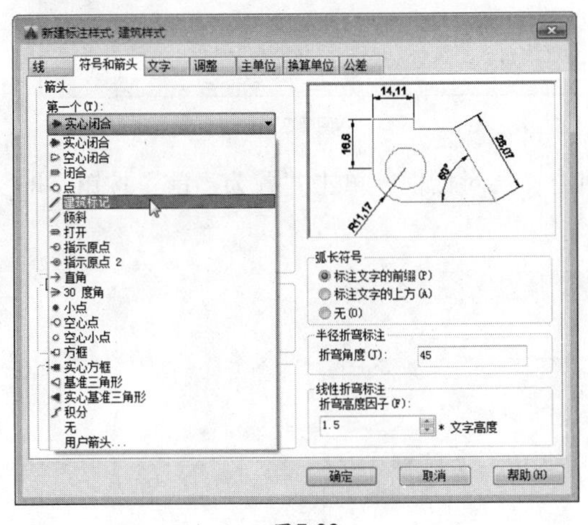

图7-22

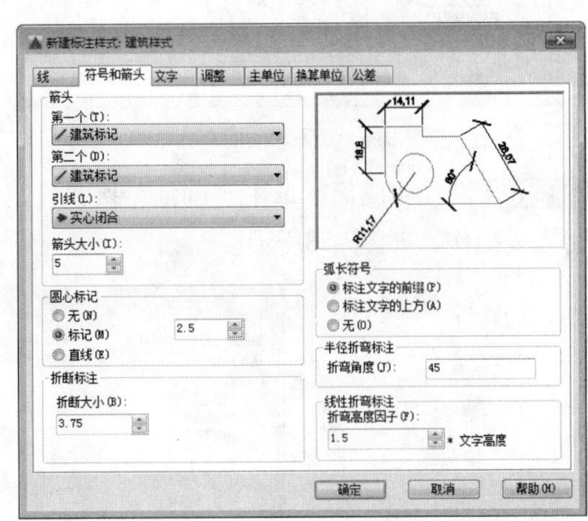

图7-23

STEP05 切换至“文字”选项卡，将“文字高度”设为10，如图7-24所示。

STEP06 切换至“调整”选项卡，在“文字位置”选项组中，将文字设为“尺寸线上方，带引线”，选中“文字始终保持在尺寸界线之间”单选按钮，并勾选“若箭头不能放在尺寸界

01
02
03
04
05
06
07
08
09
10
11
12

线内，则将其消”复选项，如图7-25所示。

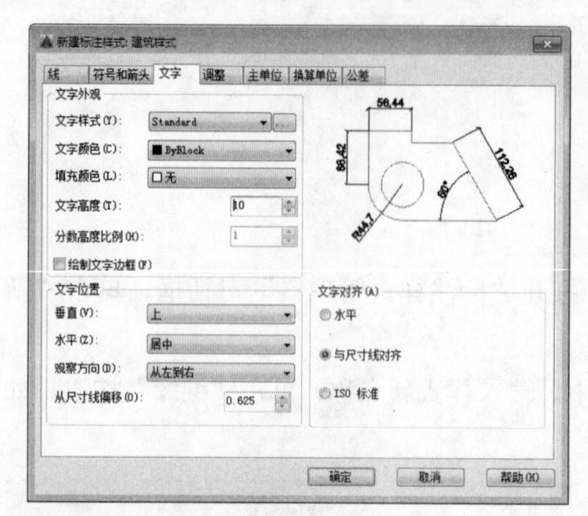

图7-24

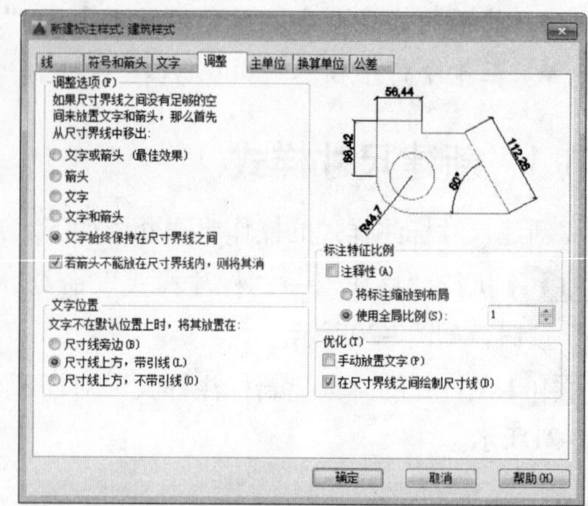

图7-25

STEP 07 切换至“主单位”选项卡，在“线性标注”选项组中将精度设为0，如图7-26所示。

STEP 08 切换至“线”选项卡，在“尺寸界线”选项组中，将“超出尺寸线”设为2，将“起点偏移量”设为5，如图7-27所示。

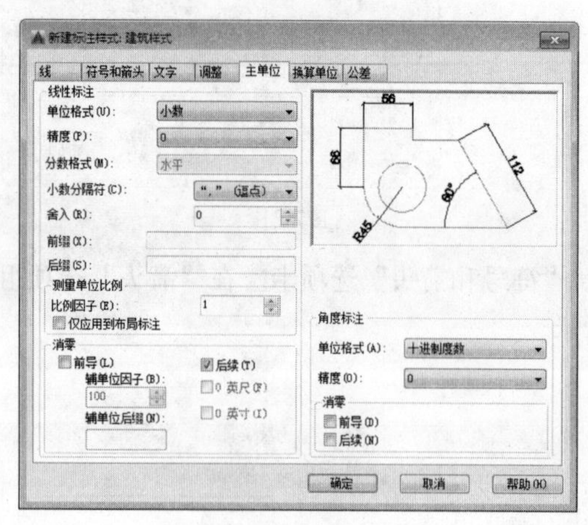

图7-26

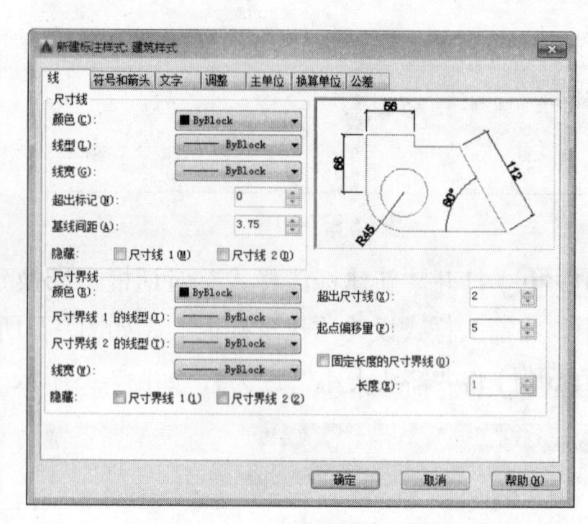

图7-27

STEP 09 设置完成后，单击“确定”按钮，返回上一层对话框，单击“置为当前”按钮，即可完成操作，如图7-28所示。

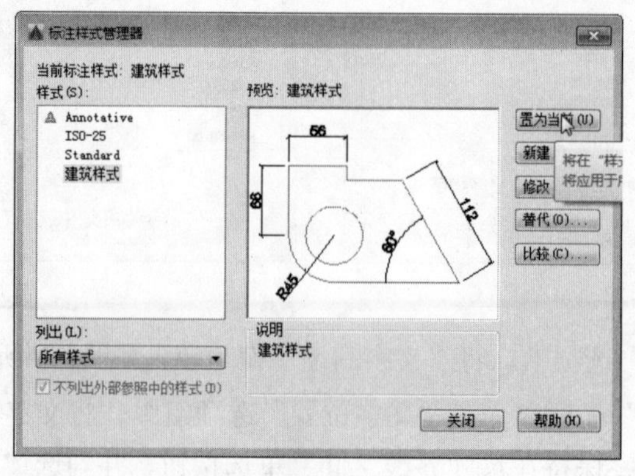

图7-28

7.1.2 删除尺寸样式

在“标注样式管理器”对话框中，除了可以新建尺寸样式外，还能删除不需要的尺寸样式，其具体操作方法如下所述。

STEP 01 执行“格式”→“标注样式”命令，打开“标注样式管理器”对话框，在“样式”列表框中，选择要删除的尺寸样式，这里选择“建筑样式”，如图7-29所示。

STEP 02 单击鼠标右键，在弹出的快捷菜单中执行“删除”命令，如图7-30所示。

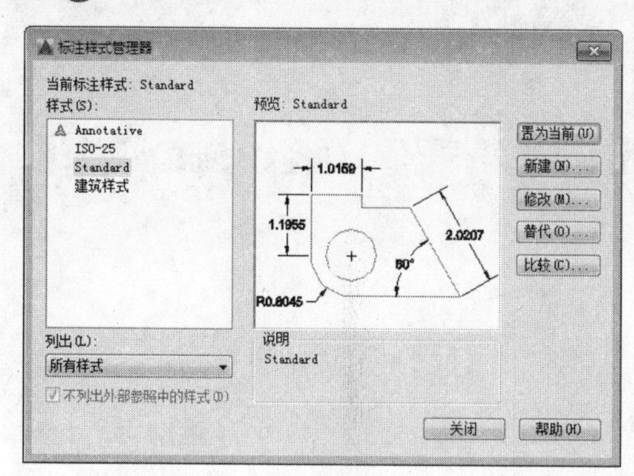

图7-29

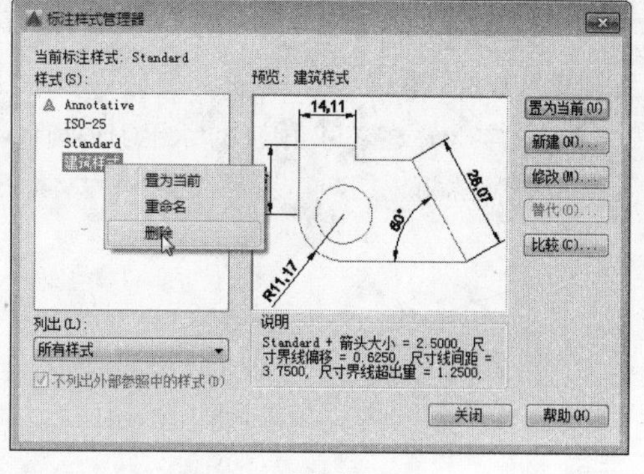

图7-30

STEP 03 在打开的系统提示框中，单击“是”按钮，如图7-31所示。

STEP 04 返回上一层对话框，此时多余的样式已被删除，如图7-32所示。

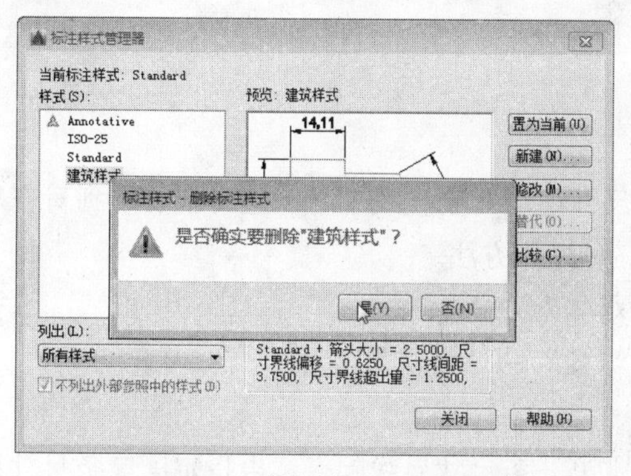

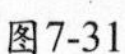

图7-31

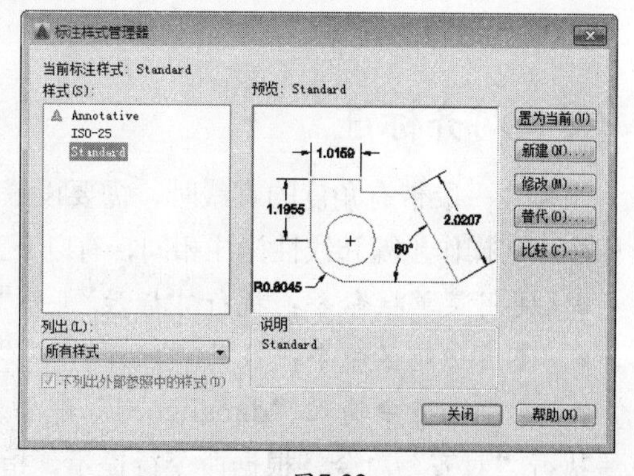

图7-32

7.2 常见尺寸标注

在AutoCAD中，根据尺寸标注的需要，对其进行了分类，分为：线性标注、对齐标注、半径标注、直径标注、弧长标注、坐标标注、角度标注、连续标注等标注类型。

7.2.1 线性标注

线性标注是最常用的一种标注方式，一般用来标注水平、竖直或平行的尺寸线。同样也可以设置多行、单行或者带角度的标注文字。线性标注有以下三种操作方法。

- 使用菜单栏命令：执行“标注”→“线性”命令。
- 使用功能区命令：执行“注释”→“标注”→“线性”命令。

● 在命令行中输入“dimlinear”命令。

执行“线性”命令，根据命令行中的提示，指定图形的两个测量点，并指定好尺寸线位置即可，如图7-33和图7-34所示。命令行提示如下：

命令: _dimlinear
指定第一个尺寸界线原点或 <选择对象>:
（捕捉第一测量点）
指定第二条尺寸界线原点:
（捕捉第二测量点）
指定尺寸线位置或
[多行文字(M)/文字(T)/角度(A)/水平(H)/垂直(V)/旋转(R)]: （指定好尺寸线位置）
标注文字 =300

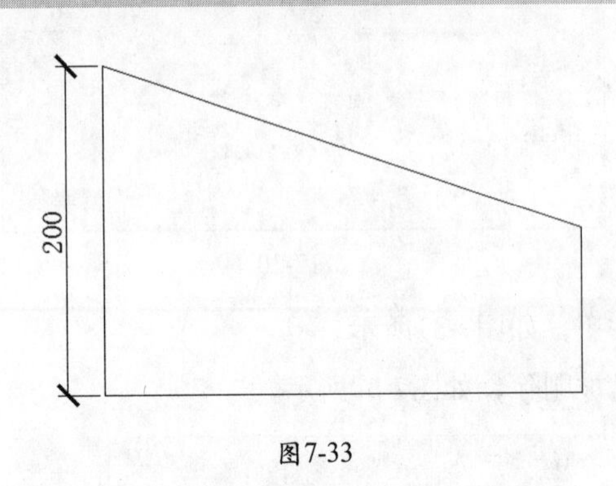

图7-33

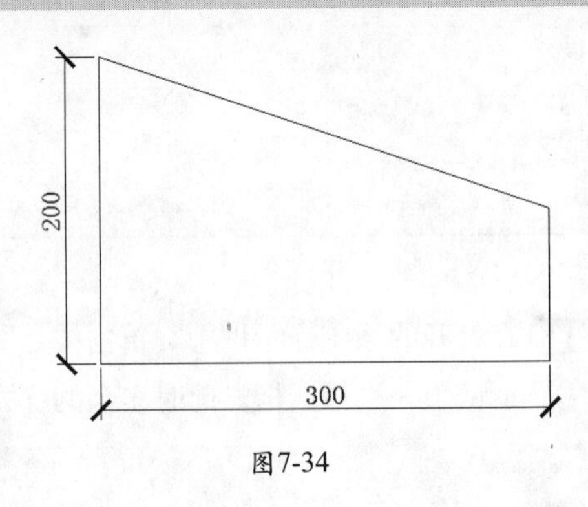

图7-34

7.2.2 对齐标注

当标注一段带有角度的直线时，需要设置尺寸线与对象直线平行，这时就要用到对齐尺寸标注。其操作步骤和线性标注相同，有以下三种操作方法。

● 使用菜单栏命令：执行“标注”→“对齐”命令。
● 使用功能区命令：执行“注释”→“标注”→“对齐”命令。
● 在命令行中输入“dimaligned”命令。

执行“对齐”命令，根据命令行提示，指定第一条尺寸界线起点；再指定第二条尺寸界线起点；移动十字光标，指定尺寸线位置；单击鼠标左键确定，即可完成对齐尺寸标注，如图7-35所示。

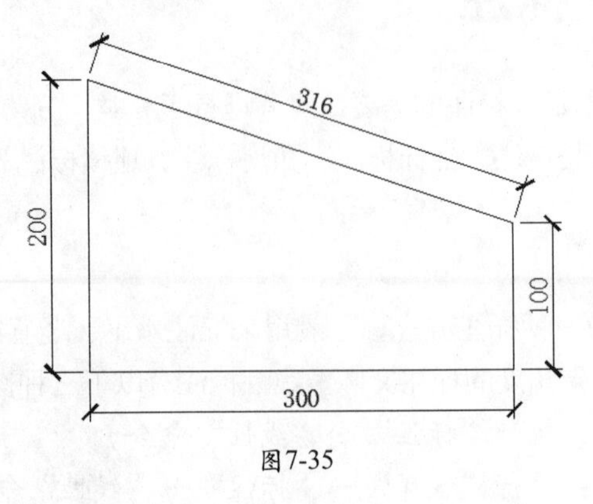

图7-35

7.2.3 半径标注

半径标注主要是用于标注图形中的圆或圆弧的半径。半径标注有以下三种操作方法。

- 使用菜单栏命令：执行“标注”→“半径”命令。
- 使用功能区命令：执行“注释”→“标注”→“半径”命令。
- 在命令行中输入“dimradiu”命令。

执行“半径”命令，根据命令行中的提示信息，选中所需标注的圆的圆弧，并指定好尺寸标注位置点即可，如图7-36和图7-37所示。命令行提示如下：

```
命令: _dimradius
选择圆弧或圆:                                    (选择圆弧)
标注文字 = 17.5
指定尺寸线位置或 [多行文字(M)/文字(T)/角度(A)]:    (指定尺寸线位置)
```

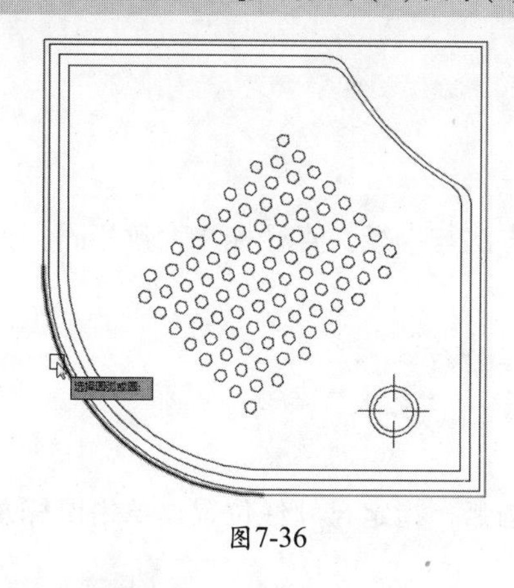

图7-36

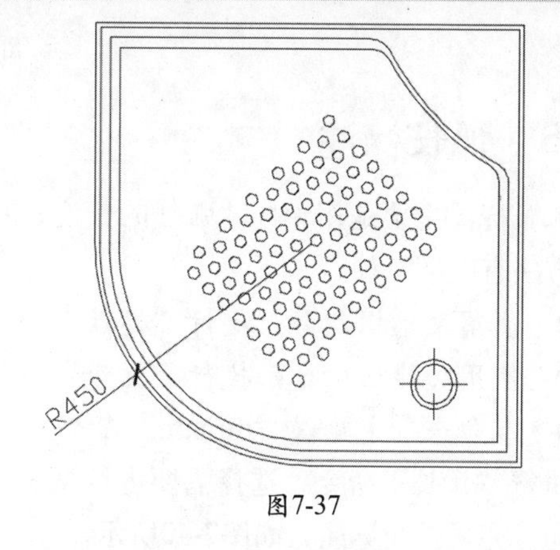

图7-37

7.2.4 直径标注

直径标注的操作方法与半径标注的操作方法相同，操作方法有以下三种方法。

- 使用菜单栏命令：执行“标注”→“直径”命令。
- 使用功能区命令：执行“注释”→“标注”→“直径”命令。
- 在命令行中输入“dimdiameter”命令。

执行“直径”命令，选择需要进行直径标注的圆或圆弧，指定尺寸线位置，单击鼠标左键确定，即可完成直径标注，如图7-38所示。

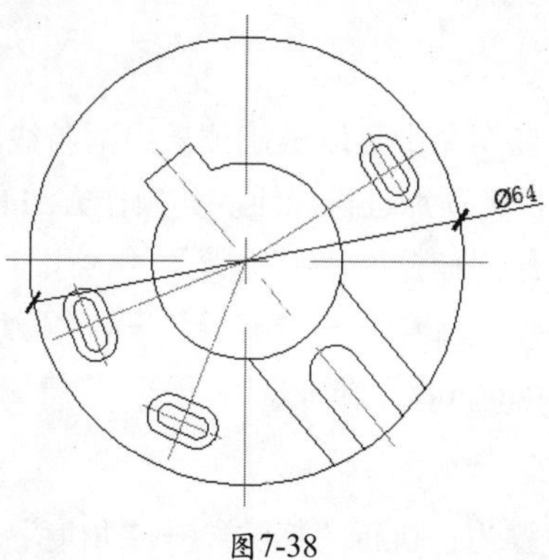

图7-38

7.2.5 圆心标记

圆心标注主要是用于标注圆弧或圆的圆心，该命令会把十字标志放在圆弧或圆的圆心。具体的操作方法有以下两种。

- 使用菜单栏命令：执行“标注”→“圆心标记”命令。
- 在命令行中输入“dimcenter”命令。

执行“圆心标记”命令，选择需要标注的圆或圆弧，即可完成圆心标记，如图7-39所示。

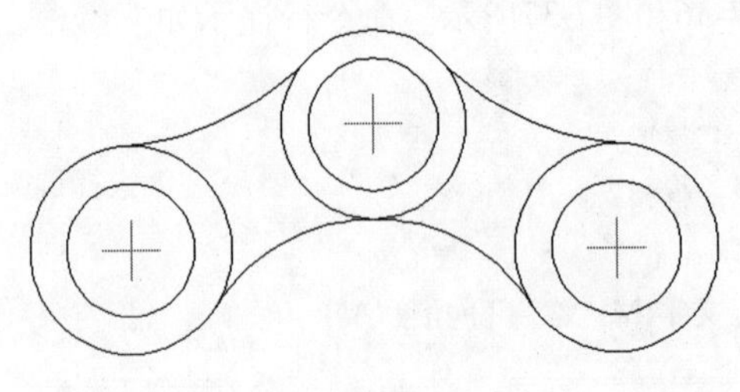

图7-39

7.2.6 弧长标注

弧长标注主要是用于标注弧线的长度，其操作方法与半径、直径标注大致相同。具体的操作方法有以下三种。

- 使用菜单栏命令：执行“标注”→“弧长”命令。
- 使用功能区命令：执行“注释”→“标注”→“弧长”命令。
- 在命令行中输入“dimarc”命令。

执行“弧长”命令，选择需要进行弧长标注的圆弧，指定尺寸线位置，单击鼠标左键确定，即可完成弧长标注，如图7-40所示。

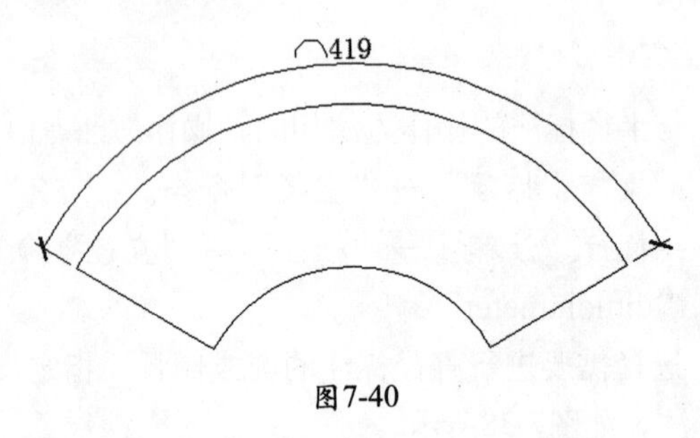

图7-40

7.2.7 角度标注

在设计过程中，使用“角度”命令可以准确测量出两条线段之间的夹角。角度标注可以选择圆弧、圆、直线对象或者指定顶点进行标注。其操作方法有以下三种。

- 使用菜单栏命令：执行“标注”→“角度”命令。
- 使用功能区命令：执行“注释”→“标注”→“角度”命令。
- 在命令行中输入“dimangular”命令。

1. 圆弧对象

对圆弧对象标注的操作步骤为：执行“标注”→“角度”命令；选择所需标注的圆弧线

段，此时系统会自动捕捉圆心；再根据命令行提示指定标注弧线位置，即可完成对圆弧对象的角度标注，如图7-41所示。

2. 圆对象

对圆对象标注的操作步骤为：执行“标注”→“角度”命令；选择圆，此时系统会自动捕捉圆心；根据命令行提示指定角度边界线的第一测量点和第二测量点；再指定尺寸标注位置，即可完成圆对象的角度标注，如图7-42所示。

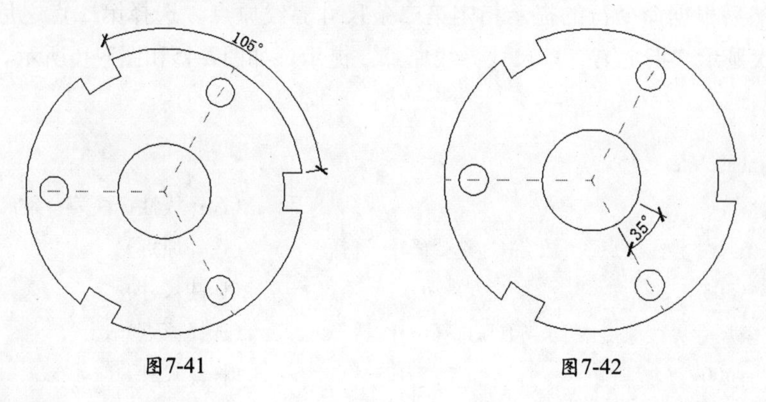

图7-41　　图7-42

3. 直线对象

对直线对象标注的操作步骤为：执行“标注”→“角度”命令；分别选择两条测量线段；再根据命令行中的提示信息，指定尺寸标注的位置，即可完成直线对象的角度标注，如图7-43所示。

选择尺寸标注的位置也很重要，当尺寸标注放置在当前测量角度之外时，此时所测量的角度则是当前角度的补角。

4. 点对象

对点对象标注的操作步骤为：执行“标注”→“角度”命令；不选择对象，按Enter键；根据命令行提示指定一个点作为角的顶点；再在绘图窗口中分别指定第一个端点和第二个端点；最后指定标注弧线的位置，即可完成使用三点进行的角度标注，如图7-44所示。

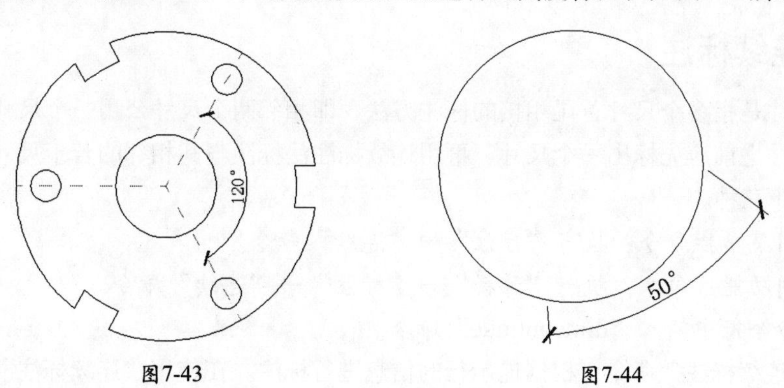

图7-43　　图7-44

7.2.8　基线标注

在进行多个尺寸标注时，有时需要选取图形对象的一个边界线或面作为基准，并且尺寸都以该基准为参照进行定位标注，这种标注方法就是基线尺寸标注。在进行基线尺寸标注之前要先标注出一个尺寸，在AutoCAD 2016中把该尺寸的第一条尺寸界线作为基线，然后再进行基线标注。具体的操作方法有以下三种。

- 使用菜单栏命令：执行“标注”→“基线”命令。
- 使用功能区命令：执行“注释”→“标注”→“基线”命令。
- 在命令行中输入“dimbaseline”命令。

执行“基线”命令，系统将自动指定基准标注的第一条尺寸界线作为基线标注的尺寸界线原点，然后根据命令行的提示指定第二条尺寸界线原点。选择第二点之后，将绘制基线标注并再次显示“指定第二条尺寸界线原点”提示，如图7-45和图7-46所示。命令行提示如下：

```
命令: _dimbaseline
选择基准标注:                                        (选择线性标注第一条尺寸界线)
指定第二条尺寸界线原点或 [放弃(U)/选择(S)] <选择>:      (选择原点)
标注文字 = 303                                       (标注尺寸)
指定第二条尺寸界线原点或 [放弃(U)/选择(S)] <选择>:      (选择原点)
标注文字 = 500                                       (标注尺寸)
指定第二条尺寸界线原点或 [放弃(U)/选择(S)] <选择>:      (选择原点)
标注文字 = 700                                       (标注尺寸)
指定第二条尺寸界线原点或 [放弃(U)/选择(S)] <选择>:      (按退出键)
```

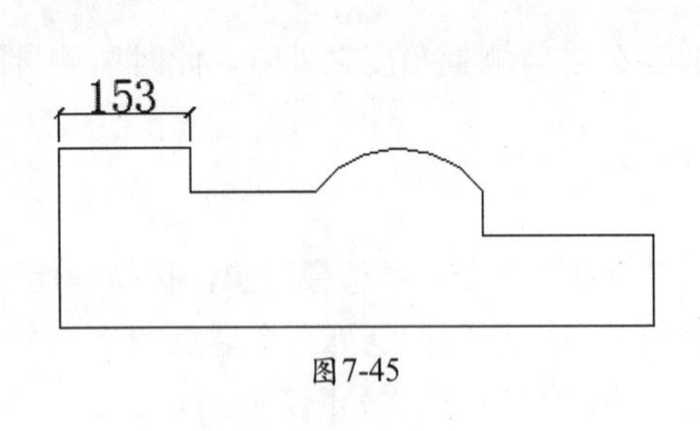

图7-45

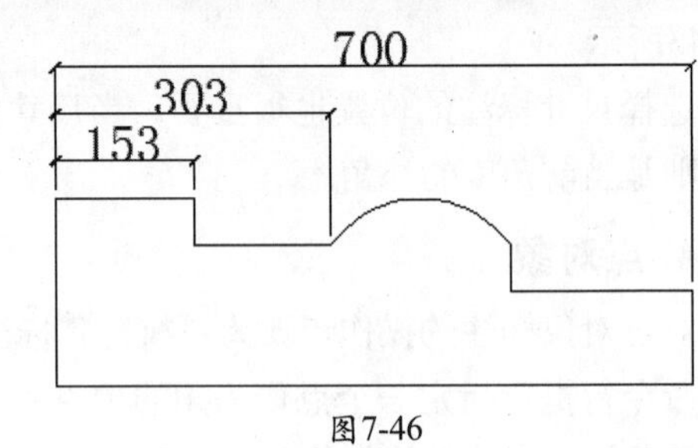

图7-46

7.2.9 连续标注

连续标注是指多个尺寸首尾相接的标注方法，即相邻两个尺寸公用一个尺寸界线。进行连续尺寸标注之前应先标出一个尺寸，再用连续标注法标注与其相邻的若干尺寸。具体的操作方法有以下三种。

- 使用菜单栏命令：执行“标注”→“连续”命令。
- 使用功能区命令：执行“注释”→“标注”→“连续”命令。
- 在命令行中输入“dimcontinue”命令。

执行“连续标注”命令，根据提示行的信息进行标注。在使用“连续标注”之前要标注的对象必须有一个尺寸标注，如图7-47和图7-48所示。命令行提示内容如下。

```
命令: _dimcontinue
选择连续标注:                                        (选择已标注好的线性标注)
指定第二条尺寸界线原点或 [放弃(U)/选择(S)] <选择>:      (指定第二点)
```

标注文字 = 150　　　　　　　　　　　　　　　　（连续标注）

指定第二条尺寸界线原点或 [放弃(U)/选择(S)] <选择>:　　（指定第二点）

标注文字 = 197　　　　　　　　　　　　　　　　（连续标注）

指定第二条尺寸界线原点或 [放弃(U)/选择(S)] <选择>:　　（指定第二点）

标注文字 = 200　　　　　　　　　　　　　　　　（连续标注）

指定第二条尺寸界线原点或 [放弃(U)/选择(S)] <选择>:　　（按退出键）

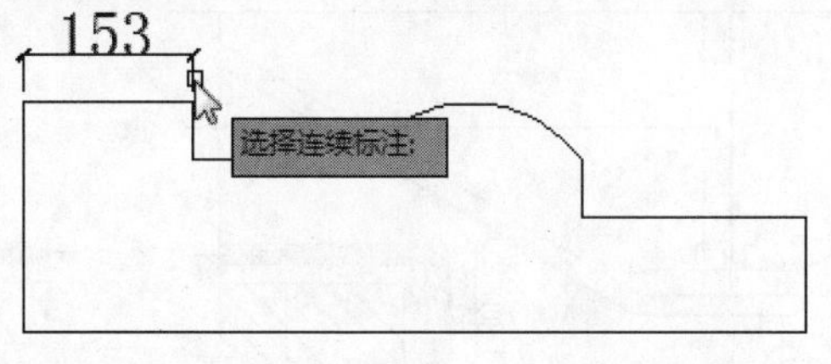

图7-47

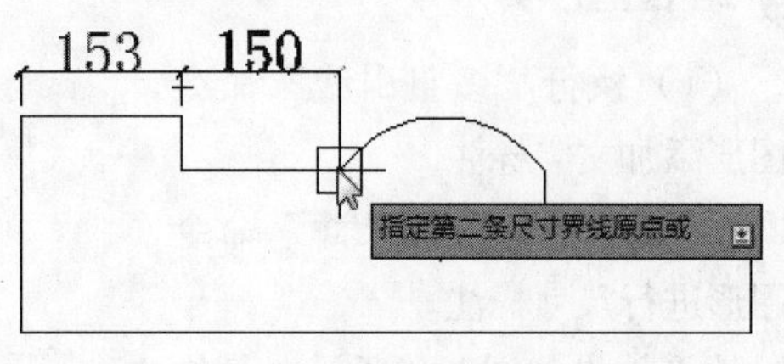

图7-48

提 示

坐标标注是指沿一条简单的引线显示点的X或Y坐标，也称为基准坐标。AutoCAD使用当前用户坐标系（UCS）来确定测量的X或Y坐标，并且沿与当前UCS轴正交的方向绘制引线。目前通用的坐标标注标准是绝对坐标标注。具体的操作方法有以下三种。

- 使用菜单栏命令：执行“标注”→“坐标”命令。
- 使用功能区命令：执行“注释”→“标注”→“坐标”命令。
- 在命令行中输入“dimordinate”命令。

CAD【拓展案例】

拓展案例1：标注楼梯节点图

绘图要领

（1）执行“多重引线”命令，为图形添加文字标注。

（2）执行“线型尺寸”命令，为图形进行尺寸标注。

最终效果如图7-49所示。最终文件详见“光盘:\素材文件\第7章”目录下。

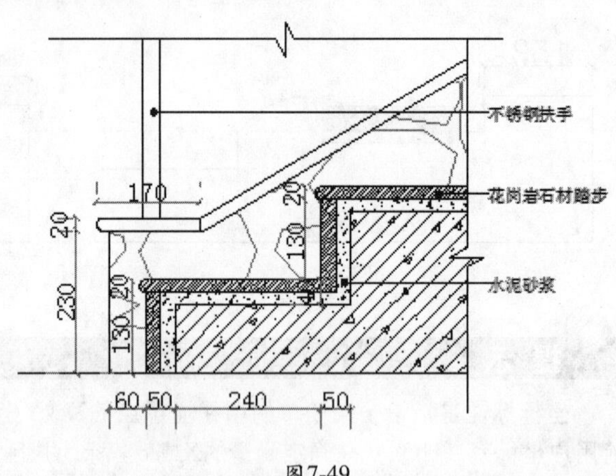

图7-49

拓展案例2：标注两居室顶棚布置图

绘图要领

（1）在“多重引线样式管理器”对话框中设置引线样式。

（2）执行“引线标注”命令，对当前图形进行逐一标注。

最终效果如图7-50所示。最终文件详见“光盘:\素材文件\第7章”目录下。

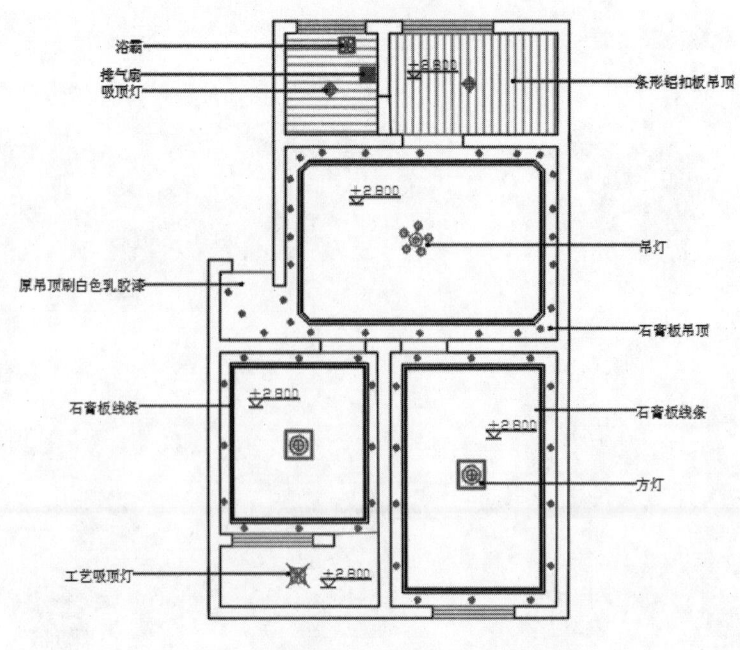

图7-50

第8章

08 绘制床头柜模型

内容概要：

在AutoCAD中，不仅可以创建基本的三维模型，还可以将二维图形生成三维模型。本章将对三维绘图基础、三维曲线的应用，以及创建三维实体模型等知识进行介绍。通过对本章内容的学习，可以了解三维绘图基础，熟悉三维实体模型的创建等知识。

知识要点：

- 绘制三维点/线
- 创建实体
- 二维图形生成实体

课时安排：

理论教学3课时
上机实训6课时

案例效果图：

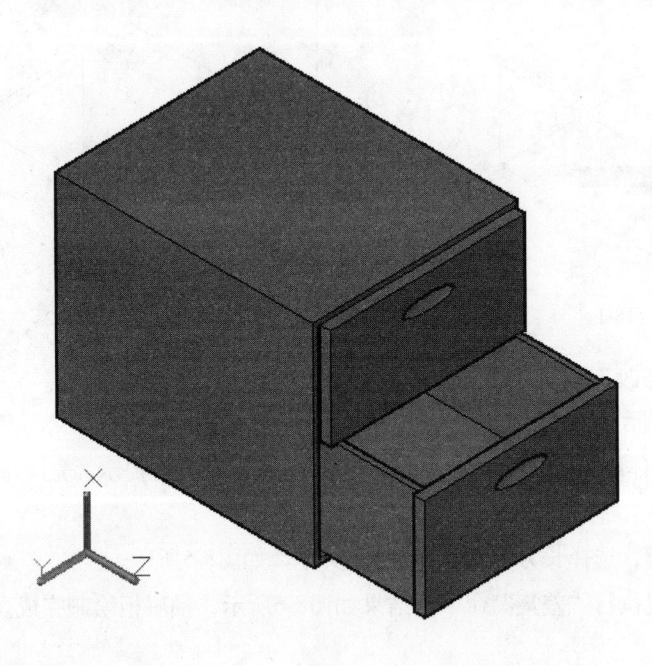

CAD 【案例精讲】

案例描述

本案例创建的是一个床头柜模型，运用的知识点包括长方体的绘制、差集运算、移动操作、旋转操作等。通过本案例的练习，用户可以很好地掌握三维模型的创建方法与技巧。

案例文件

本案例素材文件和最终效果文件在“光盘:\素材文件\第8章”目录下，本案例的操作视频在“光盘:\操作视频\第8章”目录下。

案例详解

本案例将主要讲述布尔运算操作，其具体的绘制过程如下。

STEP 01 新建名为“创建床头柜模型”的文件，将工作空间切换至“三维建模”，单击“视图”面板中的“西南等轴测”按钮，执行“长方体”命令，绘制长500mm、宽400mm、高400mm的长方体1，如图8-1所示。

STEP 02 按Enter键继续绘制长方体，捕捉底面左端点绘制长490mm、宽380mm、高380mm的长方体2，如图8-2所示。

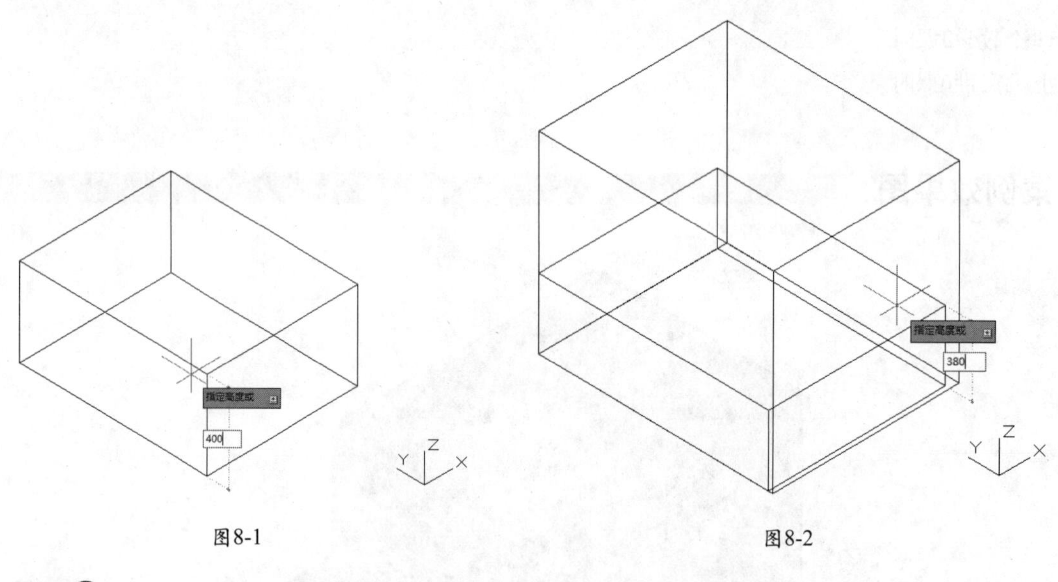

图8-1　　图8-2

STEP 03 单击“修改”面板中的“移动”按钮，将长方体2沿着X轴、Y轴、Z轴分别移动10mm，如图8-3所示。

STEP 04 单击“实体编辑”面板中的“差集”按钮，根据命令行提示，先选择长方体1，如图8-4所示。

STEP 05 按Enter键，选择长方体2为被减去的实体，如图8-5所示。

STEP 06 按Enter键执行“差集”命令，结果如图8-6所示，抽屉柜绘制完成。

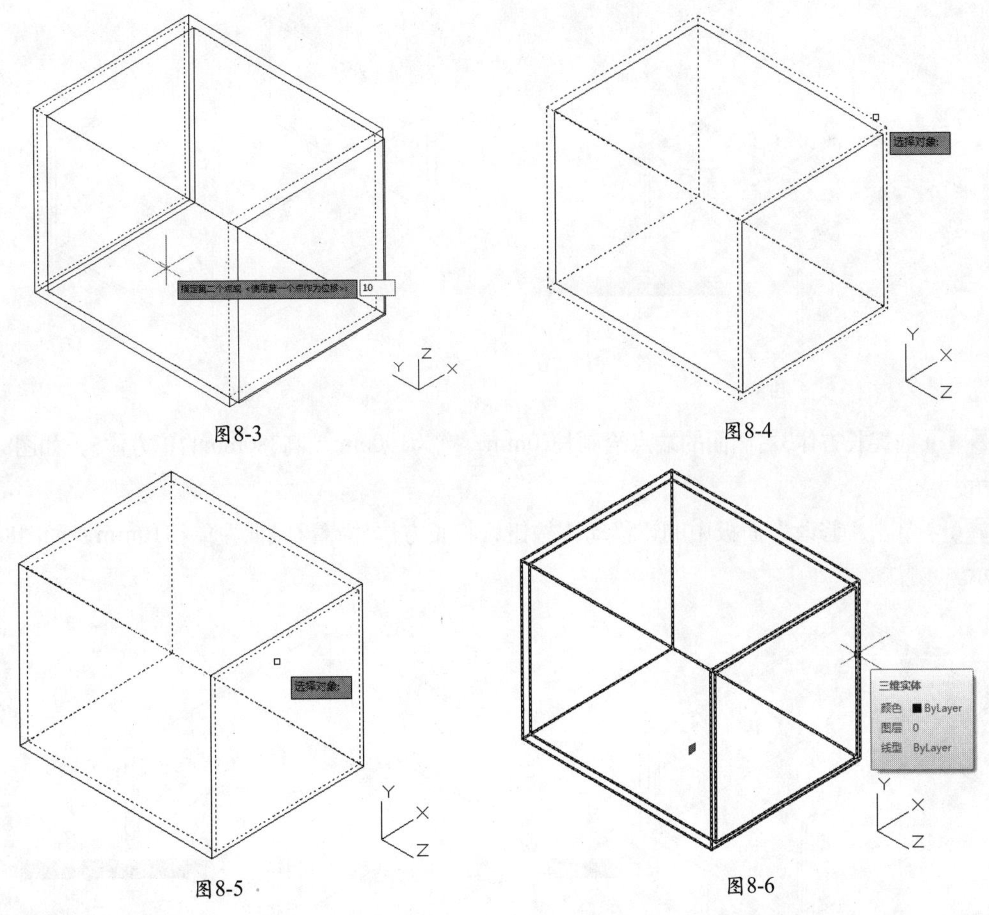

图8-3　图8-4

图8-5　图8-6

STEP 07 下面绘制抽屉，执行“长方体”命令，绘制长480mm、宽360mm、高190mm的长方体3，如图8-7所示。

STEP 08 按Enter键继续绘制长方体，捕捉底面左端点绘制长470mm、宽340mm、高180mm的长方体4，如图8-8所示。

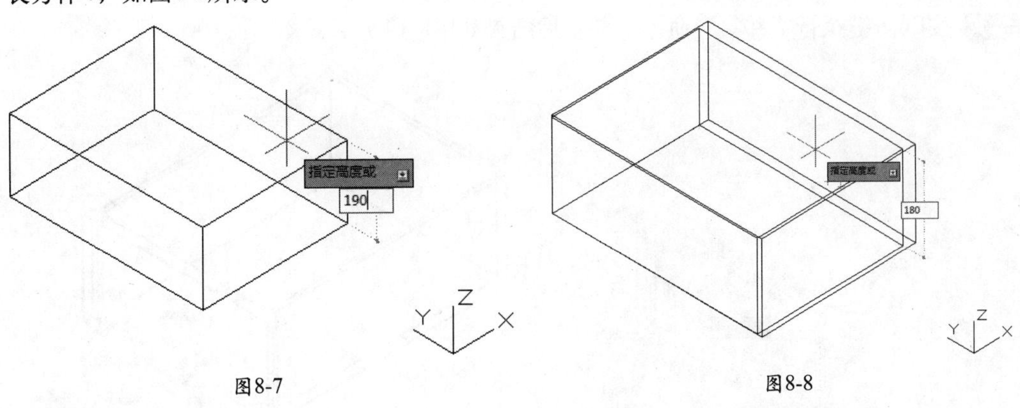

图8-7　图8-8

STEP 09 单击“修改”面板中的“移动”按钮，将长方体4沿着X轴、Y轴、Z轴分别移动10mm，如图8-9所示。

STEP 10 执行“差集”命令，根据提示，先选择长方体3，按Enter键再选择长方体4，按Enter键完成差集命令，如图8-10所示。

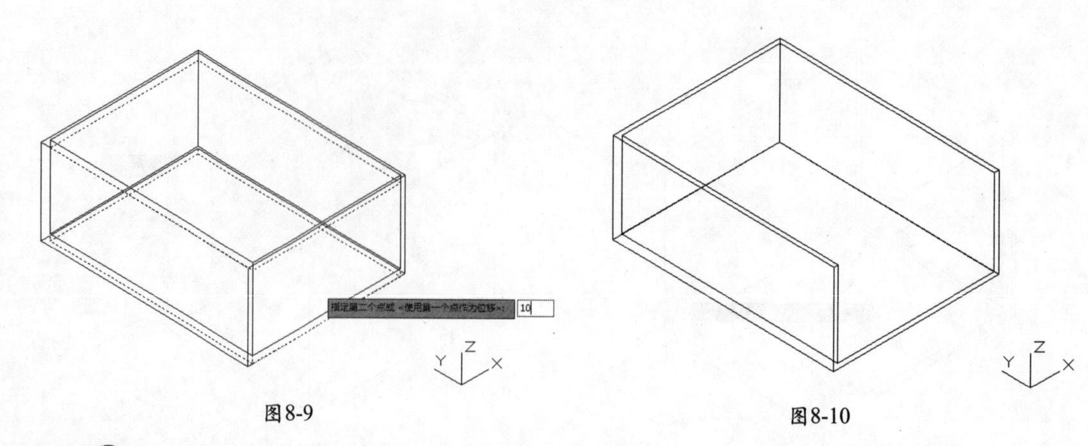

图8-9　　图8-10

STEP 11 捕捉长方体3右侧面的端点绘制长20mm、宽为190mm、高380mm的正方体5，如图8-11所示。

STEP 12 单击“修改”面板中的“移动”按钮，将长方体5沿着Z轴向左偏移10mm，如图8-12所示。

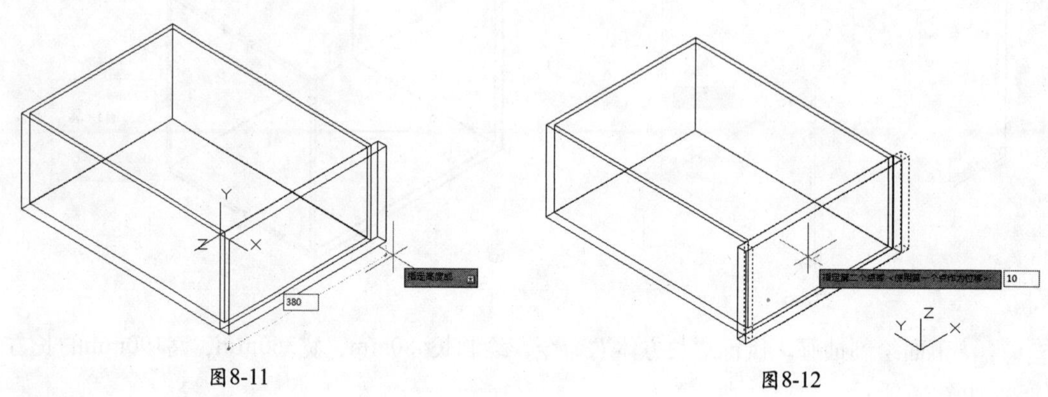

图8-11　　图8-12

STEP 13 单击“实体编辑”面板中的“并集”按钮，选择差集后的长方体3、长方体4和长方体5，如图8-13所示。

STEP 14 按Enter键执行“并集”命令，并集后结果如图8-14所示。

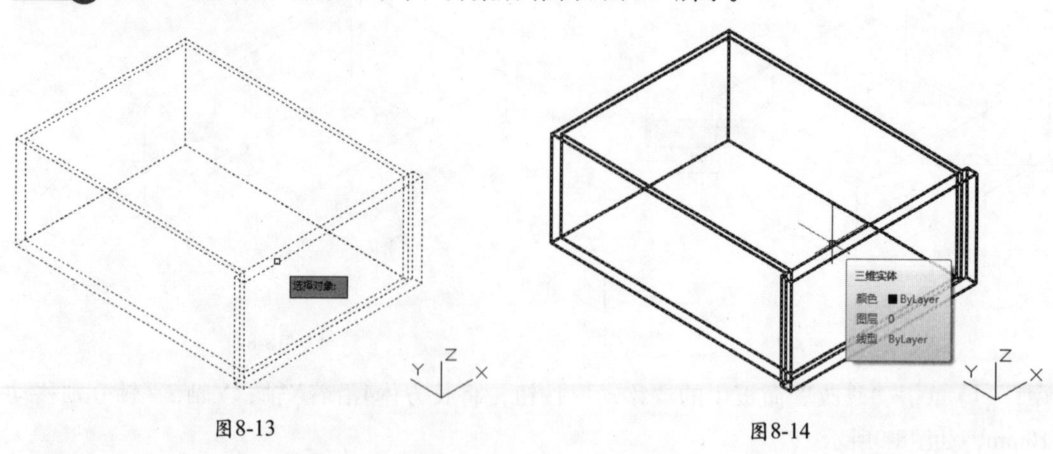

图8-13　　图8-14

STEP 15 单击“绘图”面板中的“椭圆弧”按钮，绘制椭圆及一条线段，如图8-15所示。

STEP 16 执行“旋转”命令，以线段为轴线，旋转360°，如图8-16所示。

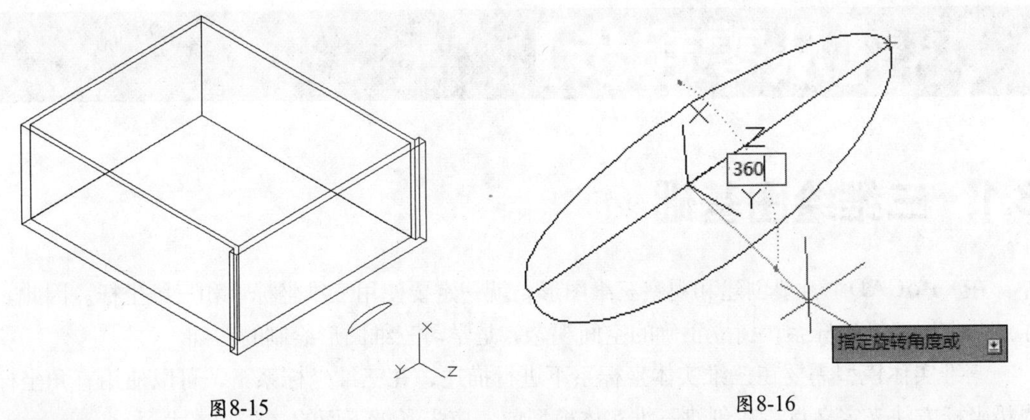

图8-15　　　　图8-16

STEP 17 执行“移动”命令，将旋转的椭圆弧移动至合适位置作为抽屉把手，执行“差集”命令，结果如图8-17所示。

STEP 18 执行“移动”命令，将抽屉移动至抽屉柜合适位置，如图8-18所示。

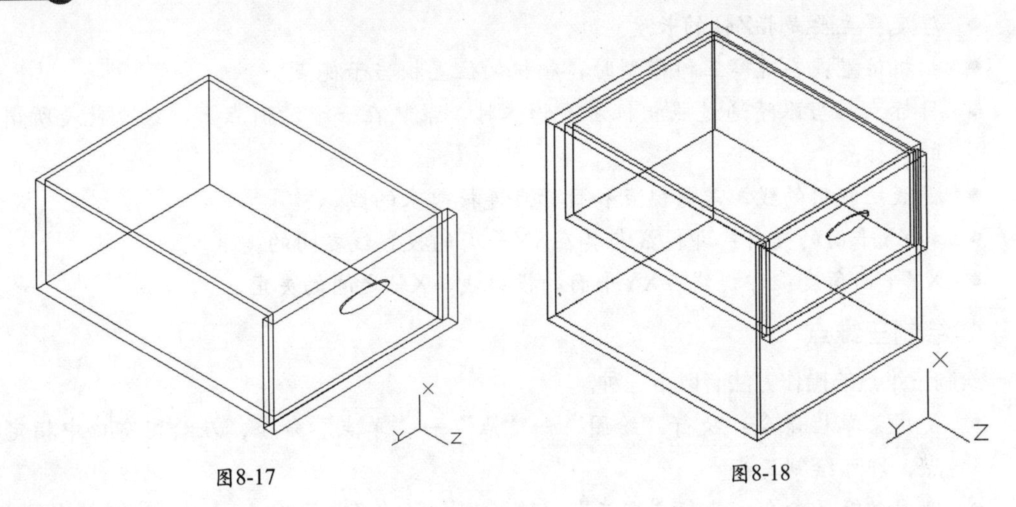

图8-17　　　　图8-18

STEP 19 执行“复制”命令，复制一个抽屉至合适位置，保存文件，如图8-19所示。

STEP 20 更换至“概念”视觉样式，最终效果如图8-20所示，抽屉的三维模型绘制完成。

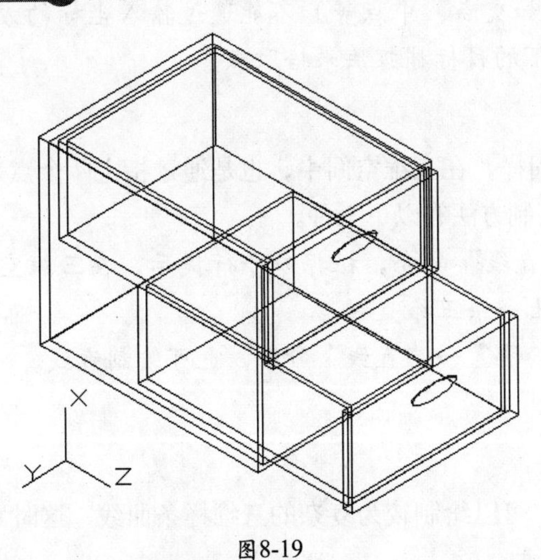

图8-19

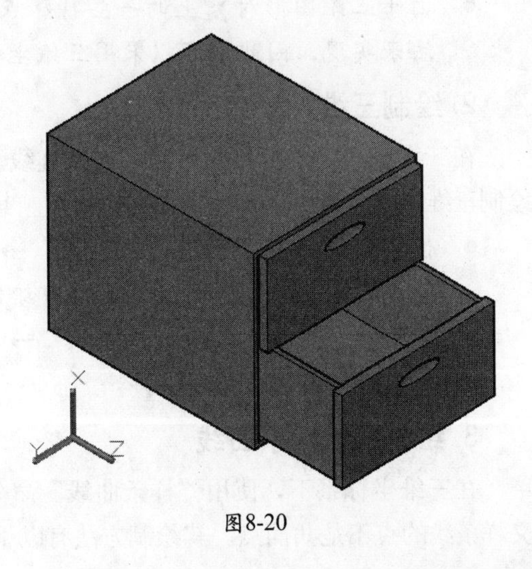

图8-20

CAD【从零起步】

8.1 三维绘图基础

在AutoCAD中，要创建和观察三维图形，就一定要使用三维坐标系和三维坐标。因此，了解并掌握三维坐标系，树立正确的空间观念，是学习三维图形绘制的基础。

三维实体模型需要在三维实体坐标系下进行描述，在三维坐标系下，可以使用直角坐标或极坐标方法来定义点。在创建三维实体模型前，应先了解下面的一些基本术语。

- XY平面：是X轴垂直于Y轴组成的一个平面，此时Z轴的坐标是0。
- Z轴：Z轴是一个三维坐标系的第三轴，总是垂直于XY平面。
- 高度：主要是指Z轴上的坐标值。
- 厚度：主要是指Z轴的长度。
- 相机位置：在观察三维模型时，相机的位置相当于视点。
- 目标点：当眼睛通过照相机看某物体时，聚焦在一个清晰点上，该点就是所谓的目标点。
- 视线：假想的线，是将视点和目标点连接起来的线。
- 和XY平面的夹角：即视线与其在XY平面的投影线之间的夹角。
- XY平面角度：即视线在XY平面的投影线与X轴之间的夹角。

1. 绘制三维点

绘制三维点的操作方法有以下三种。

- 使用菜单栏命令：执行“绘图”→“点”→“单点”命令，在绘图窗口中指定点，即可绘制三维点。
- 使用功能区命令：执行“默认”→“绘图”→“多点”命令，也可绘制单点。
- 在命令行输入“point”命令。
- 由于三维图形对象上的一些特殊点（如交点、中点等）不能通过输入坐标的方法来实现，因此，可以采用三维坐标下的目标捕捉法来拾取点 。

2. 绘制三维直线

在二维平面绘图中，两点决定一条直线。同样，在三维空间中，也是通过指定两个点来绘制三维直线，这两点不一定在同一面上。其绘制方法有以下三种。

- 使用菜单栏命令：执行“绘图”→“直线”命令，根据命令行提示，在三维空间中指定第一点和第二点，即可绘制出一条三维直线。
- 使用功能区命令：执行“默认”→“绘图”→“直线”命令，也可绘制直线。
- 在命令行输入“line”命令。

3. 绘制三维样条曲线

在三维坐标系下，使用“样条曲线”命令，可以绘制较为复杂的三维样条曲线，这时定义样条线的点不是共面点。其绘制方法有以下三种。

- 使用菜单栏命令：执行“绘图”→“样条曲线”命令，根据命令行提示，在三维空间中指定不同坐标的点，即可绘制出三维样条曲线。
- 使用功能区命令：执行“默认”→“绘图”→“样条曲线”命令，也可绘制曲线。
- 在命令行输入“spline”命令。

8.2 基本实体的创建

在AutoCAD中，使用“绘图”→“建模”子菜单中的命令，或使用“建模”工具栏，均可绘制出多段体、长方体、楔体、圆锥体、球体、圆柱体、圆环体等基本实体模型。

8.2.1 多段体

绘制多段体与绘制多段线的方法相同，在默认情况下，多段体始终带有一个矩形轮廓，并且可指定轮廓的高度和宽度。下面介绍创建多段体的几种方法。

1. 使用“多段体”命令直接创建

其绘制方法有以下三种。

- 使用菜单栏命令：执行“绘图”→“建模”→“多段体”命令。
- 使用功能区命令：执行“默认”→“建模”→“多段体”命令。
- 在命令行输入“Polysolid”命令。

2. 从已有对象创建多段体

该方法是通过二维对象创建三维多段体对象，即：利用多段体命令选择二维对象来拉伸成实体。

执行“多段体”命令后，根据命令行中的提示创建多段体，如图8-21和图8-22所示。命令行提示内容如下：

```
命令: _Polysolid 高度 = 80.0000, 宽度 = 5.0000, 对正 = 居中
指定起点或 [对象(O)/高度(H)/宽度(W)/对正(J)] <对象>:      （指定一点）
指定下一个点或 [圆弧(A)/放弃(U)]: 200                  （输入200）
指定下一个点或 [圆弧(A)/放弃(U)]: 200                  （输入200）
指定下一个点或 [圆弧(A)/闭合(C)/放弃(U)]: 300           （输入300）
```

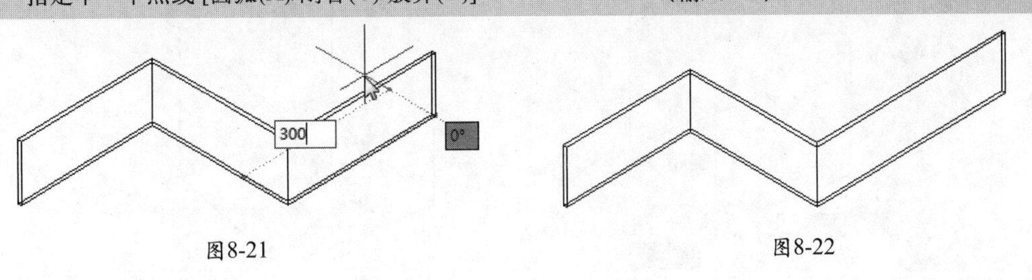

图8-21　　　　图8-22

8.2.2 长方体

绘制长方体需要先设置好长方体的长度和宽度，底面与当前UCS坐标XY平面平行，然后输入长方体的高度值即可，其高度值可以是正值也可以是负值。为了便于观察，可以在绘制

长方体之前调整坐标系的位置。具体的操作方法有以下三种。

- 使用菜单栏命令：执行“绘图”→“建模”→“长方体”命令。
- 使用功能区命令：执行“默认”→“建模”→“长方体”命令。
- 在命令行输入“box”命令。

下面将介绍创建长方体的两种方法。

1. 基于两个点和高度创建长方体

该方法分别指定长方体底面上的两个对角点，再指定长方体的高度，即可创建出随意尺寸的长方体。

执行“长方体”命令后，根据命令行中的提示创建长方体，如图8-23和图8-24所示。命令行提示内容如下：

```
命令: _box
指定第一个角点或 [中心(C)]: 0,0,0                    （指定一点）
指定其他角点或 [立方体(C)/长度(L)]: @200,300,0        （输入@200,300,0）
指定高度或 [两点(2P)] <200.0000>: 300                 （输入300）
```

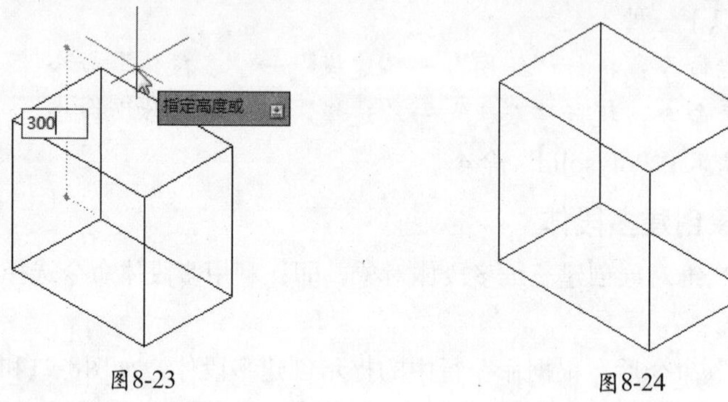

图8-23　　　　图8-24

2. 创建立方体

在绘制立方体时，应确保其长度、宽度及高度的一致性。

执行“长方体”命令，指定底面长方形起点，其后在命令行提示下，输入“C”，并指定好立方体一条边的长度值即可完成，如图8-25和图8-26所示。

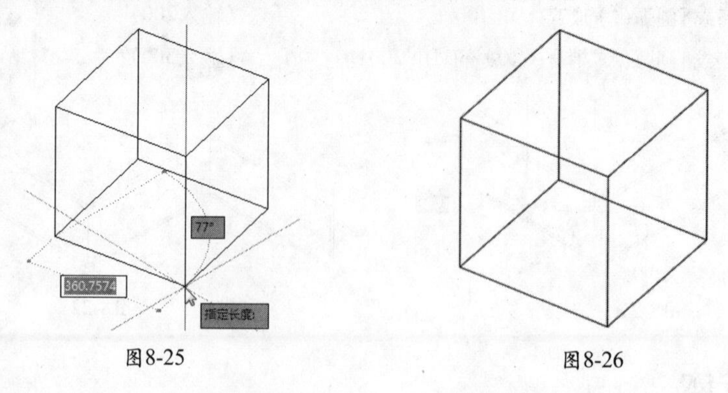

图8-25　　　　图8-26

8.2.3　楔体

楔体的创建方法与长方体的创建方法相似，先指定楔体底面上的对角点，再指定高度即可。具体的操作方法有以下三种。

- 使用菜单栏命令：执行“绘图”→“建模”→“楔体”命令。
- 使用功能区命令：执行“默认”→“建模”→“楔体”命令。
- 在命令行输入“wedge”命令。

执行“楔体”命令，根据命令行提示，指定楔体底面方形起点，并输入方形长、宽值，其后指定楔体高度值即可完成绘制，如图8-27和图8-28所示。命令行提示如下：

```
命令: _wedge
指定第一个角点或 [中心(C)]:                          (指定底面方形起点)
指定其他角点或 [立方体(C)/长度(L)]: @400,700          (输入方形的长、宽值)
指定高度或 [两点(2P)] <216.7622>:200                  (输入高度值)
```

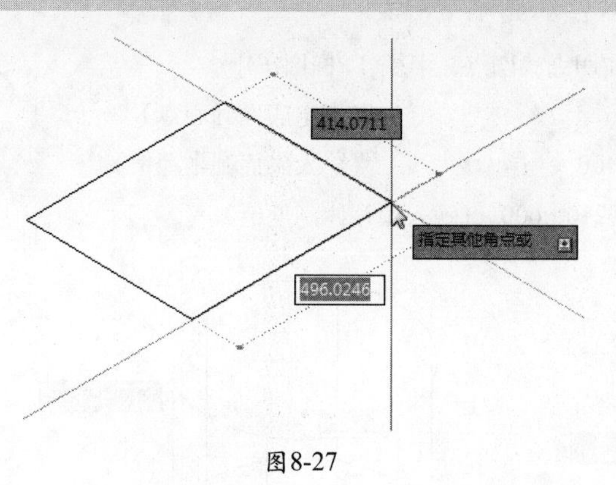

图8-27

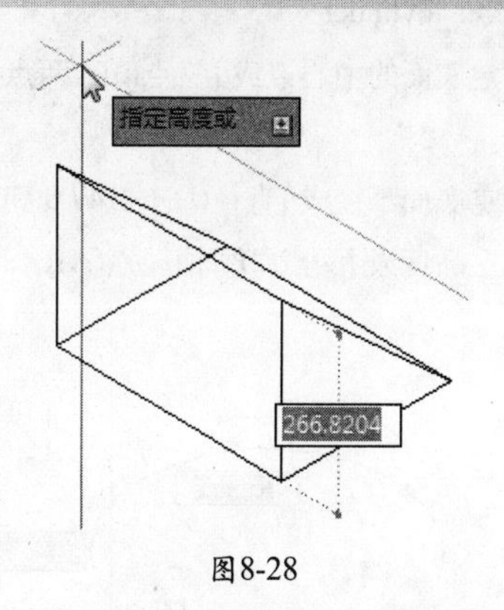

图8-28

另外，也可以绘制指定长宽高尺寸值的楔体或长宽高尺寸值相同的楔体，操作步骤和绘制长方体大致相同。

8.2.4 球体

在AutoCAD 2016中，默认的球体创建方法为指定球体的中心点和半径来创建，另外还提供了由三个定义点创建球体的方法，其操作方法有以下三种。

- 使用菜单栏命令：执行“绘图”→“建模”→“球体”命令。
- 使用功能区命令：执行“默认”→“建模”→“球体”命令。
- 在命令行输入“sphere”命令。

执行“球体”命令，在绘图窗口中指定球体的中心点，移动光标，指定球体的半径，如图8-29所示。在输入完成后，按Enter键确定，即可完成球体的创建，如图8-30所示。

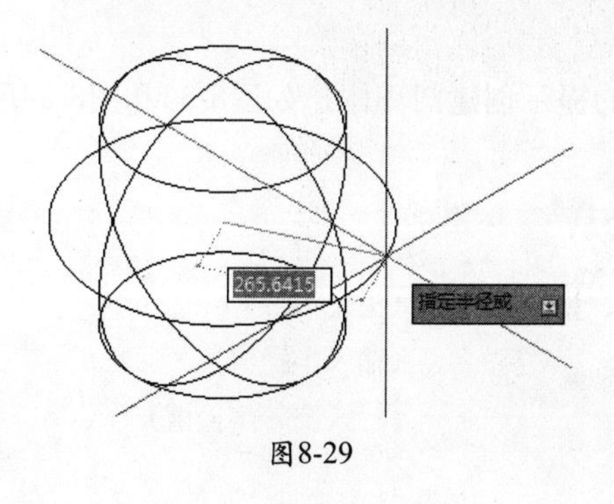

图8-29

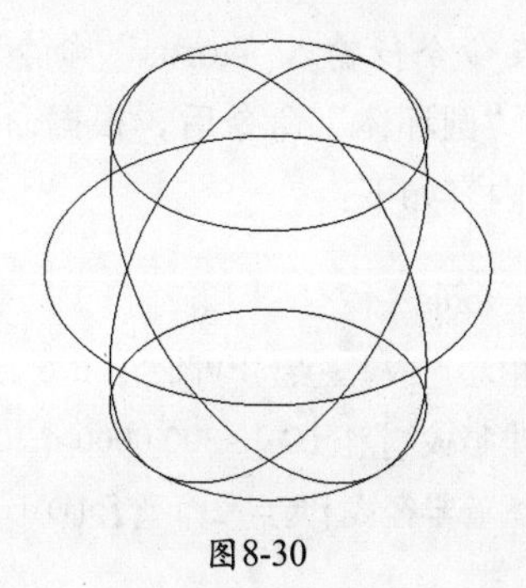

图8-30

8.2.5 圆柱体

绘制圆柱体应先确定底面中心点和半径，再确定高度即可。其底面的绘制方法与绘制圆的方法相同，可以使用“三点”“亮点”“切点、半径”和“椭圆”命令来绘制。具体的操作方法有以下三种。

- 使用菜单栏命令：执行“绘图”→“建模”→“圆柱体”命令。
- 使用功能区命令：执行“默认”→“建模”→“圆柱体”命令。
- 在命令行输入“cylinder”命令。

执行“圆柱体”命令，根据命令行提示，指定圆柱底面圆心点，并指定底面圆半径，其后，指定好圆柱体高度值即可完成创建，如图8-31和图8-32所示。命令行提示如下：

```
命令: _cylinder
指定底面的中心点或 [三点(3P)/两点(2P)/切点、切点、半径(T)/椭圆(E)]:
                                                    （指定底面圆心点）
指定底面半径或 [直径(D)] <147.0950>: 400            （输入底面圆半径值）
指定高度或 [两点(2P)/轴端点(A)] <261.9210>:600  （输入圆柱体高度值）
```

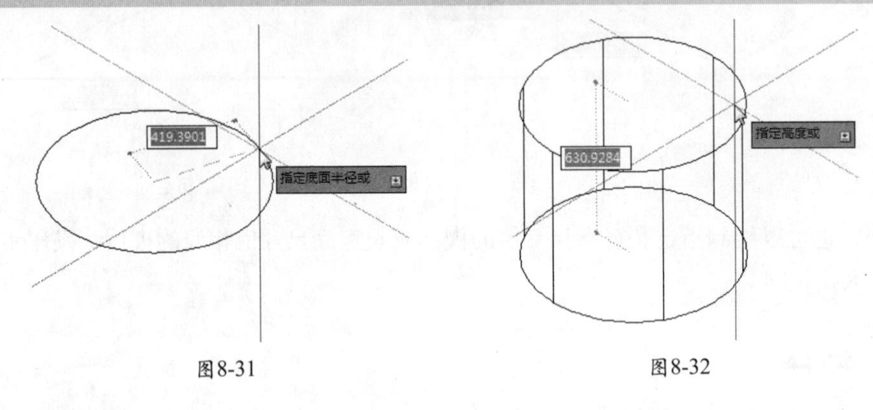

图8-31　　图8-32

8.2.6 圆环体

圆环体由两个半径值定义，一个是圆管的半径，另一个是从圆环体中心到圆管中心的距离。默认情况下，圆环体将与当前UCS的XY面平行，且被该平面平分。圆环体可以自交，自交的圆环体没有中心孔，因为圆管半径大于圆环体半径。具体的操作方法有以下三种。

- 使用菜单栏命令：执行“绘图”→“建模”→“圆环体”命令。
- 使用功能区命令：执行“默认”→“建模”→“圆环体”命令。
- 在命令行输入“torus”命令。

执行“圆环体”命令后，根据命令行中的提示创建圆环体，如图8-33和图8-34所示。命令行提示内容如下：

```
命令: _torus
指定中心点或 [三点(3P)/两点(2P)/切点、切点、半径(T)]:   （指定一点）
指定半径或 [直径(D)] <200.0000>: 300                  （输入半径值）
指定圆管半径或 [两点(2P)/直径(D)]: 40                 （输入圆管半径值）
```

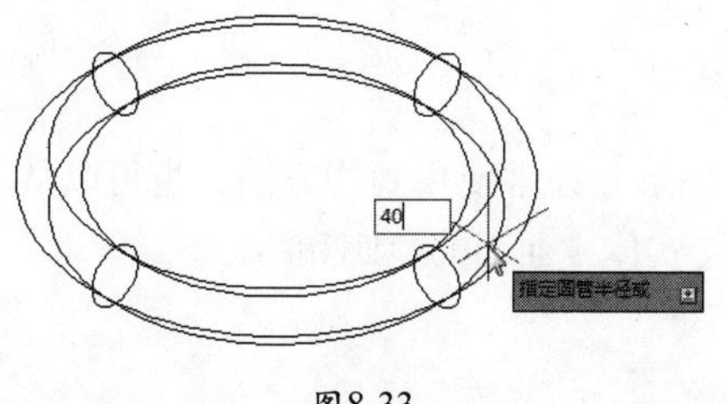

图8-33

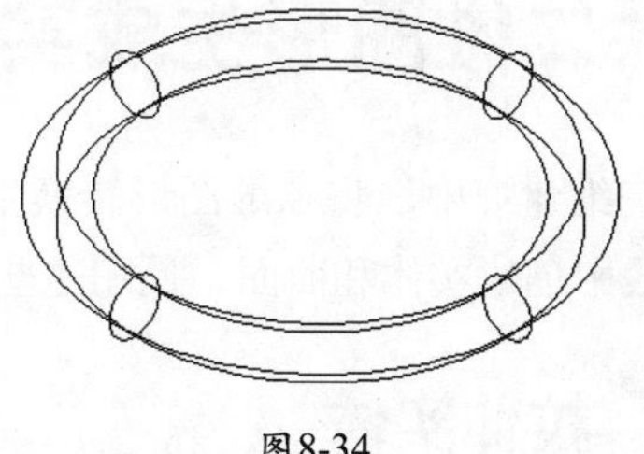

图8-34

8.2.7 棱锥体

棱锥体是由多个倾斜至一点的面组成，棱锥体可由3至32个侧面组成。使用“棱锥体”命令可创建棱锥体和棱台两种形态，如图8-35和图8-36所示。具体的操作方法有以下三种。

- 使用菜单栏命令：执行“绘图”→“建模”→“棱锥体”命令。
- 使用功能区命令：执行“默认”→“建模”→“棱锥体”命令。
- 在命令行输入“pyramid”命令。

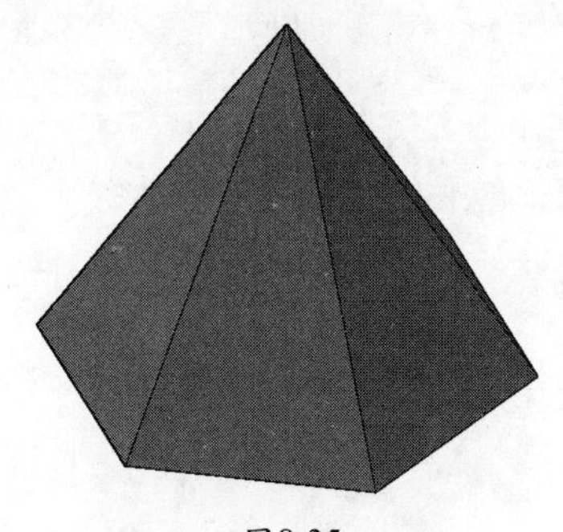

图8-35

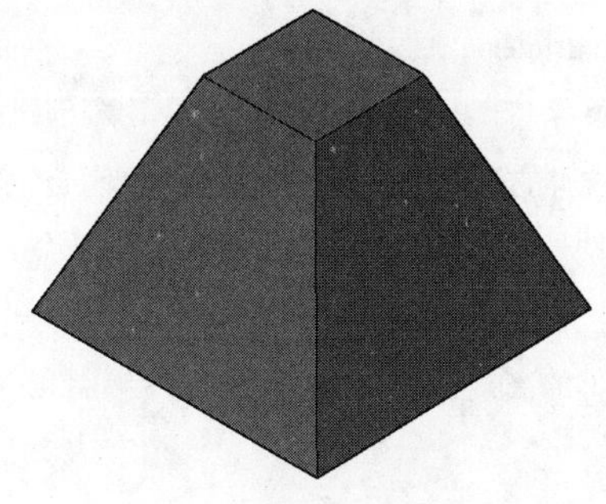

图8-36

执行“棱锥体”命令后，根据命令行中的提示创建棱锥体，如图8-37和图8-38所示。命令行提示内容如下：

命令: _pyramid
4 个侧面 外切
指定底面的中心点或 [边(E)/侧面(S)]: （指定一点）
指定底面半径或 [内接(I)] <300.0000>: 300 （输入半径值）
指定高度或 [两点(2P)/轴端点(A)/顶面半径(T)] <300.0000>: 700 （输入高度值）

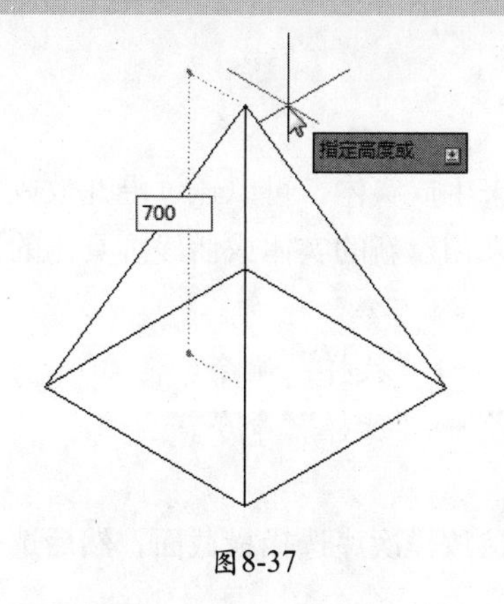

图8-37

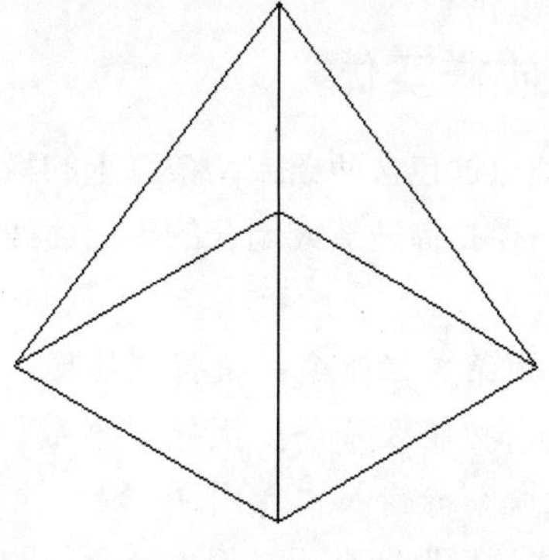

图8-38

8.3 二维图形生成实体

在三维建模中，将二维图形转换生成三维图形是经常使用到的方法，也可以从现有的直线和曲线中创建实体和曲面，使用这些对象定义实体或曲面的轮廓和路径。

8.3.1 拉伸实体

通过拉伸选定的对象来创建实体和曲面。如果拉伸闭合对象，则生成的对象为实体；如果拉伸开放对象，则生成的对象为曲面。具体的操作方法有以下三种。

- 使用菜单栏命令：执行“绘图”→“建模”→“拉伸”命令。
- 使用功能区命令：执行“曲面”→“创建”→“拉伸”命令。
- 在命令行输入“extrude”命令。

执行“拉伸”命令，根据命令行提示，选择拉伸的图形，输入拉伸高度值，即可完成拉伸操作，如图8-39和图8-40所示。命令行提示如下：

```
命令: _extrude
当前线框密度: ISOLINES=4，闭合轮廓创建模式 = 实体
选择要拉伸的对象或 [模式(MO)]: _MO 闭合轮廓创建模式 [实体(SO)/曲面(SU)] <实体>: _SO
选择要拉伸的对象或 [模式(MO)]: 找到 1 个                    （选择需要拉伸的图形）
选择要拉伸的对象或 [模式(MO)]:
指定拉伸的高度或 [方向(D)/路径(P)/倾斜角(T)/表达式(E)] <100.0000>: 300
                                                            （输入拉伸高度值）
```

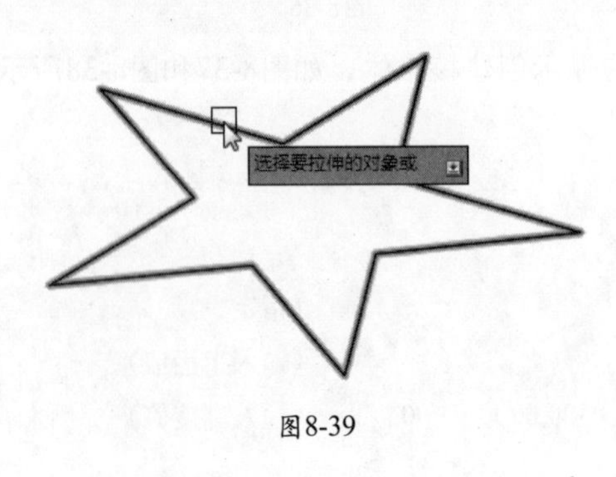

图8-39

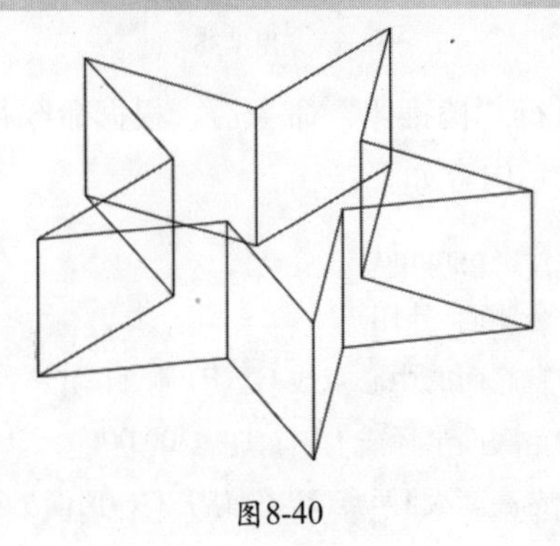

图8-40

8.3.2 放样实体

放样是通过包含两条或两条以上的横截面曲线来生成实体，可以通过沿开放或闭合的二维或三维路径扫掠开放或闭合的平面曲线（轮廓）来创建新的实体或曲线。具体的操作方法有以下三种。

- 使用菜单栏命令：执行“绘图”→“建模”→“放样”命令。
- 使用功能区命令：执行“曲面”→“创建”→“放样”命令。
- 在命令行输入“loft”命令。

执行“放样”命令后，根据命令行的提示，可按放样次序选择横截面，然后选择“仅横

截面”选项，即可完成放样实体，如图8-41和图8-42所示。

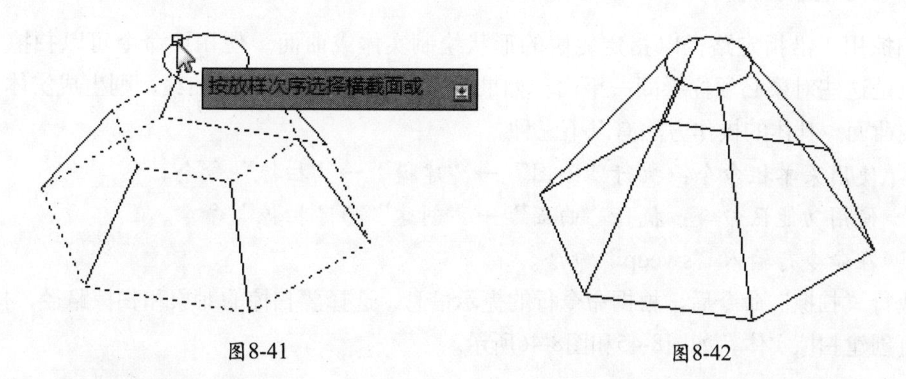

图8-41　　图8-42

8.3.3 旋转实体

旋转是通过绕轴扫掠对象来创建三维实体或曲面。如果旋转的对象是闭合曲线，将创建三维实体；如果旋转的对象是开放曲线，将创建曲面。也可以设置旋转的角度。具体的操作方法有以下三种。

- 使用菜单栏命令：执行“绘图”→“建模”→“旋转”命令。
- 使用功能区命令：执行“曲面”→“创建”→“旋转”命令。
- 在命令行输入“revolve”命令。

执行“旋转”命令，根据命令行提示，选择要拉伸的图形，并选择旋转轴，其后输入旋转角度即可完成，如图8-43和图8-44所示。命令行提示如下：

```
命令: _revolve
当前线框密度: ISOLINES=4，闭合轮廓创建模式 = 实体
选择要旋转的对象或 [模式(MO)]: _MO 闭合轮廓创建模式 [实体(SO)/曲面(SU)] <实体>: _SO
选择要旋转的对象或 [模式(MO)]: 找到 1 个                    （选择需旋转的图形）
选择要旋转的对象或 [模式(MO)]:
指定轴起点或根据以下选项之一定义轴 [对象(O)/X/Y/Z] <对象>:    （指定旋转轴两个端点）
指定轴端点:
指定旋转角度或 [起点角度(ST)/反转(R)/表达式(EX)] <360>: 270   （输入旋转拉伸角度）
```

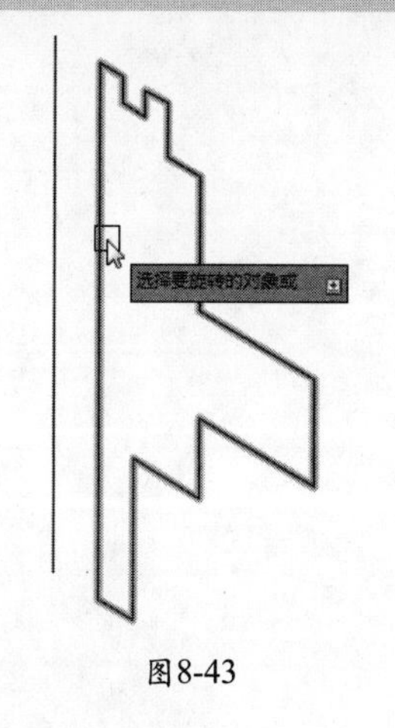

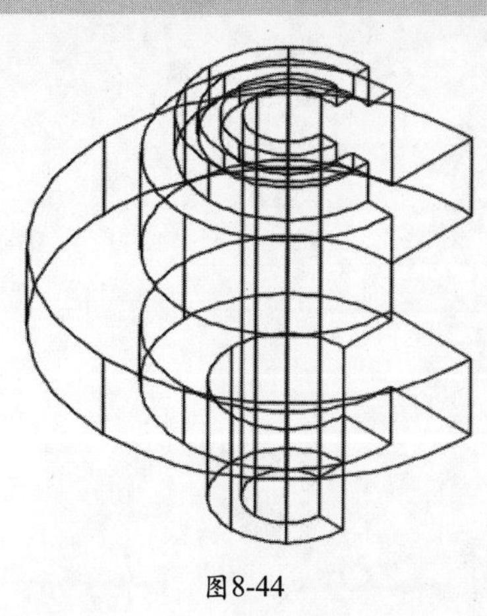

图8-43　　图8-44

8.3.4 扫掠实体

扫掠用于沿指定路径以指定轮廓的形状绘制实体或曲面。使用该命令可以扫掠多个对象，但是这些对象必须位于同一平面。如果沿一条路径扫掠闭合的曲线，则生成实体，反之则生成曲面。具体的操作方法有以下三种。

- 使用菜单栏命令：执行“绘图”→“建模”→“扫掠”命令。
- 使用功能区命令：执行“曲面”→“创建”→“扫掠”命令。
- 在命令行输入“sweep”命令。

执行“扫掠”命令后，根据命令行的提示信息，选择要扫掠的对象和扫掠路径，按Enter键即可创建扫掠实体，如图8-45和图8-46所示。

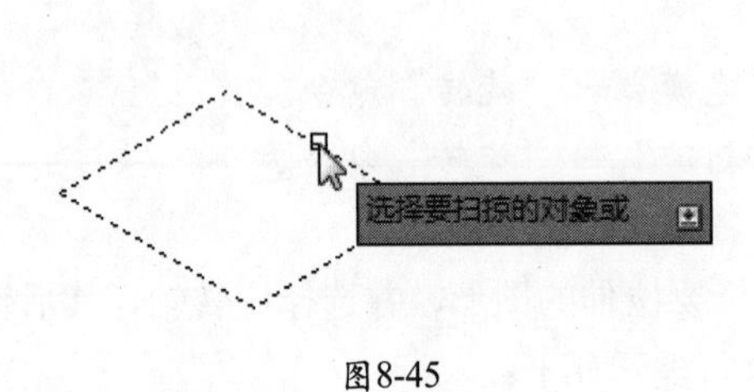

图8-45

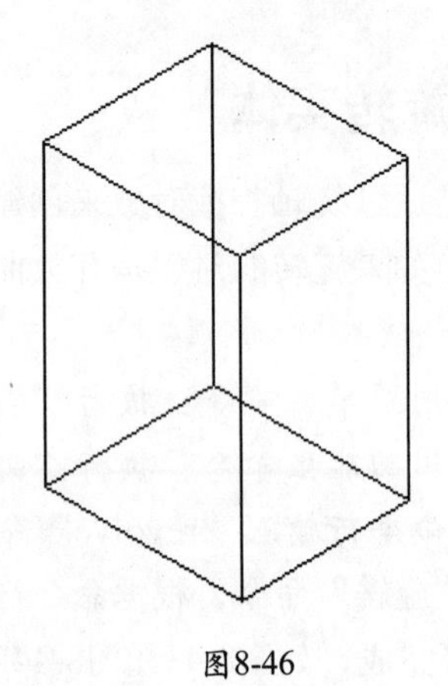

图8-46

CAD【拓展案例】

拓展案例1：创建烟灰缸模型

绘图要领

（1）执行“矩形”命令，绘制矩形。

（2）执行“拉伸”“差集”“三维阵列”等命令，绘制烟灰缸模型。

（3）执行“倒角”命令，编辑烟灰缸模型。

最终效果如图8-47所示。最终文件详见“光盘:\素材文件\第8章”目录下。

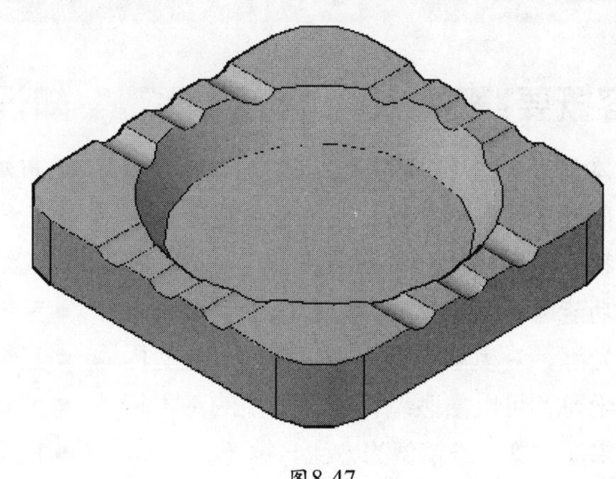

图8-47

拓展案例2：创建布艺沙发模型

绘图要领

（1）执行“多段线”命令，绘制沙发靠背的横截面图形。

（2）执行“拉伸”命令，将靠背拉伸。

（3）执行“镜像”“多段线”“旋转”等命令，编辑沙发模型。

最终效果如图8-48所示。最终文件详见“光盘:\素材文件\第8章”目录下。

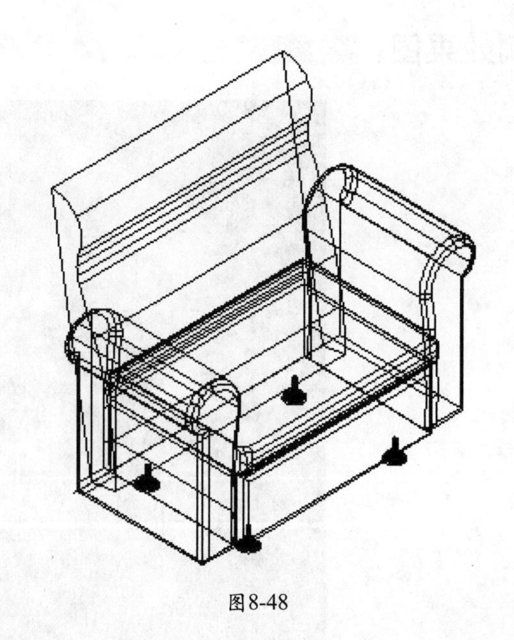

图8-48

第9章

09 绘制卧室模型

内容概要：

本章将对三维模型的编辑操作进行介绍，如利用差集、并集和交集命令更改图形的形状，使用移动、对齐、旋转、镜像和阵列等功能编辑三维模型，以及为模型添加材质和光源，对模型进行渲染。通过对这些内容的学习，可以熟悉编辑三维模型的基本操作，掌握渲染三维模型的方法与技巧。

知识要点：

- 布尔运算
- 三维移动
- 三维旋转
- 三维镜像
- 三维对齐
- 倒角与圆角
- 材质与贴图
- 灯光与渲染

课时安排：

理论教学3课时

上机实训6课时

案例效果图：

CAD 【案例精讲】

案例描述

本案例创建的是一个卧室三维模型，其中涉及到的三维命令有长方体、三维镜像、拉伸、差集、材质贴图及渲染等。通过对该模型的练习，可以熟悉并掌握三维模型的创建方法与渲染技巧。

案例文件

本案例素材文件和最终效果文件在“光盘:\素材文件\第9章”目录下，本案例的操作视频在“光盘:\操作视频\第9章”目录下。

案例详解

卧室模型的创建过程介绍如下。

STEP 01 启动AutoCAD 2016软件，新建名为“绘制卧室模型”的文件，将当前视图设为俯视图，执行“长方体”命令，绘制出一个长4400mm、宽3250mm、高200mm的长方体作为地面，如图9-1所示。

STEP 02 执行“多段体”命令，设置对齐为居中、宽度为200mm、高度为2650mm，捕捉长方体的角点绘制一个多段体作为墙体，如图9-2所示。

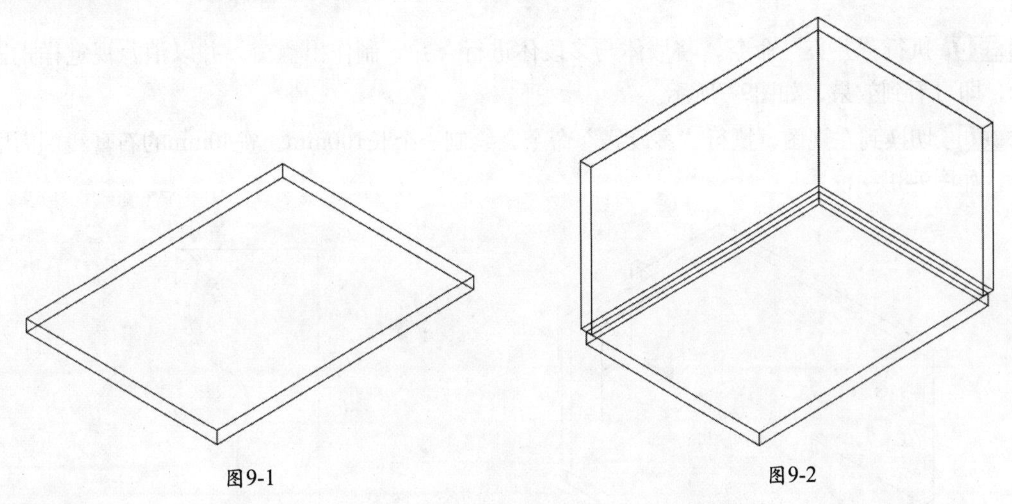

图9-1 图9-2

STEP 03 执行“长方体”命令，绘制出一个长1530mm、宽500mm、高1650mm的长方体，并移动到适当位置，如图9-3所示。

STEP 04 执行“差集”命令，将长方体从多段体中减去，制作出窗洞，如图9-4所示。

STEP 05 在命令行输入“UCS”命令，重新设置坐标，如图9-5所示。

STEP 06 执行“多段体”命令，设置对正为居中、宽度为120mm、高度为780mm，捕捉长方体的角点绘制一个多段体，如图9-6所示。

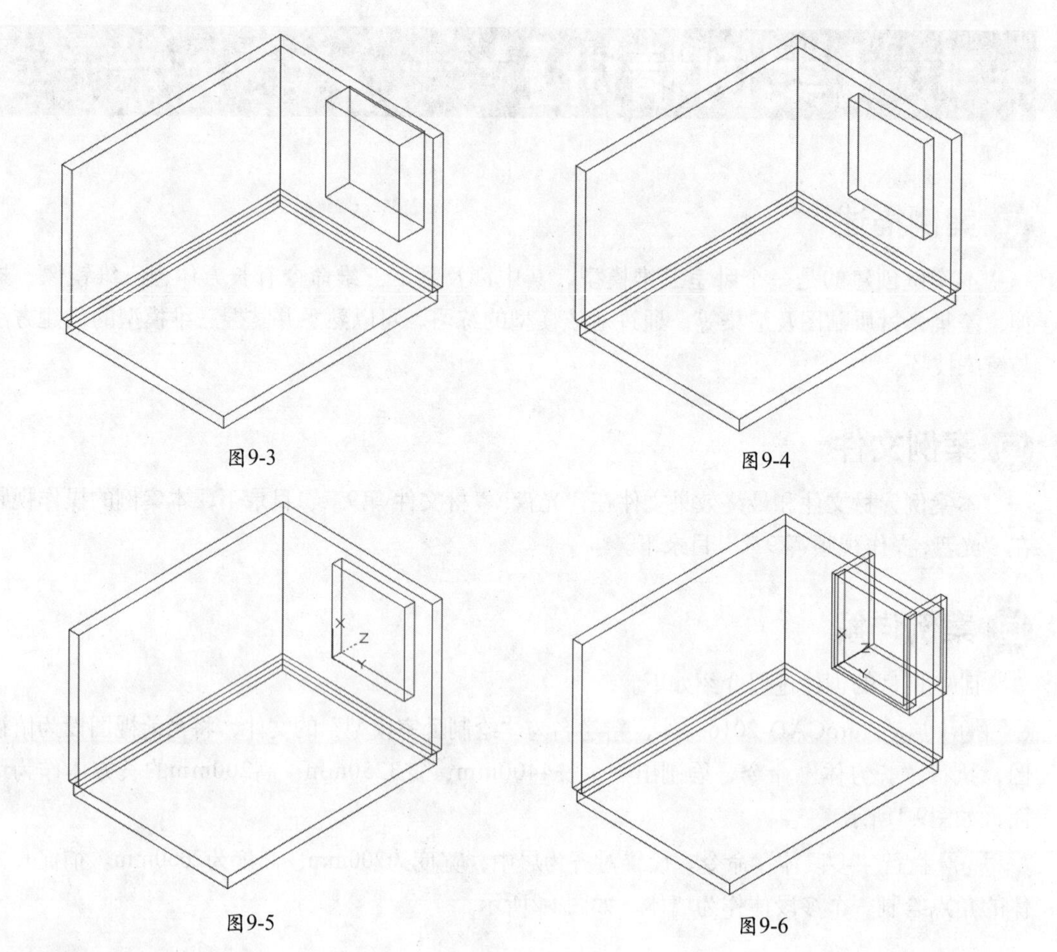

图9-3　　图9-4

图9-5　　图9-6

STEP 07 执行“并集”命令，将墙体与多段体进行合并，制作出飘窗，并以消隐视觉样式显示，即可看到效果，如图9-7所示。

STEP 08 切换到左视图，执行“多段线”命令，绘制一个长100mm、宽40mm的石膏线剖面图形，如图9-8所示。

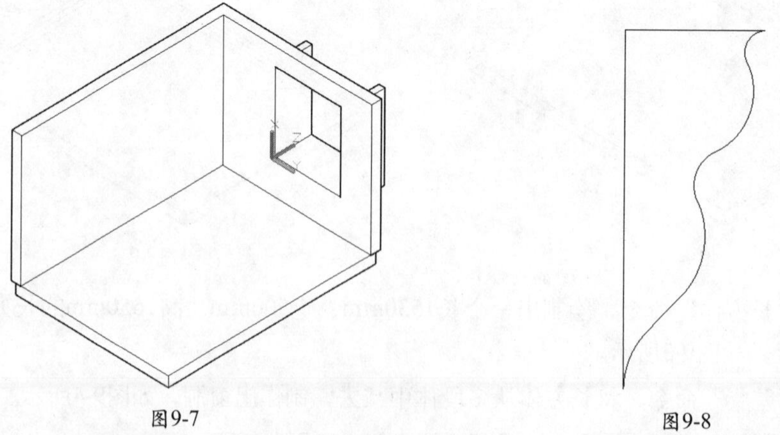

图9-7　　图9-8

STEP 09 切换到西南等轴测视图，执行“多段线”命令，绘制4300mm×3150mm的多段线，如图9-9所示。

STEP 10 执行“扫掠”命令，根据命令行提示选择扫掠对象和路径，制作出石膏线模型，并将其移动到适当位置，如图9-10所示。

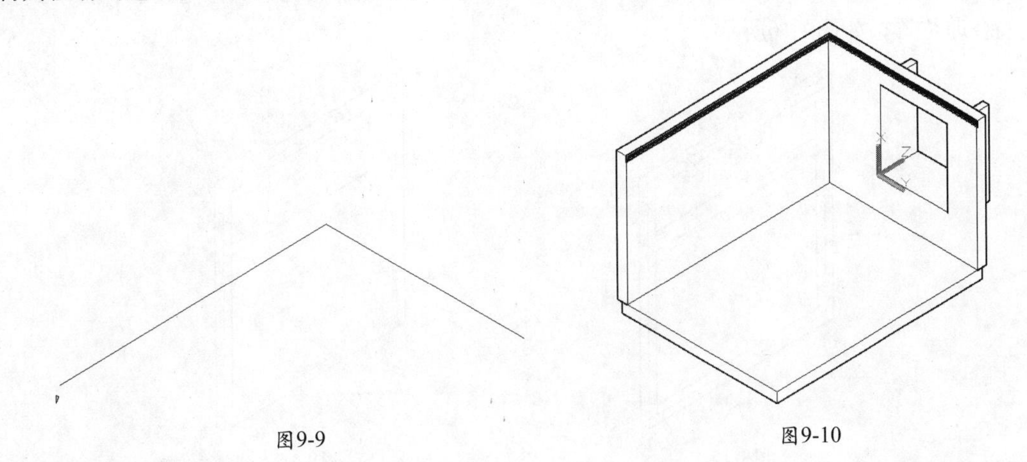

图9-9　　图9-10

STEP 11 切换到左视图，绘制1410mm×1590mm的矩形，并向内偏移60mm，并将内框炸开，如图9-11所示。

STEP 12 执行“偏移”命令，将内框的上边线向下依次偏移350mm、60mm，如图9-12所示。

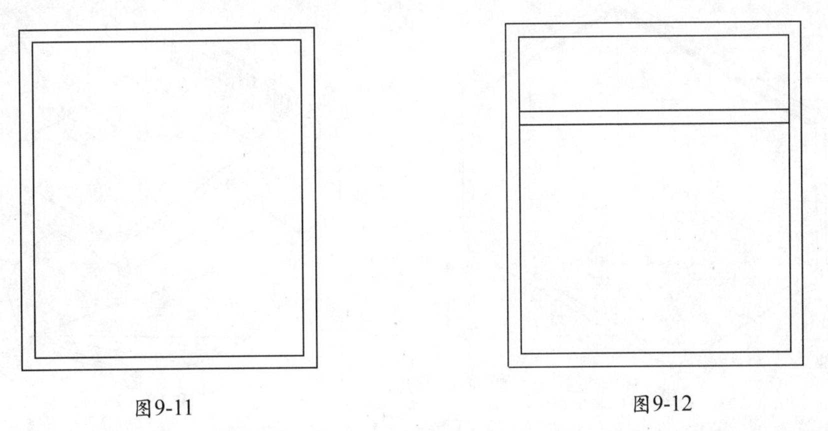

图9-11　　图9-12

STEP 13 执行“矩形”命令，捕捉内框绘制矩形，再删除原有线条，如图9-13所示。

STEP 14 切换到西南等轴侧视图，执行“拉伸”命令，将绘制的窗框图形拉伸出60mm，如图9-14所示。

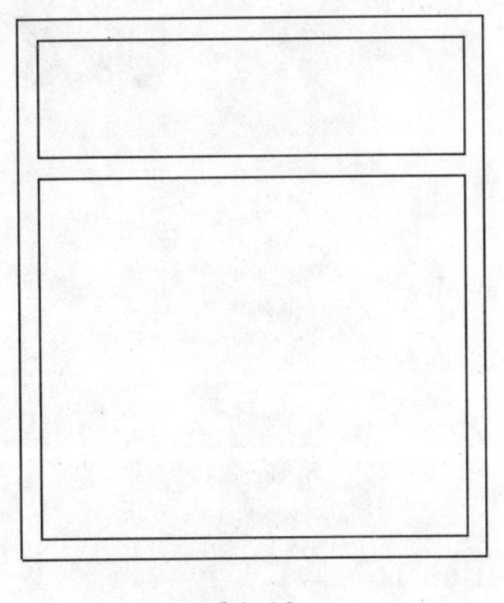

图9-13

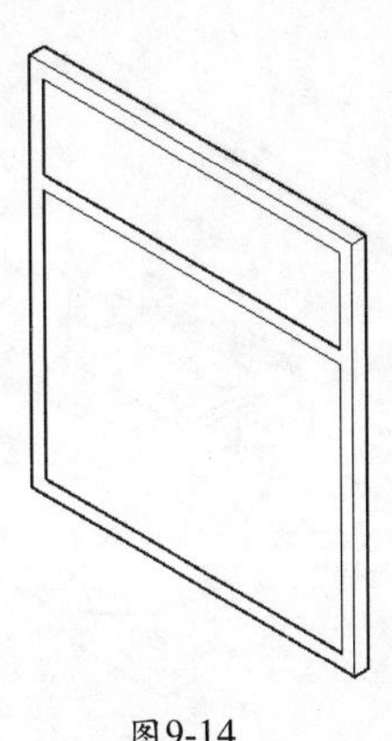

图9-14

STEP 15 执行“差集”命令，将挤出的模型进行差集运算，制作出窗框模型，如图9-15所示。

STEP 16 执行“长方体”命令，绘制1470mm×1290mm×10mm的长方体作为玻璃，移动到窗框的合理位置，如图9-16所示。

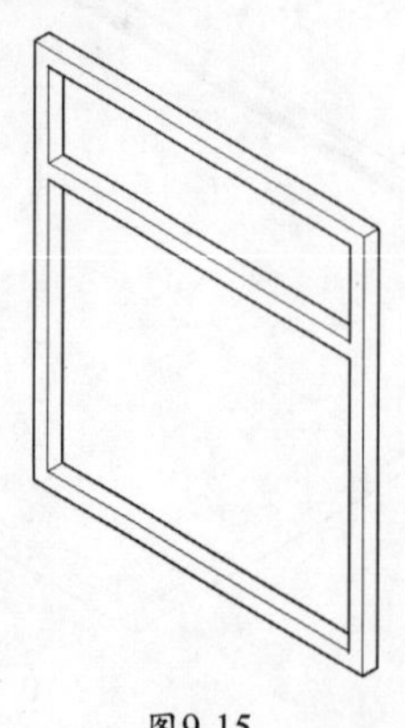
图9-15

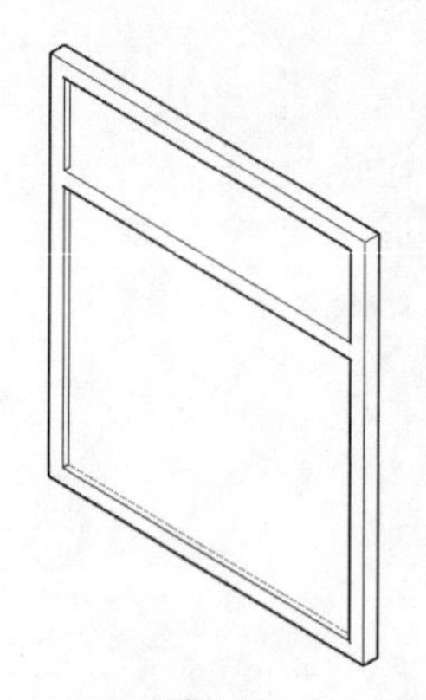
图9-16

STEP 17 将窗户移动到卧室飘窗处，调整好位置，如图9-17所示。

STEP 18 重新设置坐标，执行“插入”→“块”命令，插入床三维模型，如图9-18所示。

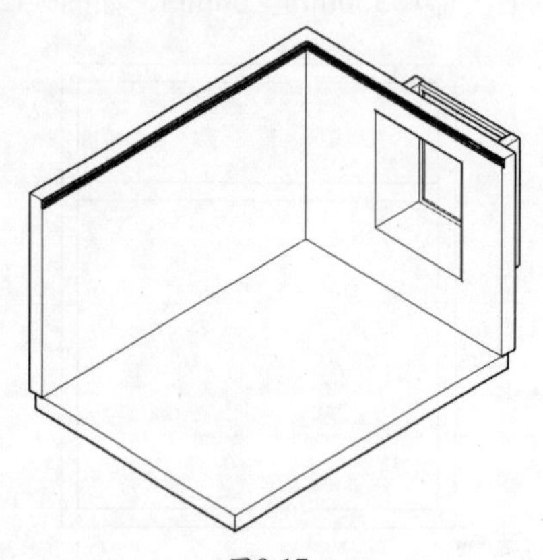
图9-17

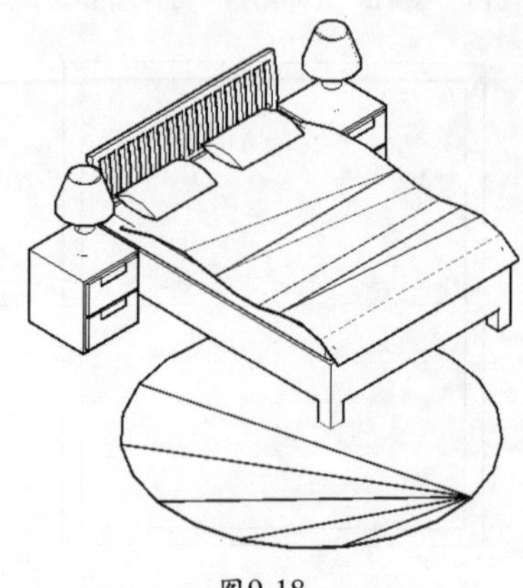
图9-18

STEP 19 将其移动到卧室内，调整位置。接着导入装饰画模型，如图9-19所示。

STEP 20 执行“视图”→“渲染”→“材质浏览器”命令，在“材质浏览器”面板中，选择满意的壁纸贴图，如图9-20所示。

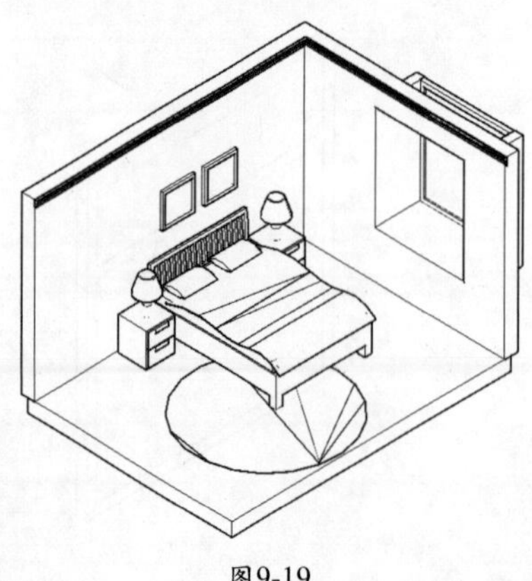
图9-19

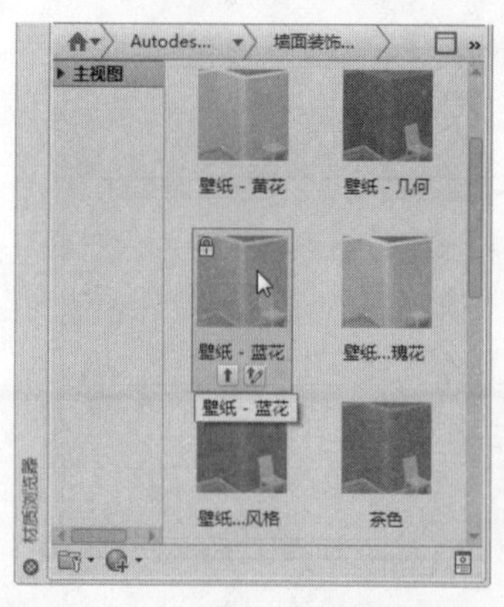

图9-20

STEP 21 将该材质拖至场景中的墙体模型上，如图9-21所示。

STEP 22 以真实视觉样式显示，即可看到为墙面赋予材质后的效果，如图9-22所示。

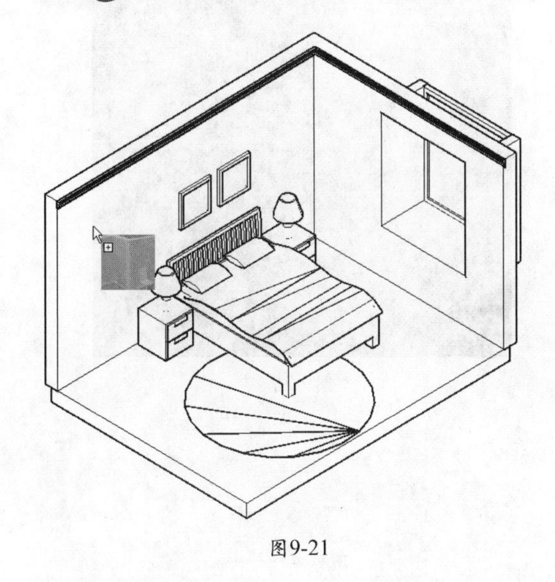

图9-21

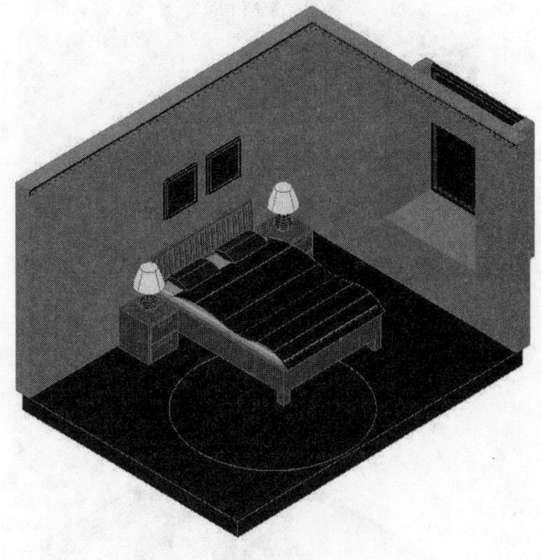

图9-22

STEP 23 在“材质浏览器”面板中，选择合适的地板材质，将其赋予到场景中的地面模型，如图9-23所示。

STEP 24 使用同样方法，分别为场景中的装饰画、地毯、窗户等进行赋予材质，效果如图9-24所示。

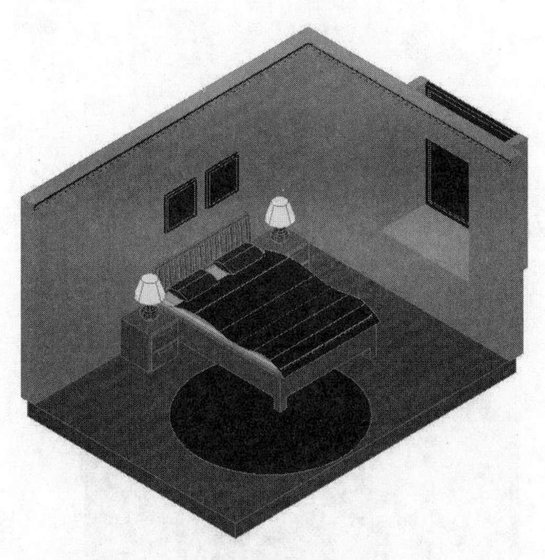

图9-23

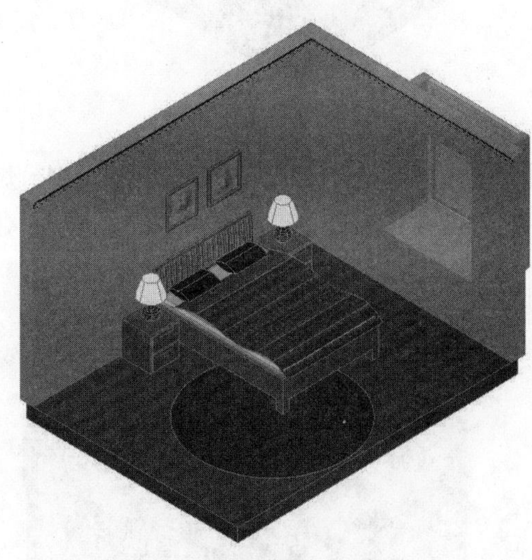

图9-24

STEP 25 适当调整各个材质的贴图等属性，如图9-25所示。

STEP 26 渲染场景，效果如图9-26所示。

STEP 27 执行“视图”→“渲染”→“光源”→“新建点光源”命令，在绘图区域中，指定好光源位置，创建一个点光源，如图9-27所示。

STEP 28 选择点光源，打开灯光特性面板，调整灯光强度及颜色等，如图9-28所示。

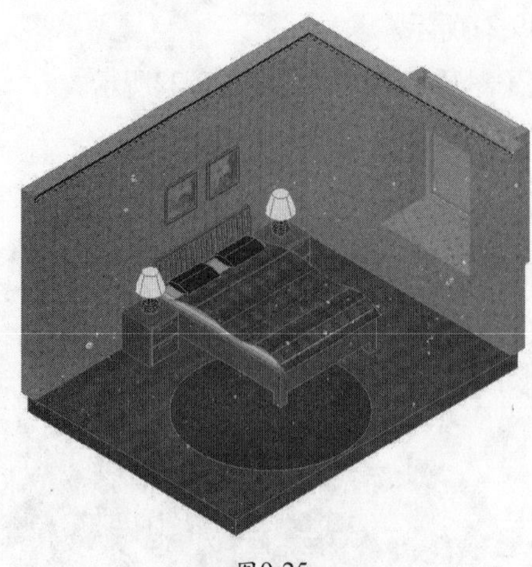

图9-25

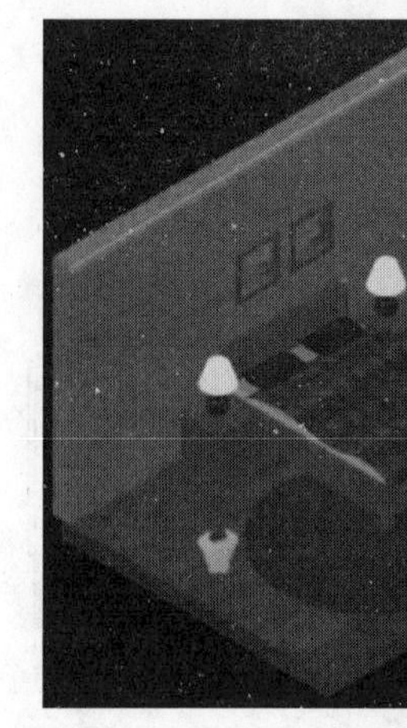

图9-26

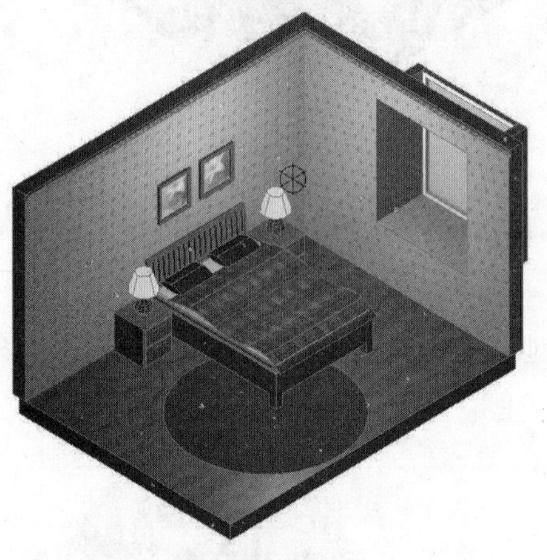

图9-27

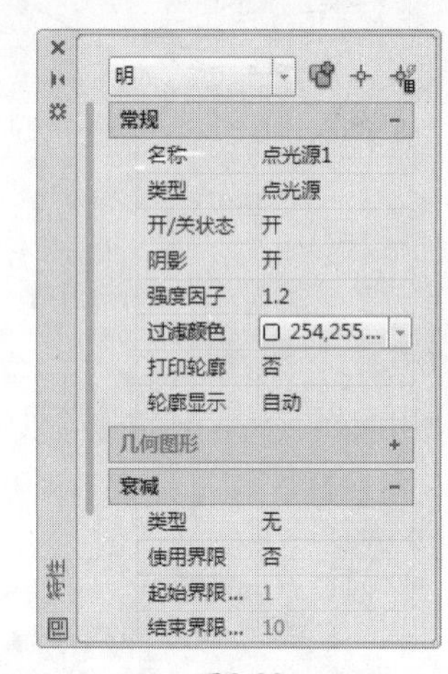

图9-28

STEP 29 再创建聚光灯两盏，分别移动到台灯位置，如图9-29所示。

STEP 30 使用同样方法，调整聚光灯特性，效果如图9-30所示。

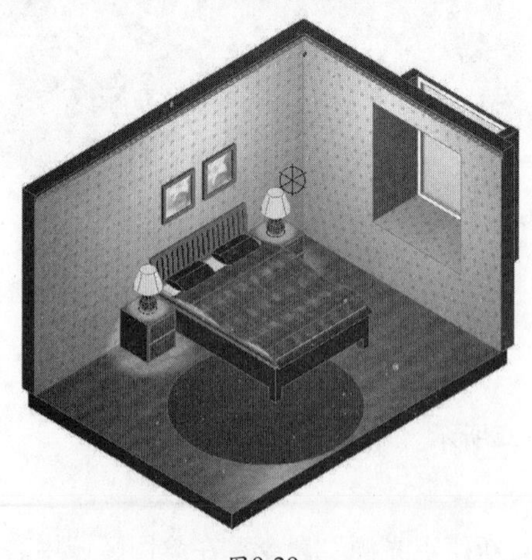

图9-29

图9-30

STEP 31 打开“高级渲染设置”面板，设置渲染参数，如图9-31所示。

STEP 32 执行“渲染”命令，将卧室模型渲染出图，保存文件，最终效果如图9-32所示。

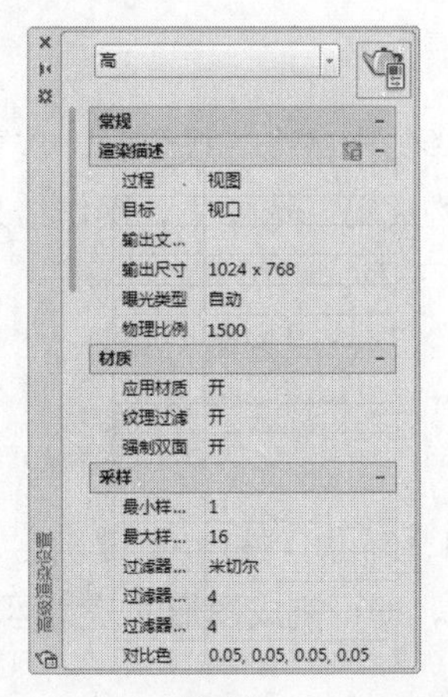

图9-31

图9-32

CAD【从零起步】

9.1 布尔运算

布尔预算包括并集、差集和交集运算，本节将对其相关知识内容进行介绍。

9.1.1 并集运算

并集运算可将两个或多个实体合并在一起形成新的单一实体。操作对象既可以是相交的也可以是分离开的。其应用方法有以下三种。

- 使用菜单栏命令：执行“修改”→“实体编辑”→“并集”命令。
- 使用功能区命令：执行“实体”→“布尔值”→“并集”命令。
- 在命令行中输入“union”命令。

执行“并集”命令，根据提示在绘图窗口选择第1个对象，如图9-33所示。根据命令行提示，选择第2个对象，选择完成后，按Enter键确定，即可完成图形的并集运算，如图9-34所示。

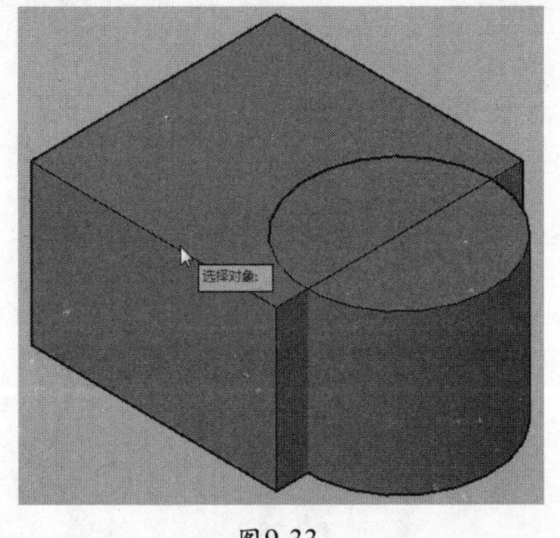

图9-33

图9-34

9.1.2 差集运算

差集运算可将实体构成的一个选择集从另一个选择集中减去。操作时，应首先选择被减对象，构成第一选择集，然后再选择要减去的对象，构成第二选择集，操作结果是第一选择集减去第二选择集后形成的新对象。其操作方式有以下三种。

- 使用菜单栏命令：执行“修改”→“实体编辑”→“差集”命令。
- 使用功能区命令：执行“实体”→“布尔值”→“差集”命令。
- 在命令行中输入“subtract”命令。

执行“差集”命令，根据提示在绘图窗口选择第1个对象，按Enter键确定，如图9-35所示。根据命令行提示，选择第2个对象。按Enter键确定，即可完成图形的差集运算，如图9-36所示。

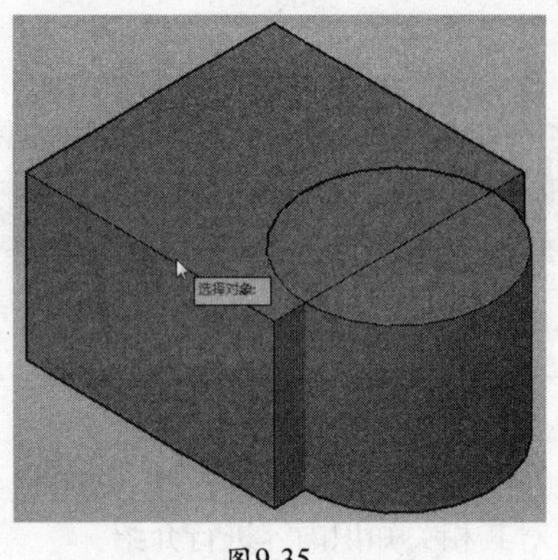

图9-35

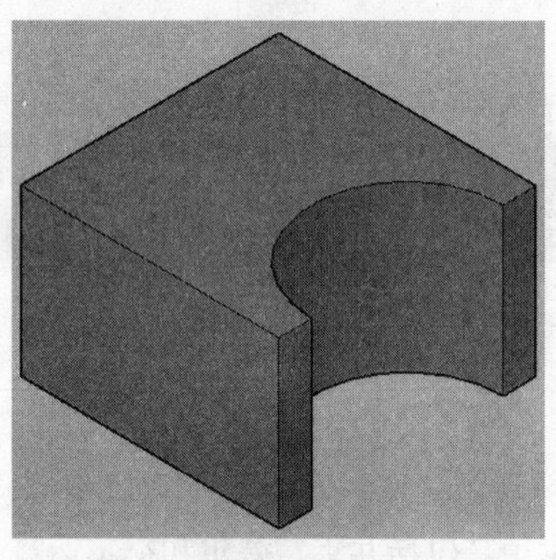

图9-36

9.1.3 交集运算

交集是从两个或两个以上重叠实体或面域的公共部分创建复合实体或二维面域，并保留两组实体对象的相交部分。其操作方式有以下三种。

- 使用菜单栏命令：执行“修改”→“实体编辑”→“交集”命令。
- 使用功能区命令：执行“实体”→“布尔值”→“交集”命令。
- 在命令行中输入“intersect”命令。

执行“交集”命令，根据提示在绘图窗口选择第1个对象，如图9-37所示。根据命令行提示，选择第2个对象，最后按Enter键确定，即可完成图形的差集运算，如图9-38所示。

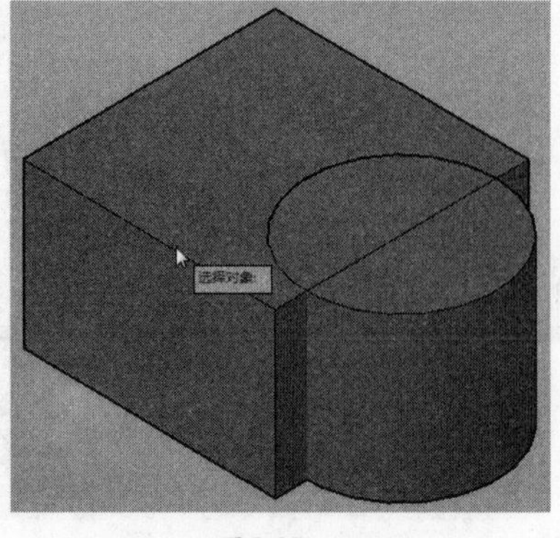

图9-37

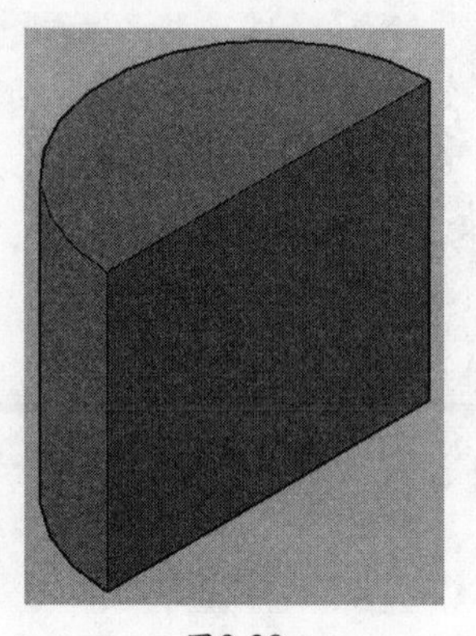

图9-38

9.2 三维图形的操作

与二维图形的操作一样，也可以对三维曲面、实体进行操作。二维图形的许多操作命令也同样适合于三维图形，如复制、移动、旋转、镜像等。

9.2.1 三维移动

可以使用移动命令在三维空间中移动对象，操作方式与在二维空间时一样。只不过当通过输入距离来移动对象时，必须输入沿X、Y、Z轴的距离值。在AutoCAD中提供了专门用来在三维空间中移动对象的三维移动命令，该命令还能移动实体的面、边及顶点等子对象（按Ctrl键可选择子对象）。其操作方式有以下三种。

- 使用菜单栏命令：执行“修改”→“三维操作”→“三维移动”命令。
- 使用功能区命令：执行“默认”→“修改”→“三维移动”命令。
- 在命令行中输入“3dmove”命令。

执行“三维移动”命令，根据提示在绘图窗口选择要移动的对象，如图9-39所示。在绘图窗口中指定基点，随后在绘图窗口中指定第2点并确定，即可完成三维移动操作，如图9-40所示。

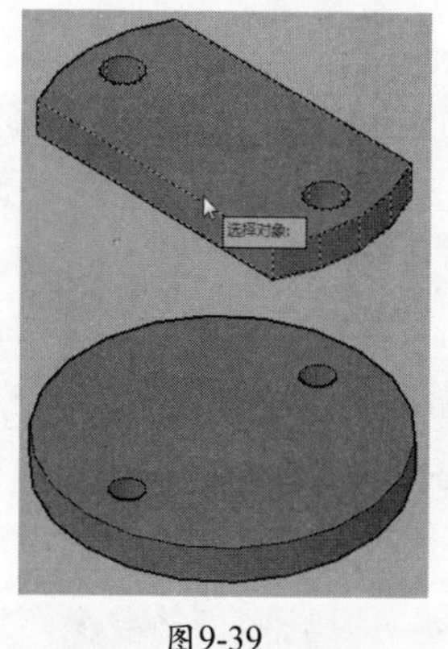

图9-39

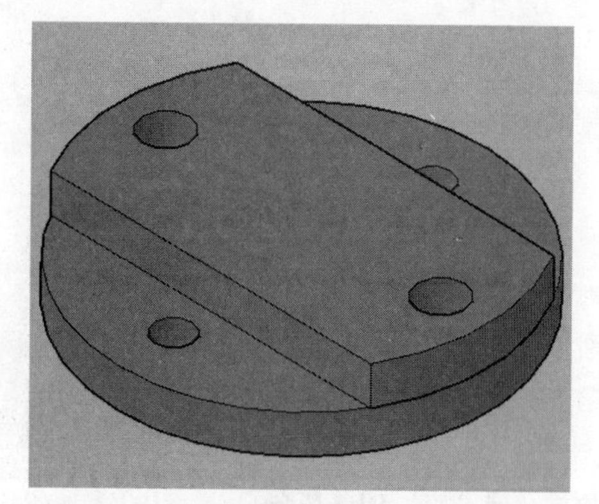

图9-40

命令行提示如下：

命令: _3dmove
选择对象: 找到 1 个
选择对象: （选择所要移动的三维模型）
指定基点或 [位移(D)] <位移>: （指定移动基点）
指定移动点 或 [基点(B)/复制(C)/放弃(U)/退出(X)]: 正在重生成模型。（捕捉新目标基点）

9.2.2 三维旋转

使用旋转命令仅能使对象在XY平面内旋转，其旋转轴只能是Z轴。三维旋转能使对象绕三维空间中的任意轴按照指定的角度进行旋转，在旋转三维对象之前需要定义一个点作为三维对象的基准点。其操作方式有以下三种。

- 使用菜单栏命令：执行“修改”→“三维操作”→“三维旋转”命令。
- 使用功能区命令：执行“默认”→“修改”→“三维旋转”命令。
- 在命令行中输入“3drotate”命令。

执行“三维旋转”命令，根据提示在绘图窗口选择要旋转的对象，如图9-41所示。按Enter键确定，在绘图窗口中指定旋转基点和旋转轴，随后在动态输入框中输入旋转角度值“-90”，按Enter键确定，即可完成三维旋转操作，如图9-42所示。

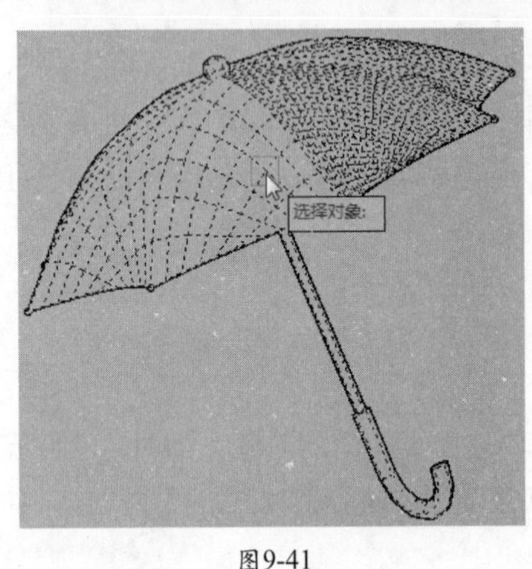

图9-41

图9-42

命令行提示如下：

```
命令: _3drotate
UCS 当前的正角方向: ANGDIR=逆时针 ANGBASE=0
选择对象: 找到 1 个
选择对象: 找到 1 个 (1 个重复), 总计 1 个
选择对象:
指定基点:
** 旋转 **
指定旋转角度或 [基点(B)/复制(C)/放弃(U)/参照(R)/退出(X)]:
命令:
** 旋转 **
指定旋转角度或 [基点(B)/复制(C)/放弃(U)/参照(R)/退出(X)]: 90
```

9.2.3 三维镜像

三维镜像是将选择的三维对象沿指定的面进行镜像。镜像平面可以是已经创建的面，如实体的面和坐标轴上的面，也可以通过三点创建一个镜像平面。其操作方式有以下三种。

- 使用菜单栏命令：执行“修改”→“三维操作”→“三维镜像”命令。
- 使用功能区命令：执行“默认”→“修改”→“三维镜像”命令。
- 在命令行中输入“mirror3d”命令。

执行“三维镜像”命令，根据命令行提示，选中镜像平面和平面上的镜像点，即可完成镜像操作，如图9-43和图9-44所示。

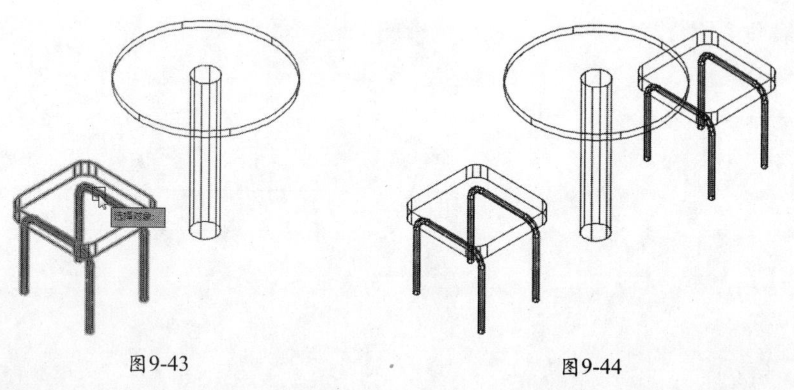

图9-43　　图9-44

命令行提示如下：

命令: _mirror3d
选择对象: 找到 1 个
选择对象: 找到 1 个，总计 2 个　　(选择需镜像模型)
选择对象:　　(按空格键)
指定镜像平面 (三点) 的第一个点或[对象(O)/最近的(L)/Z 轴(Z)/视图(V)/XY 平面(XY)/YZ 平面(YZ)/ZX 平面(ZX)/三点(3)] <三点>: yz　　(选择镜像平面)
指定 YZ 平面上的点 <0,0,0>:　　(指定镜像平面上的一点)
是否删除源对象? [是(Y)/否(N)] <否>:　　(按Enter键，完成镜像)

提 示

命令行中各选项说明如下。

- 对象：选择需要镜像的三维模型。
- 三点：通过三个点定义镜像平面。
- 最近的：使用上次执行的三维镜像命令的设置。
- Z轴：根据平面上的一点和平面法线上的一点定义镜像平面。
- 视图：将镜像平面与当前视口中通过指定点的视图平面对齐。
- XY、YZ、ZX平面：将镜像平面与一个通过指定点的标准平面（XY、YZ、ZX）对齐。

9.2.4　三维对齐

三维对齐是指在三维空间中将两个对象与其他对象对齐。可以为源对象指定一个、两个或三个点，然后为目标对象指定一个、两个或三个点，其中源对象的目标点要与目标对象的点相对应。其操作方法有以下三种。

- 使用菜单栏命令：执行“修改”→“三维操作”→“三维对齐”命令。
- 使用功能区命令：执行“默认”→“修改”→“三维对齐”命令。
- 在命令行中输入“3dalign”命令。

执行“三维对齐”命令，根据提示在绘图窗口选择要对齐的对象，如图9-45所示。按Enter键确定，依次捕捉源对象上的点位，捕捉目标对象上的点位。捕捉完毕，即可完成三维对齐的操作，如图9-46所示。

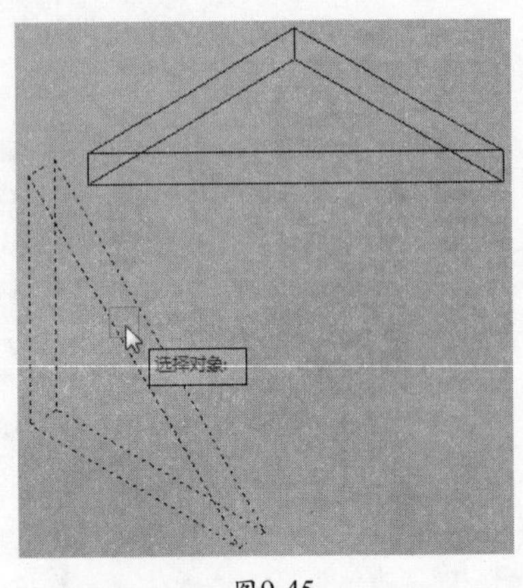

图9-45

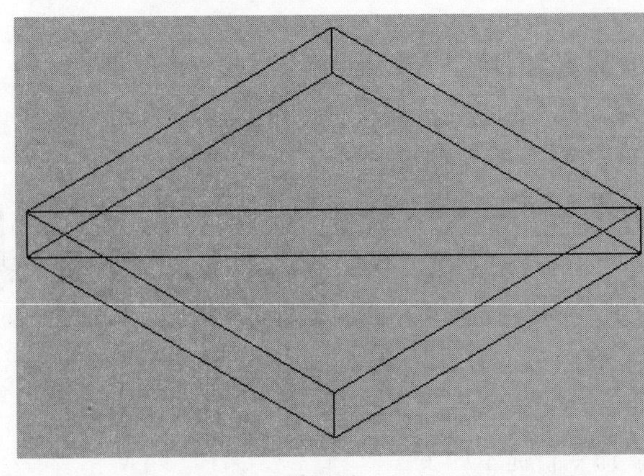

图9-46

命令行提示如下：

```
命令: _3dalign
选择对象: 找到 1 个                         (选择要对齐的三维对象)
选择对象:
 指定源平面和方向 ...
指定基点或 [复制(C)]:                       (选择要对齐的基点)
指定第二个点或 [继续(C)] <C>:               (按空格键，完成选择)
 指定目标平面和方向 ...
指定第一个目标点:                           (选择目标对齐基点)
指定第二个目标点或 [退出(X)] <X>:           (按Enter键，完成操作)
```

9.3 倒角与圆角

当创建三维实体对象之后，还可以对其进行修改，以更改对象的外观，如进行圆角、倒角等操作。

9.3.1 倒角

倒角命令只能用于实体，对表面模型不适用。在对三维对象应用此命令时，AutoCAD的提示顺序与二维对象倒角时不同。其操作方法有以下三种。

- 使用菜单栏命令：执行“修改”→“倒角”命令。
- 使用功能区命令：执行“默认”→“修改”→“倒角”命令。
- 在命令行中输入“chamfer”命令。

执行“倒角”命令后，根据命令行的提示，选择“距离”选项，指定两个距离均为30，选择边，即可对实体倒直角，如图9-47和图9-48所示。

实体的棱边是两个面的交线，当第一次选择棱边时，AutoCAD将高亮显示其中一个面，这个面即代表倒角基面，也可以通过“下一个（N）”选项使另一个表面称为倒角基面。

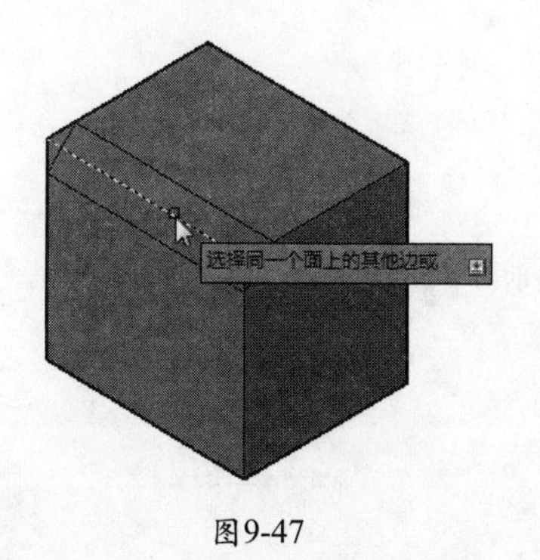

图9-47

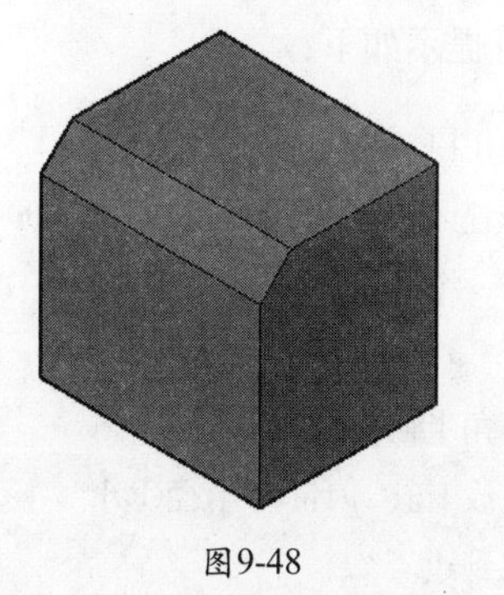

图9-48

命令行提示如下：

```
命令: _chamfer
("修剪"模式) 当前倒角距离 1 = 0.0000，距离 2 = 0.0000
选择第一条直线或 [放弃(U)/多段线(P)/距离(D)/角度(A)/修剪(T)/方式(E)/多个(M)]:
                                                (选择倒角边)
基面选择...
输入曲面选择选项 [下一个(N)/当前(OK)] <当前(OK)>: (按Enter键)
指定 基面 的倒角距离 <5.0000>: 30                  (输入基面倒角距离)
指定 其他曲面 的倒角距离 <5.0000>:                 (输入其他曲面倒角距离)
选择边或 [环(L)]:                                 (再次选择倒角边)
选择边或 [环(L)]:
```

9.3.2 圆角

圆角命令可以给实心体的棱边倒圆角，该命令对表面模型不适用。在三维空间中使用此命令时与在两维中有所不同，不必事先设定倒角的半径值，AutoCAD会提示用户进行设定。其操作方法有以下三种。

- 使用菜单栏命令：执行"修改"→"圆角"命令。
- 使用功能区命令：执行"默认"→"修改"→"圆角"命令。
- 在命令行中输入"fillet"命令。

执行"圆角"命令，根据命令提示，输入半径值，并选中要倒角的实体边即可，如图9-49和图9-50所示。

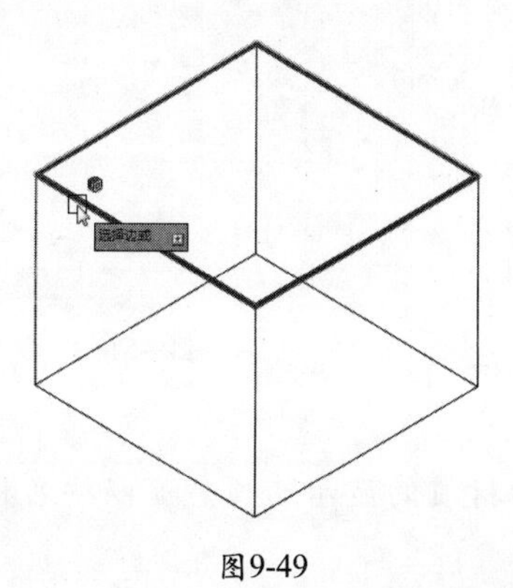

图9-49

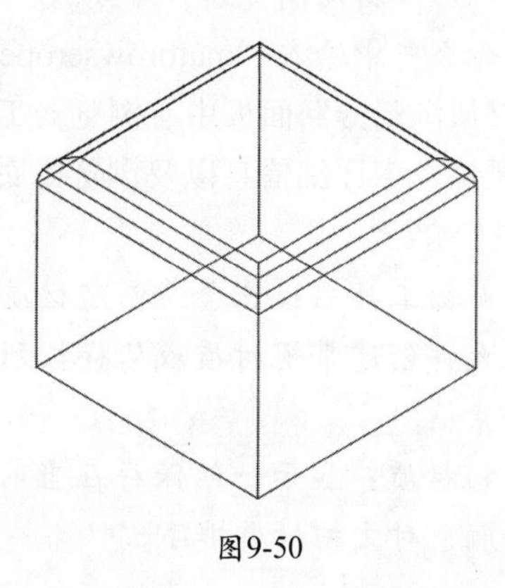

图9-50

命令行提示如下：

```
命令: FILLET
当前设置: 模式 = 修剪，半径 = 0.0000
选择第一个对象或 [放弃(U)/多段线(P)/半径(R)/修剪(T)/多个(M)]: r
                                                  （选择“半径”选项）
指定圆角半径 <0.0000>: 6                          （输入半径值）
选择边或 [链(C)/环(L)/半径(R)]:                    （选项实体边）
已拾取到边。
选择边或 [链(C)/环(L)/半径(R)]:
已选定 1 个边用于圆角。
```

9.4 材质与贴图

三维对象都是由具体材料构成的，要获得具有良好真实感的渲染图像，就要给模型分配材质，合适的材质在渲染处理中起着重要作用，对渲染效果有很大影响。材质的纹理（如木纹、地面瓷砖、墙纸和岩石表面等）可通过材质贴图实现。贴图是二维图像文件，将它们与材质结合在一起，投射到实体表面，就可形成纹理、凹凸及反射等效果。因此，利用贴图可有效地扩展材质属性。

9.4.1 材质概述

在AutoCAD中，使用“材质”命令，可将材质附着到模型对象上。而使用“材质浏览器”可导航和管理用户的材质，组织、分类、搜索和选择要在图形中使用的材质，如图9-51所示。

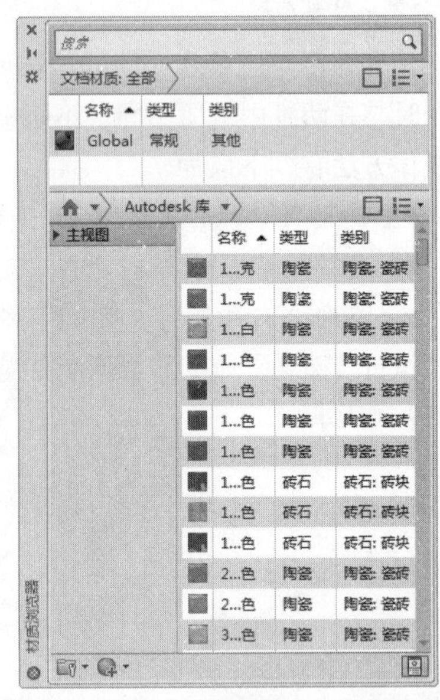

图9-51

打开“材质浏览器”的方法有以下三种。

- 使用菜单栏命令：执行“视图”→“渲染”→“材质浏览器”命令。
- 使用功能区命令：执行“渲染”→“材质”→“材质浏览器”命令。
- 在命令行中输入“matbrowseropen”命令。

在“材质浏览器”面板中有浏览器工具栏、文档材质、材质库、库详细信息以及浏览器底部栏选项，下面分别进行介绍。

- 浏览器工具栏：包含“创建材质”下拉菜单（允许创建常规材质或从样板列表创建）和搜索框。
- 文档材质：显示一组保存在当前图形中的材质的显示选项。可以按名称、类型和颜色对文档材质排序。

- 材质库：显示Autodesk库，包含预定义的Autodesk材质和其他包含用户定义的材质库。还包含一个按钮，用于控制库和库类别的显示，可以按名称、类别、类型和颜色对库中的材质进行排序。
- 库详细信息：显示选定类别中材质的预览。
- 浏览器底部栏：包含“管理”菜单，用于添加、删除及编辑库和库类别。此菜单还包含一个扩展按钮，用于控制库详细信息的显示选项。

9.4.2 创建材质

“创建材质”下拉菜单主要用于显示材质的复制，以及新建材质的类型和新建常规材质。在AutoCAD中，可通过以下两种方式来创建新的材质。

1. 使用系统自带材质来创建新的材质

执行功能区“渲染”→“材质”→“材质浏览器”命令，打开“材质浏览器”面板，单击“主视图”折叠按钮，选择“Autodesk库”选项，在右侧材质缩略图中，双击所需材质的编辑按钮，如图9-52所示，在“材质编辑器”面板中，单击“添加到文档并编辑”按钮，即可进入材质名称编辑状态，输入该材质的名称即可，如图9-53所示。

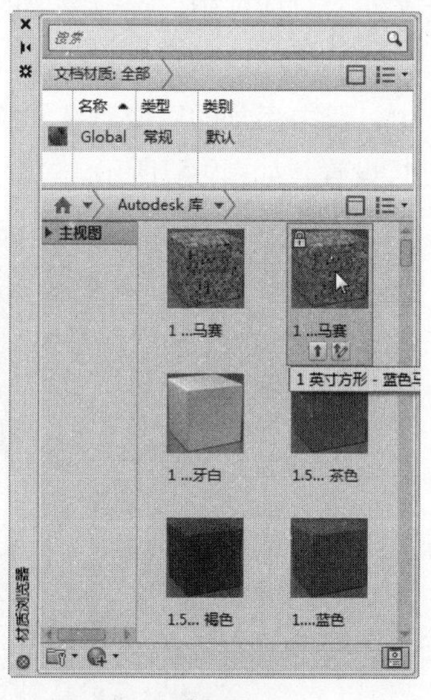

图9-52

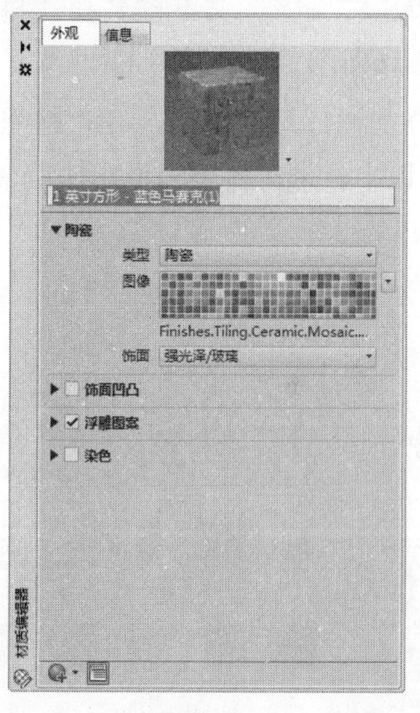

图9-53

2. 用户自定义新材质

除了使用系统自带的材质外，也可以使用计算机上保存的材质贴图文件在“材质编辑器”面板中创建新的材质，打开“材质编辑器”的方法有以下三种。

- 使用菜单栏命令：执行“视图”→“渲染”→“材质编辑器”命令。
- 使用功能区命令：执行“渲染”→“材质”→“材质编辑器”命令。
- 在命令行中输入“mateditoropen”命令。

下面将对自定义新材质的操作进行介绍。

STEP 01 执行“渲染”→“材质”命令，打开“材质编辑器”面板，单击“创建或复制材质”按钮，在弹出的快捷菜单中执行“新建常规材质”命令，其结果如图9-54所示。

STEP 02 在名称文本框中，输入材质新名称，单击“颜色”下拉按钮，选择“按对象着色”选项，如图9-55所示。

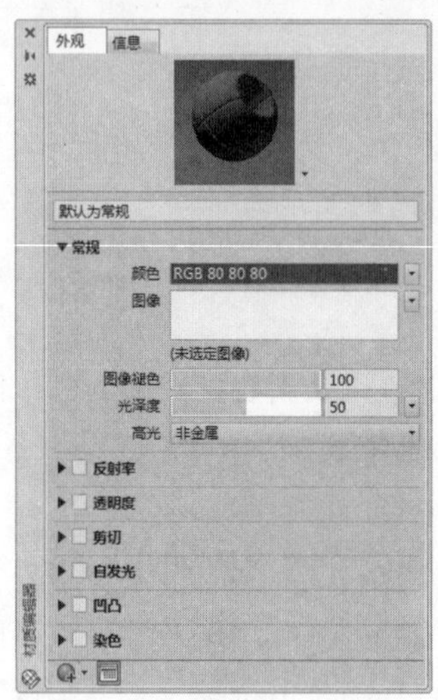

图9-54

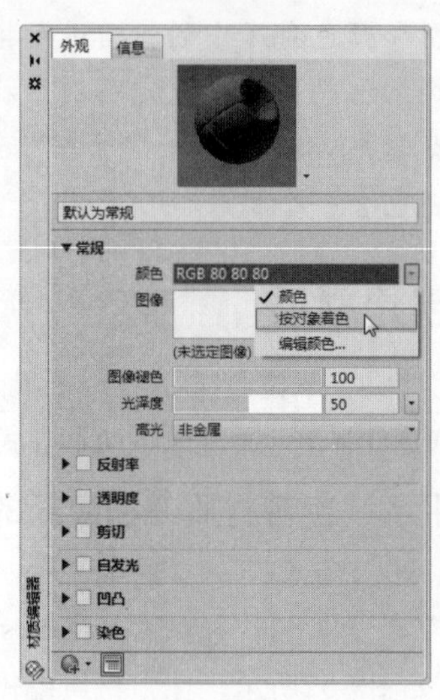

图9-55

STEP 03 单击“图像”文本框，在“材质编辑器打开文件”对话框中，选择需要的材质图文件，如图9-56所示。

STEP 04 单击“打开”按钮，在“材质编辑器”面板中，双击添加的图像，在“纹理编辑器-color”面板中，可对材质的显示比例、位置等选项进行设置，如图9-57所示。

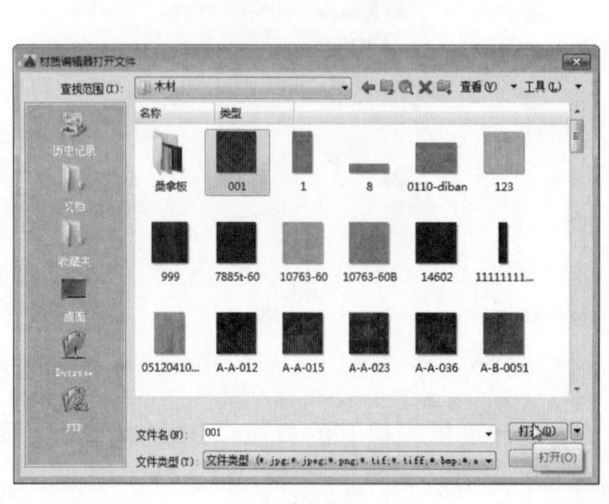

图9-56

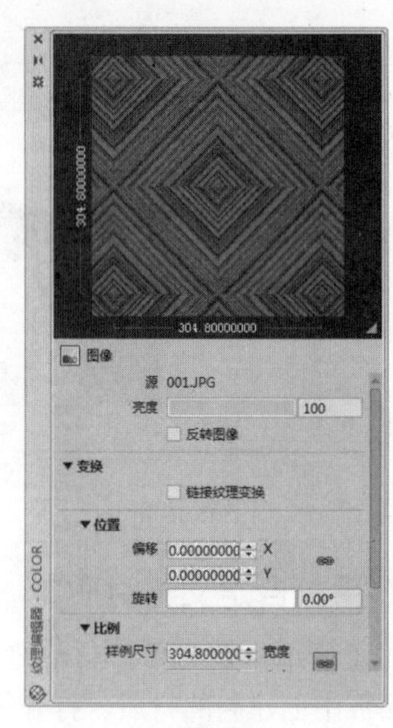

图9-57

STEP 05 设置完成后，关闭该面板，此时在“材质编辑器”面板中将会显示自定义新材质。

9.4.3 赋予材质

完成材质的创建后，需要将材质赋予实体模型。将创建好的材质赋予实体模型上的方法有两种，一是直接使用拖拽的方法赋予材质，二是使用右键菜单的方法赋予材质。为图形赋予材质的具体操作过程如下。

STEP 01 打开椅子图形文件。选择整个图形文件，如图9-58所示。

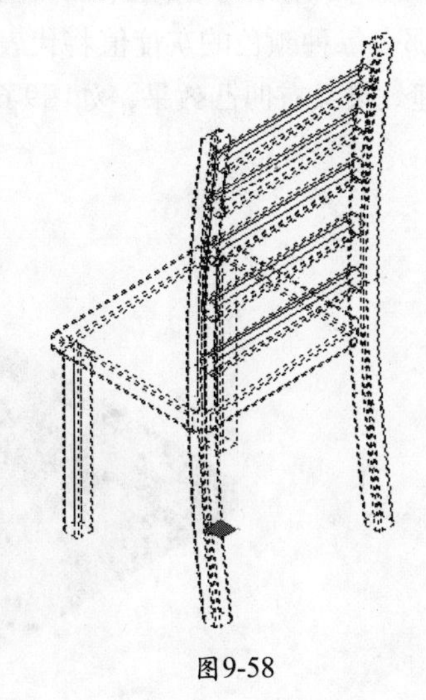

图9-58

STEP 02 打开“材质浏览器”面板。右击材质球，在弹出的快捷菜单中执行“指定给当前选择”命令，如图9-59所示。

STEP 03 单击该选项，即可完成材质的赋予。随后在菜单栏中执行“视图”→“视图样式”→“真实”命令，即可看到效果，如图9-60所示。

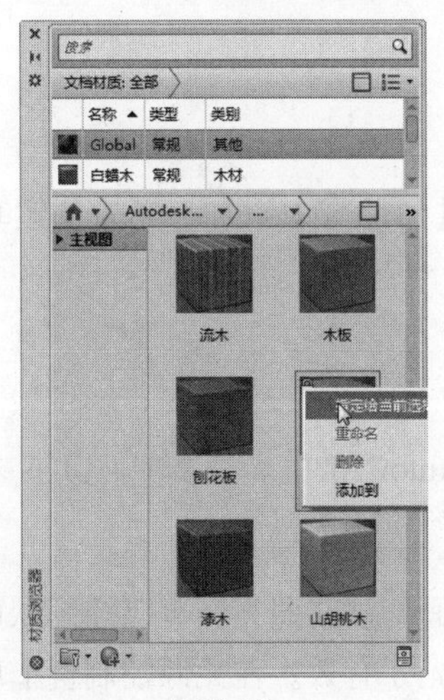

图9-59

图9-60

9.4.4 材质贴图

材质贴图是指三维对象表面投射的二维图像。材质属性一般包括漫反射色、环境反射色、反光度及透明度等。此外，还可以利用贴图给材质增加一些其他属性，如表面纹理、浮雕效果、模拟光洁表面的反射等。可使用的贴图包括以下三类。

1. 漫射贴图

材质的漫反射将体现贴图的图案，图9-61所示的墙体漫反射贴图的情况。

2. 凹凸贴图

凹凸贴图用于创建浮雕或凹凸不平的效果。图像中黑色区域将显示为凹下，浅色区域显示为凸起。如果图像是彩色的，那么每种颜色的灰度值将代表凹凸的程度。将漫反射贴图与凹凸贴图配合起来使用，既有纹理效果又有凹凸效果，如图9-62所示。

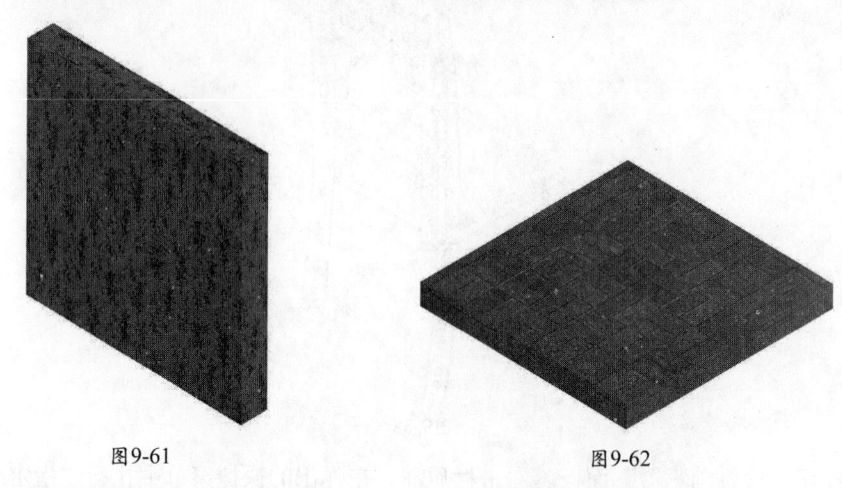

图9-61　　图9-62

3. 不透明贴图

控制表面透明或不透明区域。对于二维贴图，纯白色区域是不透明的，而纯黑区域则是透明的。若图像是彩色的，则透明度将以每种颜色的灰度值表示。

9.5 灯光与渲染

在默认情况下，场景中是没有光源的，可以通过向场景中添加灯光来创建真实的场景效果。

9.5.1 光源类型

正确设置光源对创建逼真的渲染图像非常重要，AutoCAD的光源类型有以下三种。

1. 默认光源

默认光源是两个平行光源，视口中模型的所有表面均被其照亮。可以控制默认光源的亮度和对比度。只有关闭默认光源，创建的光源和太阳光才有效。在光源控制台上单击按钮切换到默认光源模式，再次单击该按钮，将切换到用户光源及太阳光模式。

2. 太阳光

AutoCAD为模型提供了太阳光，它是模拟太阳光源效果的光源，可以用于显示结构投射的阴影并影响周围区域。当设定模型的地理位置及日期和时间后，太阳光的角度就确定了。可以打开或关闭太阳光，还可以修改太阳光的强度和颜色。

3. 用户创建的光源

用户可创建的光源种类有点光源、聚光灯、平行光，以及光域网四种。可调整光源的位置及光线照射的方向，还能修改光源的属性，如光强、颜色，以及打开或关闭光源。

9.5.2 渲染设置

可通过渲染来表现实体模型的效果。渲染将通过渲染器进行。在渲染器中可以根据要处理的渲染任务进行参数设置，尤其是渲染质量较高的图像时非常有用。此外，还可以在菜单栏执行“视图”→“渲染”→“高级渲染设置”命令，打开“高级渲染设置”面板，从中进行渲染设置，如图9-63所示。

该面板中包括“常规”“光线跟踪”“简介发光”“诊断”及“处理”卷展栏，其中，“常规”卷展栏中主要包含“渲染描述”“材质”“采样”以及“阴影”选项设置。

- 渲染描述：用于设置模型渲染的方式。
- 材质：用于设置渲染器处理材质的方式。
- 采样：用于设置渲染器执行采样的方式。
- 阴影：用于设置渲染图像阴影的显示方式。

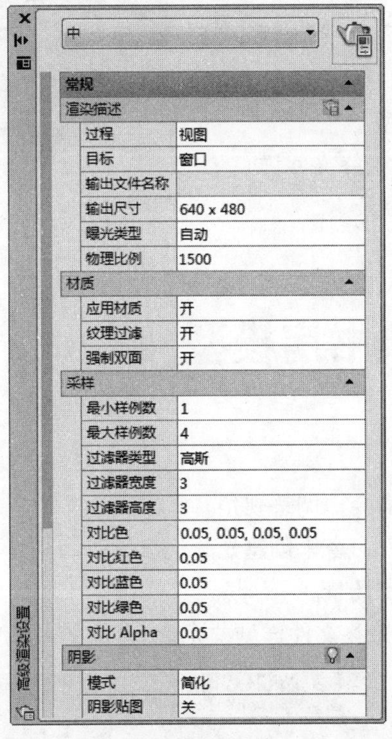

图9-63

完成模型的材质和场景灯光后，即可进行渲染出图。在渲染之前还需要进行输出尺寸和位置的设置。在AutoCAD中，设置的输出尺寸越大，渲染质量越好，但渲染时间就会越长。

CAD 【拓展案例】

拓展案例1：创建水槽模型

绘图要领

（1）执行“矩形”和“偏移”命令，创建水槽轮廓线。

（2）执行“拉伸”“抽壳”“圆柱体”等命令，绘制水槽模型。

（3）执行“材质编辑器”命令，创建材质。

（4）赋予材质并渲染模型。

最终效果如图9-64所示。最终文件详见“光盘:\素材文件\第9章”目录下。

图9-64

拓展案例2：渲染书房模型

绘图要领

（1）执行“创建相机”命令，调整视角。

（2）执行“新建点光源”命令，创建光源。

（3）创建材质并渲染书房场景。

最终效果如图9-65所示。最终文件详见“光盘:\素材文件\第9章”目录下。

图9-65

第10章
10 绘制并打印居室插座布置图

内容概要：

施工图的设计结果最终会被输出或打印出来，以供其他用户查看。换句话说，图形的输出是设计工作的最后一步，此操作也是必不可少的。本章将主要介绍图纸的输入及输出，以及在打印图形中的布局设置操作。

知识要点：

- 创建布局
- 页面设置
- 打印设置
- 打印预览
- 发布图形

课时安排：

理论教学2课时
上机实训4课时

案例效果图：

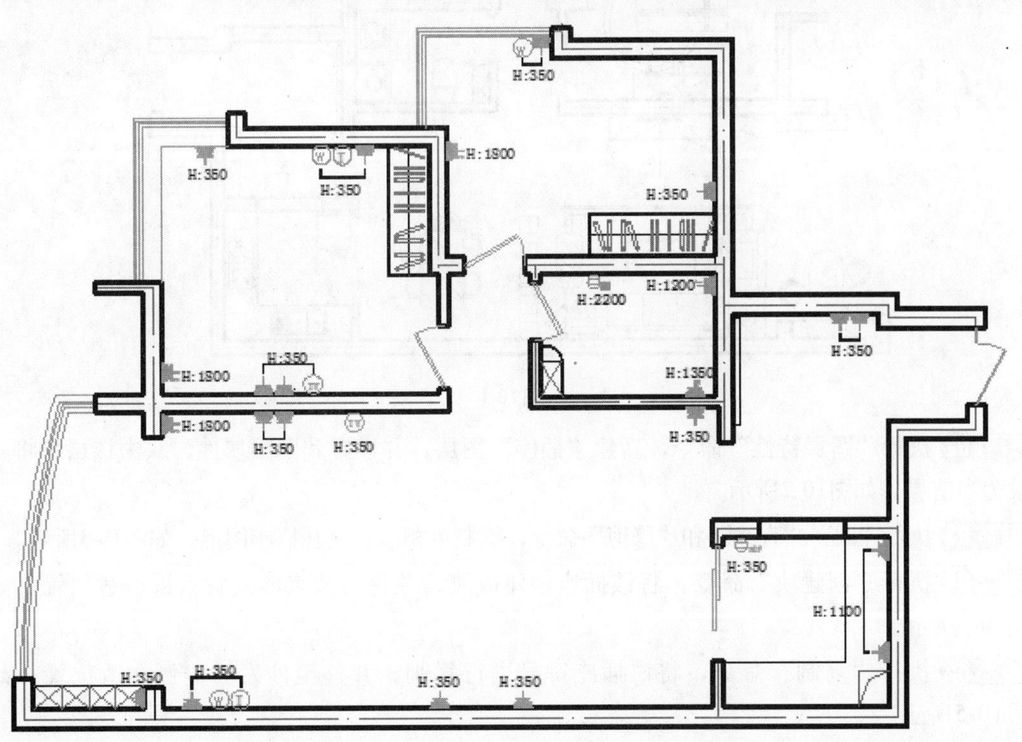

CAD【案例精讲】

案例描述

插座布置图主要是用于表示住宅中一些强弱电的安装位置。可根据需要自行绘制插座符号，也可插入现有的插座图块。插座布置的好坏，会直接影响人们的使用。绘制该图纸较为简单，只需在平面布置图的基础上进行布置即可。

案例文件

本案例素材文件和最终效果文件在“光盘:\素材文件\第10章”目录下，本案例的操作视频在“光盘:\操作视频\第10章”目录下。

案例详解

下面将以绘制二居室插座图为例展开介绍。

STEP 01 打开素材文件“二居室平面布置图.dwg”，删除地面填充图案，如图10-1所示。

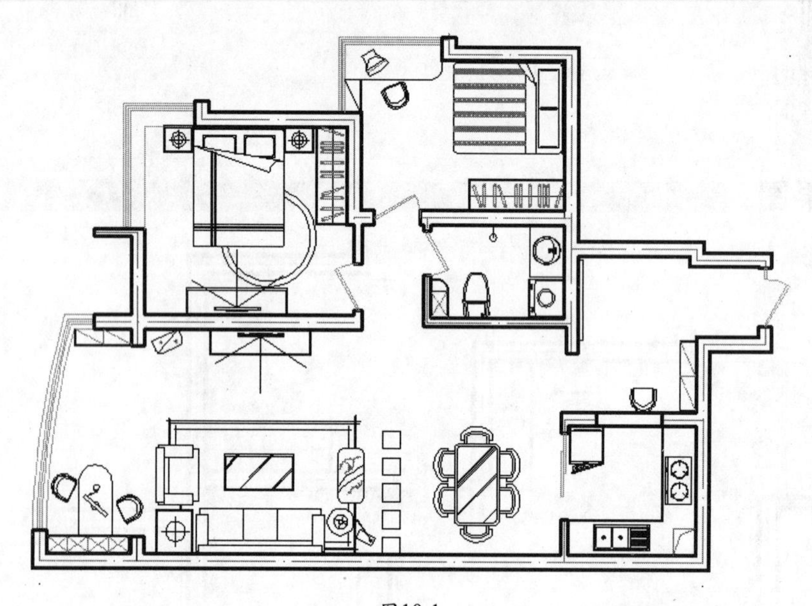

图10-1

STEP 02 执行“图层特性”命令，新建“插座”图层，并设置其图层属性，双击该层，将其设为当前层，如图10-2所示。

STEP 03 执行“圆”“直线”和“修剪”命令，绘制单相二、三孔插座图形，如图10-3所示。

STEP 04 执行“创建块”命令，将该插座创建成块，并将其放置沙发背景墙合适位置，如图10-4所示。

STEP 05 执行“复制”命令，将该插座符号进行复制，并移至沙发另一侧合适位置，如图10-5所示。

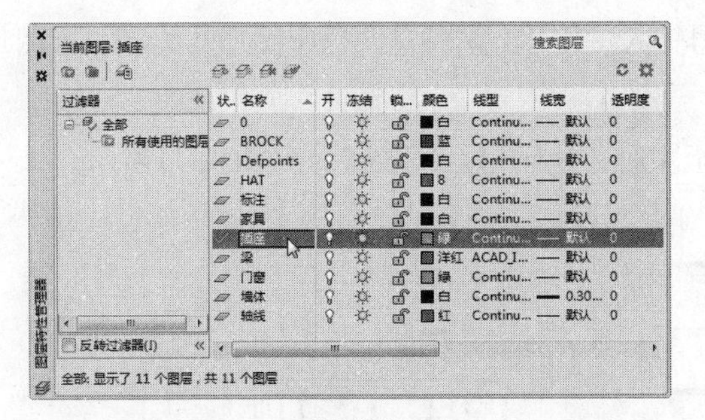

图10-2

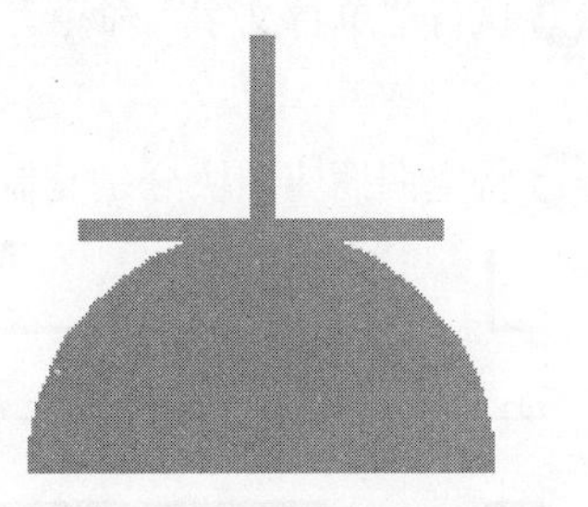

图10-3

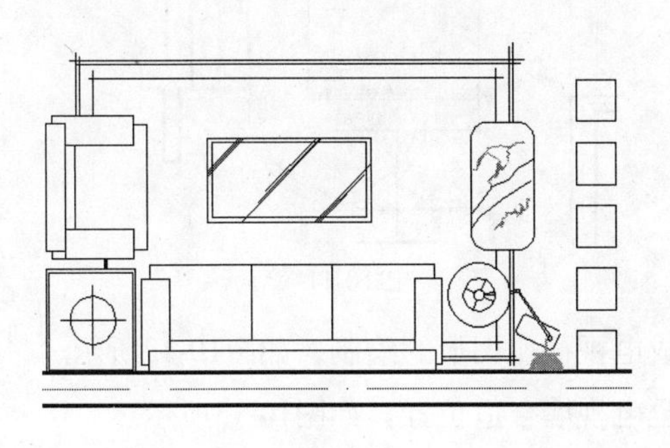

图10-4

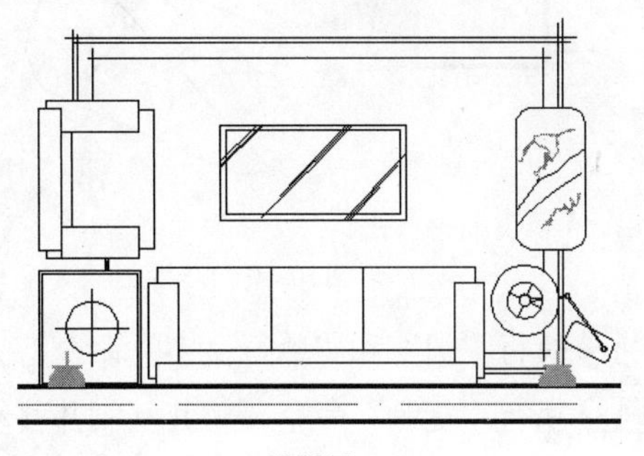

图10-5

STEP 06 将该插座复制并移动至阳台合适位置，如图10-6所示。

STEP 07 执行“旋转”命令，将该插座进行旋转，如图10-7所示。

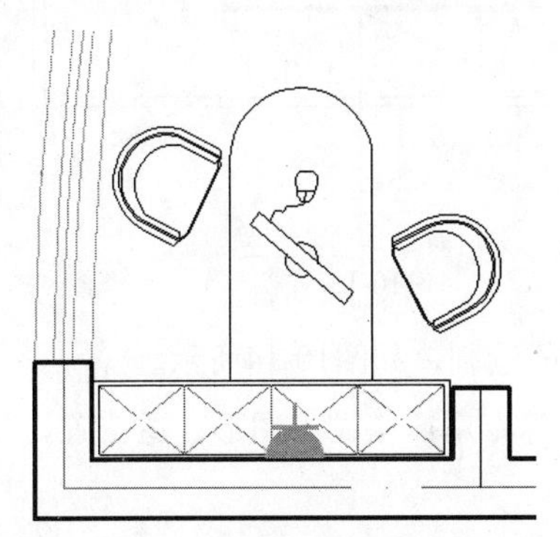

图10-6

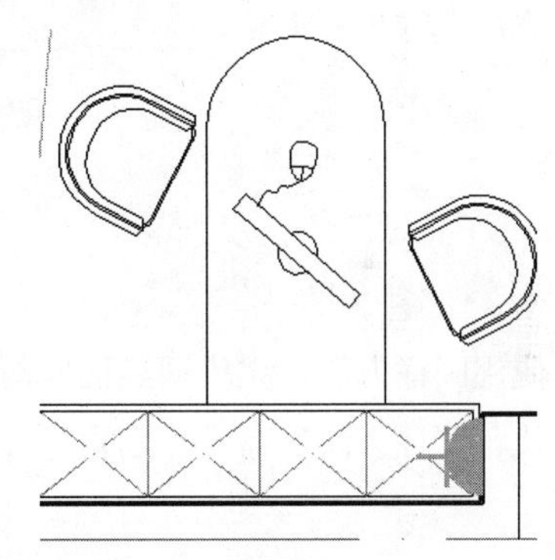

图10-7

STEP 08 将该插座符号复制并移动至电视背景合适位置，如图10-8所示。

STEP 09 执行“复制”和“旋转”命令，将该符号复制并移动至空调合适位置，如图10-9所示。

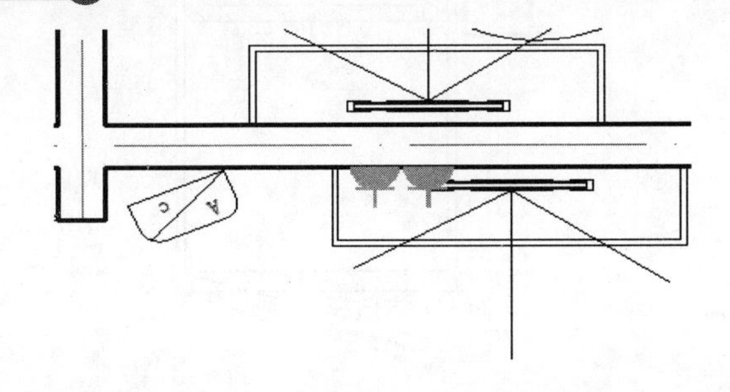

图10-8

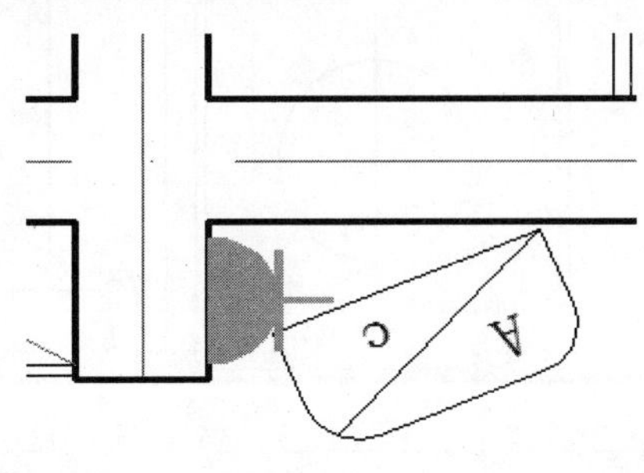

图10-9

01 02 03 04 05 06 07 08 09 10 11 12

STEP 10 执行“单行文字”命令，在该符号输入“K”，完成空调插座图形的绘制，如图10-10所示。

STEP 11 将空调插座图块分别复制并移动至主卧、次卧室合适位置，如图10-11所示。

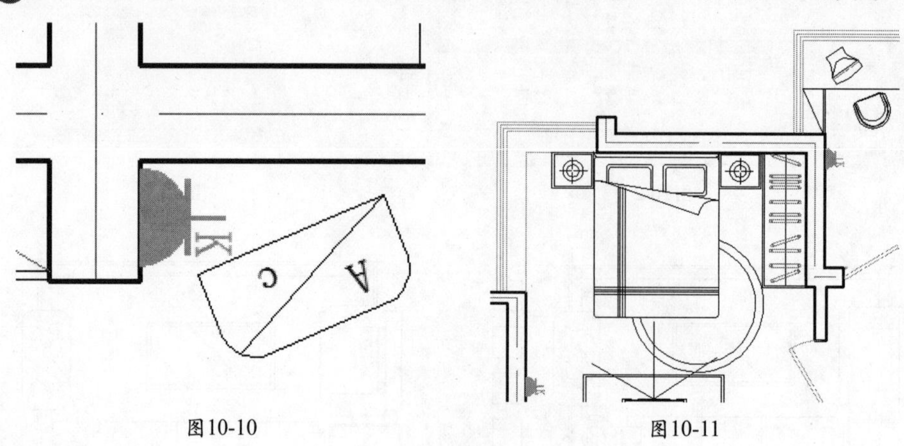

图10-10　　图10-11

STEP 12 执行“圆”和“单行文字”命令，完成电视插座图形的绘制，如图10-12所示。

STEP 13 执行“复制”命令，将其复制并移动至电视墙合适位置，如图10-13所示。

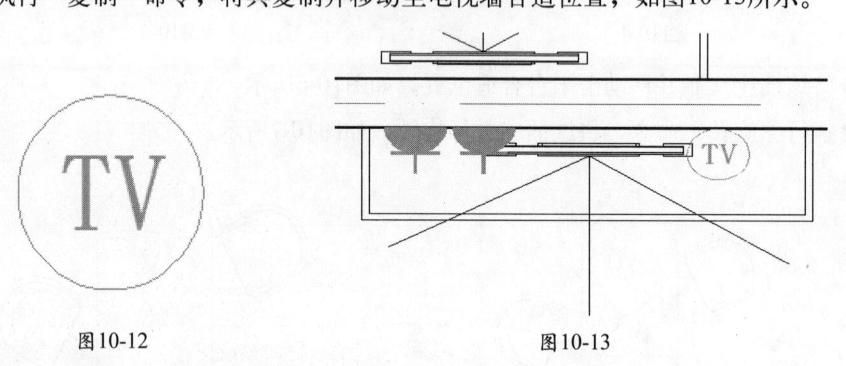

图10-12　　图10-13

STEP 14 使用同样方法，完成网线插座与电话插座的绘制，如图10-14所示。

STEP 15 执行“插入块”命令，将电冰箱、洗衣机等专用插座调入图形合适位置，如图10-15所示。

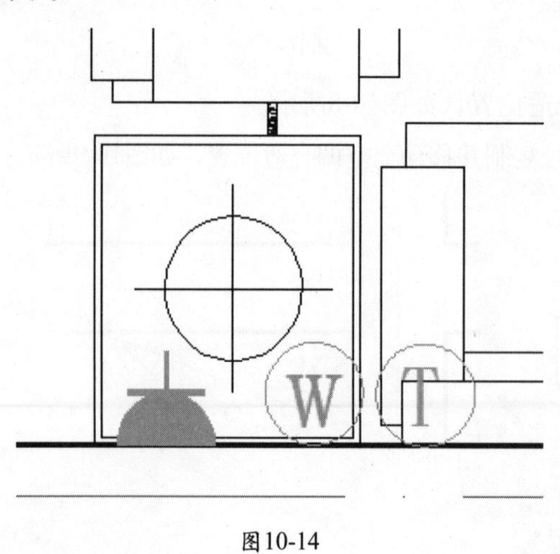

图10-14

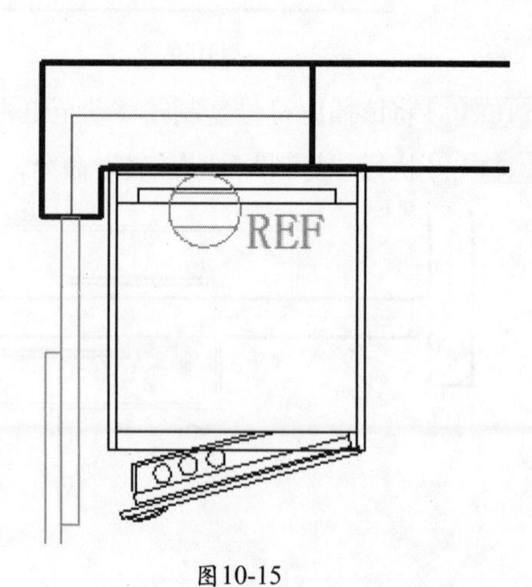

图10-15

STEP 16 执行“复制”和“旋转”命令，将各种插座移至图形相应位置。其后，删除平面图中多余的家具图块，如图10-16所示。至此，二居室插座布置图已全部绘制完毕。

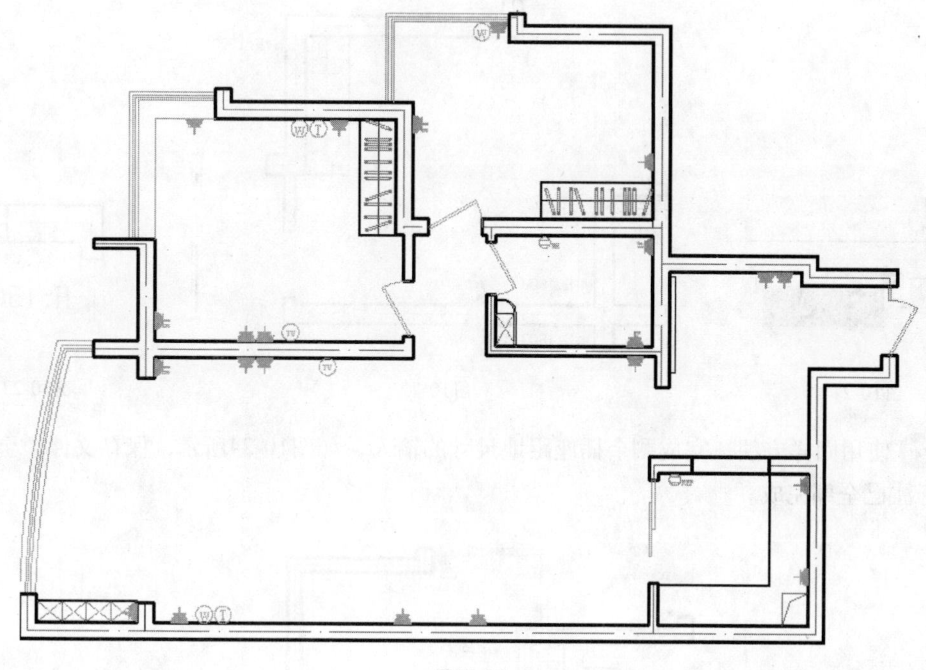

图10-16

STEP 17 随后为每个插座进行高度标注。执行“图层特性”命令，将文字标注层设置为当前层，执行“直线”命令，绘制标注线，如图10-17所示。

STEP 18 执行“多行文字”命令，输入该插座距地尺寸数据，如图10-18所示。

图10-17　　图10-18

STEP 19 执行“复制”命令，将该数据复制并移动至相邻插座上，如图10-19所示。

STEP 20 同样执行“复制”命令，将输入好的尺寸复制并移动至空调插座合适位置，如图10-20所示。

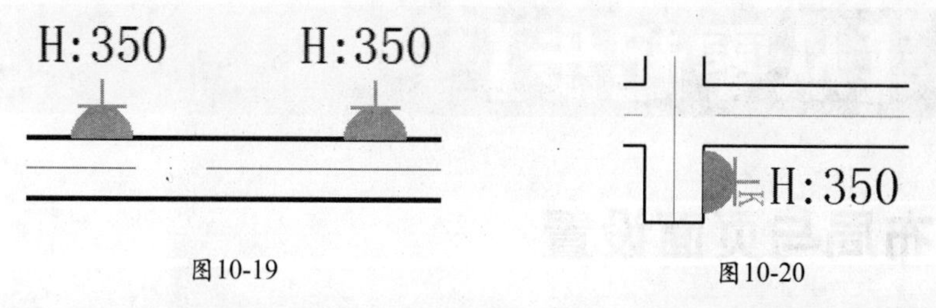

图10-19　　图10-20

STEP 21 双击该尺寸数据，将其更改为“H：1800”字样，如图10-21所示。

STEP 22 执行“复制”命令，将该数值复制并移动至其他空调插座合适位置，如图10-22所示。

STEP 23 执行“多行文字”命令，输入电冰箱插座距地尺寸，如图10-23所示。

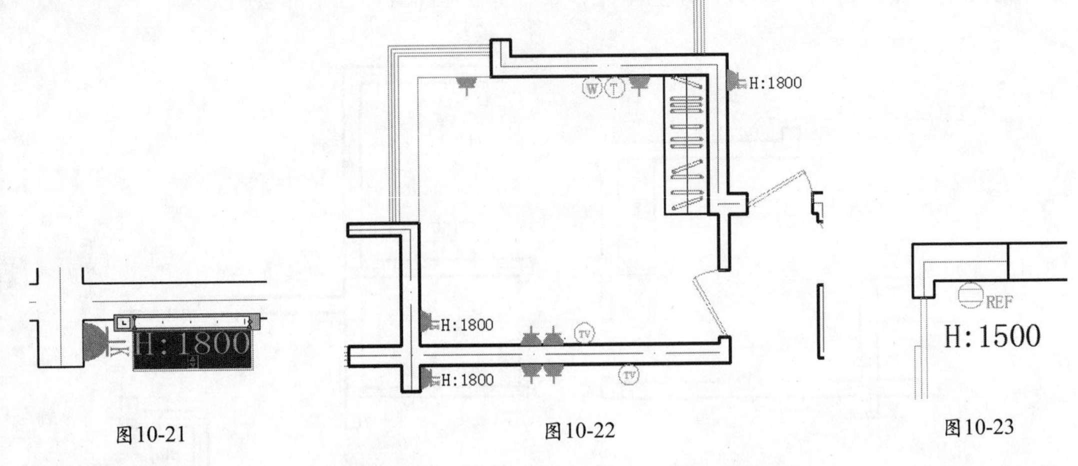

图10-21　　图10-22　　图10-23

STEP 24 使用同样方法，完成剩余插座距地尺寸的输入，如图10-24所示，保存文件。至此，插座标注已全部完成。

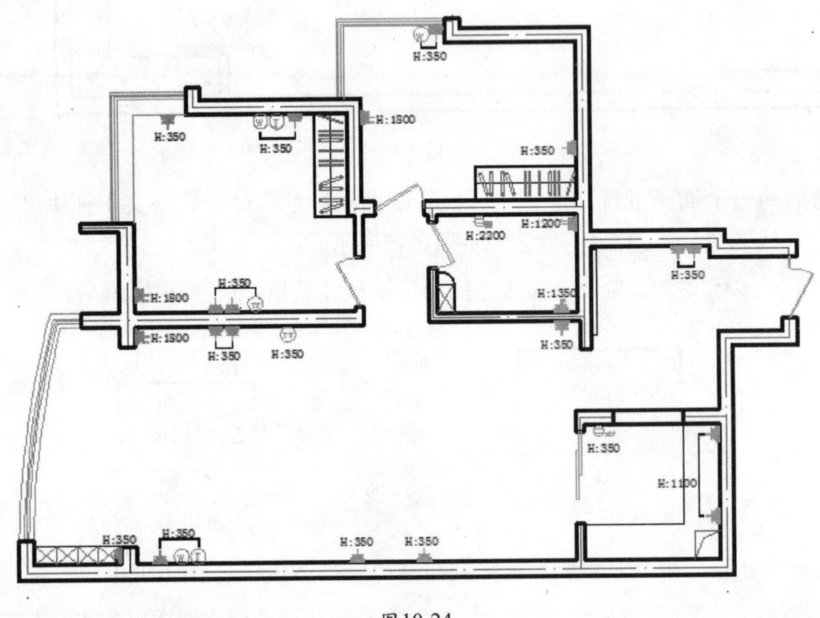

图10-24

CAD【从零起步】

10.1　布局与页面设置

在AutoCAD中，可以创建多种布局，每个布局都代表一张单独的打印输出图纸。创建新布局后就可以在布局中创建浮动视口。视口中的各个视图可以使用不同的打印比例，并能够控制视口中图纸的可见性。

10.1.1 创建布局

AutoCAD图形环境分为布局空间和模型空间两种。默认情况下，都是在模型空间绘图，并从该空间出图。采用这一方法输出图纸有一定限制，只能以单一比例进行打印，若图样采用不同的绘图比例，就不能放在一起出图了。而布局空间则能满足用户的这种需要，在布局空间的虚拟图纸上，可用不同的缩放比例布置多个图形，然后按1:1出图。

布局代表打印的页面，可以在布局中查看到打印的实际情况，还可以根据具体需要创建布局。每个布局都保存在各自的“布局”选项卡中，且可以与不同的页面设置相关联。创建布局的方法包括以下四种。

- 使用菜单栏命令：执行“工具”→“向导”→“创建布局”命令。
- 使用功能区命令：执行“布局”→“布局”→“新建”→“新建布局”命令。
- 右击绘图窗口左下角的“模型”选项按钮，在打开的快捷菜单中执行“新建布局”命令。
- 在命令行输入“layout”命令。

10.1.2 页面设置

页面设置可以对新建布局或已建好的布局进行图纸大小和绘图设备的设置。页面设置是打印设备和其他影响最终输出外观和格式的设置集合，可以修改这些设置并将其应用到其他布局中，如图10-25所示。

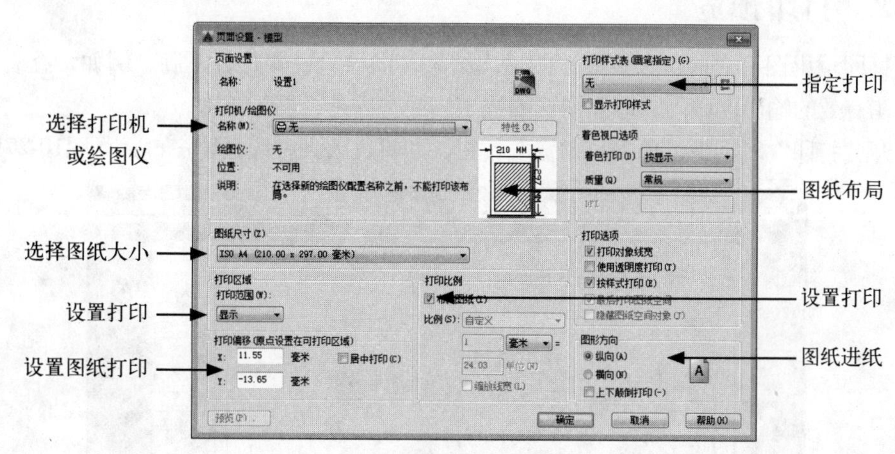

图10-25

在“模型”选项中完成图形后，可以通过单击布局选项卡创建需要打印的布局。首次单击布局选项卡时，页面将显示单一视口，虚线表示图纸当前配置的图纸尺寸和绘图仪的可打印区域。

10.2 打印图形

图纸设计的最后一步是出图打印，下面将对图形的打印设置及其打印预览操作逐一进行介绍。

10.2.1 打印设置

在打印图形之前，需要在“打印”对话框中设置打印机或绘图仪的指定端口信息、图纸尺寸以及取决于绘图仪类型的自定义特性，其设置内容与“页面设置”大致相同。

在菜单栏执行“文件”→“打印”命令，打开“打印”对话框，如图10-26所示，设置打印机/绘图仪，例如“DWG To PDF.pc3”，图纸尺寸为“ISO A3 （420.00*297.00毫米）”，打印范围设置为“范围”，打印偏移为“打印居中”，勾选“布满图纸”复选框，图形方向为“横向”。

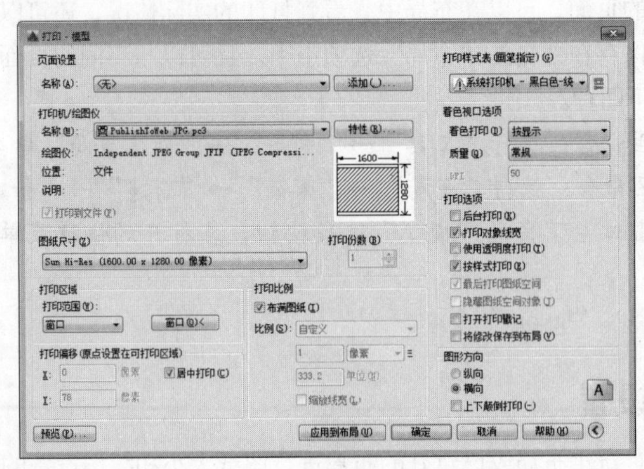

图10-26

10.2.2 打印预览

在打印输出图形之前可预览图形的输出结果，以检验设置是否正确。例如，查看图形是否完全在有效的输出区域内，以及图形的线型、线宽等是否显示正常。

打开“打印”对话框，单击“预览”按钮，即可进入到打印预览窗口，如图10-27所示。

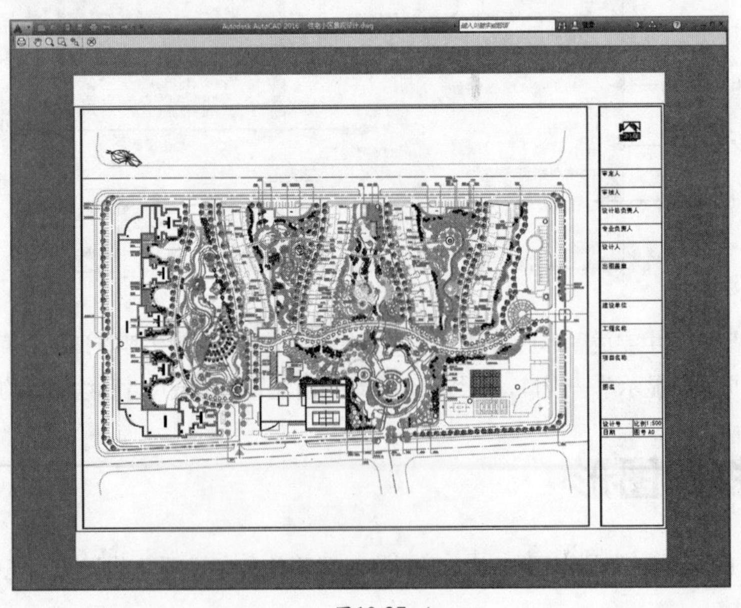

图10-27

在打印预览状态下，光标为实时缩放光标，滚动鼠标中键即可缩放预览图形。在打印预览窗口左上角也可以通过相应的按钮对预览图形进行控制，如图10-28所示。

图10-28

10.3 输出图形

10.3.1 将图纸输出为其他格式

可以根据需要将CAD图形输出为其他格式，如位图（*.bmp）等。下面将以输出为（*.eps）格式进行介绍。

STEP 01 打开指定文件，在命令行中输入“EXP”后按Enter键，打开“输出数据”对话框，如图10-29所示。

STEP 01 在“文件类型”下拉列表中，选择“封装PS（*.eps）”选项，如图10-30所示。

图10-29

图10-30

STEP 03 接下来设置保存路径与文件名，最后单击“保存”按钮。此时只需启动相关的应用程序便可打开输出的文件。

提 示

利用AutoCAD 2016软件可以导出下列类型的文件。

- DWF文件：这是一种图形Web格式文件，属于二维矢量文件。可以通过这种文件格式在因特网或局域网上发布自己的图形。
- DXF文件：这是一种包含图形信息的文本文件，能被其他CAD系统或应用程序读取。
- ASIC文件：可以将代表修剪过的NURB表面、面域和三维实体的AutoCAD对象输出到ASCⅡ格式的ACIS文件中。
- 3D Studio文件：创建可以用于3ds max的3D Studio文件，输出的文件保留了三维几何图形、视图、光源和材质。
- Windows WMF文件：即Windows图元文件格式（WMF），文件包括屏幕矢量几何图形和光栅几何图形格式。

- BMP文件：这是一种位图格式文件，在图像处理行业中应用相当广泛。
- PostScript文件：用于创建包含所有或部分图形的PostScript文件。
- 平板印刷格式：用平板印刷（SLA）兼容的文件格式输出AutoCAD实体对象。实体数据以三角形网格面的形式转换为SLA。SLA工作站使用这个数据定义代表部件的一系列层面。

10.3.2 将图形发布到Web页

可以将图形发布到互联网上，供更多用户查看。网上发布向导可以创建DWF、JPEG、PNG等格式的图像样式。使用网上发布向导，如果不熟悉HTML编码，也可以创建出优秀的格式化网页，创建网页之后即可将其发布到互联网上。

在此以发布图形到Web页为例进行介绍，其具体操作步骤如下。

STEP 01 打开所需发布的图形文件，在菜单栏中执行“文件”→“网上发布”命令，在“网上发布 - 开始”对话框中选中“创建新Web页”单选按钮，如图10-31所示，单击“下一步”按钮。

STEP 02 在“网上发布 - 创建Web页”对话框中输入图纸名称，单击“下一步”按钮，在“网上发布 - 选择图像类型”对话框中设置图像类型和图像大小，如图10-32所示，单击“下一步”按钮。

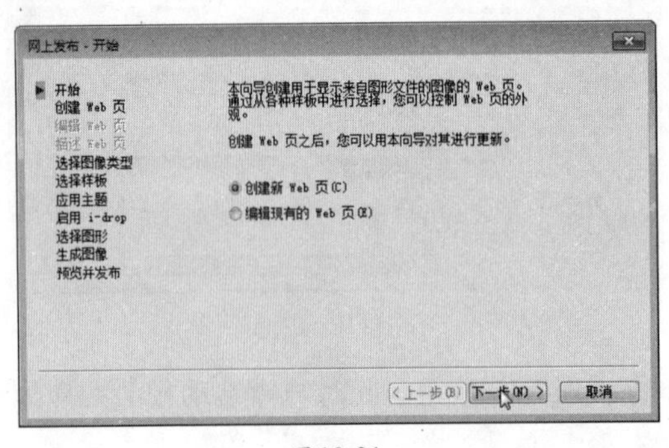

图10-31

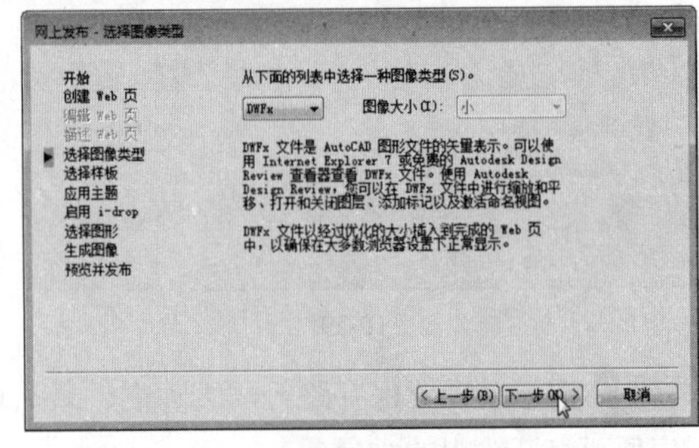

图10-32

STEP 03 在“网上发布 - 选择样板”对话框中选择一个样板，单击“下一步”按钮，在“网上发布 - 应用主题”对话框中选择一个主题模式，单击“下一步”按钮，在“网上发布 - 启用I - drop”对话框中勾选“启用I - drop”复选框，如图10-33所示，单击“下一步”按钮。

STEP 04 在“网上发布 - 选择图形”对话框中单击“添加”按钮，如图10-34所示，单击“下一步”按钮。

STEP 05 在打开的对话框中勾选“重新生成已修改图形的图像”复选框，单击“下一步”按钮，“预览并发布”对话框中单击“预览”按钮，其后单击“立即发布”按钮，在“发布Web”对话框中设置发布文件位置，如图10-35所示，单击“保存”按钮。

STEP 06 保存后，在AutoCAD对话框中将提示“发布成功完成”信息，如图10-36所示，单击“确定”按钮即可。

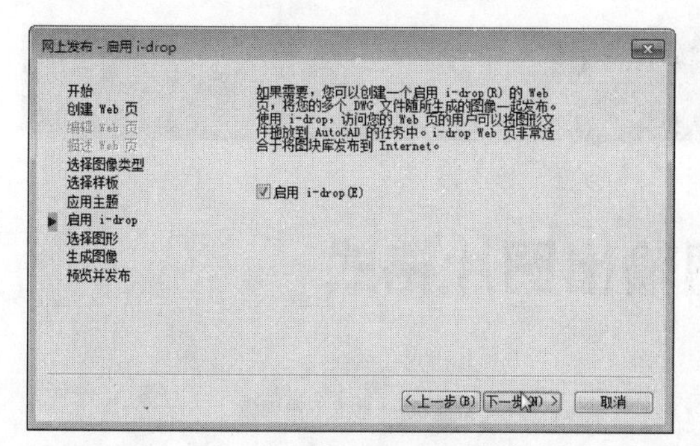

图10-33

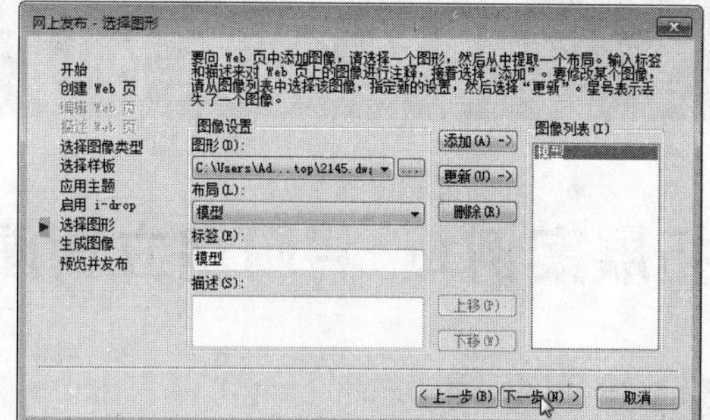
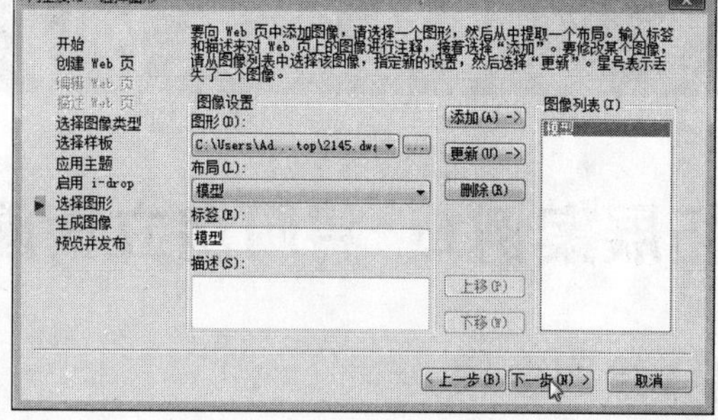

图10-34

图10-35

图10-36

CAD【拓展案例】

拓展案例1：将厨房立面图输出图片格式

绘图要领

（1）执行“输出”命令，在打开的“输出数据”对话框中进行设置。

（2）根据提示框选图形。

（3）完成图形的输出并查看结果。

最终效果如图10-37所示。最终文件详见“光盘:\素材文件\第10章”目录下。

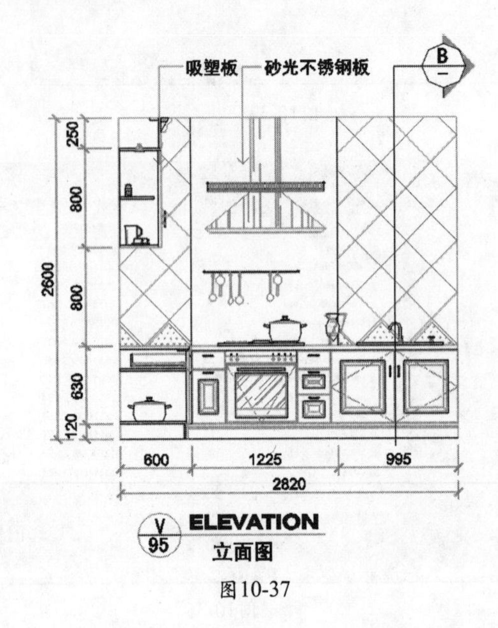

图10-37

拓展案例2：打印图纸

绘图要领

（1）执行 “打印”命令，在打开的“打印 - 模型”对话框中进行设置。

（2）单击“预览”按钮，预览打印效果。

（3）单击“打印”按钮，即可开始打印。

最终效果如图10-38所示。最终文件详见“光盘:\素材文件\第10章”目录下。

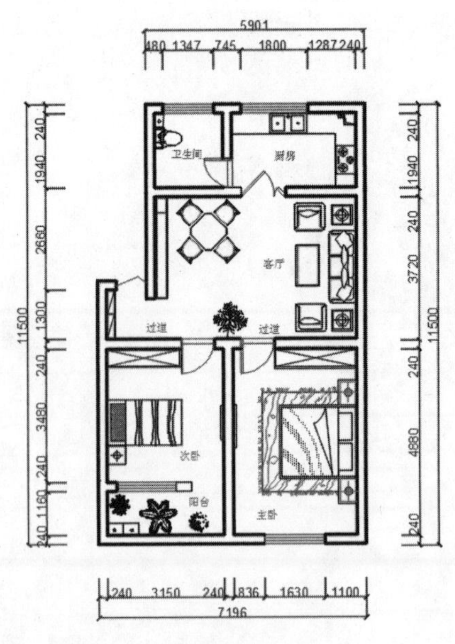

图10-38

第11章 综合案例：绘制跃层住宅施工图

内容概要：

所谓跃层，是指住宅占有上下两层楼面，卧室、客厅、卫生间、厨房及其他辅助用房可以分层布置，上下层之间的交通不通过公共楼梯而采用户内独用小楼梯连接。本章主要介绍跃层户型室内设计的一些相关知识，并运用AutoCAD 2016软件绘制其图纸。

知识要点：

- 跃层户型住宅设计的技巧
- 平面图的绘制方法
- 立面图的绘制方法
- 剖面图的绘制方法

课时安排：

理论教学1课时
上机实训2课时

案例文件：

本案例素材文件和最终文件在“光盘:\素材文件\第11章”目录下，本案例的操作视频在“光盘:\操作视频\第11章”目录下。

11.1 跃层住宅设计知识

跃层住宅泛指一个物业单位内属于统一空间，地面平面存在一定落差以便于对空间进行分割，之间通过台阶进行过渡。该类住宅的优点是每户都有较大的采光面，通风较好，户内居住面积和辅助面积较大，布局紧凑，功能明确，相互干扰较小。

11.1.1 设计的基本原则

跃层式住宅户型因其具有较高的功能空间适应能力而广受关注，在装修时要遵循功能要齐全、分区要明确、突出重点等原则，在小小的空间里享受大大的舒适。

1. 功能齐全、分区明确原则

跃层住宅有足够的空间用来分割，可按照主客之分、动静之分、干湿之分的原则进行功能分区，满足主人休息、娱乐、就餐、读书、会客等各种需要。功能分区要明确合理，避免相互干扰。一般下层设起居、炊事、进餐、娱乐等功能区，上层设休息睡眠、读书、储藏等功能区。卧房又可以设父母房、儿童卧室、客房等，以最大限度满足主人的需要，如图11-1所示。

2. 中空设计、凸显大气原则

通常，客厅部分采用中空设计，使楼上楼下有效结为一体，既有利于采光、通风，更有利于家庭人员间的交流沟通。由于有着足够的层高落差，在设计时要充分彰显这种豪华感。如在做吊顶时对灯具款式的选择面更大一些，可以选择一些高档的豪华灯具，以体现主人的生活和思想的品位，如图11-2所示。

图11-1

图11-2

3. 上下衔接、楼梯点睛原则

楼梯是这类住宅装修中的一个点睛之笔，多会采用钢架结构、玻璃材质，以增加通透性。形状一般为L形、S形，后者更有弧度的韵味，更有利于突出楼梯，更有现代感。楼梯下的空间或装饰或配置几盆花卉盆景，可使空间更富有活力和动感，如图11-3和图11-4所示。

4. 多样灯具、营造氛围原则

正因为有了楼层空间的落差变化，所以可以在客厅灯具的选择上，用更高档的灯具来装饰点缀，以备家庭聚会或有重大活动之用。在楼梯附近，要有照明灯光的引导，这也是室内效果的点缀。通过设计不同的灯光，主次明暗的层次变幻，可以营造出一种舒适随意的家的氛围，如图11-5所示。

图11-3

图11-4

图11-5

11.1.2 经典住宅设计欣赏

跃层是很多人的钟爱，错落有致的空间，相对独立的空间，种种原因让更多的人在房价高升的年代爱上小跃层。但是跃层装修也颇费心思。下面介绍一些较常见的装修风格。

1. 现代风格

现代主义风格是比较流行的一种风格，追求时尚与潮流，注重居室空间的布局与使用功能的完美结合；造型简洁，反对多余装饰，崇尚合理的构成工艺；尊重材料的特性，讲究材料自身的质地和色彩的配置效果，如图11-6和11-7所示。

图11-6

图11-7

2. 简约风格

紧凑中带着空灵，简洁中夹着浪漫，公寓干练而富于情趣的形象俨然就是现代单身女性生活与性格的写照。在设计与家具的选择上，从女性化以及感性的角度出发，延续了干净而宁静的意向，整体上简练地进行铺陈，使空间充满了层次感以及戏剧化的张力。如图11-8和图11-9所示。

图11-8

图11-9

3. 日式风格

此案例中，一楼客厅的天花采用挑高设计，古朴的屏风门作为客厅、餐厅的隔断，让一楼形成一体。餐厅旁边是通往夹层的楼梯，用照片墙装扮。一楼的客厅、餐厅、厨房以开放形式相连，中间用屏风做隔断，既是符合整体的日系原木风格，又可做到有效的功能分隔。如图11-10和图11-11所示。

图11-10

图11-11

11.2 绘制平面布置图

绘制跃层户型的平面图与其他一般住宅平面图的方法相似，都需要按照现场测量的尺寸，绘制出原始户型图，然后在原始户型图的基础上进行绘制。

11.2.1 绘制原始户型图

跃层户型共有两层，下面将分别绘制各层的原始户型图。启动AutoCAD 2016软件，先将文件保存为“单身公寓设计方案”文件。

STEP 01 执行“图层特性”命令，新建“轴线”图层，并设置其颜色为红色，如图11-12所示。

STEP 02 继续单击“新建图层”按钮，依次创建出“墙体”、“门窗”、“文字注释”等图层，并设置图层参数，如图11-13所示。

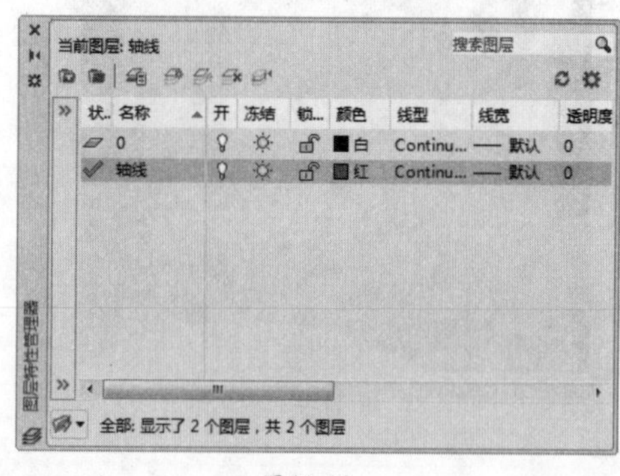

图11-12

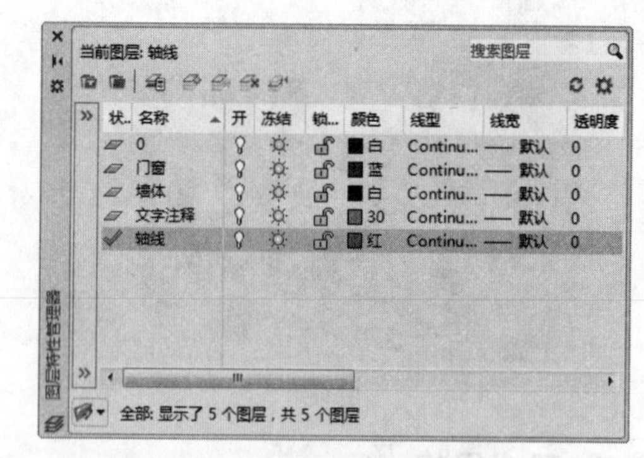

图11-13

STEP 03 将“轴线”层置为当前层。执行“直线”和“偏移”命令，根据现场测量的实际尺寸，绘制出墙体轴线，如图11-14所示。

STEP 04 将“墙体”图层设置为当前层，执行“多线段”命令，沿轴线绘制出墙体轮廓，如图11-15所示。

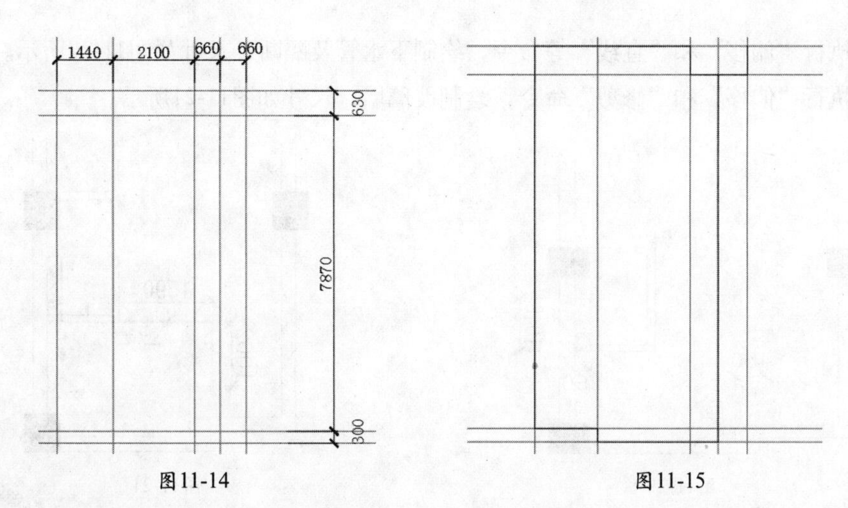

图11-14　　　　图11-15

STEP 05 关闭“轴线”图层，执行“偏移”命令，将多线段分别向两侧偏移120，删除中间的线段，如图11-16所示。

STEP 06 执行“分解”“直线”和“倒角”命令，对墙体进行补充修改，如图11-17所示。

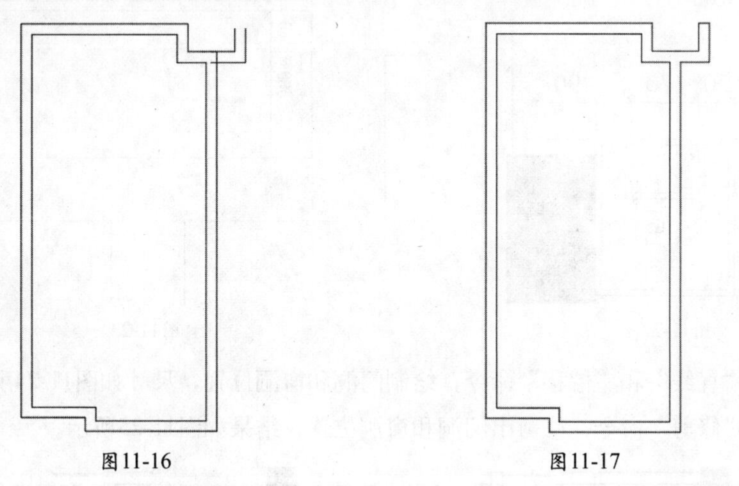

图11-16　　　　图11-17

STEP 07 执行“矩形”和“图案填充”命令，绘制出墙柱位置，具体尺寸如图11-18所示。

STEP 08 执行“偏移”和“修剪”命令，绘制120mm的墙体，结果如图11-19所示。

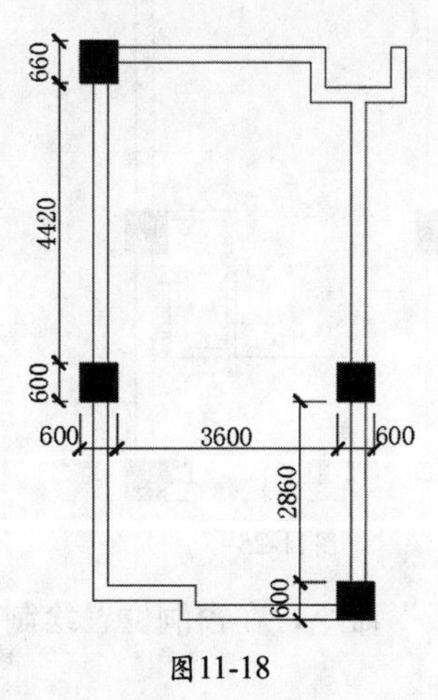

图11-18

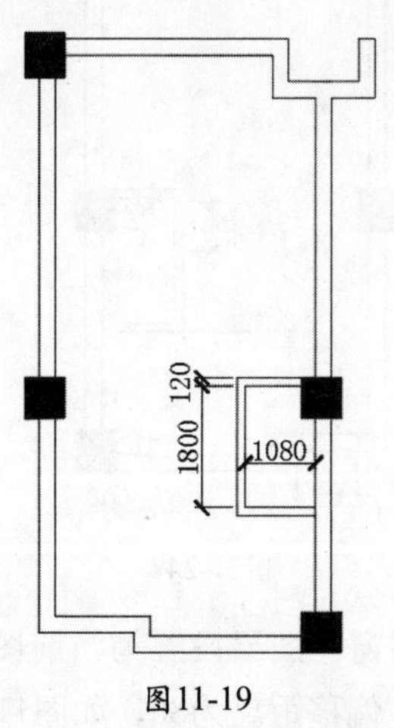

图11-19

STEP 09 执行“偏移”和“直线”等命令，绘制下水管及隔断，尺寸如图11-20所示。

STEP 10 执行“偏移”和“修剪”命令，绘制玻璃墙，尺寸如图11-21所示。

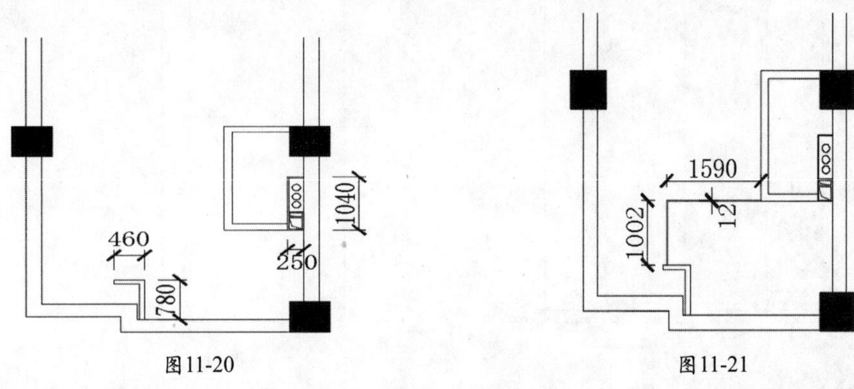

图11-20　　图11-21

STEP 11 执行“直线”和“偏移”命令，绘制厨房排水管，尺寸及位置如图11-22所示。

STEP 12 执行“偏移”命令，绘制空调外机放置位置，尺寸如图11-23所示。

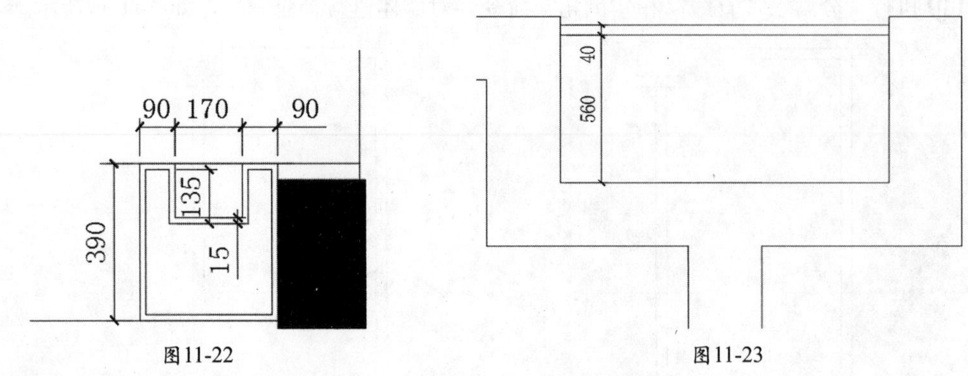

图11-22　　图11-23

STEP 13 执行“直线”和“偏移”命令，绘制门洞和窗洞位置，尺寸如图11-24所示。

STEP 14 执行“修剪”命令，修剪出门洞和窗洞位置，结果如图11-25所示。

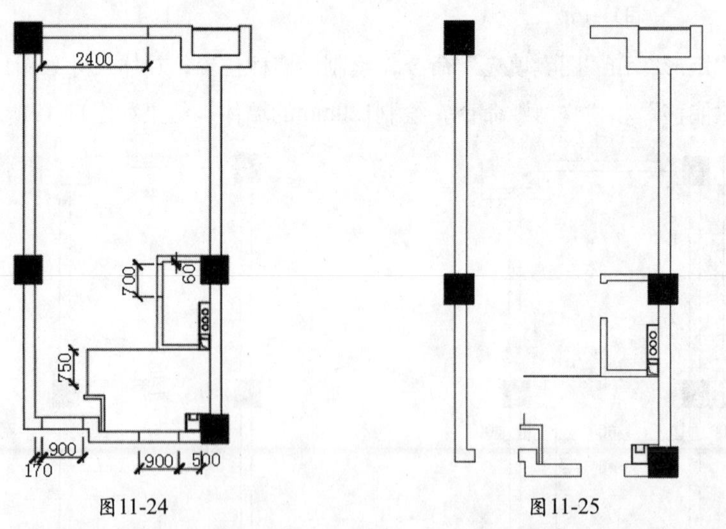

图11-24　　图11-25

STEP 15 将“门窗”图层设置为当前图层，执行“直线”命令，在窗洞位置绘制直线，执行“偏移”命令，偏移距离为80，如图11-26所示。

STEP 16 执行“矩形”“圆”“复制”和“旋转”等命令，绘制出门图形并将其放置在合适位置，如图11-27所示。

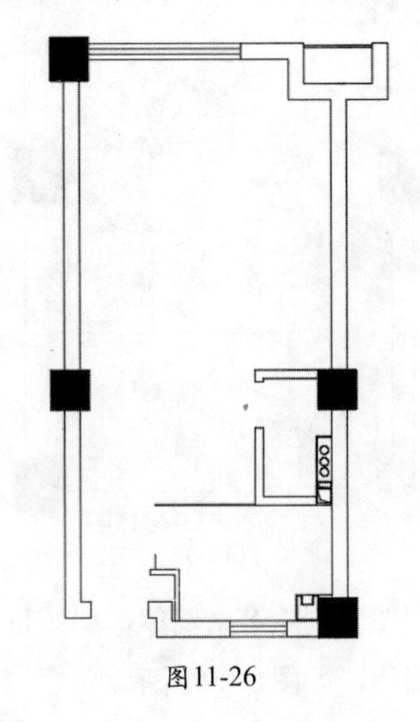
图11-26

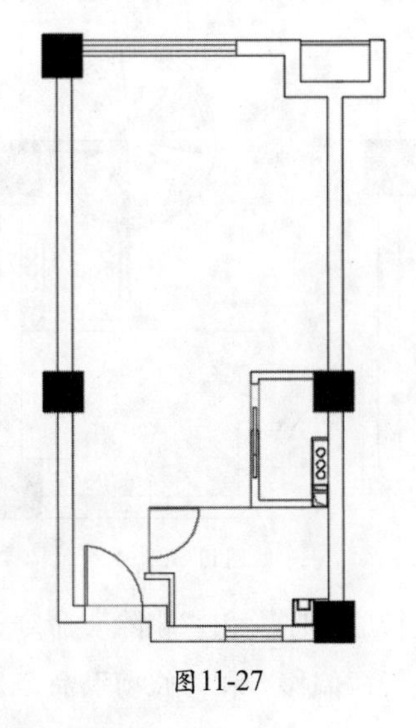
图11-27

STEP 17 执行“圆”命令，绘制同心圆，具体尺寸如图11-28所示。

STEP 18 执行“定数等分”和“直线”命令，将外侧的圆等分17份，连接圆心与点，如图11-29所示。

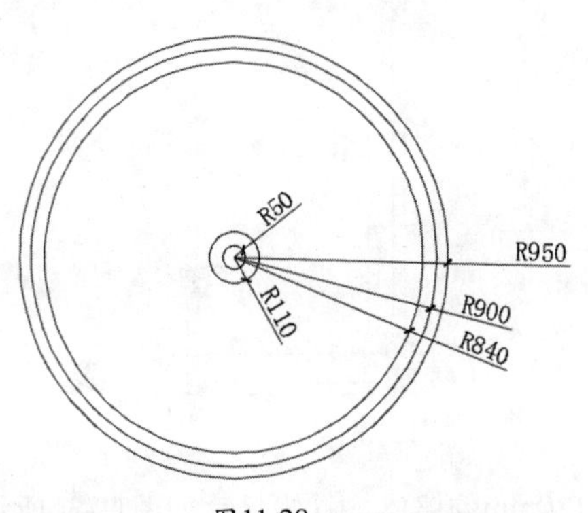

图11-28

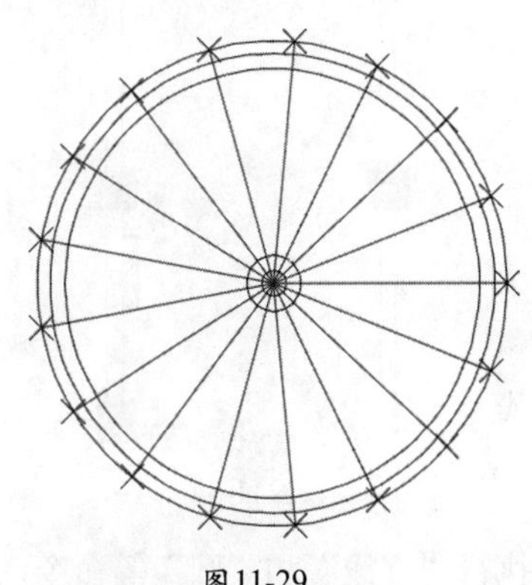
图11-29

STEP 19 执行“圆弧”和“直线”命令，绘制扶手位置，如图11-30所示。

STEP 20 执行“修剪”和“删除”命令，修剪删除多余线段，如图11-31所示。

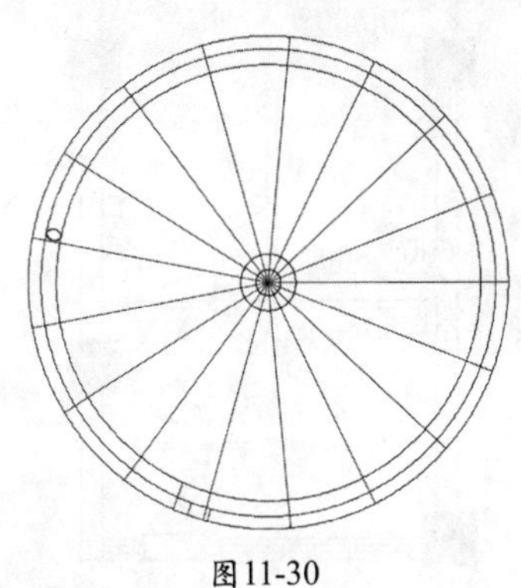
图11-30

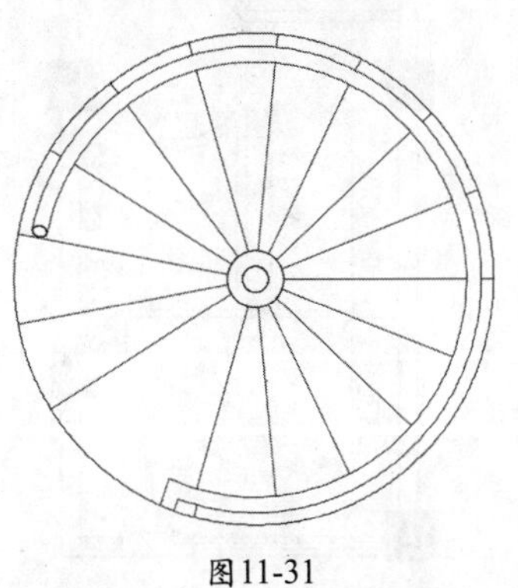
图11-31

STEP 21 执行“移动”命令，将楼梯移动至合适位置，如图11-32所示。

STEP 22 执行“多段线”命令，绘制方向箭头，如图11-33所示。

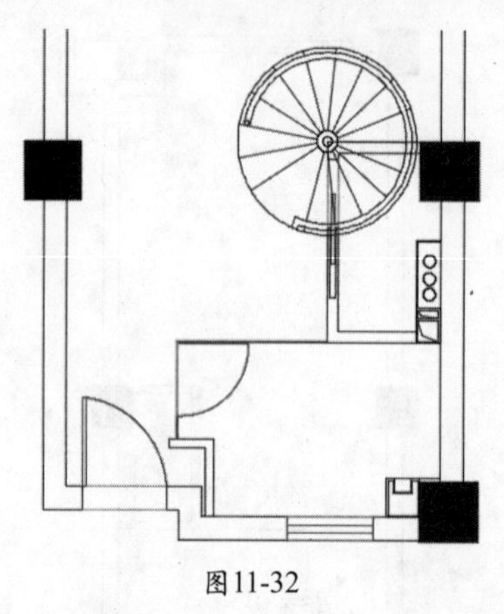

图11-32

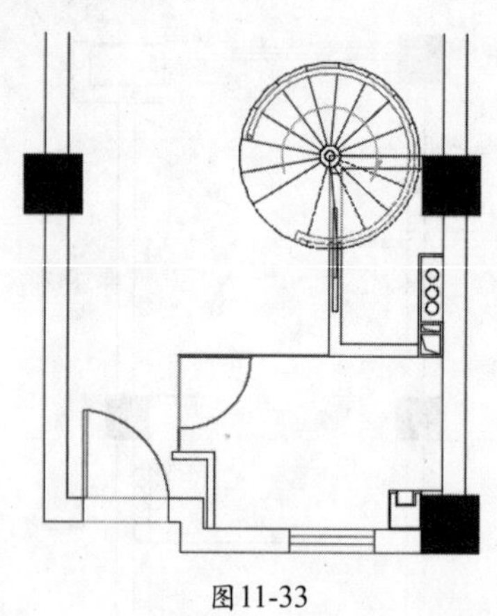

图11-33

STEP 23 执行“复制”和“删除”命令，复制一层户型图，删除多余墙体，如图11-34所示。

STEP 24 执行“偏移”和“修剪”命令，补充下面的墙体，如图11-35所示。

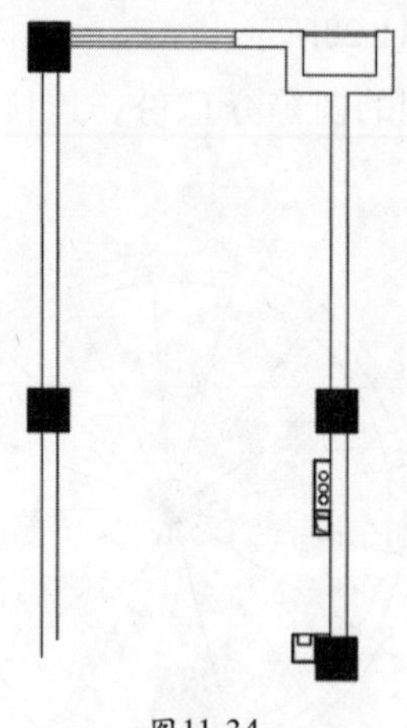

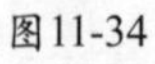

图11-34

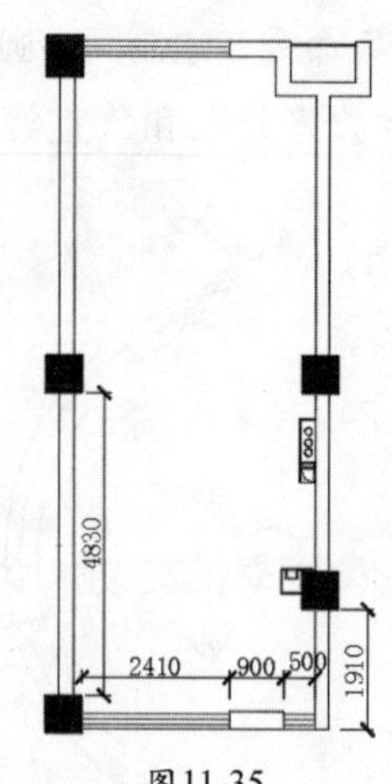

图11-35

STEP 25 执行“直线”和“圆”等命令，绘制120mm的墙体，具体尺寸如图11-36所示。

STEP 26 执行“直线”和“偏移”命令，确定门洞位置，如图11-37所示。

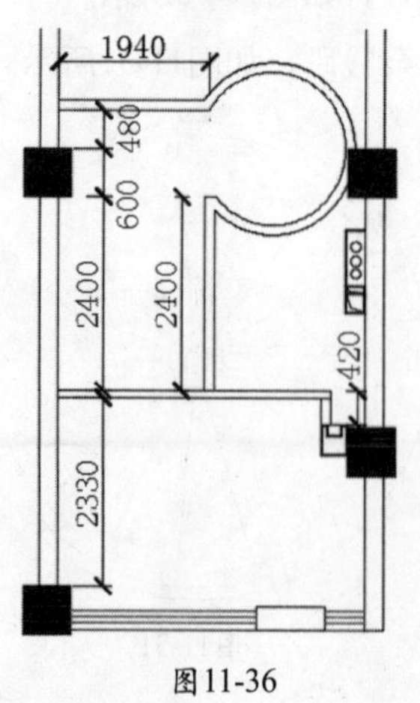

图11-36

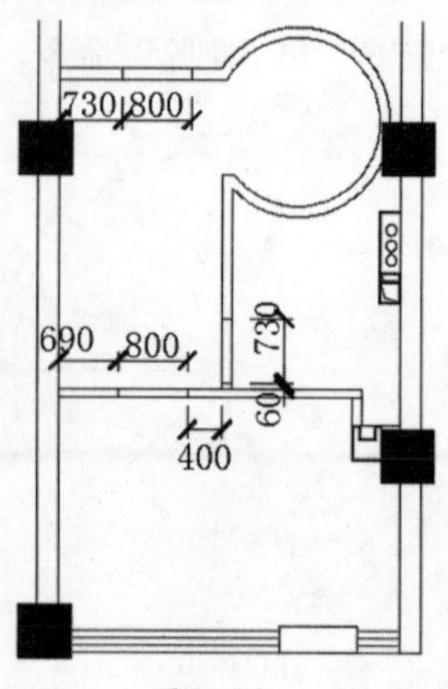

图11-37

STEP 27 执行“修剪”命令，修剪出门洞位置，如图11-38所示。

STEP 28 执行“复制”和“旋转”命令，添加门图形，如图11-39所示。

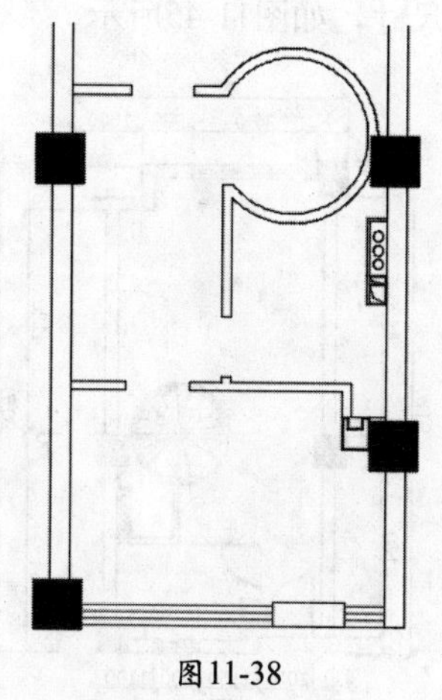
图11-38

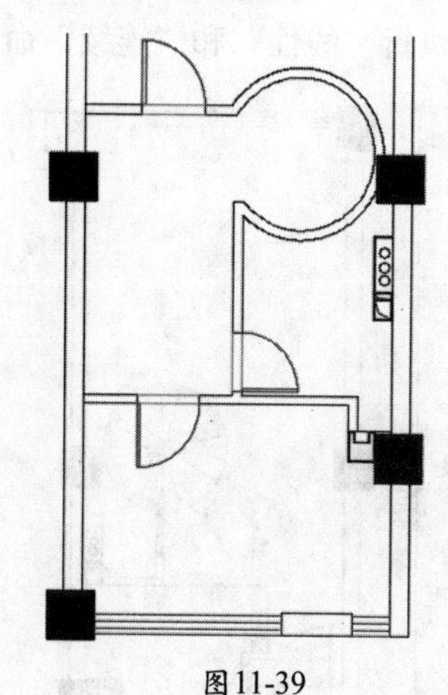
图11-39

STEP 29 执行“复制”和“删除”命令，复制圆形楼梯，如图11-40所示。

STEP 30 执行“直线”、“偏移”、“修剪”和“删除”命令，修剪删除掉多余线段，如图11-41所示。

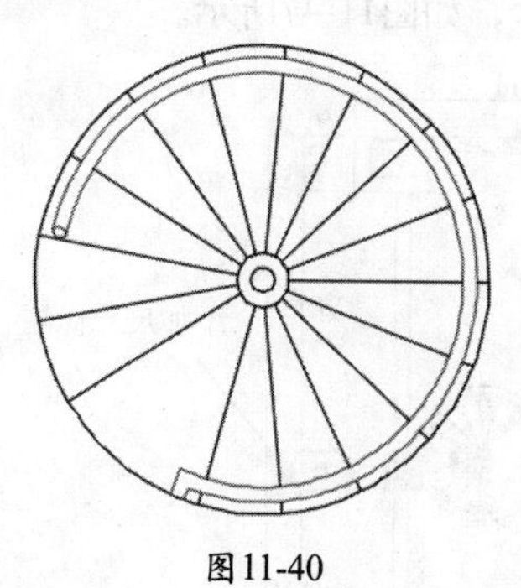
图11-40

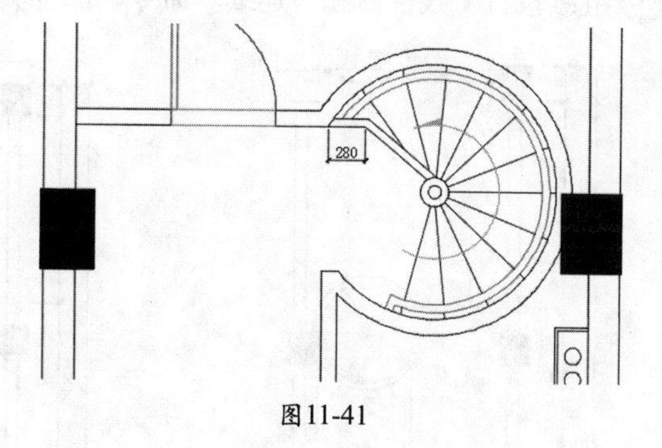

图11-41

STEP 31 执行“标注样式”命令，新建“平面标注”样式，设置起点偏移量为300，箭头和符号设置如图11-42所示。

STEP 32 调整文字位置为“尺寸线上方，不带引线”选项，设置主单位线型标注精度为0，文字设置如图11-43所示。

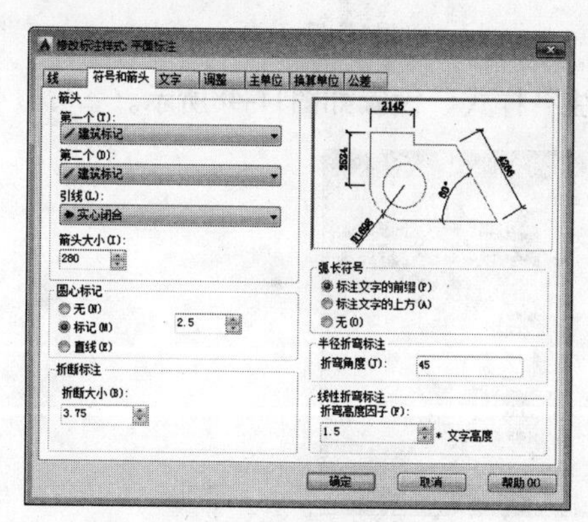

图11-42

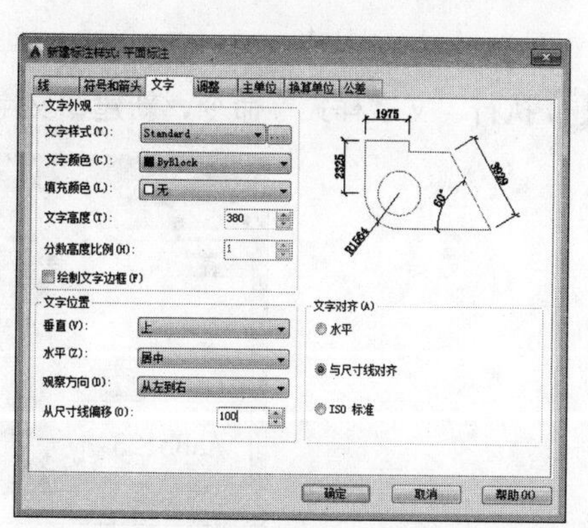

图11-43

STEP 33 执行“线性”和“连续”命令，标注一层户型图尺寸，再执行“线性”命令，标注总长度，如图11-44所示。

STEP 34 继续执行“线性”和“连续”命令，添加其他尺寸，如图11-45所示。

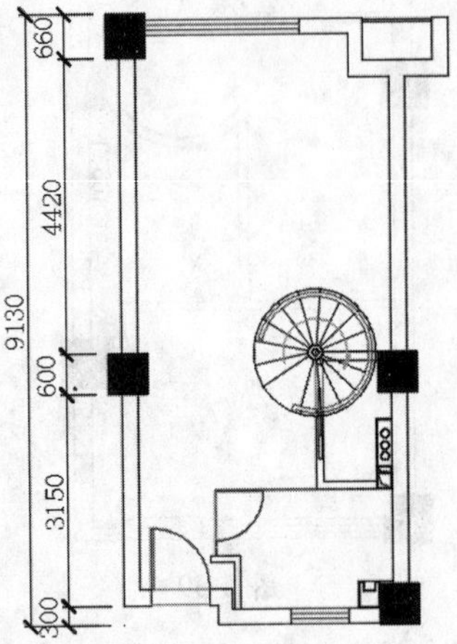

图11-44

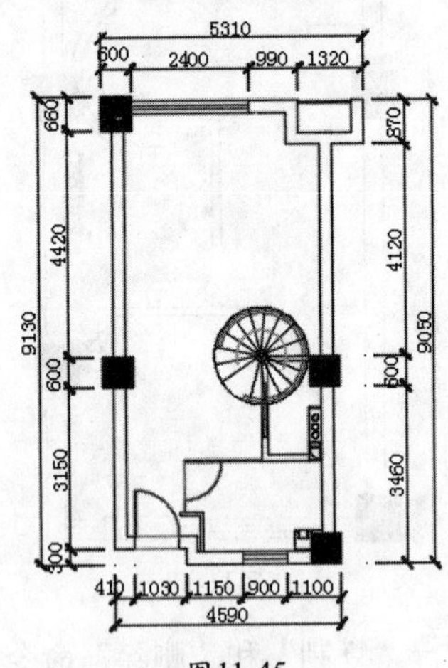

图11-45

STEP 35 重复执行“线性”和“连续”命令，标注二层户型图尺寸，如图11-46所示。

STEP 36 继续执行“线性”和“连续”命令，添加其他尺寸，如图11-47所示。

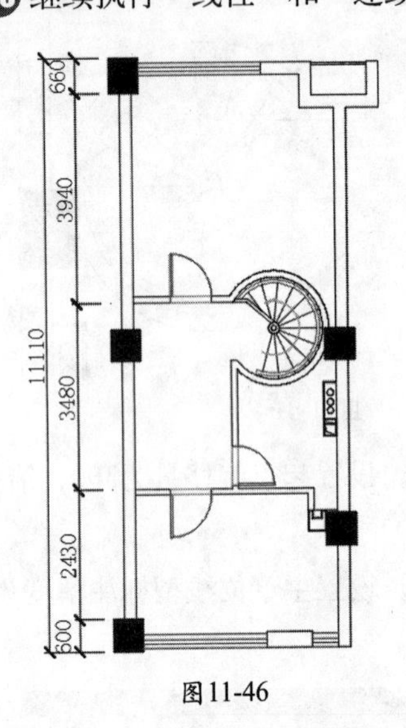

图11-46

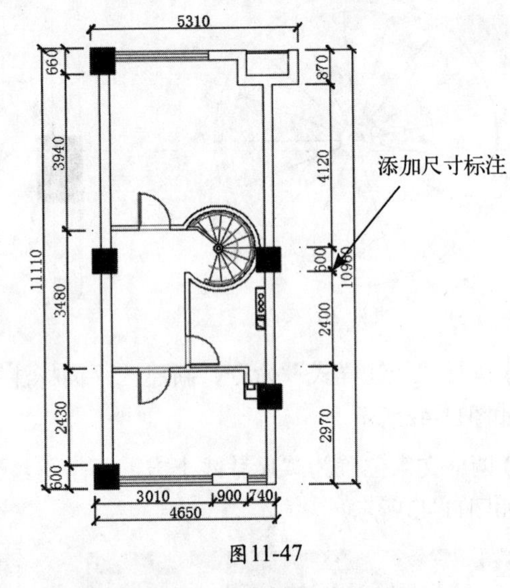

图11-47

STEP 37 执行“文字样式”命令，新建“文字标注”样式，设置如图11-48所示。

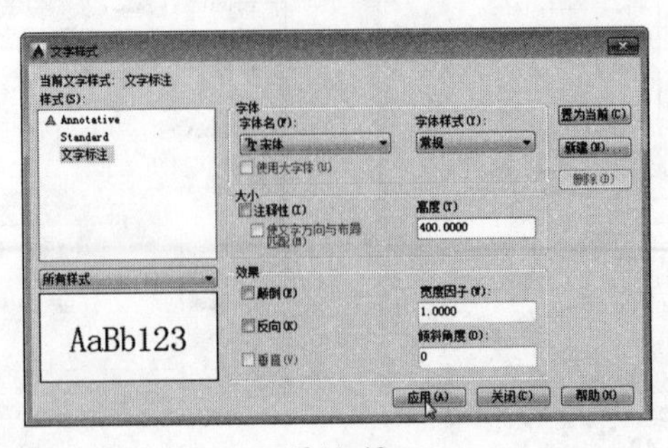

图11-48

STEP 38 执行“单行文字”命令，输入文字内容，如图11-49所示。

STEP 39 执行“复制”命令，复制文字，双击文字进行修改，如图11-50所示。

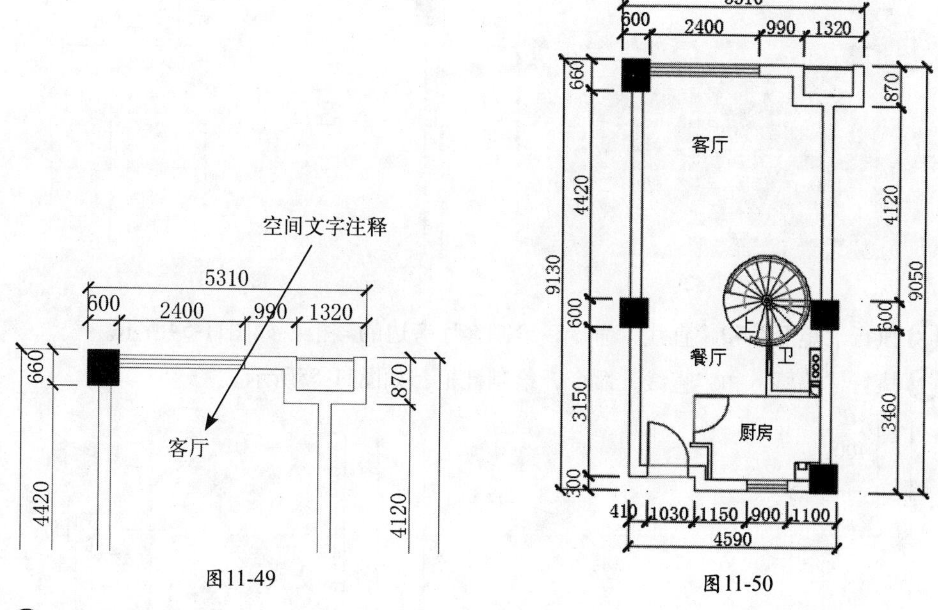

图11-49

图11-50

STEP 40 重复操作，添加所有文字，如图11-51所示。至此，公寓原始户型图绘制完毕。

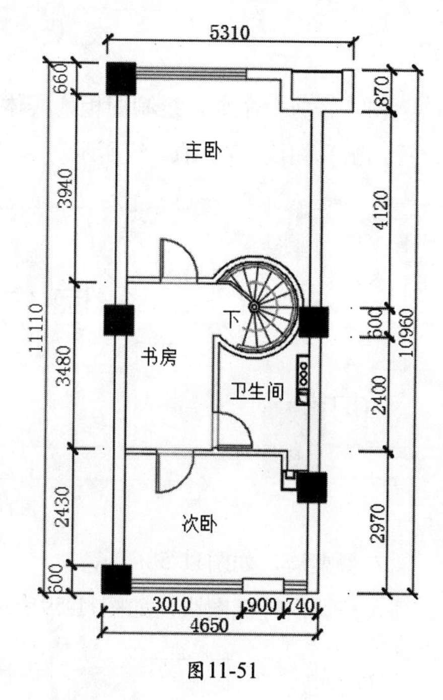

图11-51

11.2.2 绘制平面布置图

下面将绘制单身公寓的平面布置图，其中包含一层和二层的平面布置图。

STEP 01 复制原始结构图，打开“图层特性”面板，新建图层，如图11-52所示。

STEP 02 将“家具”图层设置为当前层，执行“矩形”和“直线”命令，在进门位置绘制电视柜，具体尺寸如图11-53所示。

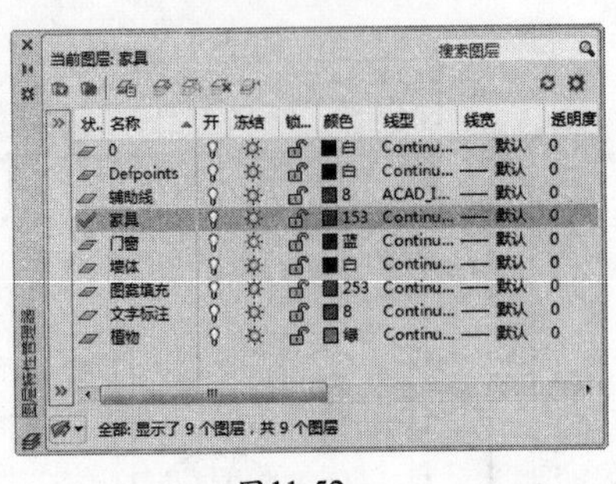

图11-52

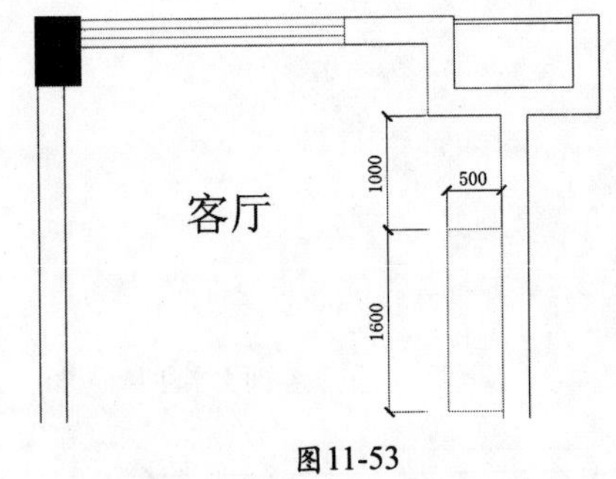

图11-53

STEP 03 执行“矩形”和“直线”命令，绘制客厅旁边的矮柜，如图11-54所示。

STEP 04 执行“偏移”和“直线”命令，绘制鞋柜，如图11-55所示。

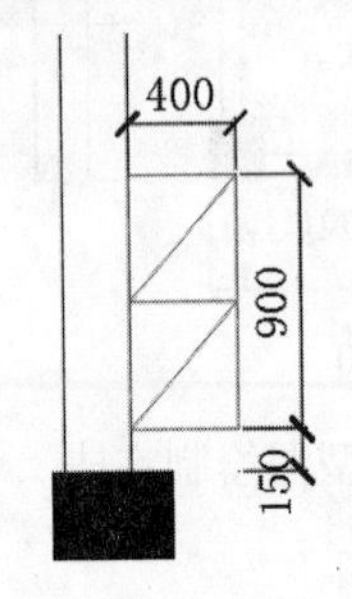

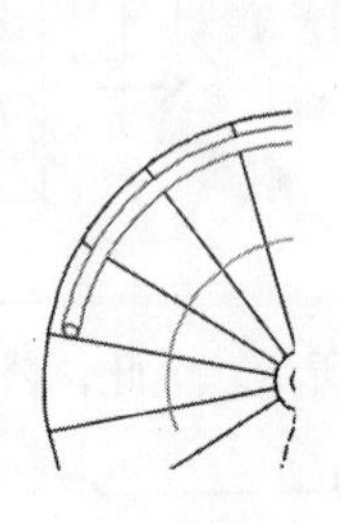

图11-54

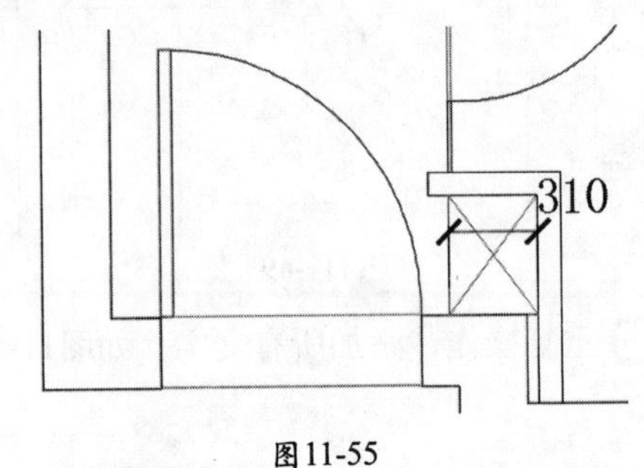

图11-55

STEP 05 执行“直线”“偏移”和“修剪”命令，绘制橱柜，具体尺寸如图11-56所示。

STEP 06 执行“插入”命令，插入厨具图块，如图11-57所示。

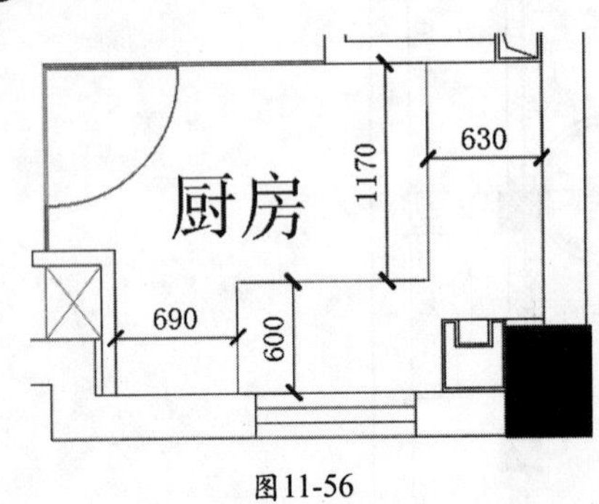

图11-56

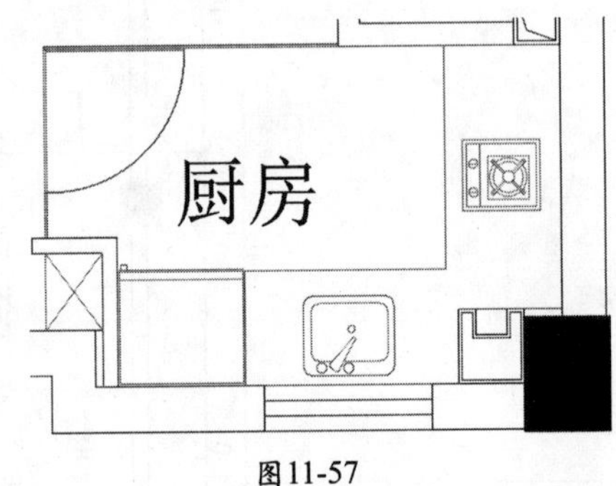

图11-57

STEP 07 执行“插入”命令，插入餐桌椅，如图11-58所示。

STEP 08 执行“插入”命令，插入空调内外机图块，如图11-59所示。

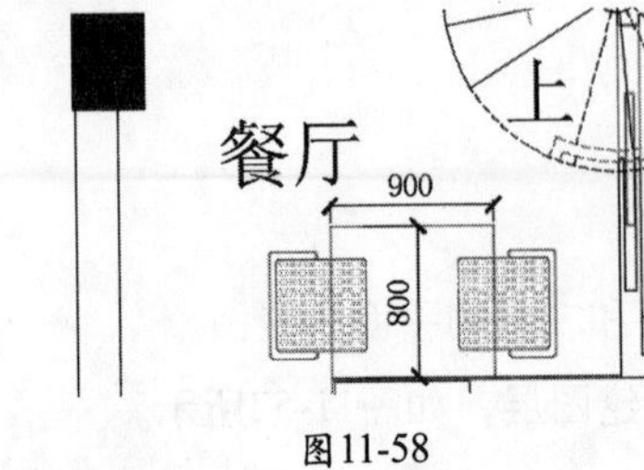

图11-58

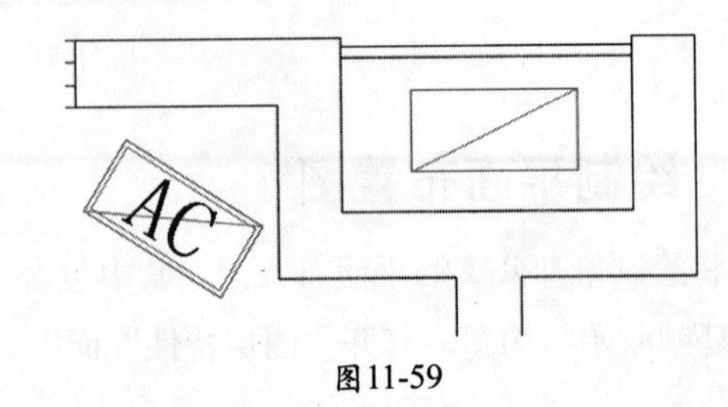

图11-59

STEP 09 继续执行“插入”命令，插入组合沙发图块，如图11-60所示。

STEP 10 执行“插入”命令，在卫生间位置插入洁具图块，如图11-61所示。

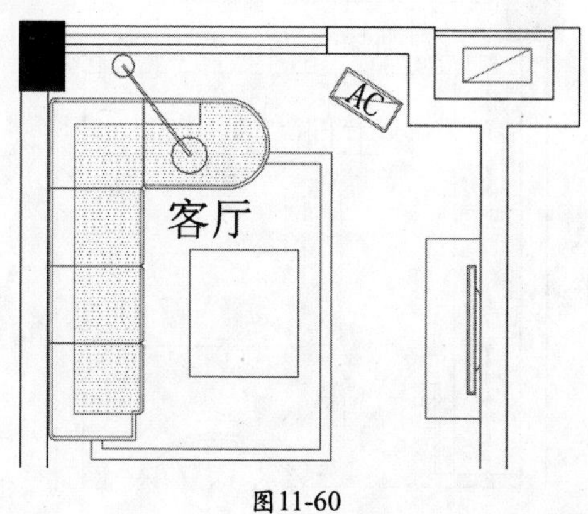

图11-60

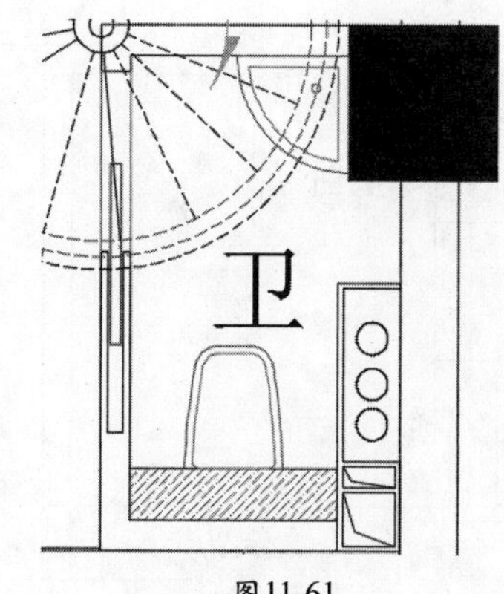

图11-61

STEP 11 执行“偏移”和“修剪”命令，绘制电视背景墙灯槽部分，如图11-62所示。

STEP 12 执行“图案填充”命令，填充绘制部分，如图11-63所示。

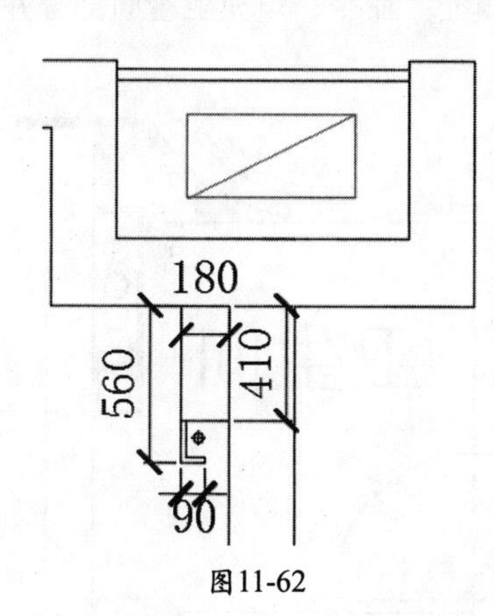

图11-62

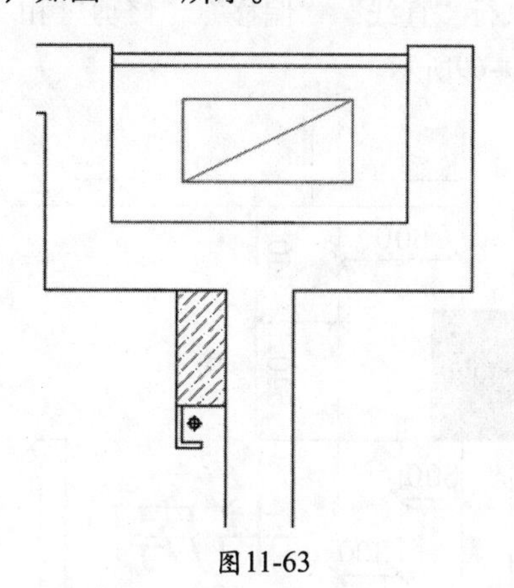
图11-63

STEP 13 执行“直线”“偏移”和“复制”命令，绘制电视背景墙另外一侧灯槽，尺寸如图11-64所示。

STEP 14 执行“图案填充”命令，填充背景墙部分，如图11-65所示。

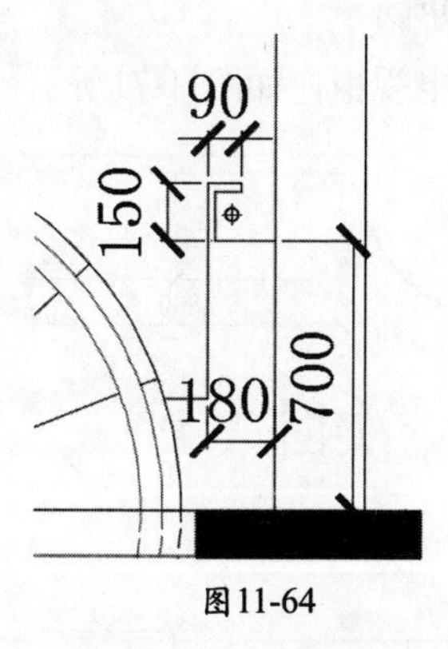

图11-64

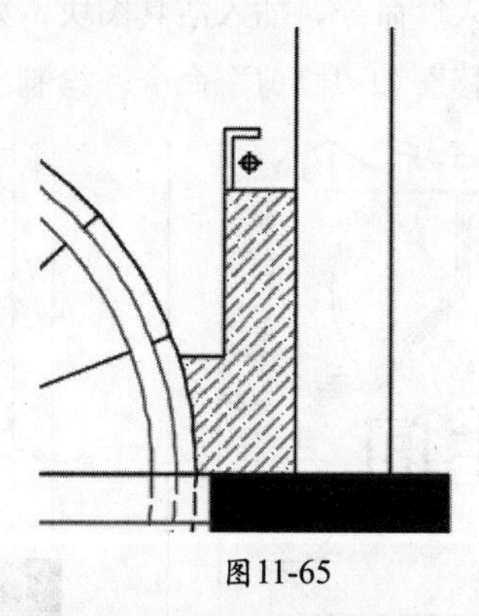
图11-65

STEP 15 执行“偏移”“直线”和“修剪”命令，绘制二层主卧衣柜及电视柜，尺寸如图11-66所示。

STEP 16 执行“插入”命令，在主卧位置插入双人床、衣柜、电视等图块，如图11-67所示。

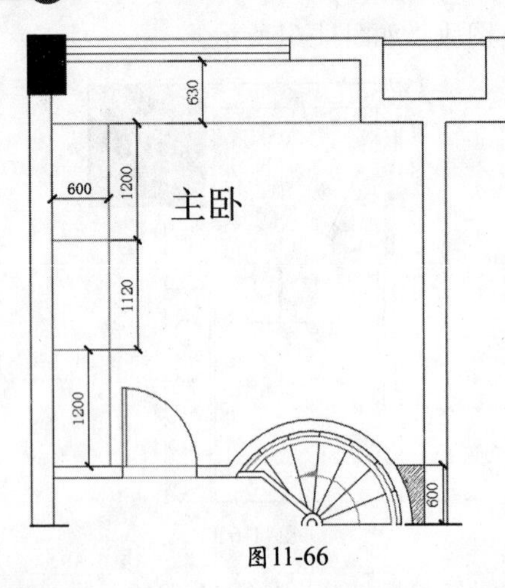

图11-66

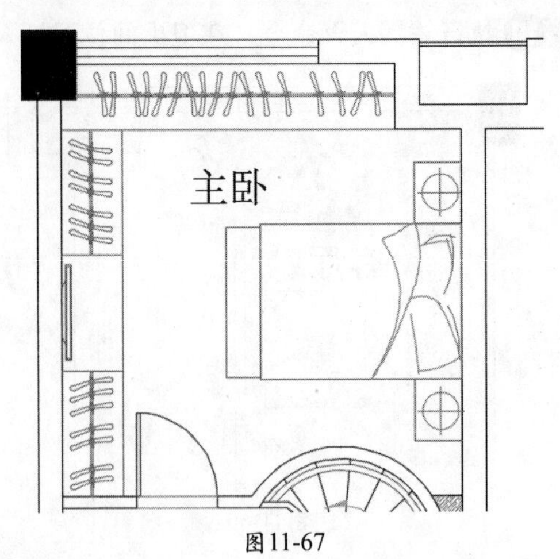

图11-67

STEP 17 执行“偏移”和“修剪”命令，绘制书房、书桌和书柜，尺寸如图11-68所示。

STEP 18 执行“直线”“偏移”“修剪”和“图案填充”命令，填充卫生间部分并绘制置物柜，如图11-69所示。

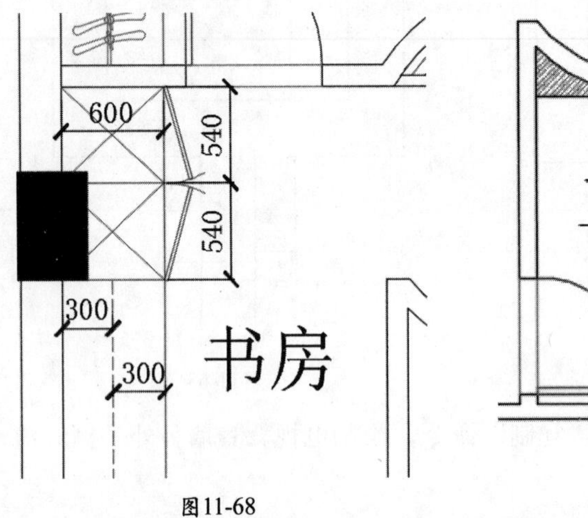

图11-68

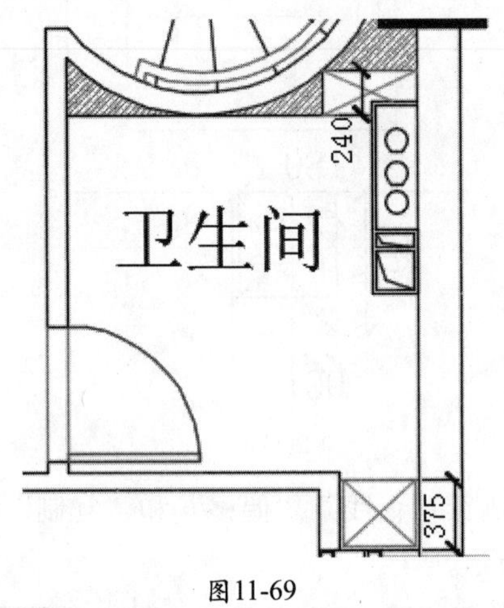

图11-69

STEP 19 执行“插入”命令，插入洁具图块，如图11-70所示。

STEP 20 执行“偏移”和“修剪”命令，绘制次卧衣柜电视柜，如图11-71所示。

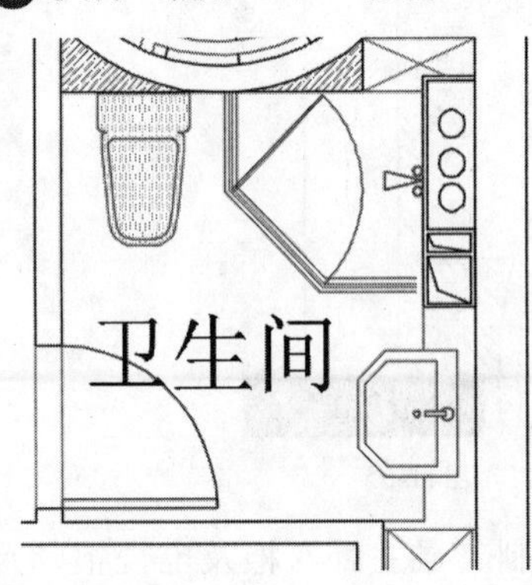

图11-70

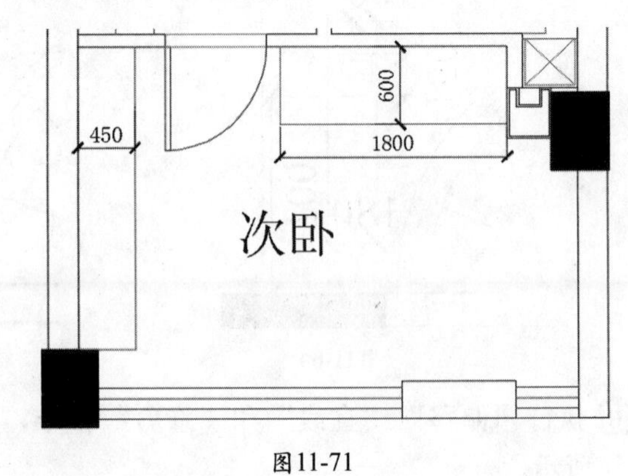

图11-71

STEP 21 执行“插入”命令，插入图块，如图11-72所示。

STEP 22 执行“复制”命令，复制一层的空调外机图块，如图11-73所示。

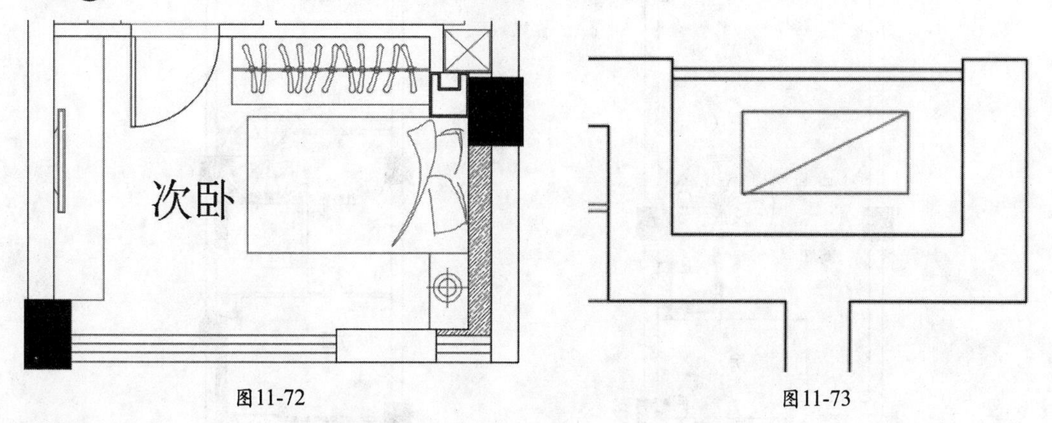

图11-72　　图11-73

STEP 23 至此，完成一层平面布置图的绘制，结果如图11-74所示。

STEP 24 查看二层平面布置图，结果如图11-75所示。

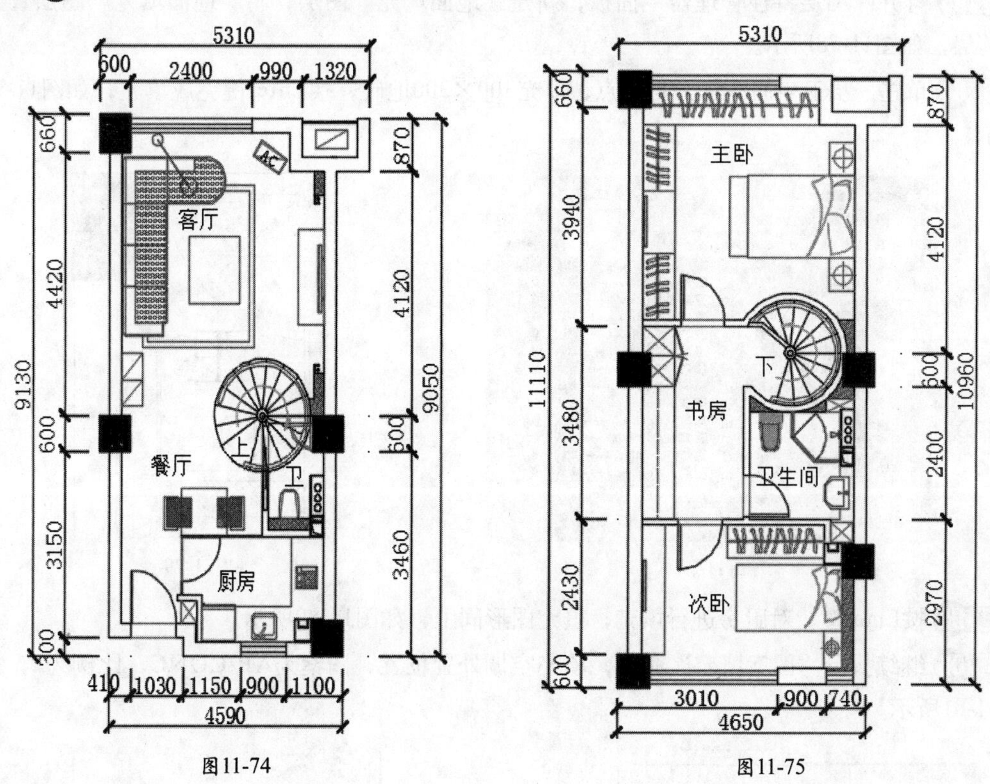

图11-74　　图11-75

11.2.3　绘制地面布置图

布置好各房间的基本设备后，应对其各房间布置相应的地板砖，地面布置图能够反映出住宅地面材质及造型的效果，绘制过程如下所述。

STEP 01 复制一层平面布置图，删除家具及标注，如图11-76所示。

STEP 02 继续复制二层平面布置图，删除家具及标注，如图11-77所示。

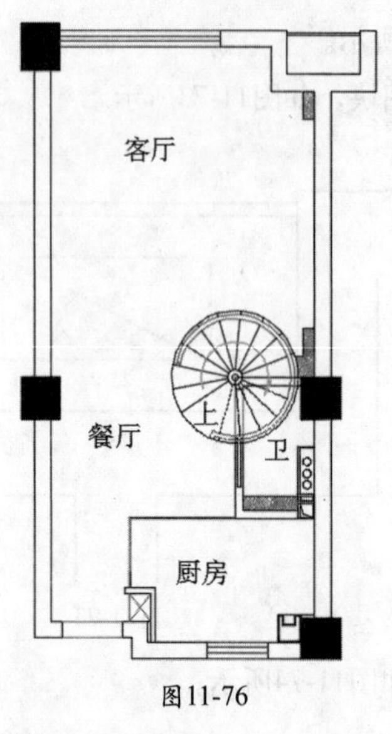

图11-76

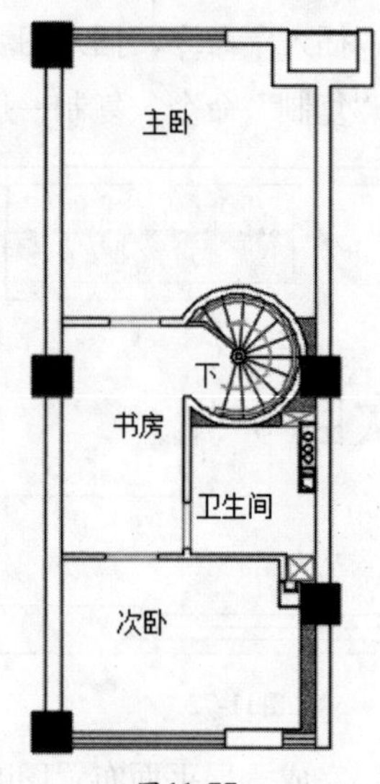

图11-77

STEP 03 打开“图层特性管理器”面板，新建“地面填充”图层，将“地面填充”图层置为当前层，如图11-78所示。

STEP 04 单击一层卫生间内部为拾取点，填充300×300地砖，按Enter键完成填充，如图11-79所示。

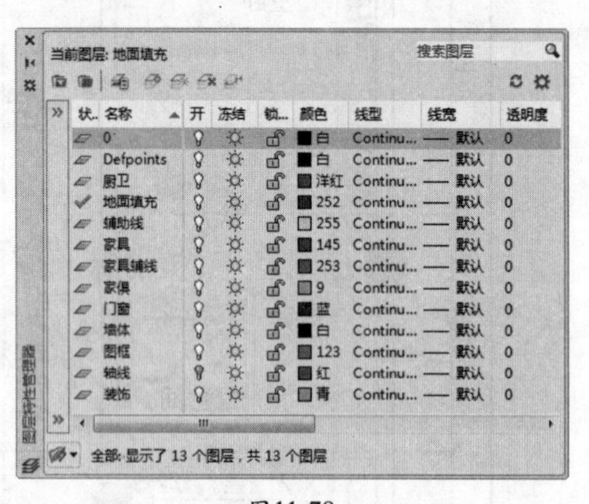
当前图层: 地面填充　　搜索图层

状..	名称	开	冻结	锁..	颜色	线型	线宽	透明度
	0				白	Continu...	—— 默认	0
	Defpoints				白	Continu...	—— 默认	0
	厨卫				洋红	Continu...	—— 默认	0
✓	地面填充				252	Continu...	—— 默认	0
	辅助线				255	Continu...	—— 默认	0
	家具				145	Continu...	—— 默认	0
	家具辅线				253	Continu...	—— 默认	0
	家俱				9	Continu...	—— 默认	0
	门窗				蓝	Continu...	—— 默认	0
	墙体				白	Continu...	—— 默认	0
	图框				123	Continu...	—— 默认	0
	轴线				红	Continu...	—— 默认	0
	装饰				青	Continu...	—— 默认	0

全部: 显示了 13 个图层，共 13 个图层

图11-78

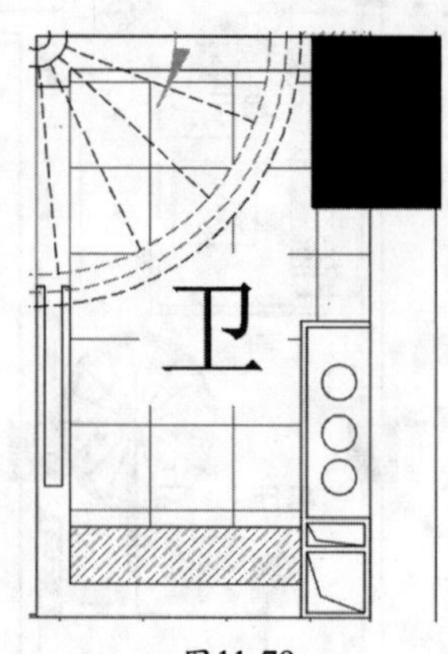

图11-79

STEP 05 按Enter键，对厨房进行填充，填充图形同上，如图11-80所示。

STEP 06 继续执行“图案填充”命令，填充空调外置位置，图案为AR-CONC，比例为2，如图11-81所示。

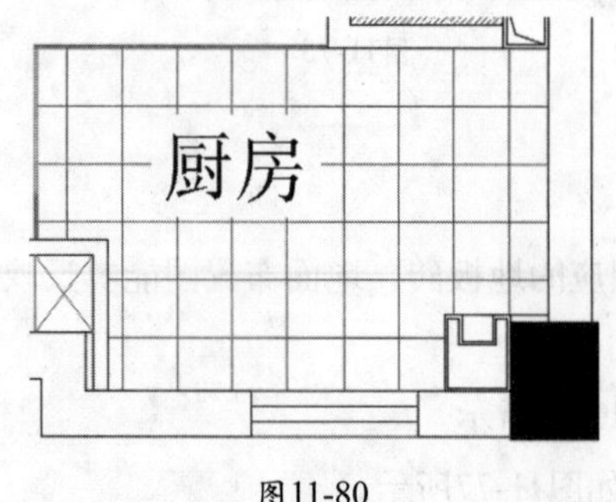

图11-80

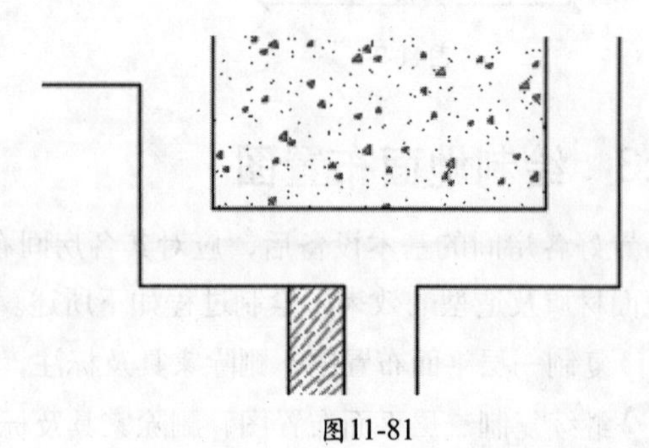
图11-81

STEP 07 执行“图案填充”命令，选择用户定义图案，以双向、比例800、角度0°为参数填充客厅及餐厅位置，如图11-82所示。

STEP 08 执行“图案填充”命令，选择DOLMIT图案，以比例25、角度0°为参数填充主卧位置，如图11-83所示。

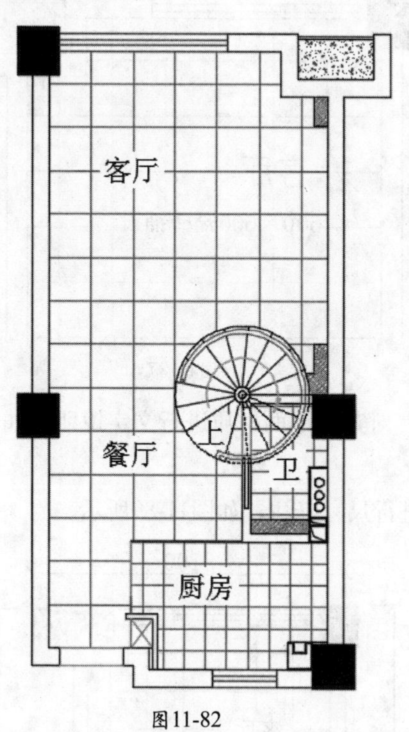

图11-82

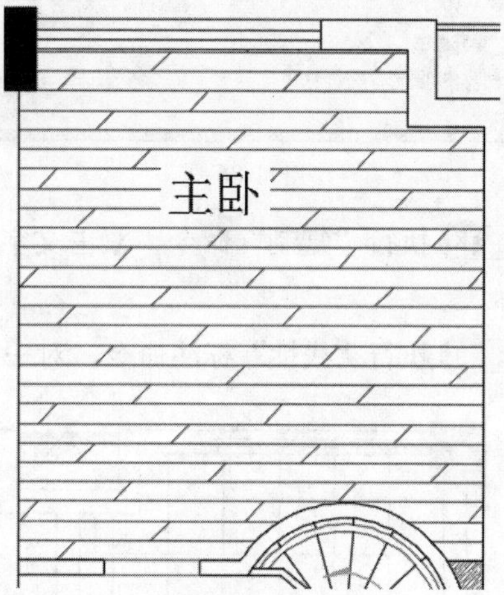

主卧

图11-83

STEP 09 按Enter键，依次拾取书房及次卧进行填充，如图11-84所示。

STEP 10 继续执行“图案填充”命令，填充二层卫生间，结果如图11-85所示。

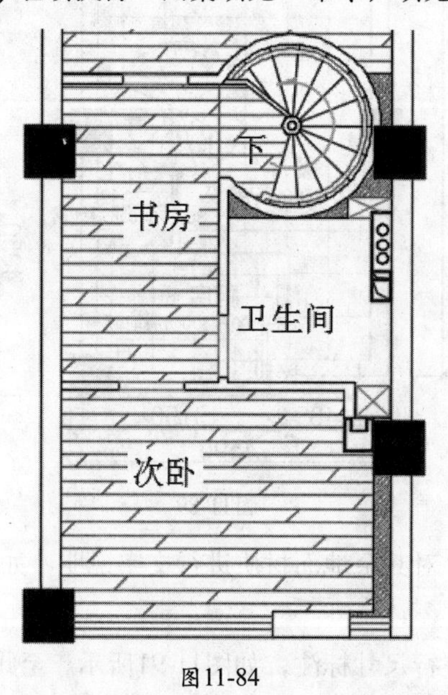

图11-84

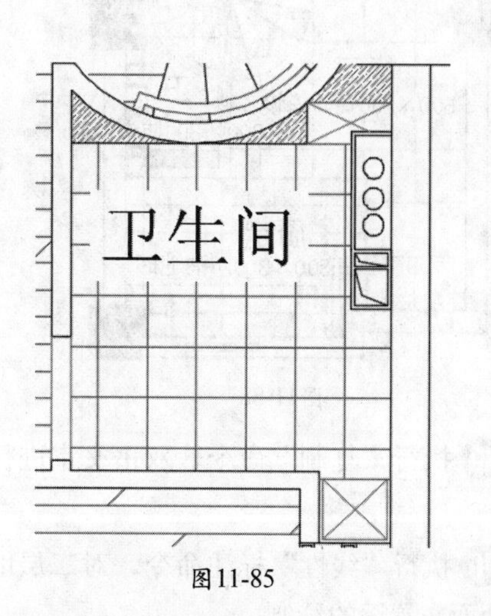

图11-85

STEP 11 执行“多行文字”命令，在客厅位置框选出文字输入范围后，单击“背景遮罩”按钮，在打开的对话框中，设置边界偏移因子为1，填充颜色为白色，如图11-86所示。

STEP 12 将“标注”图层设置为当前图层，对空中花园地面材质进行文字说明，设置字体大小为200，如图11-87所示。

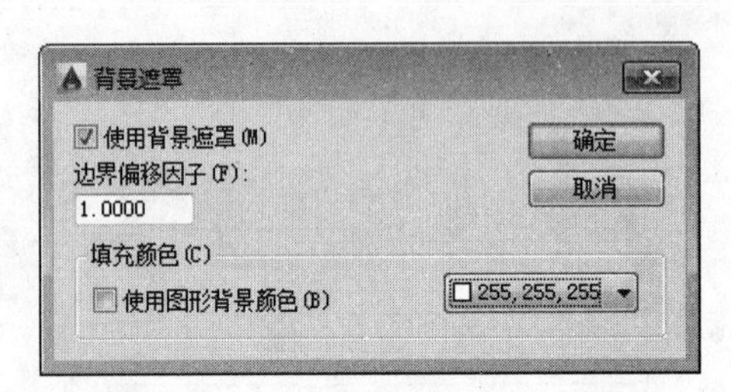

图11-86

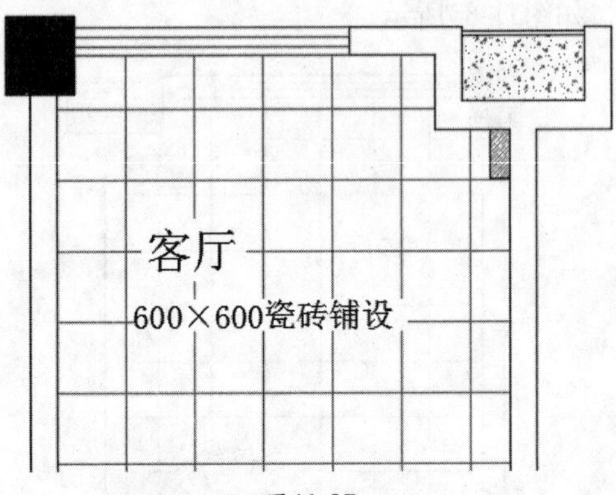

图11-87

STEP 13 执行“复制”命令，双击文字进行修改，对其余地面材质进行文字说明，如图11-88所示。

STEP 14 执行“线性”标注命令，对一层地面图进行尺寸标注，如图11-89所示。

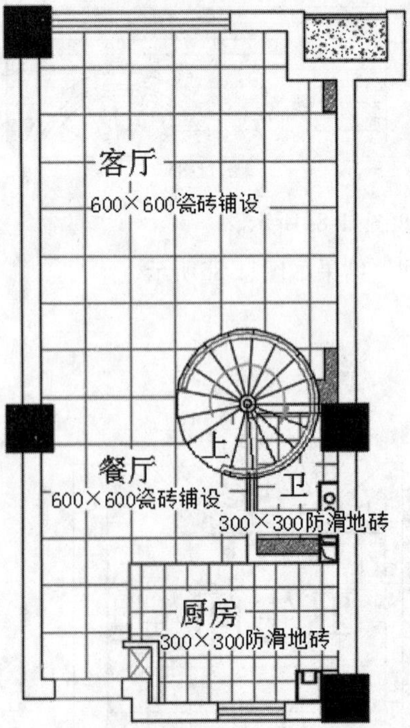

图11-88

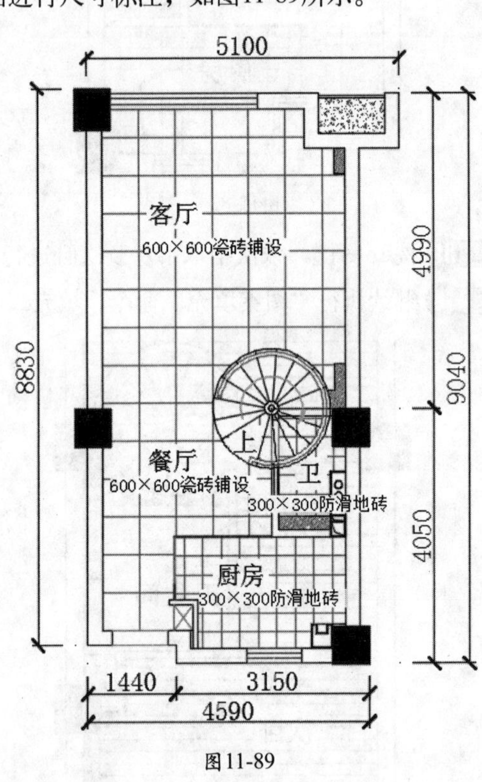

图11-89

STEP 15 执行“复制”命令，双击文字进行修改，对其余地面材质进行文字说明，如图11-90所示。

STEP 16 执行“线性”标注命令，对二层地面图进行尺寸标注，如图11-91所示。至此，完成二层地面布置图的绘制。

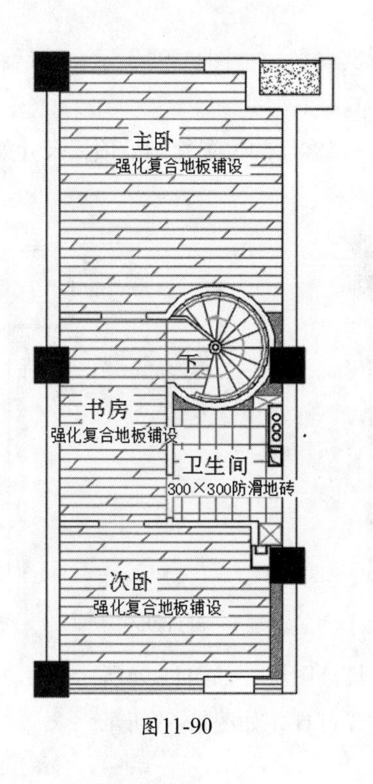

图11-90

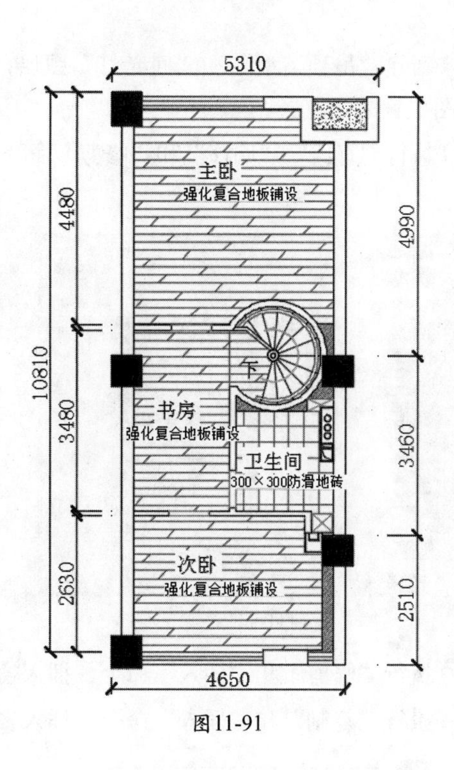

图11-91

11.2.4 绘制顶棚布置图

顶面造型的好坏直接影响整体的装修效果，绘制顶棚图的方法不难，难在如何合理布置顶面区域。顶面的装修风格应与整体风格相互统一，相互呼应。

下面将介绍跃层户型顶面布置图的绘制方法，具体绘制过程如下。

STEP 01 复制一层平面布置图，删除家具及标注，如图11-92所示。

STEP 02 执行“直线”命令，示意楼梯部分，如图11-93所示。

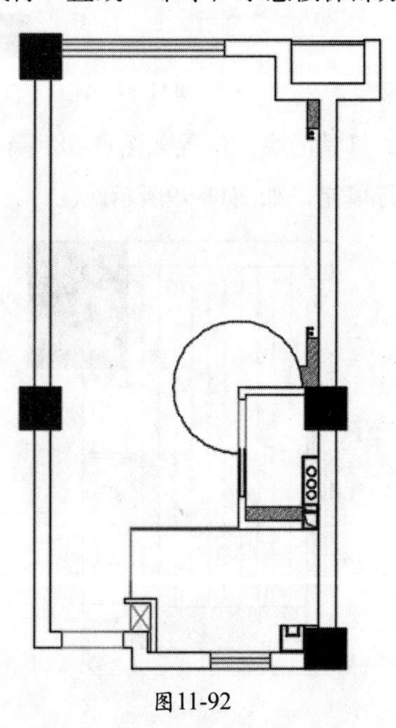
图11-92

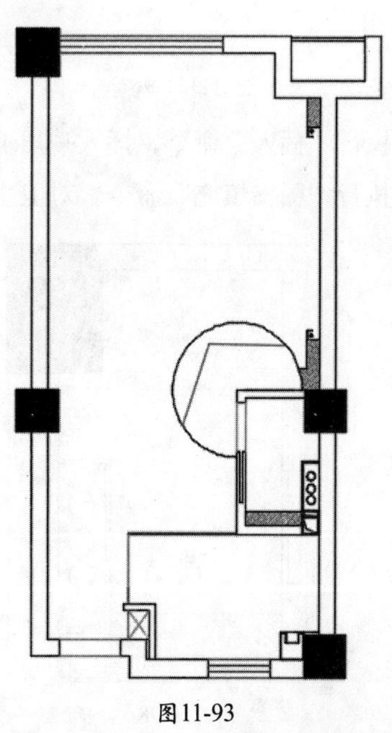
图11-93

STEP 03 新建“吊顶造型”和“回光灯”图层，设置其参数，如图11-94所示，然后将“吊顶造型”图层置为当前层。

STEP 04 执行“直线”“偏移”和“修剪”命令，在一层客厅的位置绘制吊顶，尺寸如图11-95所示。

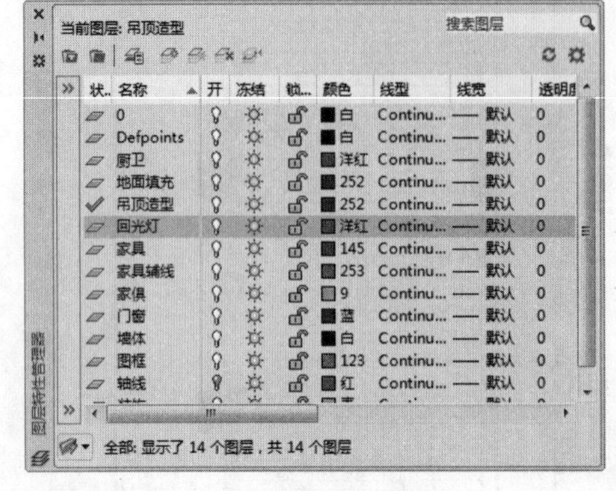

图11-94

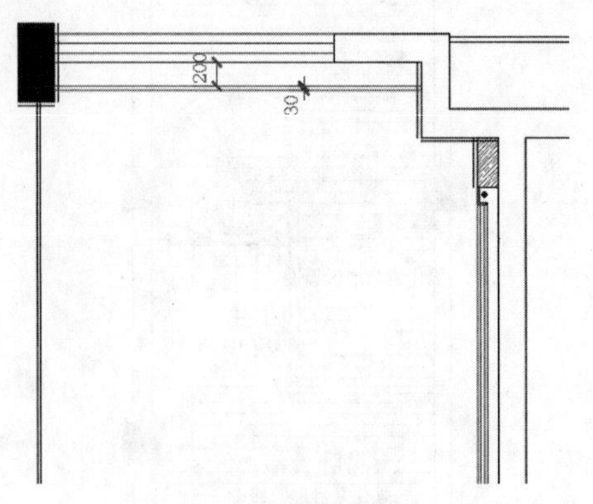

图11-95

STEP 05 执行“修剪”和“插入”命令，插入窗帘、灯具图块，如图11-96所示。

STEP 06 执行“复制”和“插入”命令，插入餐厅位置灯具，如图11-97所示。

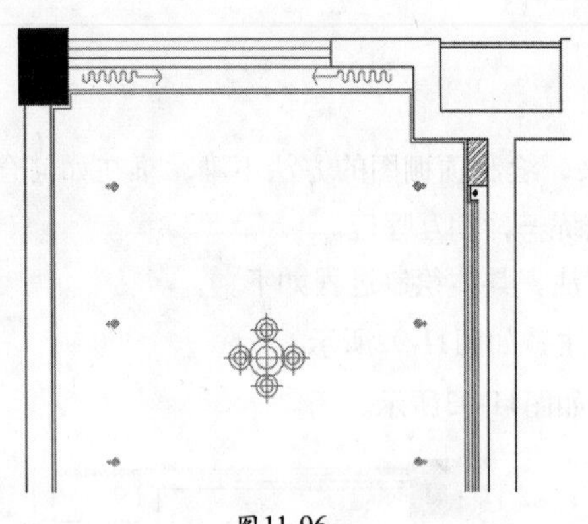

图11-96

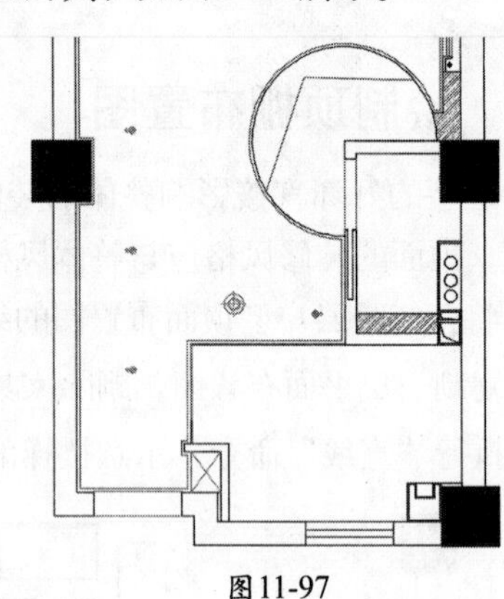

图11-97

STEP 07 执行“插入”命令，插入一层卫生间位置的灯具图块，位置如图11-98所示。

STEP 08 执行“图案填充”命令，对卫生间吊顶进行填充，如图11-99所示。

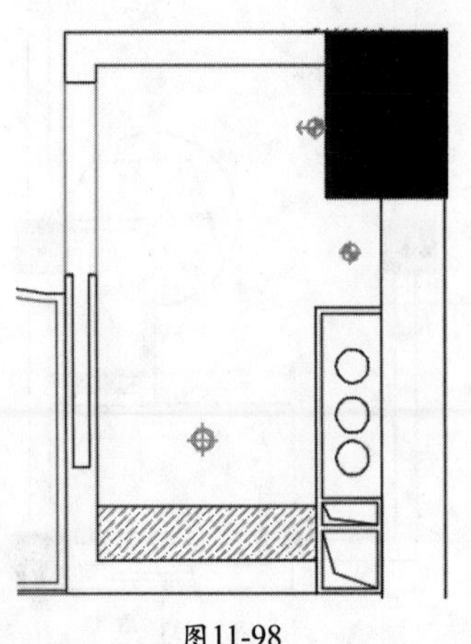

图11-98

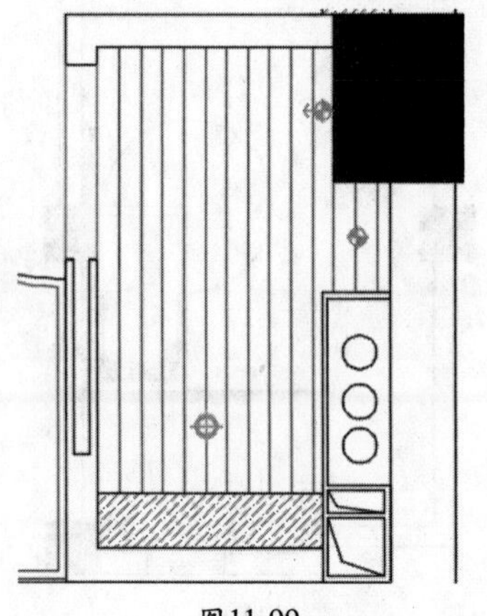

图11-99

STEP 09 执行“矩形”和“直线”命令，绘制餐厅吊柜，尺寸如图11-100所示。

STEP 10 执行“插入”和“图案填充”命令，添加餐厅吊顶灯具，如图11-101所示。

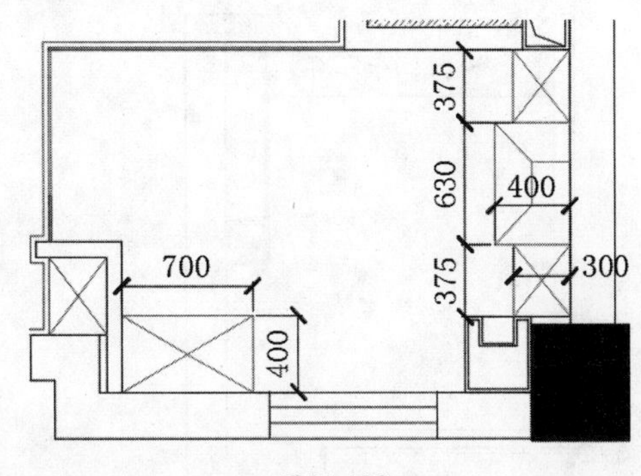

图11-100

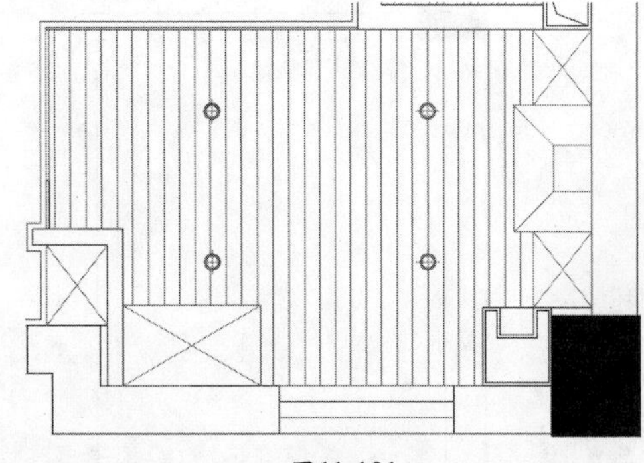

图11-101

STEP 11 执行“复制”命令，复制二层平面布置图，删除家具图块，如图11-102所示。

STEP 12 执行“偏移”和“直线”命令，绘制房梁，封闭各空间，如图11-103所示。

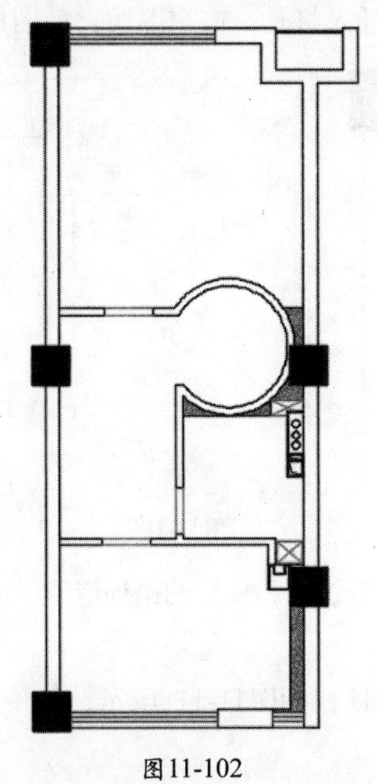

图11-102

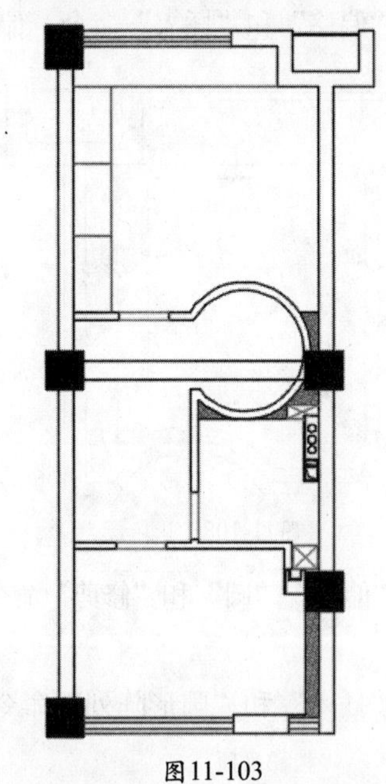

图11-103

STEP 13 执行“偏移”和“修剪”命令，在次卧位置绘制吊顶，尺寸如图11-104所示。

STEP 14 执行“插入”命令，插入灯具及窗帘图块，如图11-105所示。

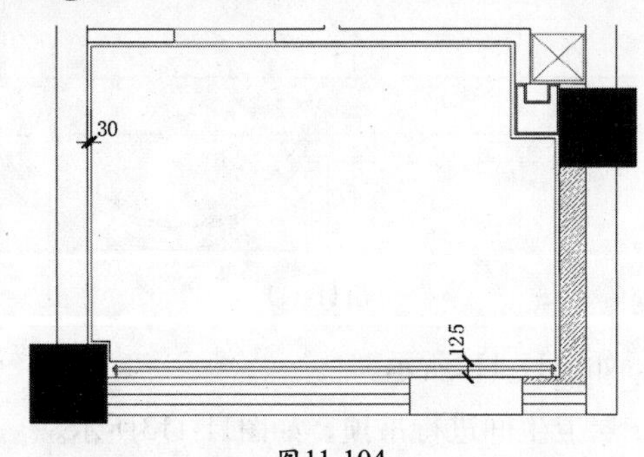

图11-104

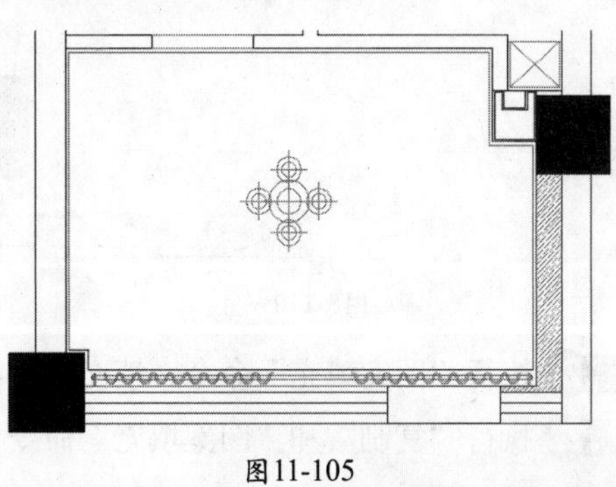

图11-105

STEP 15 执行“偏移”和“插入”命令，绘制书房位置回光灯及灯具，如图11-106所示。

STEP 16 执行“插入”命令，插入二层卫生间灯具，如图11-107所示。

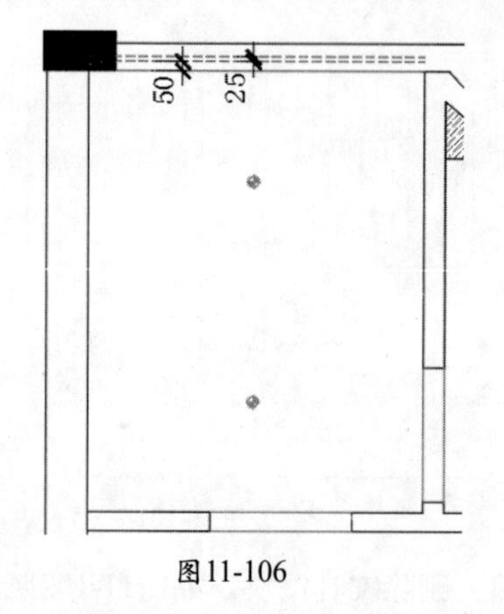

图11-106

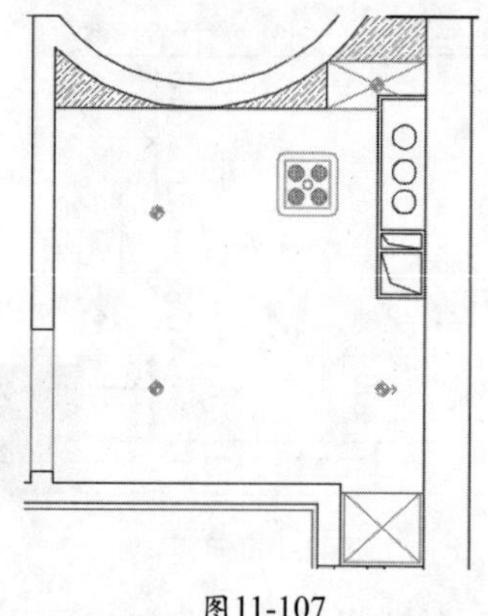

图11-107

STEP 17 执行“偏移”和“倒角”命令，绘制主卧的吊顶，尺寸如图11-108所示。

STEP 18 执行“偏移”和“插入”命令，偏移灯带，插入灯具、窗帘图块，如图11-109所示。

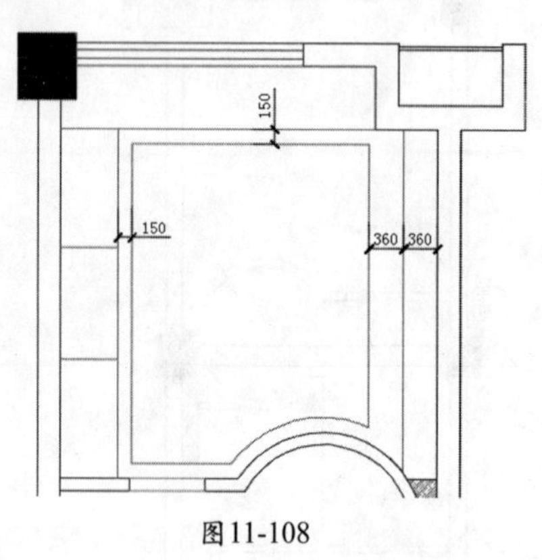

图11-108

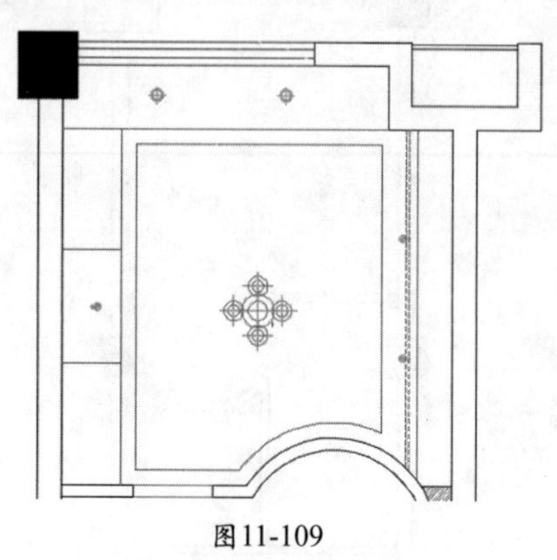

图11-109

STEP 19 执行“偏移”“圆”和“修剪”命令，绘制主卧过道和楼梯的吊顶造型，尺寸如图11-110所示。

STEP 20 执行“插入”和“圆形阵列”命令，插入灯具，如图11-111所示。

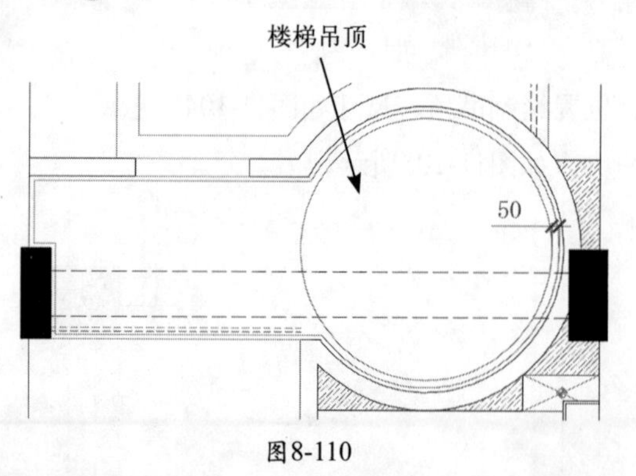

图8-110

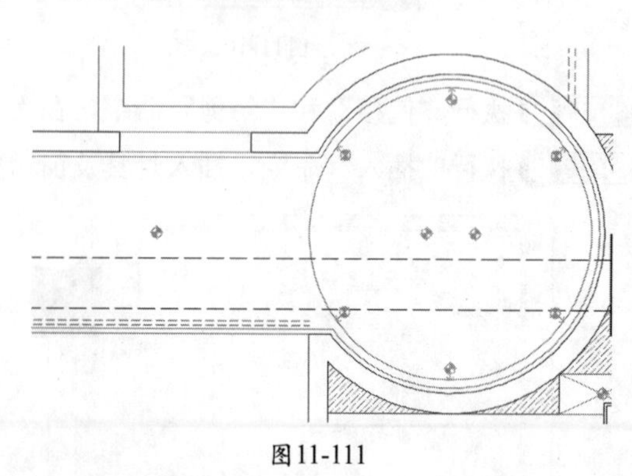

图11-111

STEP 21 执行“图案填充”命令，填充楼梯吊顶，如图11-112所示。

STEP 22 执行“复制”和“图案填充”命令，对二层卫生间进行吊顶，如图11-113所示。

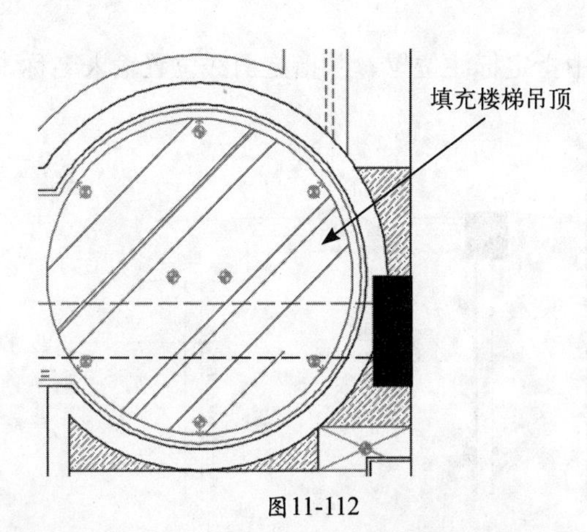

图11-112

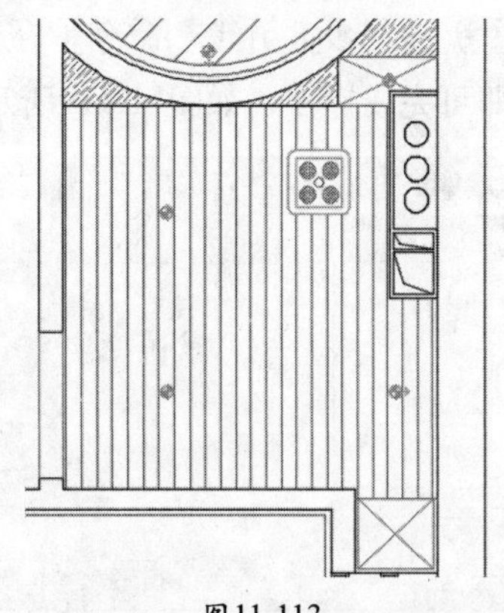

图11-113

STEP 23 执行“插入”命令，插入标高，更改标高数值，将其放在合适位置，如图11-114所示。

STEP 24 执行“复制”命令，复制标高并放置到相应位置，双击标高值，对其进行修改，如图11-115所示。

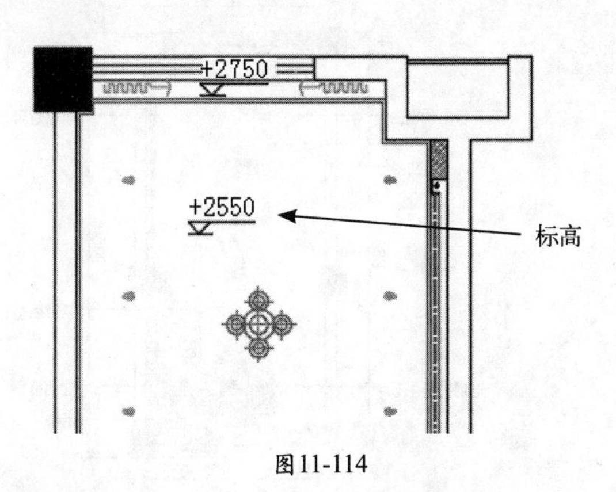

图11-114

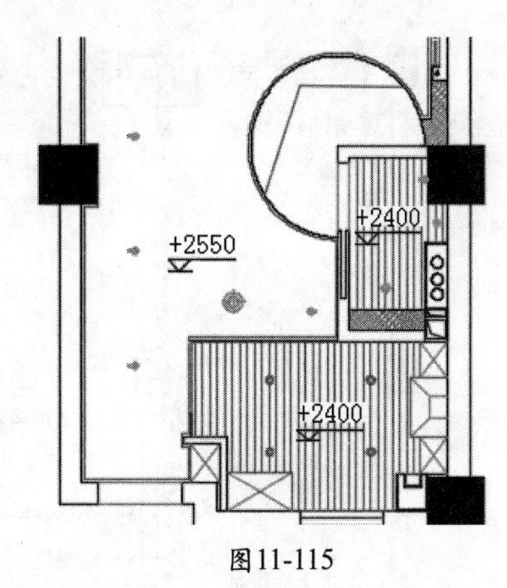

图11-115

STEP 25 对二层顶面布置图添加标高，如图11-116所示。

STEP 26 继续添加次卧、书房及卫生间的标高，如图11-117所示。

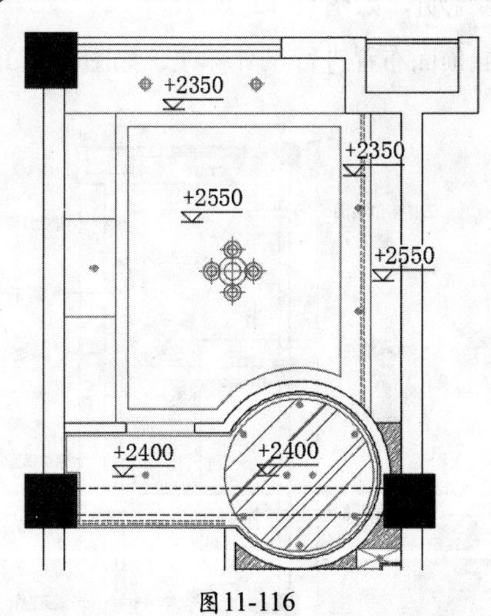

图11-116

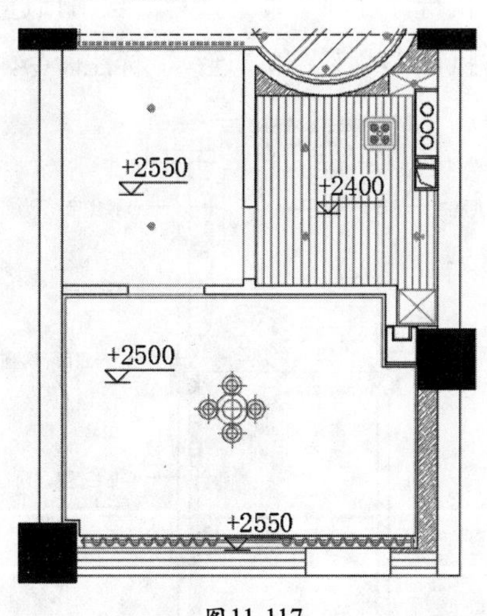

图11-117

STEP 27 新建“平面标注”多重引线样式，箭头大小为200，字体大小为250，如图11-118所示。

STEP 28 执行“多重引线”命令，在图纸中指定标注位置，并指定引线位置输入名称，单击空白处即可完成操作，如图11-119所示。

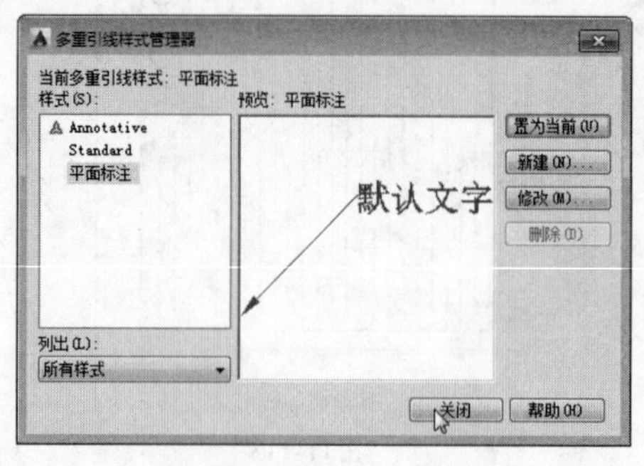

图11-118

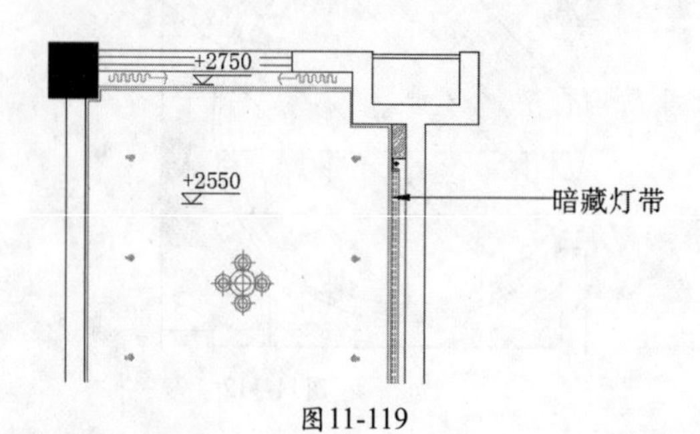

图11-119

STEP 29 执行“复制”命令，对其余房间吊顶进行文字说明，如图11-120所示。

STEP 30 执行“线性”和“连续”标注命令，对一层顶面布置进行尺寸标注，如图11-121所示。

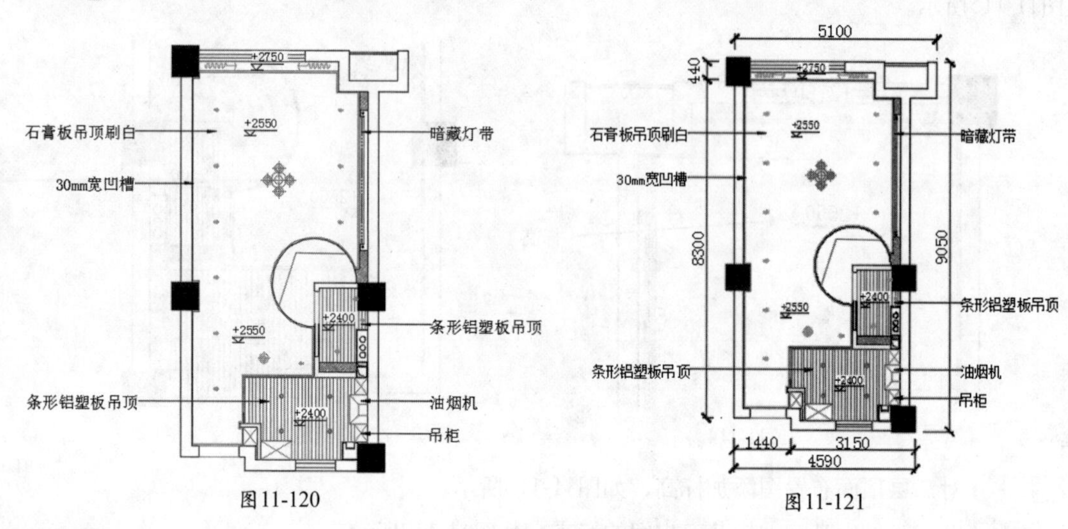

图11-120

图11-121

STEP 31 执行“复制”命令，对二层吊顶进行文字说明，如图11-122所示。

STEP 32 执行“线性”和“连续”标注命令，对二层顶面布置进行尺寸标注，如图11-123所示。

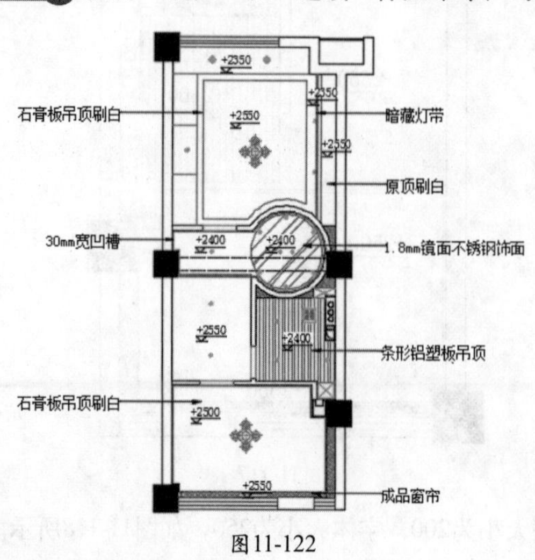

图11-122

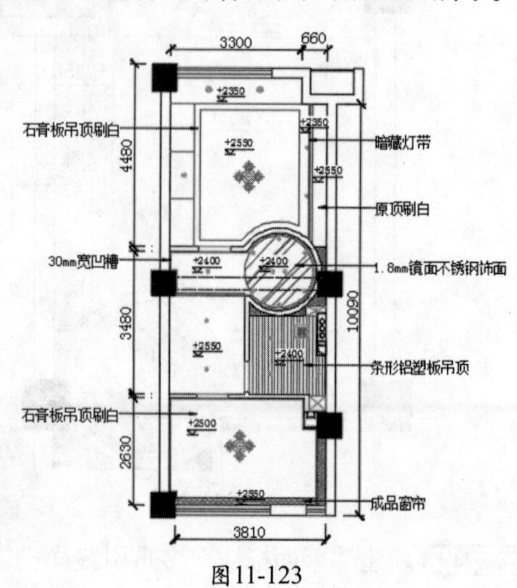

图11-123

11.3　绘制主要立面图

跃层单身公寓平面布置图绘制完成后，下面将根据平面图，绘制其立面图，其中包括客餐厅A立面图，以及主卧B、C立面图和楼梯立面图。

11.3.1　绘制主卧立面图

下面将对主卧立面图的绘制过程进行讲解。

STEP 01 复制主卧平面图，插入立面索引符号，如图11-124所示。

STEP 02 单击“图层特性”按钮，新建“轮廓线”等图层，设置特性，如图11-125所示。

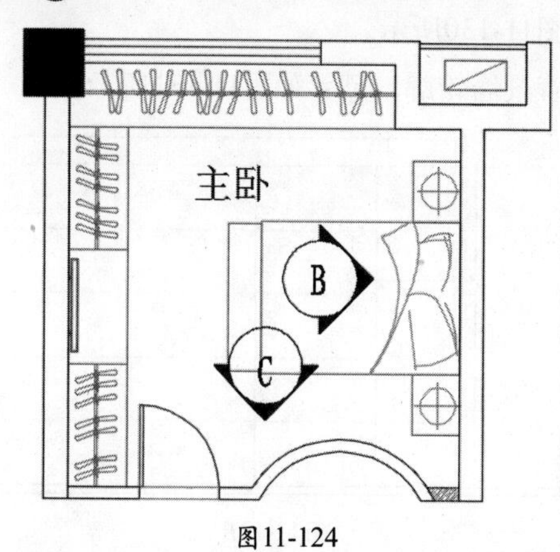

图11-124

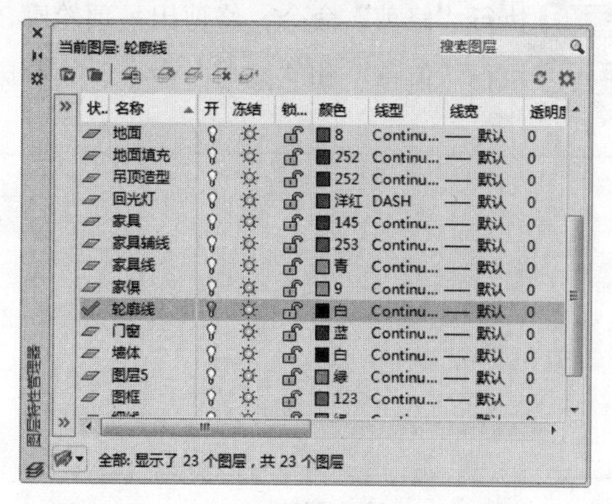

图11-125

STEP 03 执行“射线”命令，捕捉平面图主要的轮廓位置绘制射线，如图11-126所示。

STEP 04 执行“直线”和“偏移”命令，绘制线段，将线段向下偏移2550，如图11-127所示。

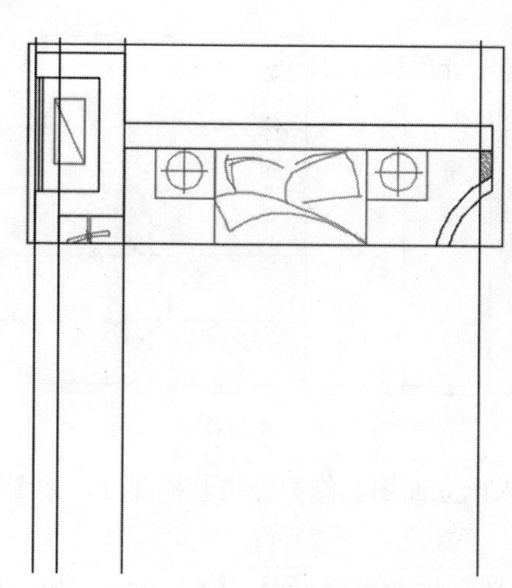

图11-126

图11-127

STEP 05 执行“修剪”命令，修剪出轮廓，然后执行“偏移”命令，将顶边线段依次向下偏移，具体尺寸如图11-128所示。

01
02
03
04
05
06
07
08
09
10
11
12

STEP 06 继续执行“偏移”命令，根据顶面布置图尺寸，偏移吊顶位置线段，具体尺寸如图11-129所示。

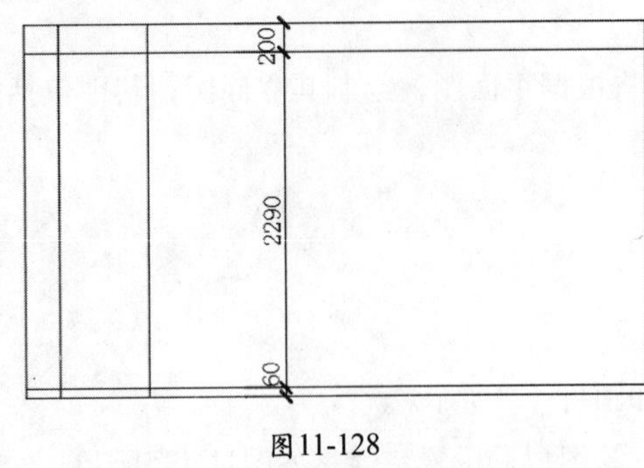

图11-128

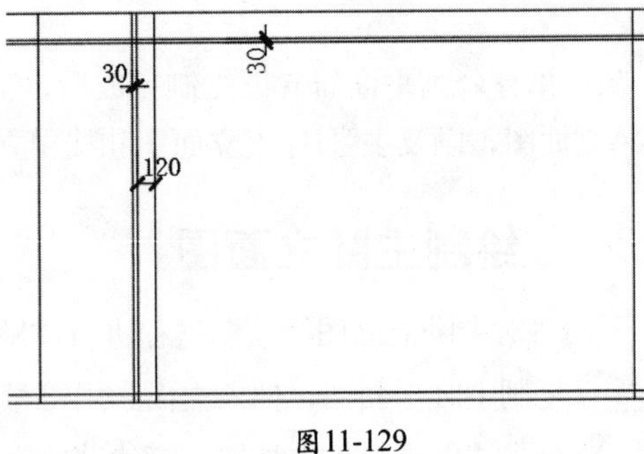

图11-129

STEP 07 执行“修剪”命令，修剪出吊顶轮廓，如图11-130所示。

STEP 08 执行“偏移”和“修剪”命令，绘制床头背景墙轮廓，尺寸如图11-131所示。

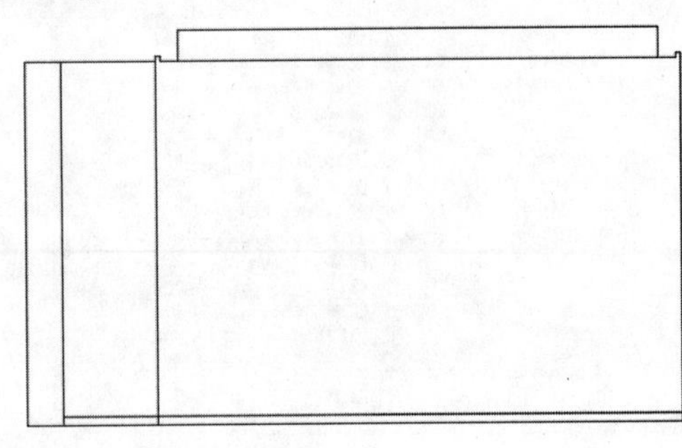
图11-130

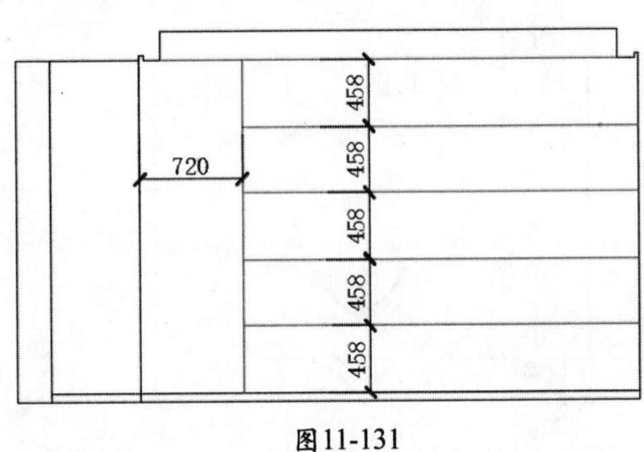

图11-131

STEP 09 执行“偏移”命令，偏移3mm不锈钢边缝，绘制衣服吊杆部分，如图11-132所示。

STEP 10 执行“图案填充”命令，对墙体、镜面及背景软包进行填充，填充结果如图11-133所示。

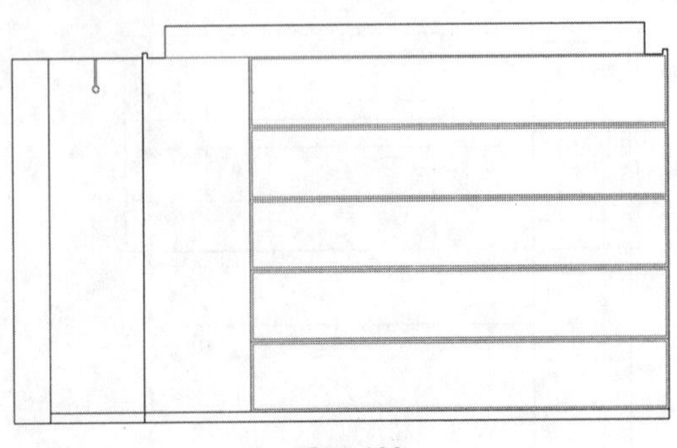
图11-132

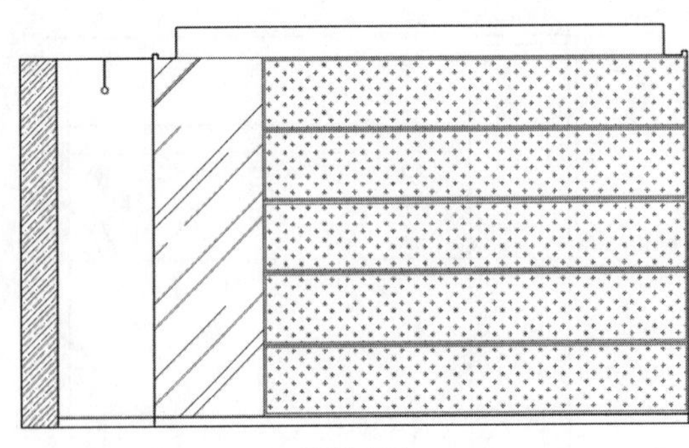
图11-133

STEP 11 执行“插入”和“修剪”命令，插入双人床立面图，修剪掉被遮挡部分，如图11-134所示。

STEP 12 执行“多重引线”命令，指定标注的位置，指定引线方向，输入文字，如图11-135所示。

STEP 13 重复执行“多重引线”命令，使用同样方法，标注其他墙面的装饰材质，结果如图11-136所示。

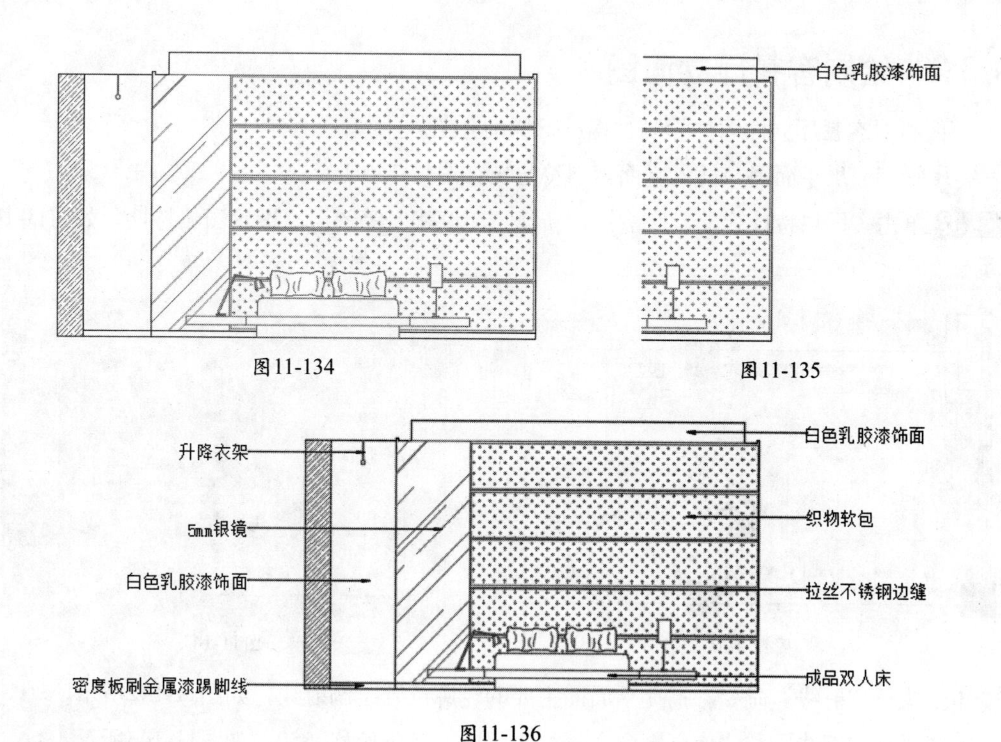

图11-134　　图11-135

图11-136

STEP 14 执行“线性”标注命令，对立面图进行尺寸标注，如图11-137所示。

STEP 15 执行“连续”标注命令，标注其他尺寸，如图11-138所示。

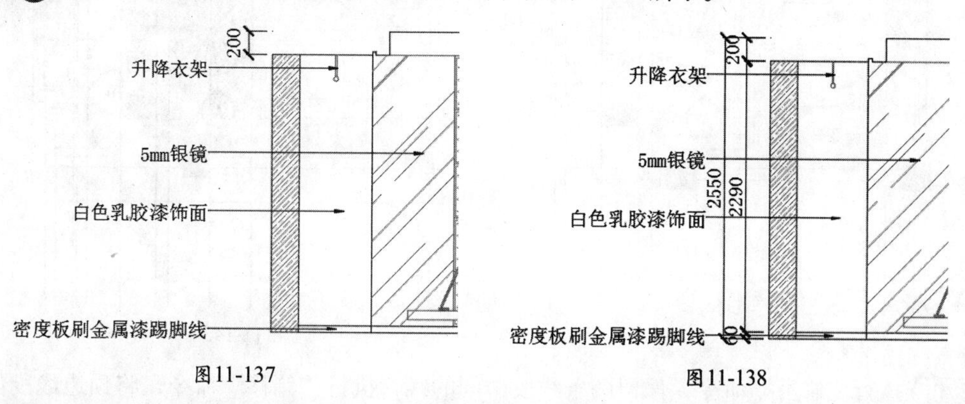

图11-137　　图11-138

STEP 16 重复执行“线性”和“连续”标注命令，标注其他位置尺寸，结果如图11-139所示。至此，完成主卧B立面图的绘制。

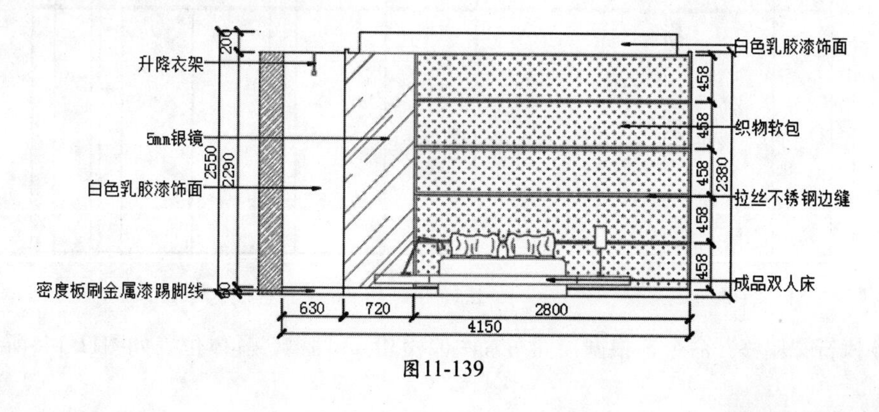

图11-139

11.3.2 绘制客餐厅立面图

下面将对客餐厅立面图的绘制过程进行详细介绍。

STEP 01 复制一层平面图，插入立面索引符号，如图11-140所示。

STEP 02 单击“图层特性管理器”按钮，新建“轮廓线”等图层，设置图层特性，如图11-141所示。

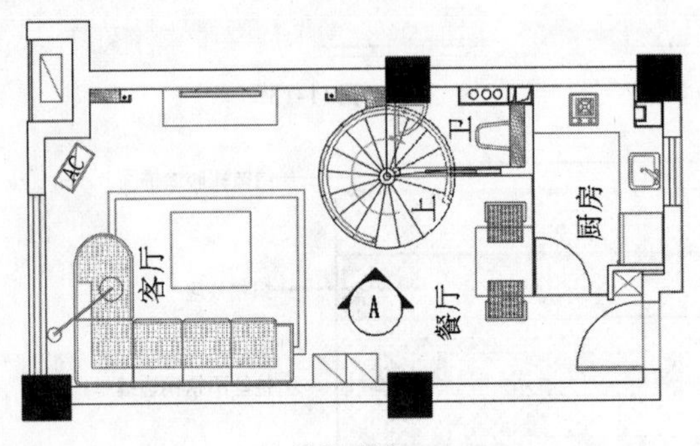

图11-140

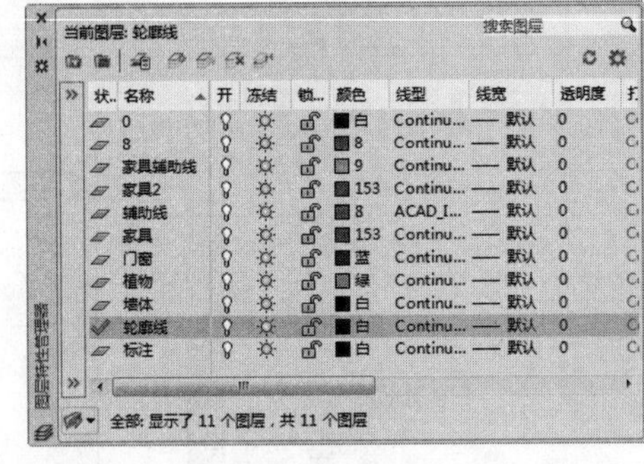

图11-141

STEP 03 执行“射线”命令，捕捉平面图主要的轮廓位置绘制射线，如图11-142所示。

STEP 04 执行“直线”和“偏移”命令，绘制线段，向下偏移2550，如图11-143所示。

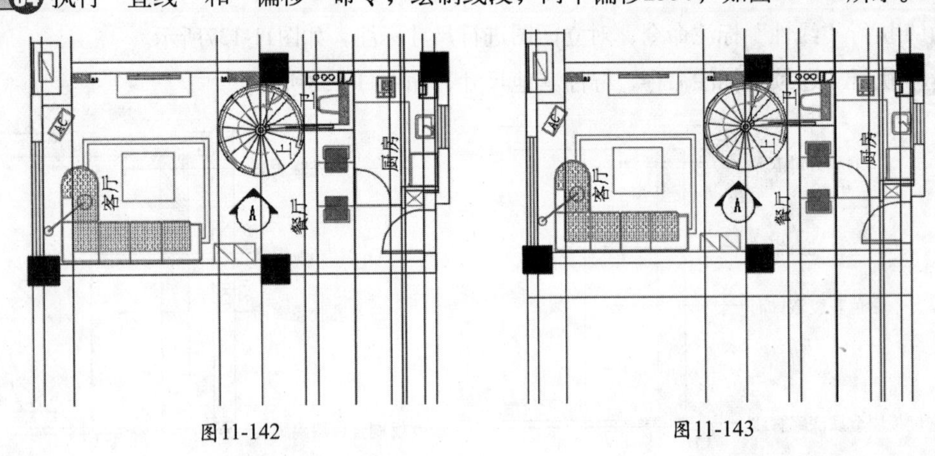

图11-142　　图11-143

STEP 05 执行“修剪”命令，保留两条线段中间的线，执行“偏移”命令，将顶边线段依次向下偏移，具体尺寸如图11-144所示。

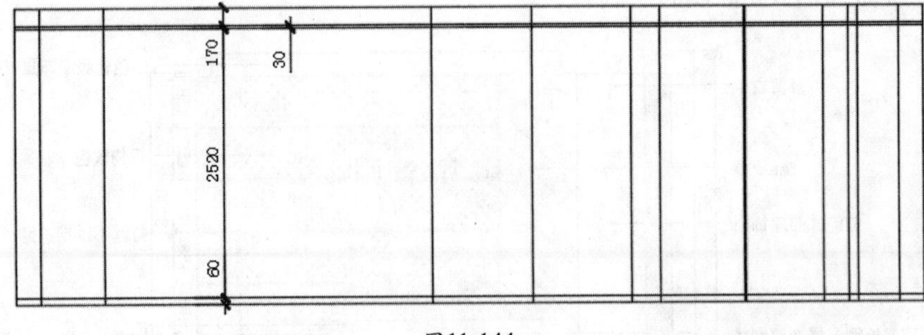

图11-144

STEP 06 执行“偏移”命令，根据顶面布置图偏移30mm凹槽，具体位置如图11-145所示。

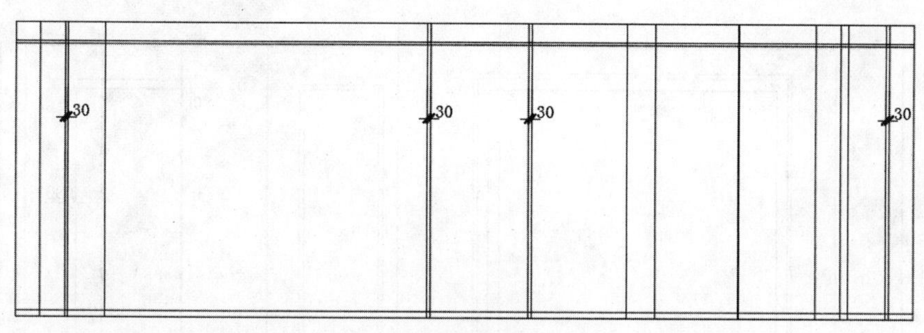

图11-145

STEP 07 执行“修剪”命令，修剪掉多余线段，结果如图11-146所示。

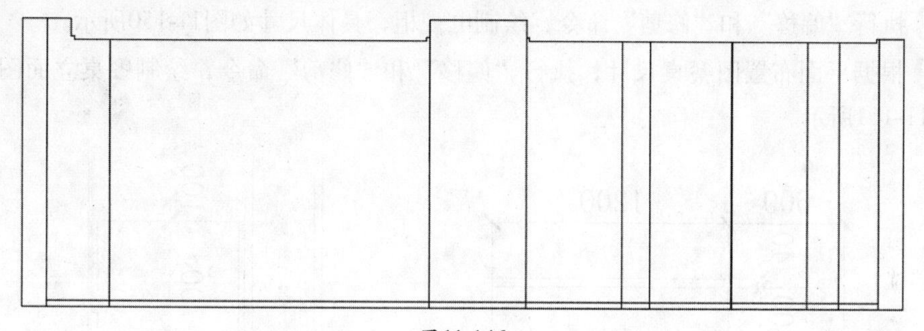

图11-146

STEP 08 执行“射线”命令，根据平面图确定门及电视背景墙位置，然后执行“偏移”命令，将底边线段向上偏移2230mm，结果如图11-147所示。

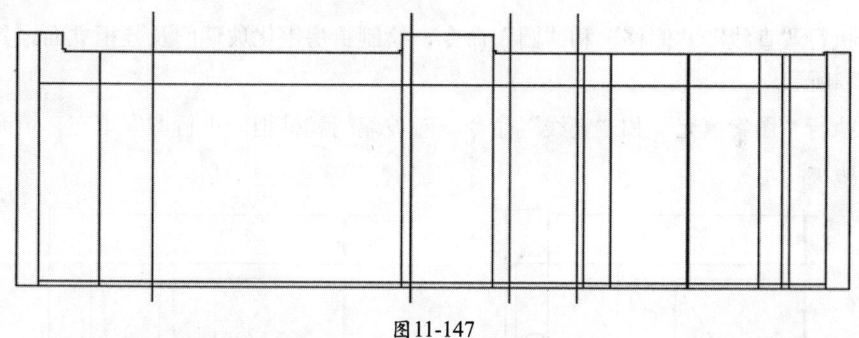

图11-147

STEP 09 执行“修剪”和“倒角”命令，修剪出电视背景墙和门的轮廓，如图11-148所示。

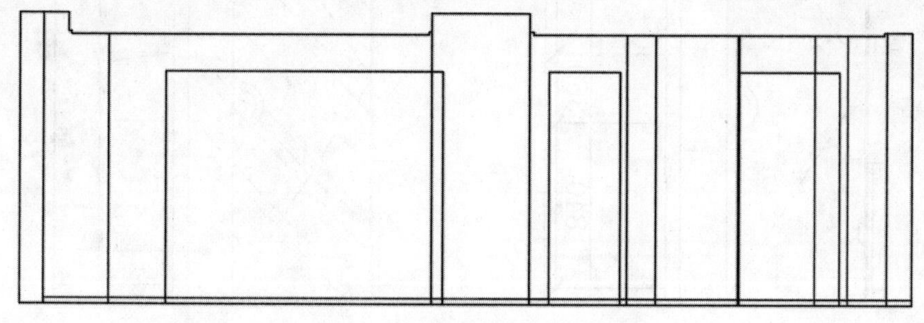

图11-148

STEP 10 执行“偏移”命令，对电视背景墙、门和厨房门框位置依次进行偏移，具体尺寸如图11-149所示。

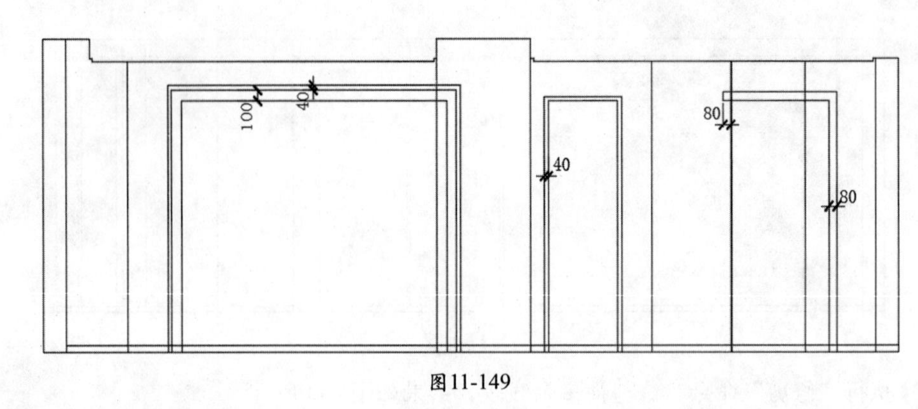

图11-149

STEP 11 执行“偏移”和“修剪”命令，绘制电视柜，具体尺寸如图11-150所示。

STEP 12 根据平面布置图餐桌尺寸，执行“偏移”和“修剪”命令，绘制餐桌立面图像，尺寸如图11-151所示。

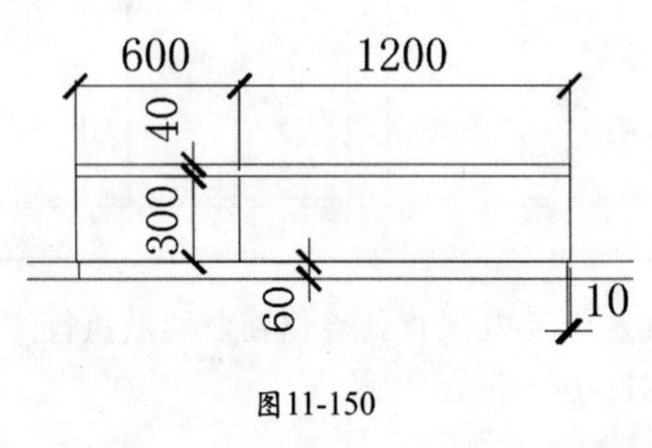

图11-150

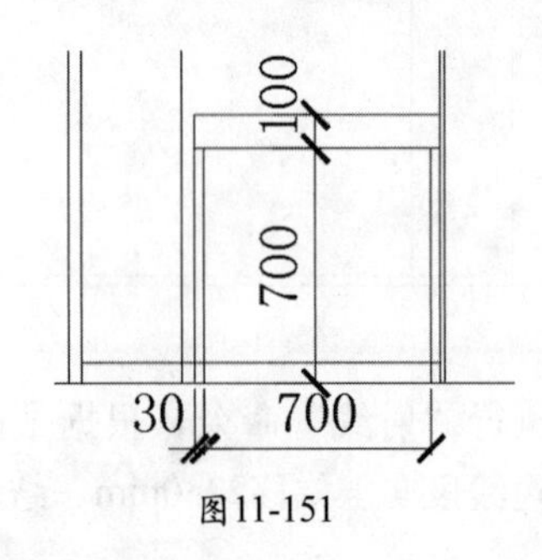

图11-151

STEP 13 执行“直线”“偏移”和“圆”命令，绘制厨房钢化玻璃门及鞋柜立面，具体尺寸如图11-152所示。

STEP 14 执行“图案填充”和“直线”命令，对玻璃门和鞋柜门进行图案填充，填充结果如图11-153所示。

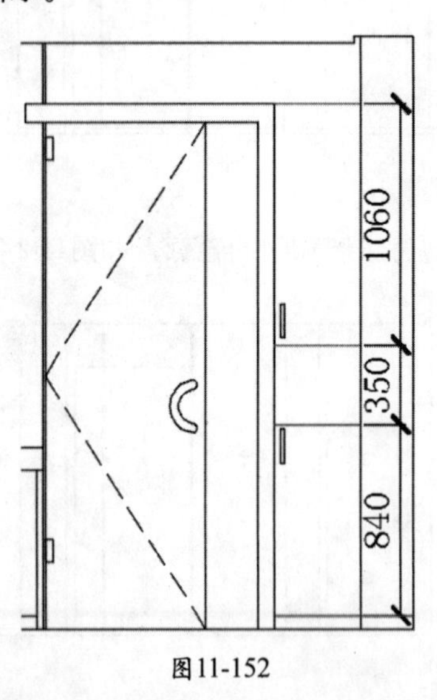

图11-152

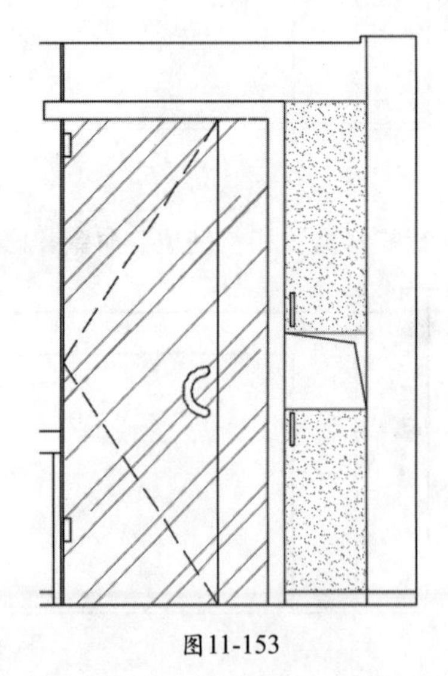
图11-153

STEP 15 分别执行“矩形”“直线”和“偏移”命令，绘制门框及灯具，如图11-154所示。

STEP 16 执行“插入”和“修剪”命令，插入楼梯立面图，如图11-155所示。

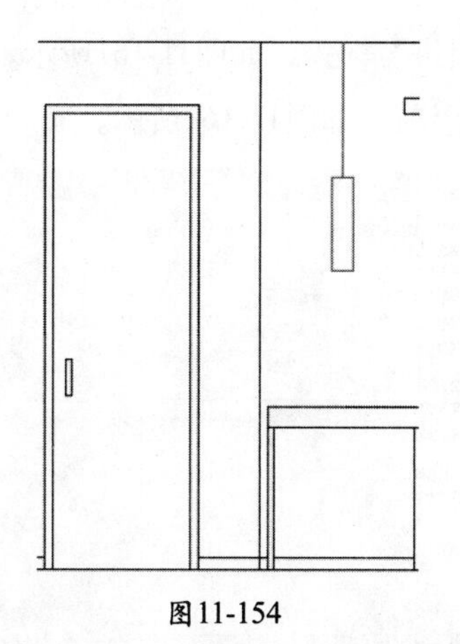

图11-154

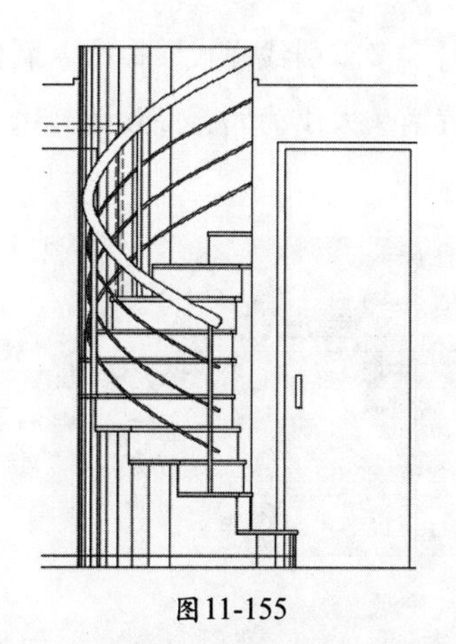

图11-155

STEP 17 执行“偏移”“插入”和“样条曲线”命令，绘制灯带及窗帘图形，插入电视机立面图块，如图11-156所示。

STEP 18 执行“图案填充”命令，对墙体和电视背景墙进行填充，如图11-157所示。

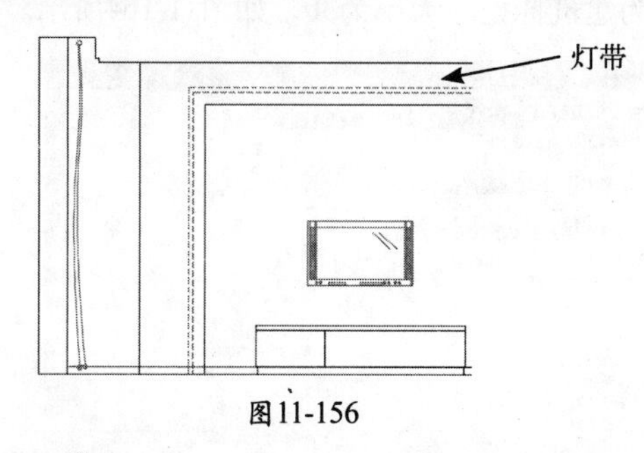

图11-156

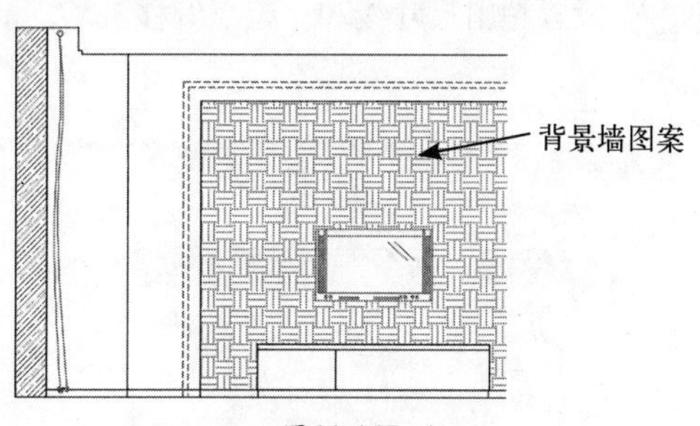

图11-157

STEP 19 执行“单行文字”和“直线”命令，在卫生间门位置添加标示，如图11-158所示。

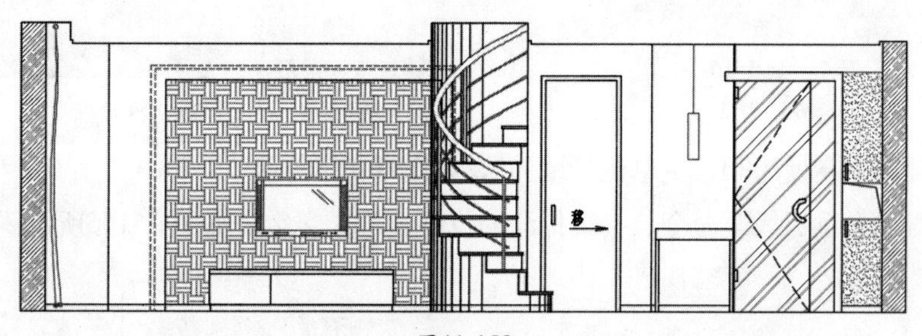

图11-158

STEP 20 执行“文字样式”命令，新建“文字标注”样式，如图11-159所示。

STEP 21 设置字体为宋体、高度为120，将其置为当前，如图11-160所示。

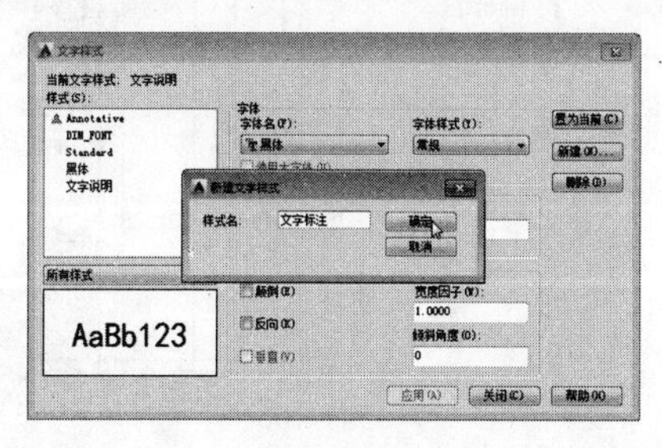

图11-159

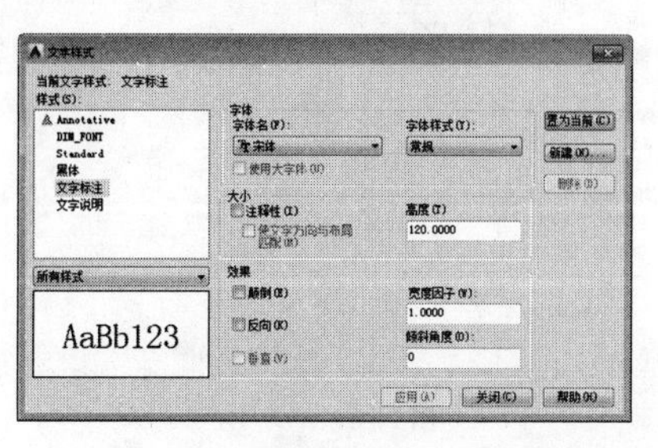

图11-160

STEP 22 执行“多重引线样式”命令，新建“立面引线”样式，如图11-161所示。

STEP 23 设置箭头大小为50、高度为120，将其置为当前，如图11-162所示。

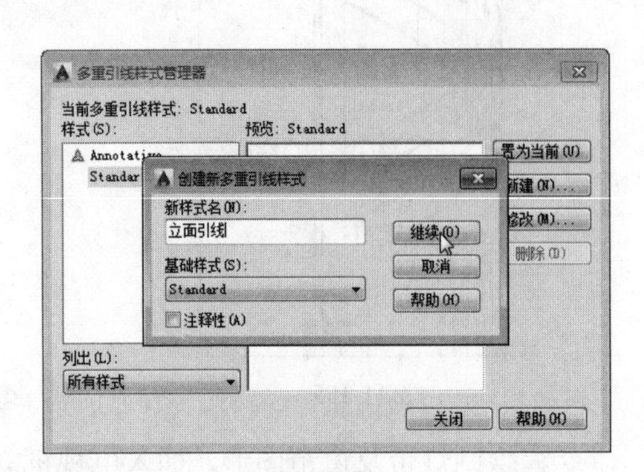

图11-161

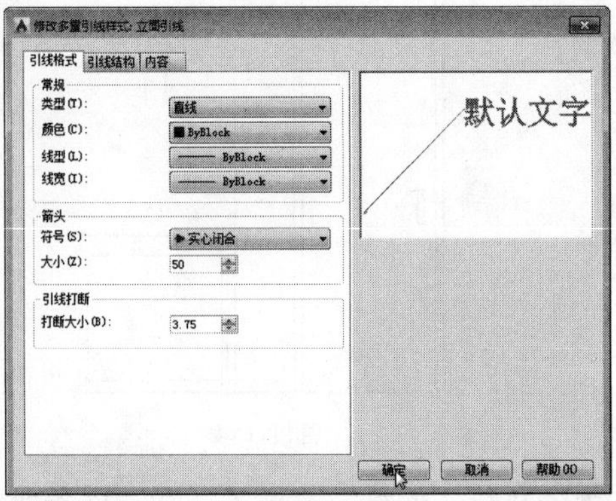

图11-162

STEP 24 执行“标注样式”命令，新建“立面标注”样式，如图11-163所示。

STEP 25 设置超出尺寸线20、起点偏移量50、箭头为建筑标记、大小为30，如图11-164所示。

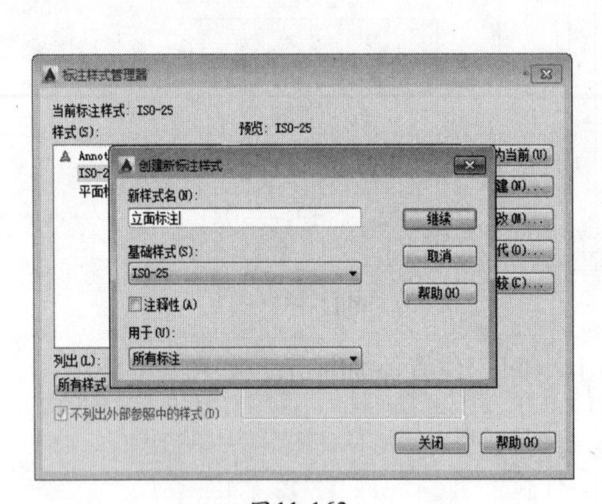

图11-163

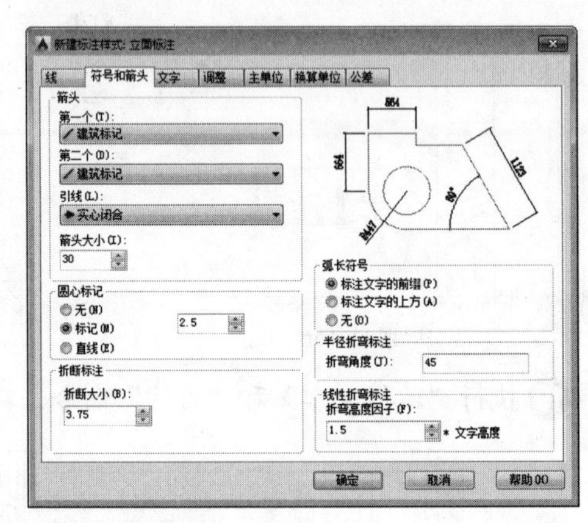

图11-164

STEP 26 设置文字高度为80、主单位精度为0，如图11-165所示。

STEP 27 执行“多重引线”命令，指定标注的位置，输入文字，如图11-166所示。

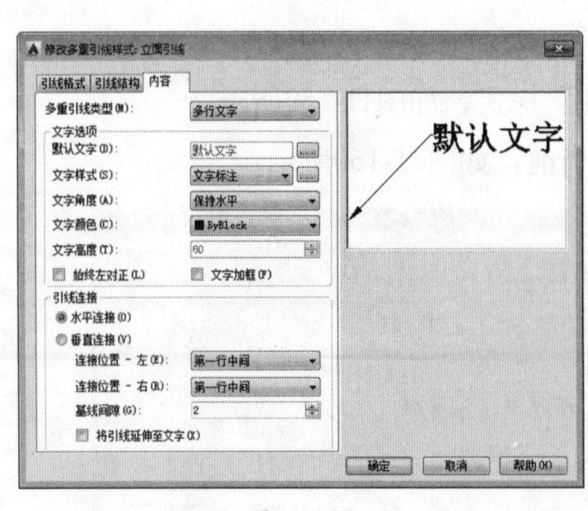

图11-165

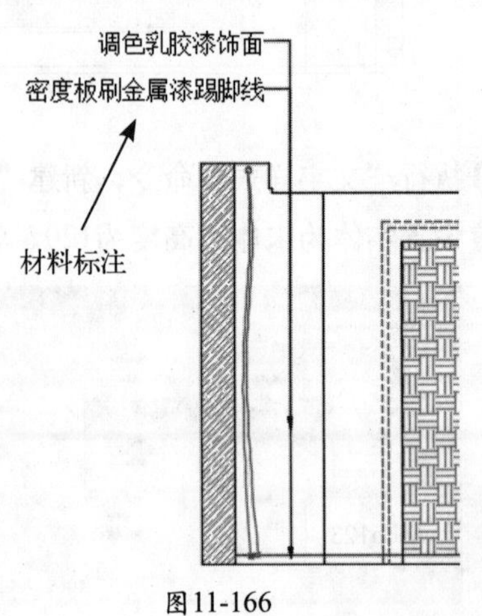

图11-166

STEP 28 重复执行“多重引线”命令，使用同样方法，标注其他墙面的装饰材质，结果如图11-167所示。

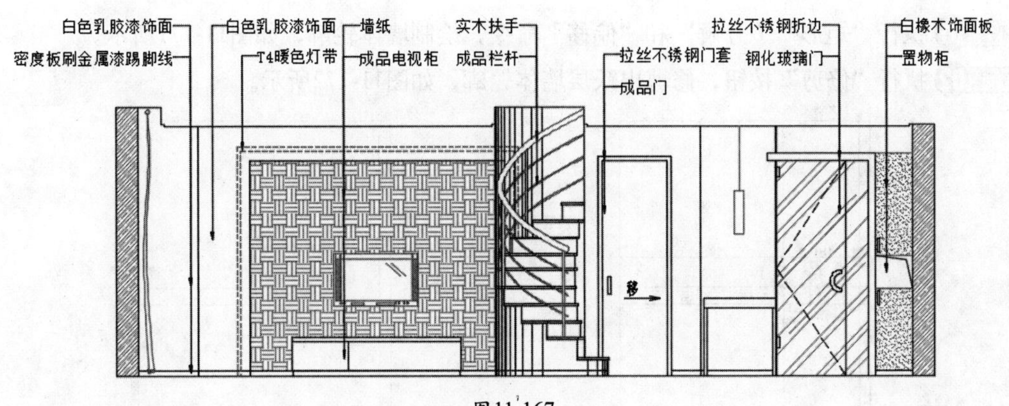

图11-167

STEP 29 执行“线性”标注命令，对立面图进行尺寸标注，如图11-168所示。

STEP 30 执行“连续”标注命令，标注其他尺寸，如图11-169所示。

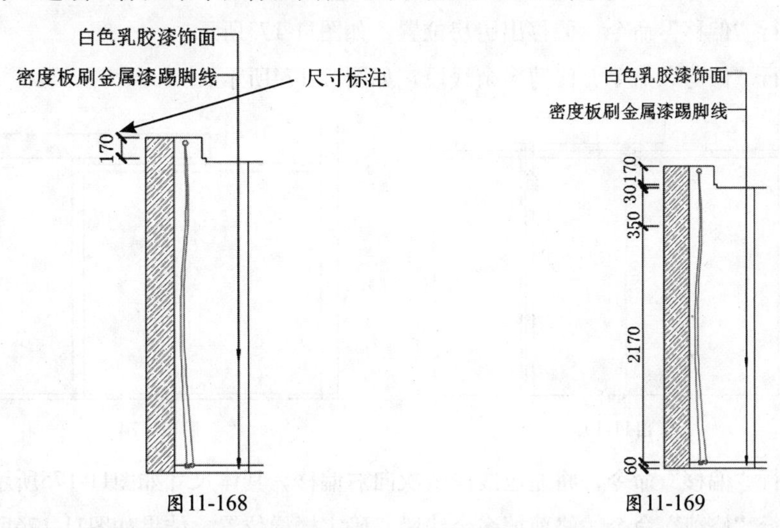

图11-168　　图11-169

STEP 31 重复执行“线性”和“连续”标注命令，标注其他位置尺寸，结果如图11-170所示。至此，完成客餐厅立面图的绘制。

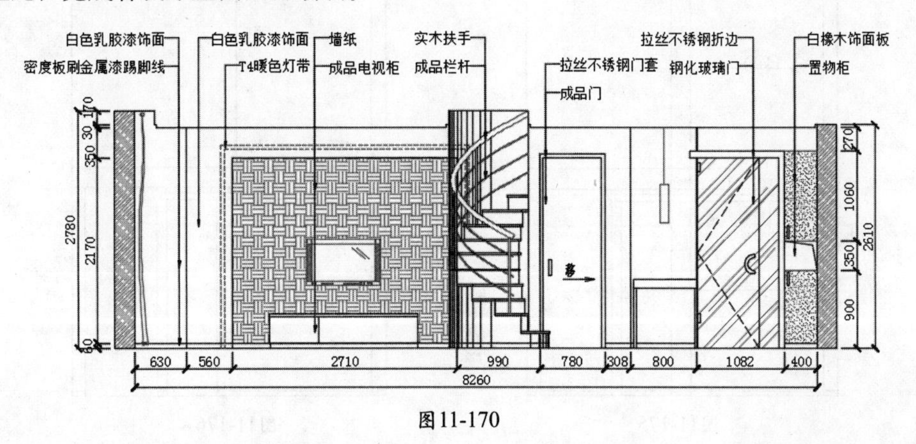

图11-170

11.3.3 绘制楼梯立面图

下面将对楼梯立面图的绘制过程进行介绍。

STEP 01 执行“矩形”“分解”和“偏移”命令，绘制墙体轮廓，如图11-171所示。

STEP 02 执行“修剪”按钮，修剪出跃层墙体轮廓，如图11-172所示。

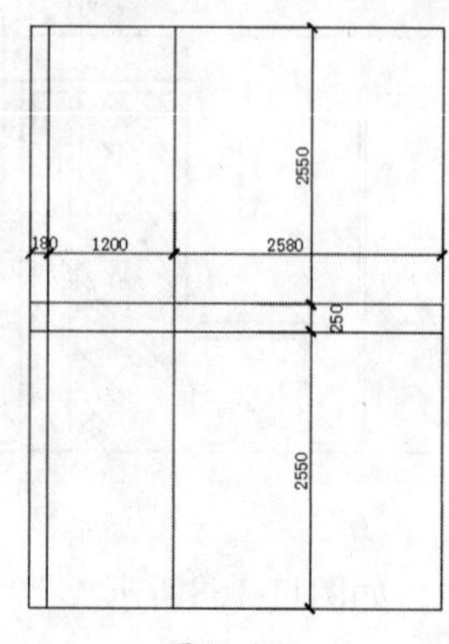

图11-171

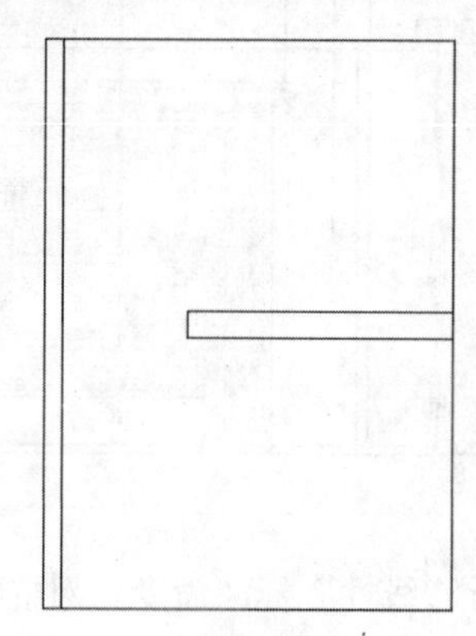

图11-172

STEP 03 执行“偏移”命令，偏移出厨房位置，如图11-173所示。

STEP 04 执行“修剪”命令，修剪多余线段，如图11-174所示。

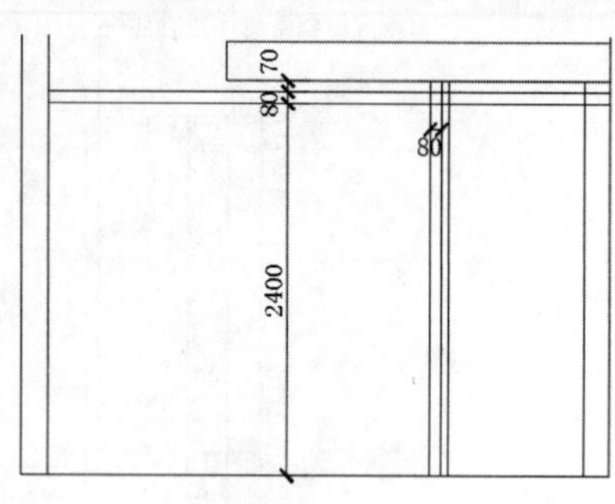

图11-173

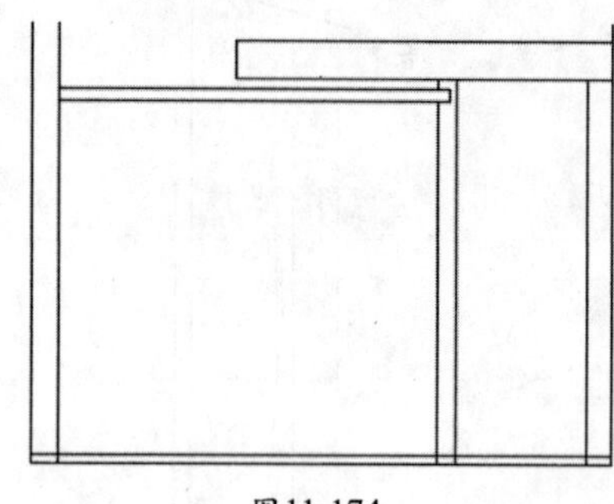

图11-174

STEP 05 执行“偏移”命令，将左边线段依次向右偏移，具体尺寸如图11-175所示。

STEP 06 执行“修剪”命令，修剪掉多余线段，确定楼梯位置，结果如图11-176所示。

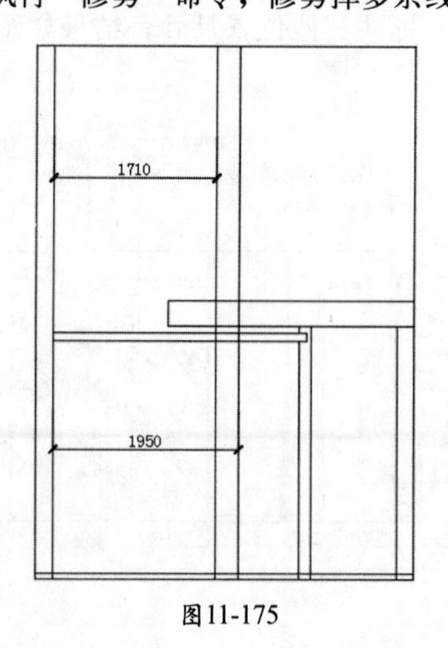

图11-175

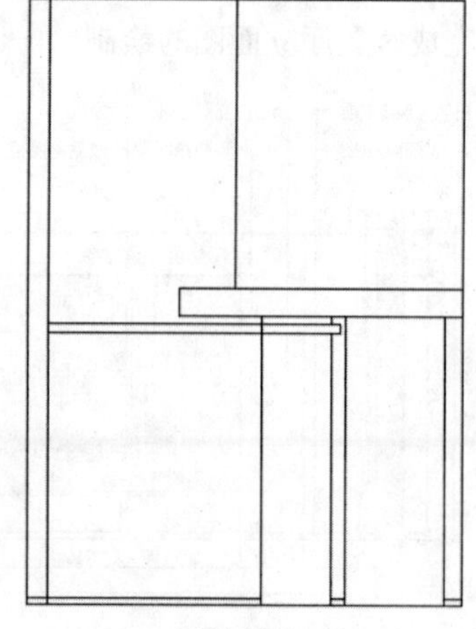

图11-176

STEP 07 执行“偏移”和“复制”命令，绘制出楼梯水平线段，尺寸如图11-177所示。

STEP 08 执行“偏移”和“修剪”命令，偏移垂直线段，修剪出楼梯，结果如图11-178所示。

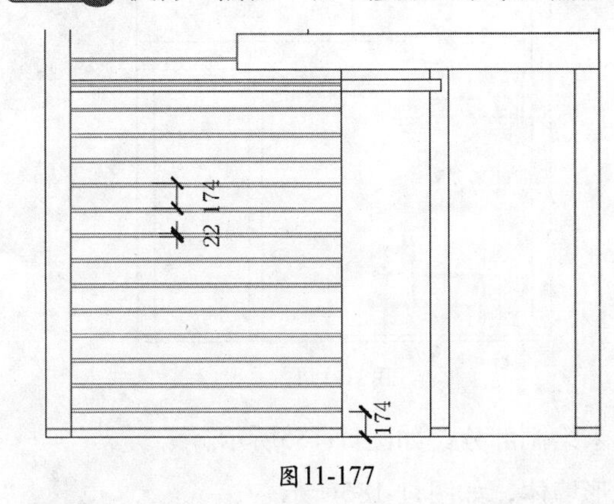

图11-177

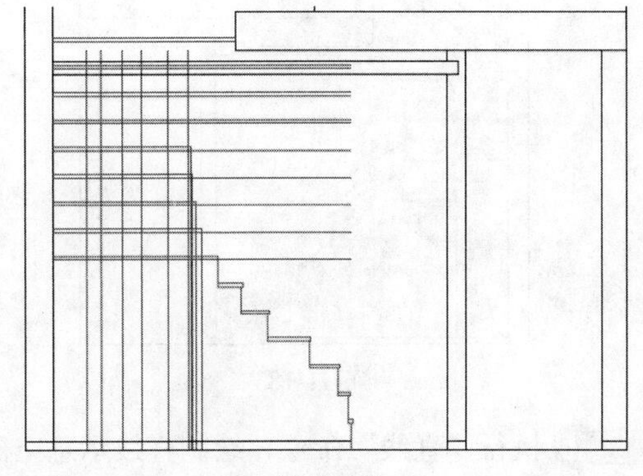
图11-178

STEP 09 继续执行“修剪”命令，修剪出楼梯位置，如图11-179所示。

STEP 10 执行“直线”命令，绘制楼梯里的隔板，如图11-180所示。

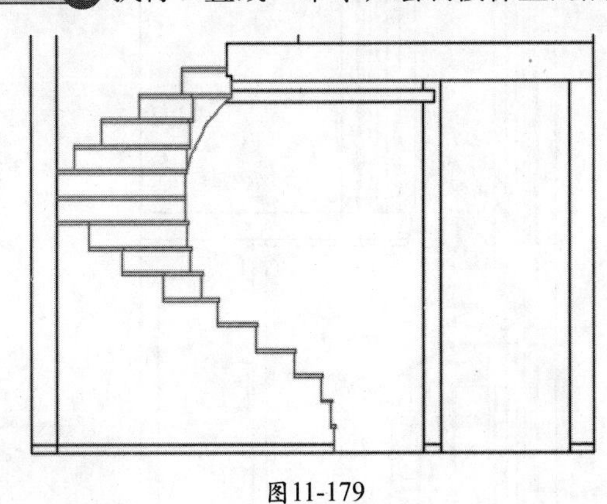
图11-179

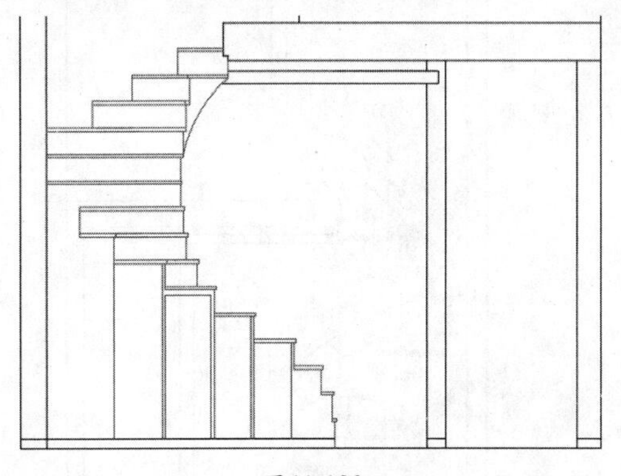
图11-180

STEP 11 执行“偏移”和“修剪”命令，偏移隔板的水平线段，具体尺寸如图11-181所示。

STEP 12 执行“直线”命令，示意隔板位置，如图11-182所示。

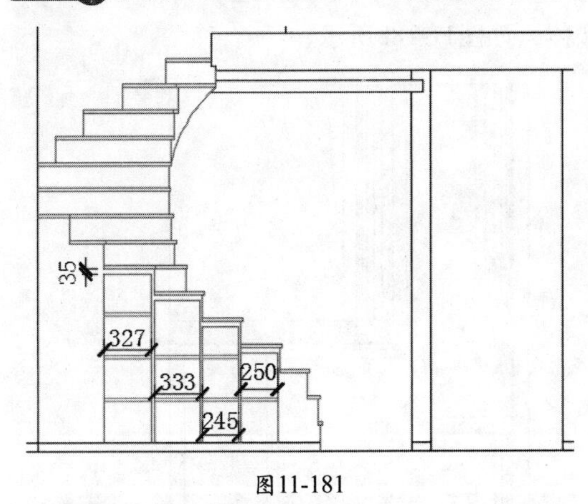

图11-181

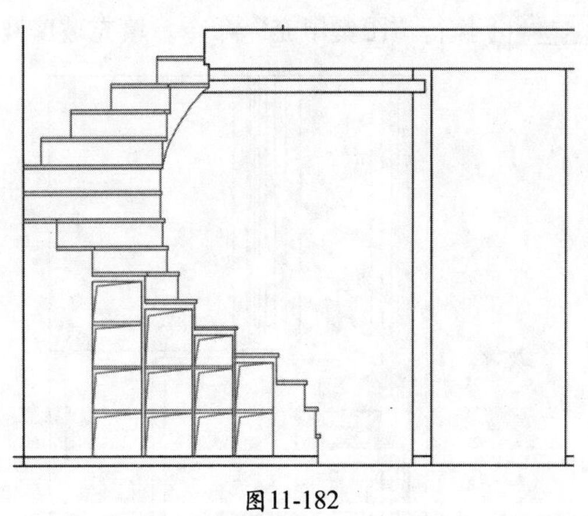
图11-182

STEP 13 执行“样条曲线”和“直线”命令，绘制扶手及栏杆，如图11-183所示。

STEP 14 执行“修剪”命令，修剪掉被遮挡部分线段，如图11-184所示。

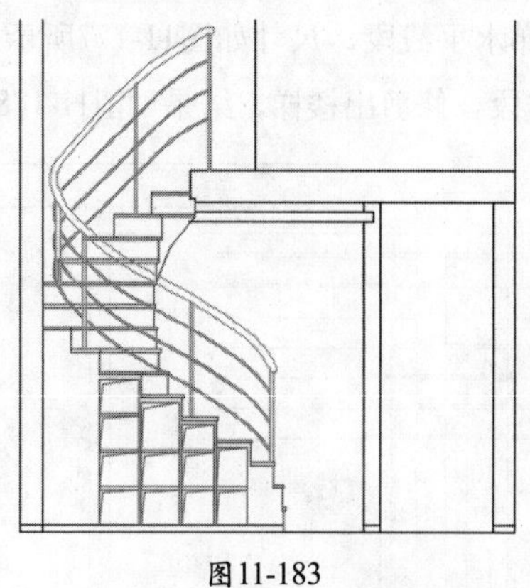
图11-183

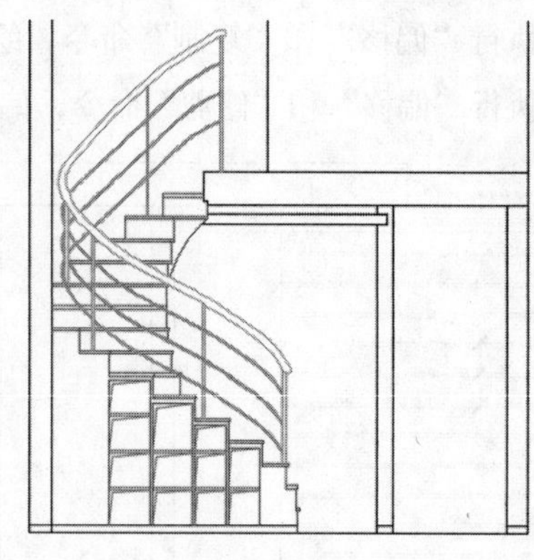
图11-184

STEP 15 执行“直线”命令，绘制直线示意空白未绘制部分，如图11-185所示。

STEP 16 执行“偏移”命令，偏移线段示意圆弧形墙体，如图11-186所示。

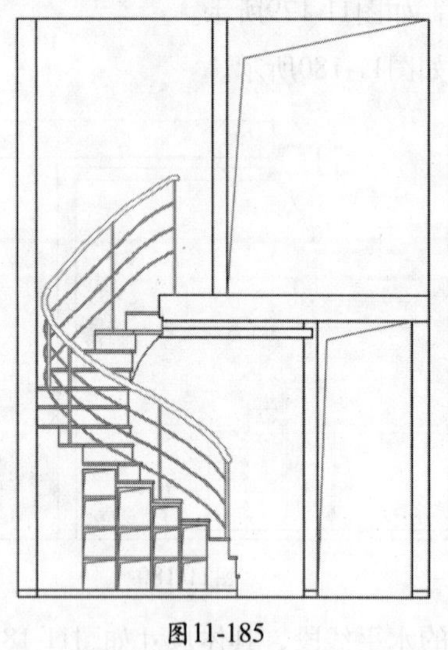
图11-185

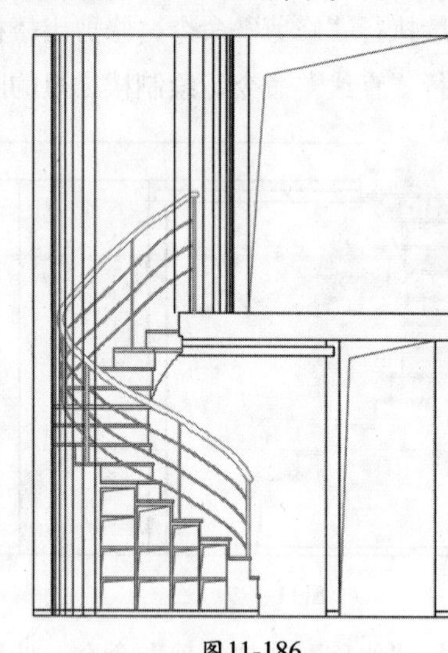
图11-186

STEP 17 执行“修剪”和“圆弧”命令，修剪被遮挡线段，如图11-187所示。

STEP 18 执行“图案填充”命令，填充玻璃及墙体，如图11-188所示。

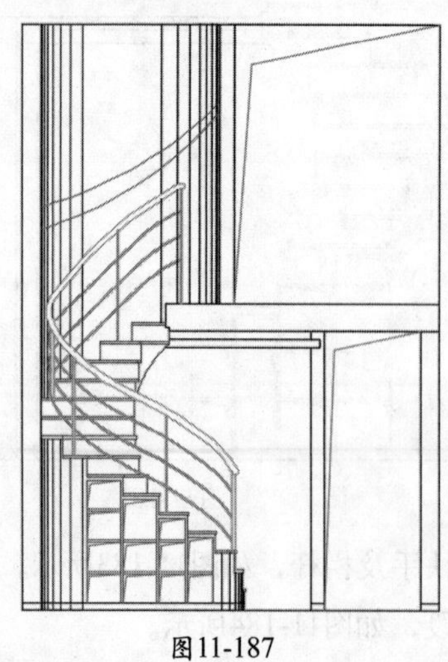
图11-187

图11-188

STEP 19 执行“多重引线”命令，标注墙面的装饰材质，结果如图11-189所示。

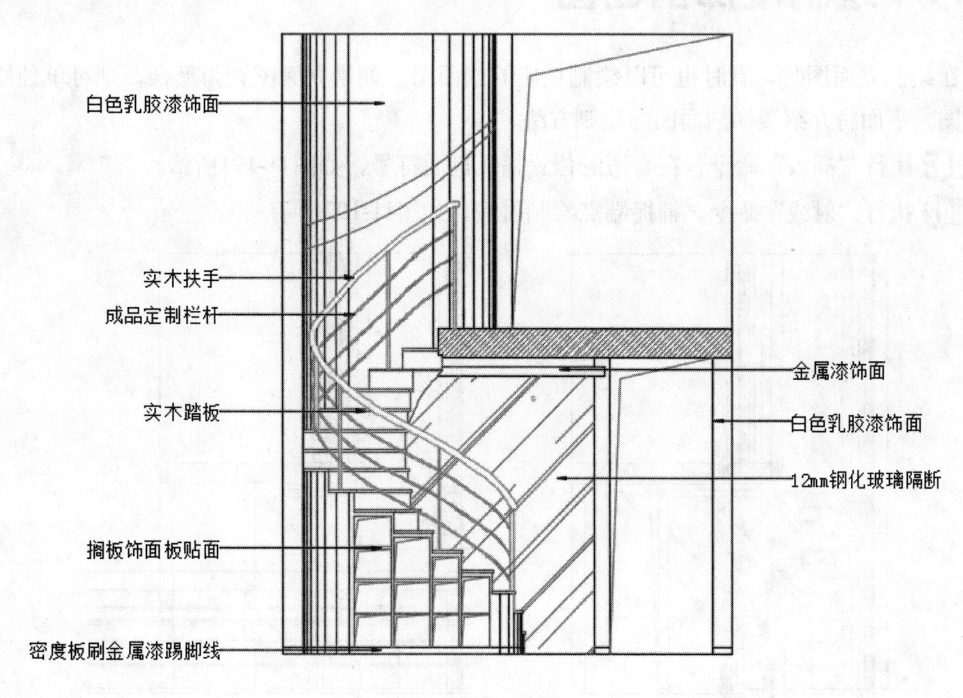

图11-189

STEP 20 执行“线性”和“连续”标注命令，标注图形具体尺寸，结果如图11-190所示。

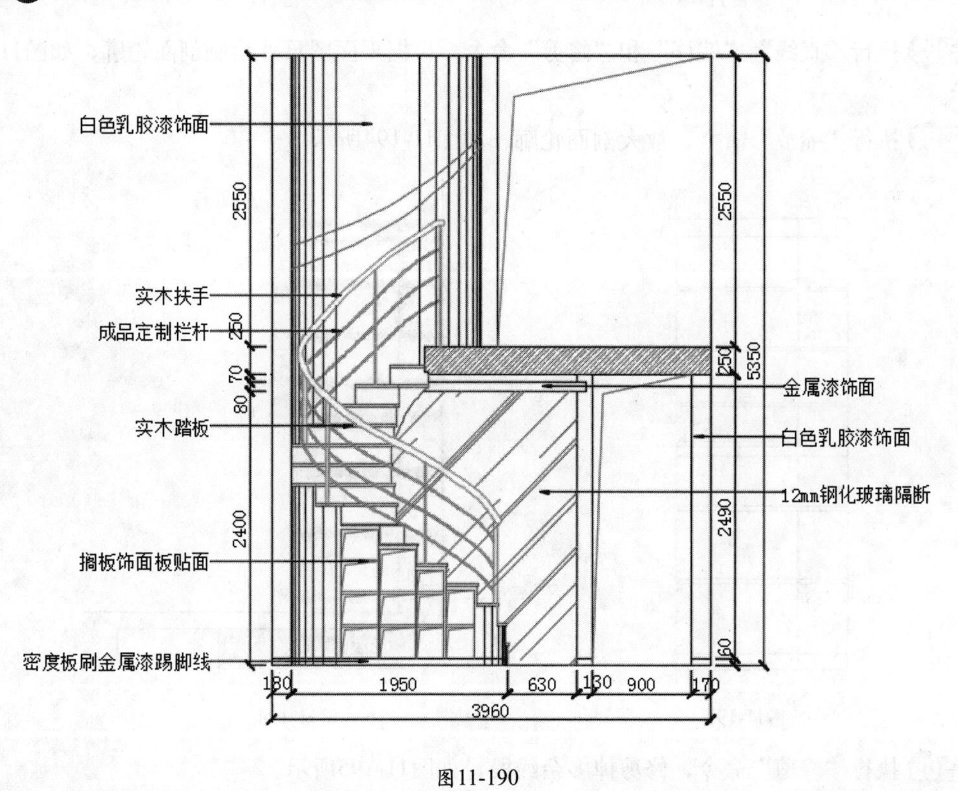

图11-190

11.4 绘制楼梯剖面图

在绘制立面图时，有时也可以绘制相应的剖面图。如果立面图较为复杂，则可单独绘制剖面图。下面将介绍楼梯剖面图的绘制方法。

STEP 01 执行“插入”命令，在合适的位置插入剖面符号，如图11-191所示。

STEP 02 执行“射线”命令，捕捉端点绘制射线，如图11-192所示。

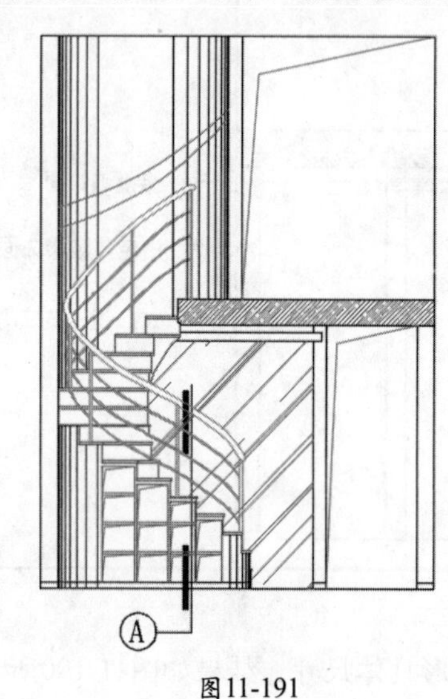

图11-191

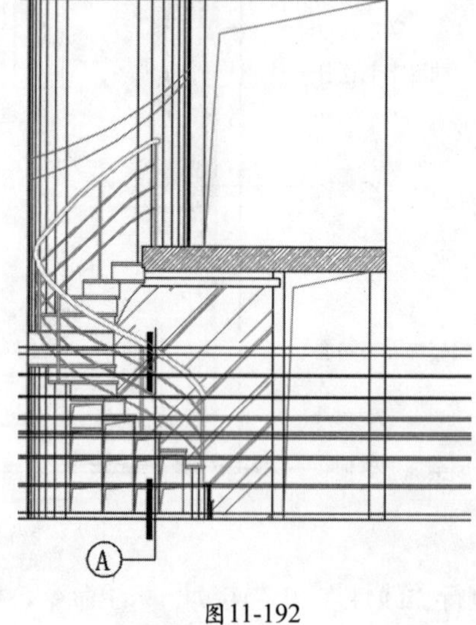

图11-192

STEP 03 执行“直线”“偏移”和“修剪”命令，根据平面图尺寸绘制剖面轮廓，如图11-193所示。

STEP 04 执行“缩放”命令，放大剖面轮廓，如图11-194所示。

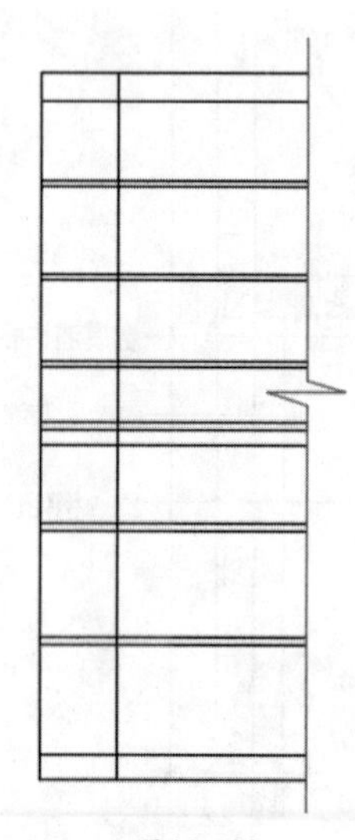
图11-193

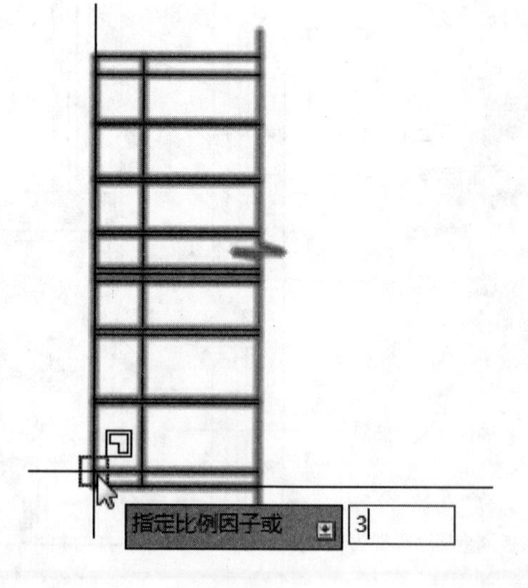

图11-194

STEP 05 执行“修剪”命令，修剪掉多余线段，如图11-195所示。

STEP 06 执行“偏移”命令，偏移隔板线段，如图11-196所示。

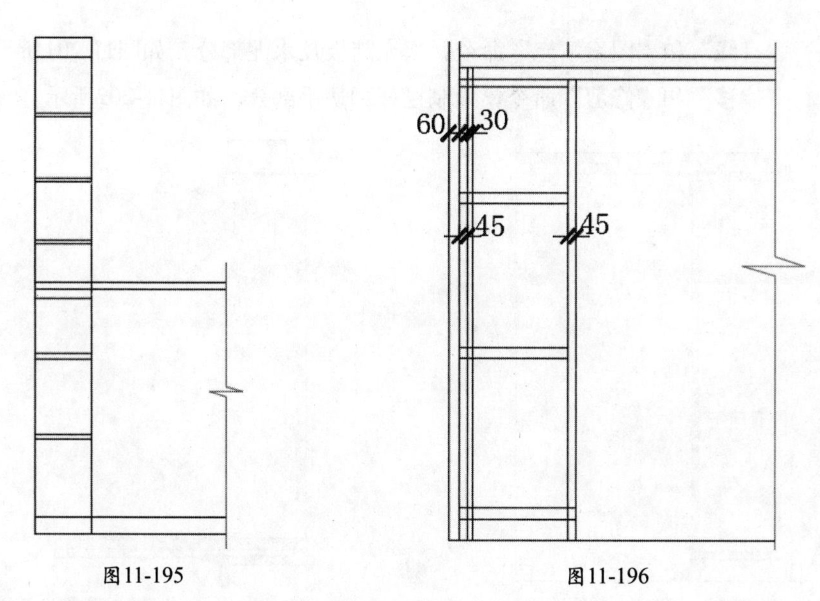

图11-195　　　　图11-196

STEP 07 执行“修剪”命令，修剪多余线段，如图11-197所示。

STEP 08 执行“偏移”和“修剪”命令，偏移夹板及木工板，如图11-198所示。

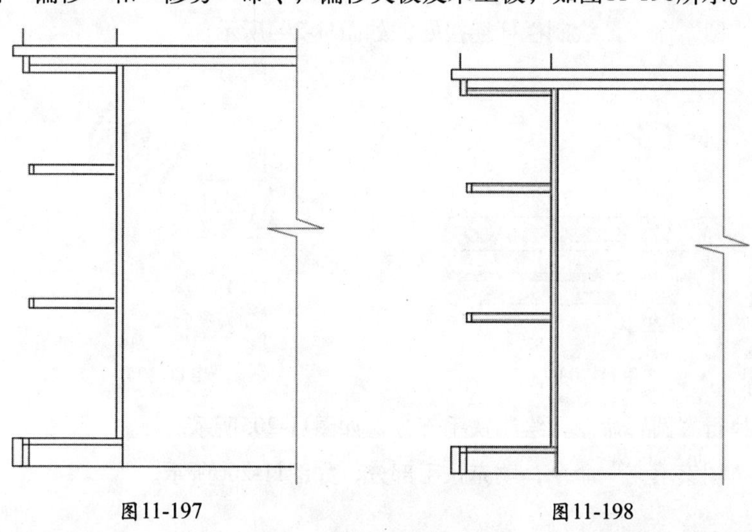

图11-197　　　　图11-198

STEP 09 执行“直线”和“复制”命令，绘制木工板细节图，结果如图11-199所示。

STEP 10 执行“偏移”和“修剪”命令，绘制隔板细节图，尺寸如图11-200所示。

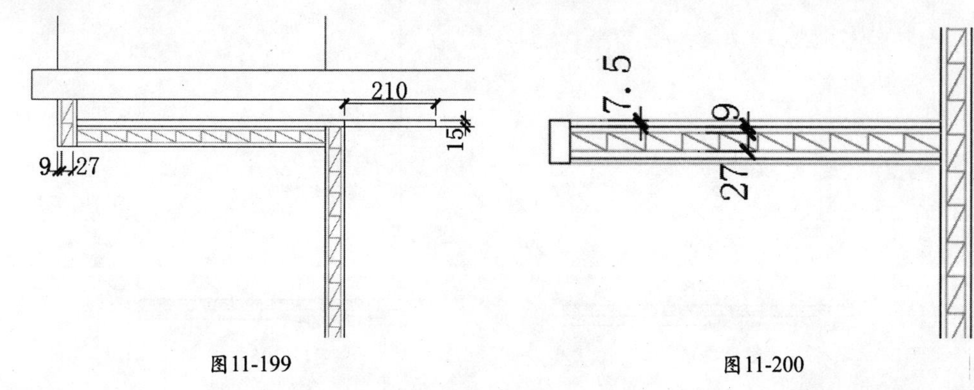

图11-199　　　　图11-200

STEP 11 执行“直线”和“图案填充”命令，填充踏板及水泥部分，如图11-201所示。

STEP 12 执行“偏移”和“修剪”命令，绘制栏杆和扶手部分，如图11-202所示。

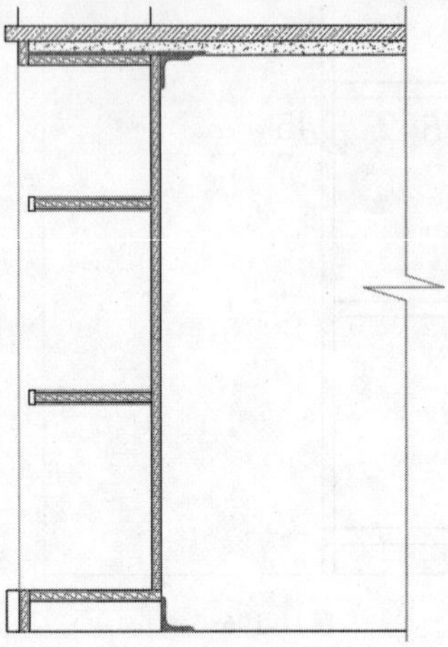

图11-201

图11-202

STEP 13 执行“矩形”命令，绘制细节部分，尺寸如图11-203所示。

STEP 14 执行“圆”命令，绘制栏杆连接处，如图11-204所示。

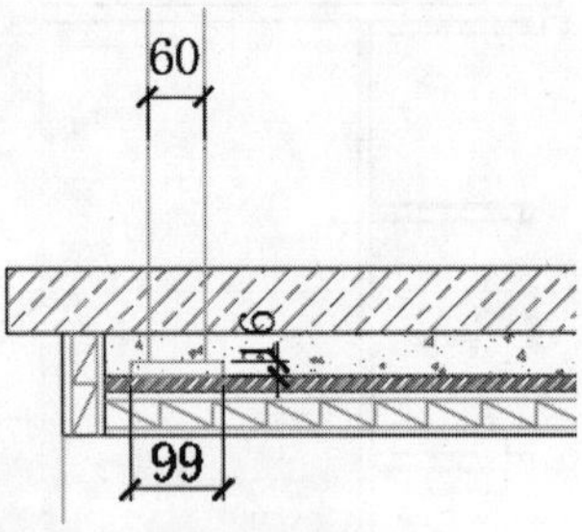

图11-203

图11-204

STEP 15 继续执行“圆”命令，绘制扶手部分，如图11-205所示。

STEP 16 执行“图案填充”命令，填充扶手部分，如图11-206所示。

图11-205

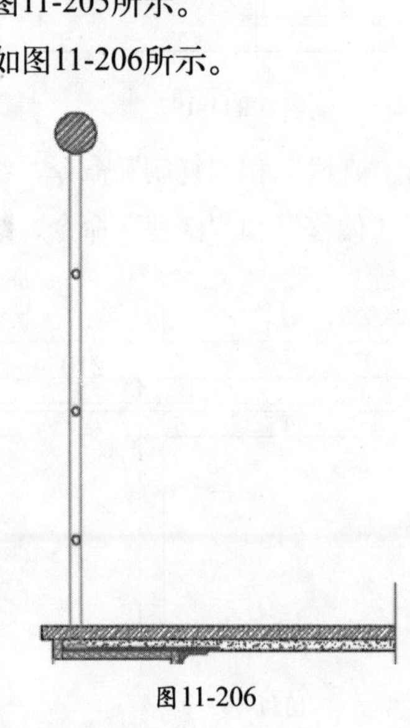

图11-206

STEP 17 执行“多重引线”命令，添加材质说明，如图11-207所示。

STEP 18 执行“复制”命令，复制多重引线，双击文字进行修改，如图11-208所示。

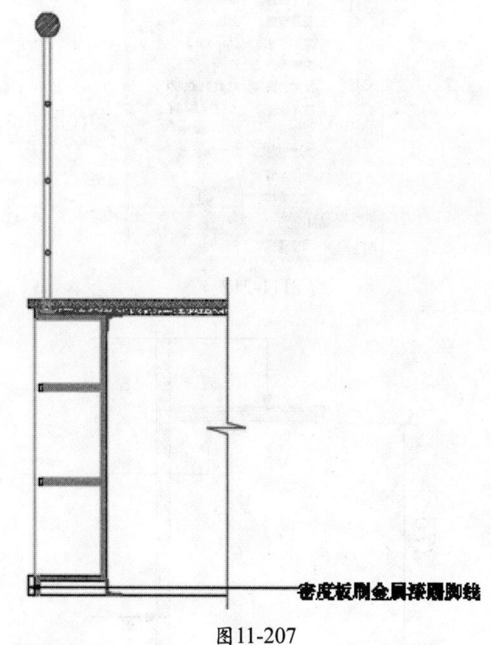

图11-207

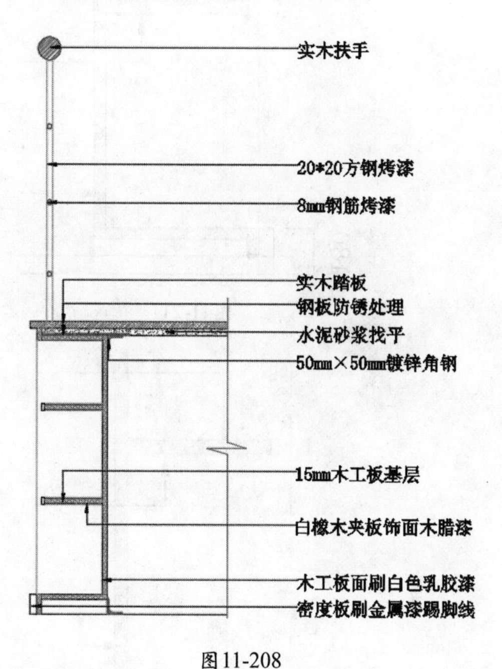

图11-208

STEP 19 执行“标注样式”命令，新建“剖面标注”样式，如图11-209所示。

STEP 20 设置超出尺寸线20、起点偏移量50、箭头为建筑标记、大小为60，文字如图11-210所示。

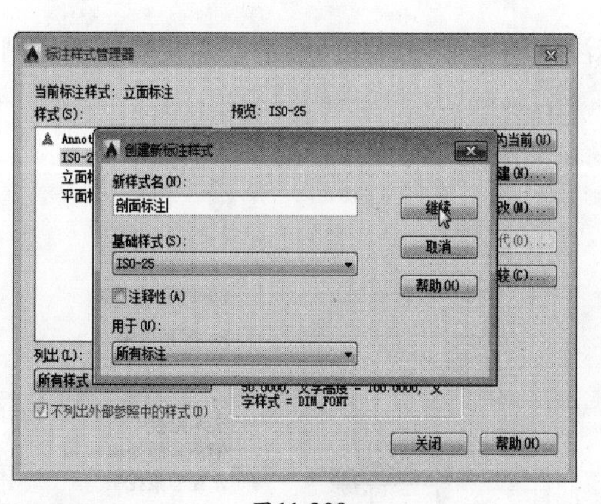

图11-209

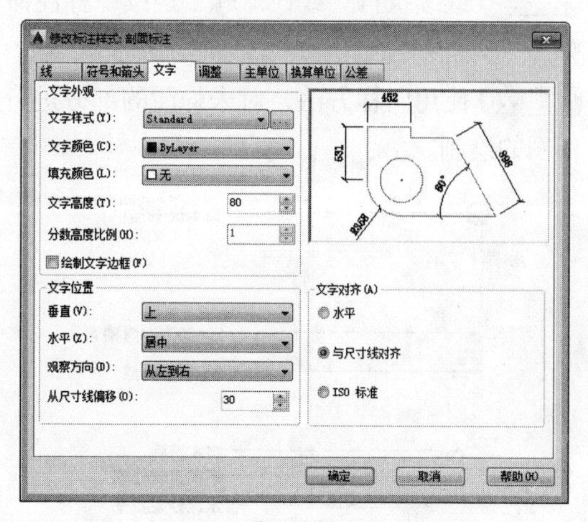

图11-210

STEP 21 执行“线性”标注命令，对踢脚线进行尺寸标注，如图11-211所示。

STEP 22 选择标注，右击选择“特性”选项，打开“特性”面板，在文字替代处输入60，如图11-212所示。

STEP 23 返回查看踢脚线标注，标注文字已更改，如图11-213所示。

STEP 24 继续执行“线性”标注命令，标注隔板尺寸，同样更改文字内容，如图11-214所示。

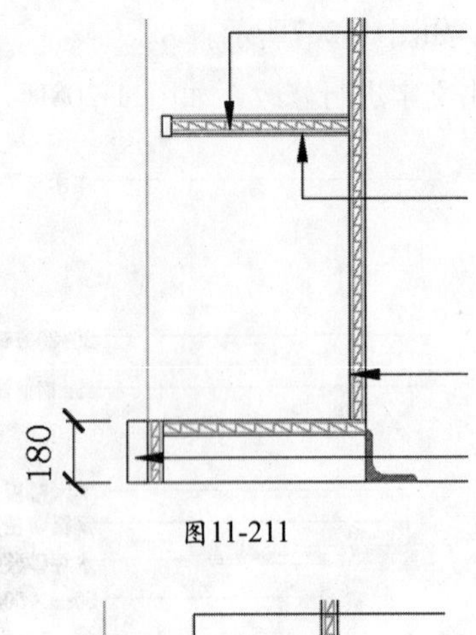

图11-211

图11-212

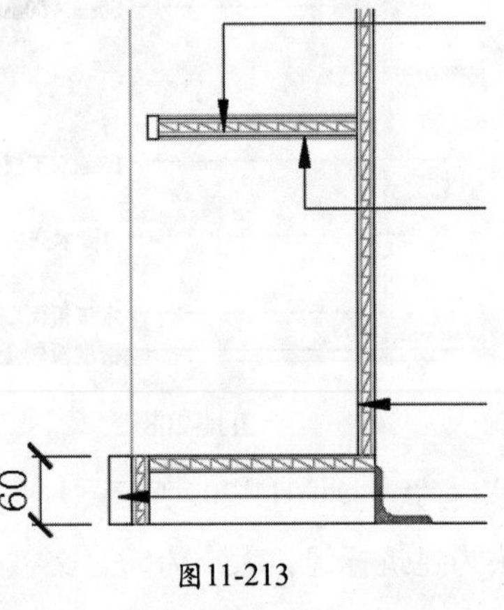

图11-213

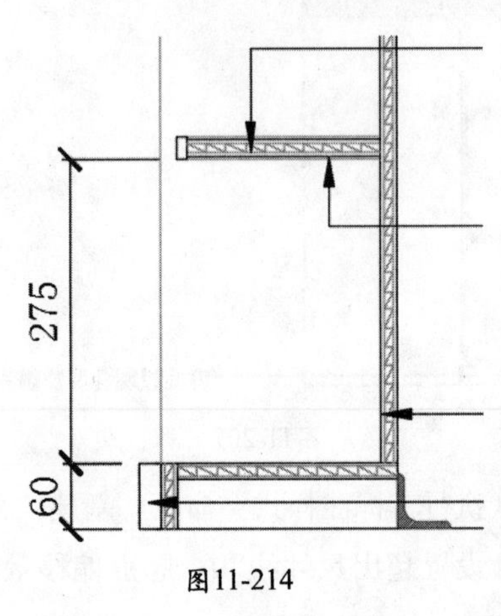

图11-214

STEP25 继续执行“线性”和“连续”标注命令，对剖面图尺寸进行标注，更改文字内容，如图11-215所示。

STEP26 使用同样方法，对未标注的部分进行标注，结果如图11-216所示。至此完成楼梯剖面图的绘制。

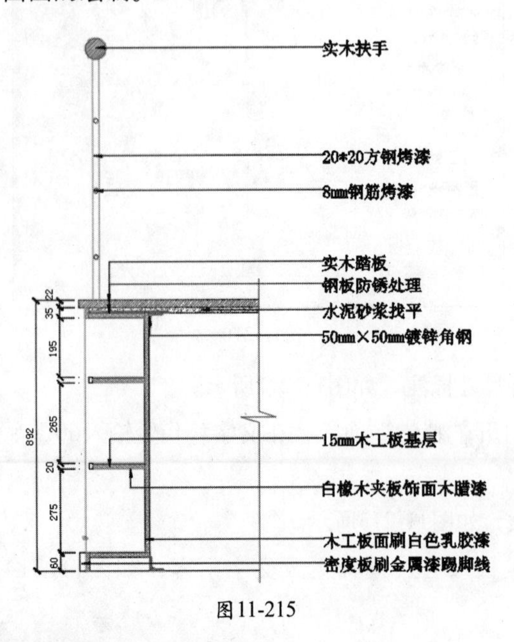

图11-215

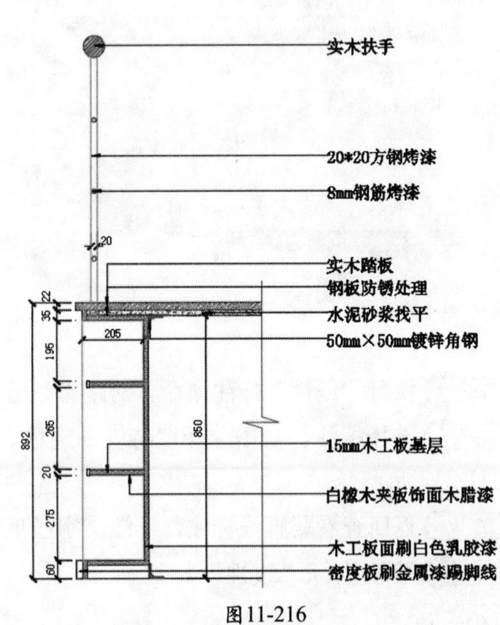

图11-216

第12章 综合案例：绘制专卖店施工图

内容概要：

专卖店是企业品牌推广的重要环节，它能有效地传达企业品牌形象，增强品牌印象，从而推动产品销售。不论是商品的橱窗还是展览会场的空间设计，都是企业形象的展现。本章将以某品牌服装专卖店的施工图设计为例展开介绍，通过学习不仅可以熟悉专卖店的设计原则，还能掌握专卖店图纸的设计方法与技巧，最终做到学以致用。

知识要点：

- 专卖店空间设计的技巧
- 专卖店平面图的绘制方法
- 专卖店立面图的绘制方法
- 专卖店大样图的绘制方法

课时安排：

理论教学1课时
上机实训4课时

案例文件：

本案例素材文件和最终文件在“光盘:\素材文件\第12章”目录下，本案例的操作视频在“光盘:\操作视频\第12章”目录下。

12.1 专卖店空间设计知识

专卖店设计是指专卖商店的形象设计，其主要目标是吸引各种类型的过往顾客停下脚步，仔细观望，吸引他们进店购买。因此，专卖商店的店面应该新颖别致，具有独特风格，并且清新典雅。

12.1.1 专卖店设计构成

专卖店设计主要包括商标设计、招牌与标志设计、橱窗设计、店面的布置以及商品陈列等。

1. 商标设计

专卖商店的形象与名称和商标有着很紧密的关系。店名很重要，但不能偏离主题太远。有了响亮的店名后，还需设计相应的商标，商标设计要力求简单形象、美观大方。换句话说，店名是一种文字说明，商标是一种图案表现，图案更易给人留下深刻的印象。

2. 橱窗设计

橱窗是专卖店设计的重要组成部分，是吸引顾客的重要手段。它就像一幅画展示在人流之中，被过往行人欣赏、议论、品头论足。专卖商店橱窗设计要遵守三个原则：一是以别出心裁的设计吸引顾客，切忌平面化，努力追求动感和文化艺术色彩；二是通过一些生活化场景使顾客感到亲切自然，进而产生共鸣；三是努力给顾客留下深刻的印象，使顾客过目不忘，刻入脑海。

3. 店面布置

专卖店布置的主要目的是突出商品特征，使顾客产生购买欲望，且便于他们挑选和购买。在布置专卖店店面时，要考虑多种相关因素，如空间的大小、种类的多少、商品的样式、灯光的氛围、收银台的位置等。

4. 商品的陈列

专卖商品的成功在于特色。所谓的特色不仅在于所经营的商品独特，还在于商品陈列的与众不同。专卖商店的商品陈列有一些共同性的要求，如特色突出、色彩协调、材料选择适当等。由于专卖店种类不同，它们对商品陈列的要求也就不同。因此，即使是同一类专卖店也有必要寻求自己的特色。

12.1.2 专卖店设计风格

随着人们消费水平的不断提高，各种各样的专卖店遍地开花，且装修设计风格千姿百态，从而吸引着人们前去光顾。目前，个性、概念型的店面装饰风格脱颖而出，逐步取代了以往那种沉闷、千篇一律的装修风格。下面将对较为典型的几种店面设计风格进行简单介绍。

1. 个性店铺风格

该类风格设计不强调华丽的装扮，用普通甚至是最原始的装饰达到店面的个性化，同时用不同的商品、饰品来点缀，以突出店面主题。这类设计风格具有强烈的视觉吸引力，如图12-1所示。

图12-1

2. 概念型店铺风格

以后现代主义为主导，融入了西方抽象派的夸张手法来突出品牌店面风格，其中用材考究、简练，色调搭配不拘一格，气氛另类、典雅，使人感觉心旷神怡，如图12-2所示。

图12-2

3. 张扬型店铺风格

用夸张的色调、图案及新型装饰材料装修的独树一帜，使人们的视觉焕然一新，不论在什么地方都有一种醒目的感觉，如图12-3所示。

图12-3

12.2 绘制专卖店平面图

了解了专卖店空间的基本设计原则后，接下来开始绘制服装专卖店的平面图，其中包括户型图、平面布置图、地面布置图和顶面布置图。

12.2.1 绘制专卖店原始户型图

户型图所表现的是建筑墙体的尺寸、门窗的位置、原始的功能分区等，这些要素的准确性直接关系到整个空间的设计效果。因此，户型图的绘制是尤为重要的一个环节。下面将根据前期的测量值开始绘制，具体的操作步骤如下所述。

STEP 01 执行“图层特性”命令，新建“轴线”图层，并设置其颜色为红色。同理依次创建

"墙体""门窗"等图层，如图12-4所示。

STEP 02 设置"轴线"图层为当前层。执行"直线"和"偏移"命令，根据现场测量尺寸，绘制出墙体轴线，如图12-5所示。

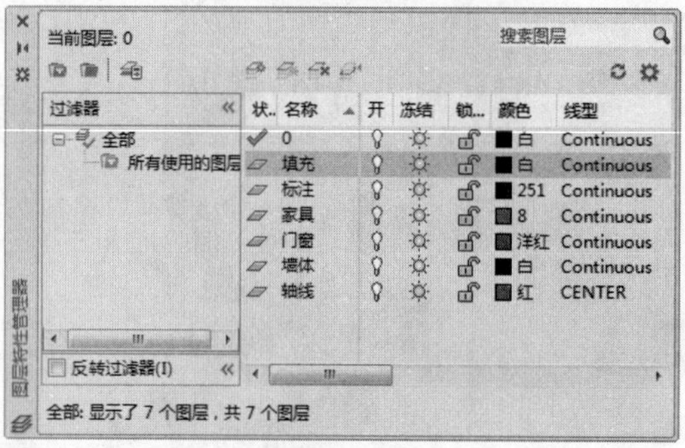

图12-4

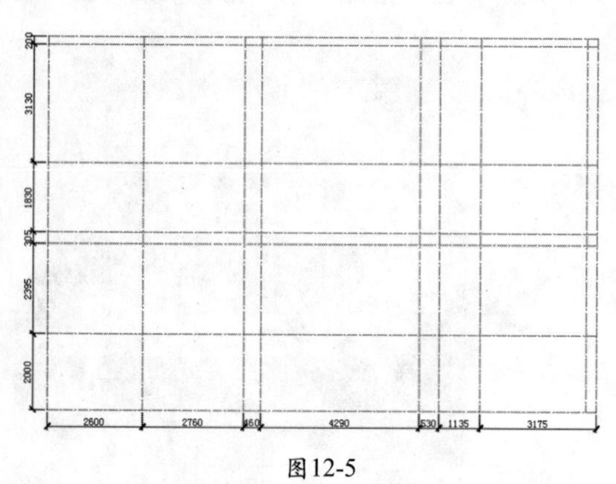

图12-5

STEP 03 设置"墙体"图层为当前层，执行"矩形"和"复制"命令，绘制820×640的矩形，并进行复制，居中对齐到轴线交叉点，如图12-6所示。

STEP 04 继续执行"矩形"命令，绘制820×820的矩形并进行复制，居中对齐到轴线交叉点，如图12-7所示。

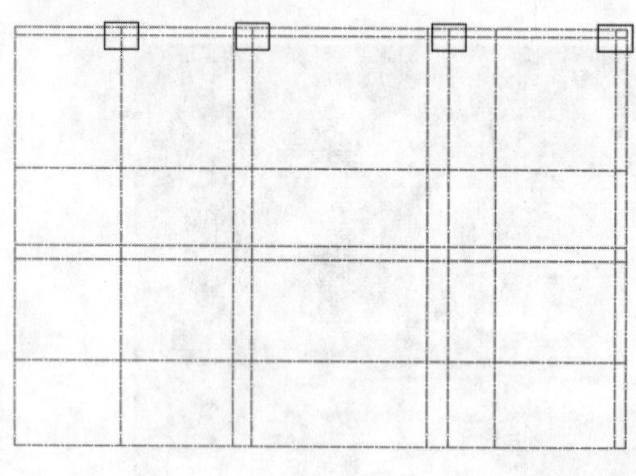

图12-6

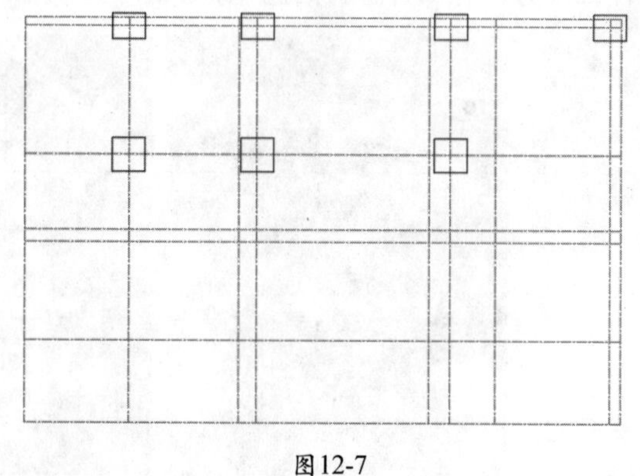

图12-7

STEP 05 执行"矩形"命令，绘制650×650的矩形，居中对齐到轴线交叉点，如图12-8所示。

STEP 06 执行"多线样式"命令，在打开的对话框中单击"修改"按钮，打开相应对话框，勾选直线的"起点"和"端点"复选框，单击"确定"按钮，如图12-9所示。

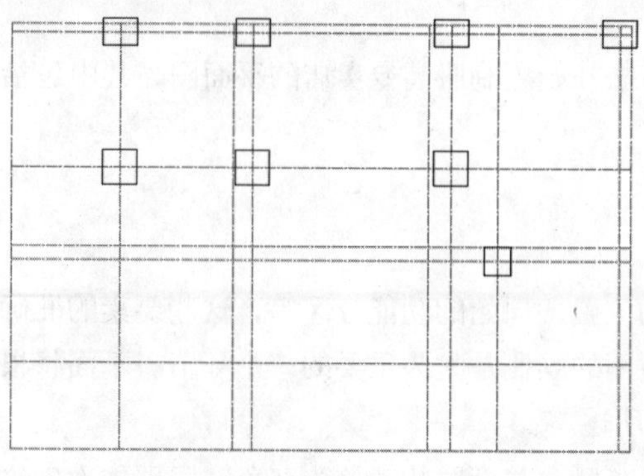

图12-8

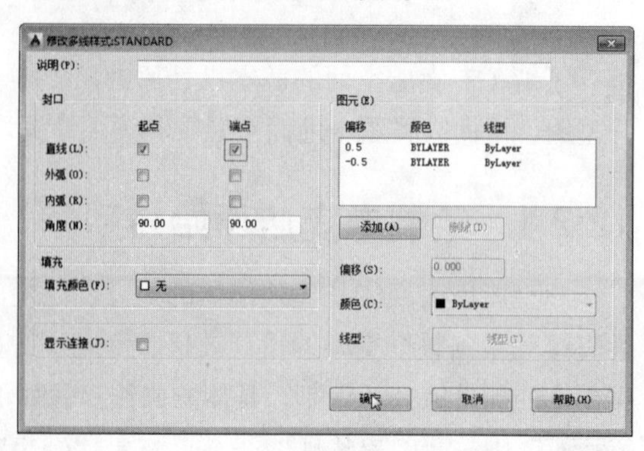

图12-9

STEP 07 执行“多线”命令，设置比例为240，对正方式为无，沿轴线绘制墙体，如图12-10所示。

STEP 08 双击多线，打开“多线编辑工具”对话框，选择合适的工具，如图12-11所示。

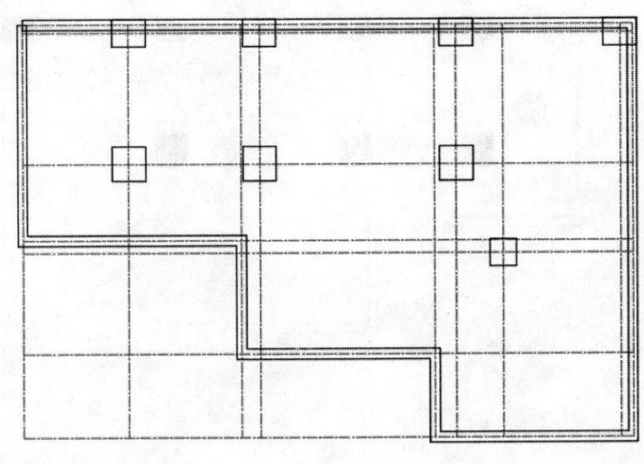

图12-10

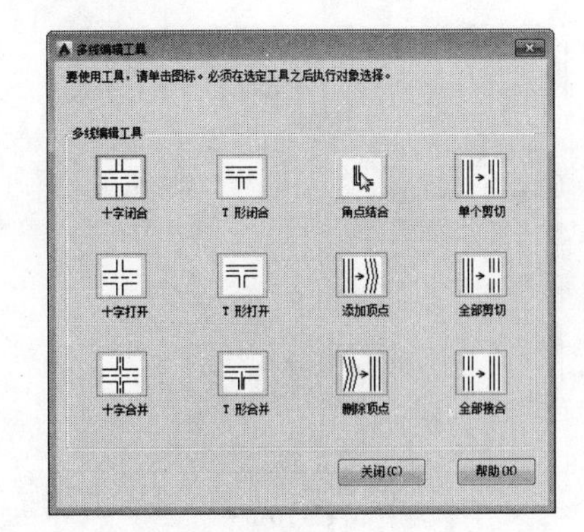

图12-11

STEP 09 返回到绘图区，单击要编辑的多线，如图12-12所示。

STEP 10 将多线炸开，执行“偏移”和“修剪”命令，制作门洞，如图12-13所示。

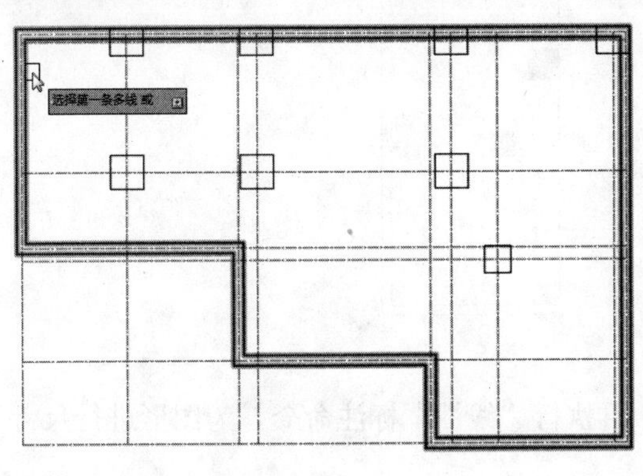

图12-12

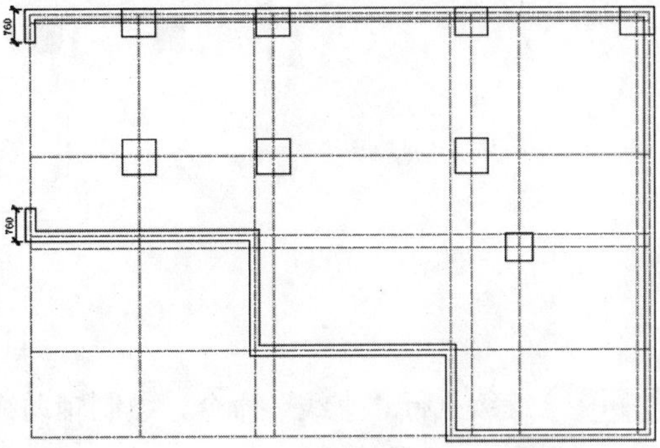

图12-13

STEP 11 在图层管理器中关闭“轴线”图层，如图12-14所示。

STEP 12 执行“直线”和“偏移”命令，在门洞处绘制一条直线，再偏移图形，如图12-15所示。

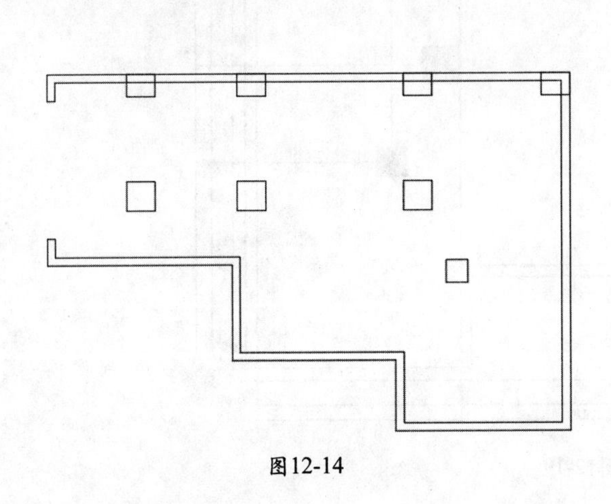

图12-14

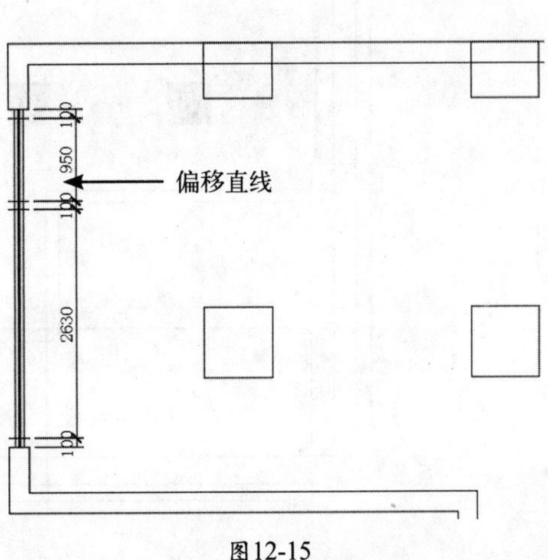

图12-15

STEP 13 执行“修剪”命令，修剪图形，并将玻璃线条设置到“门窗”图层，如图12-16所示。

STEP 14 执行“图案填充”命令，选择实体填充图案SOLID，设置颜色为黑色，选择柱子区域进行填充，如图12-17所示。

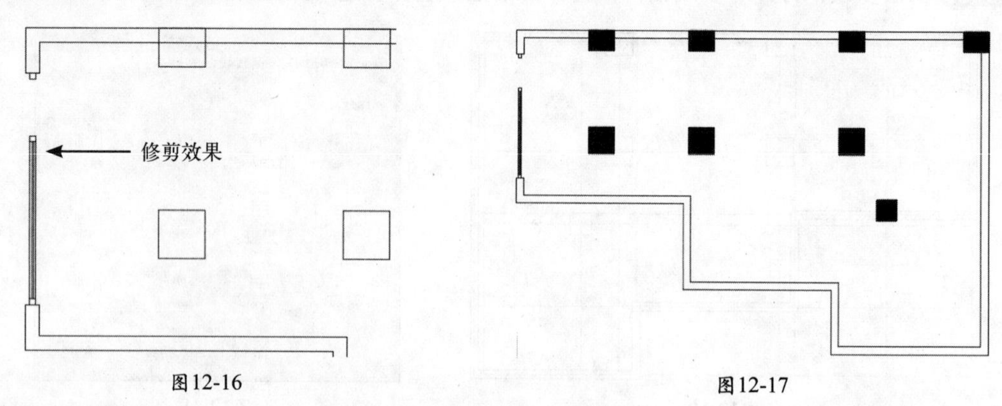

图12-16　　图12-17

STEP 15 执行“直线”命令，捕捉绘制一条直线，划分地面区域，如图12-18所示。

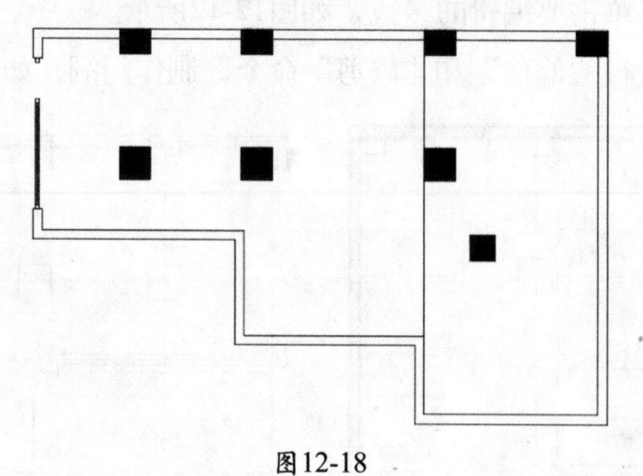

图12-18

STEP 16 继续执行“直线”命令，绘制辅助线，再执行“线性”标注命令，为图形进行尺寸标注，如图12-19所示。

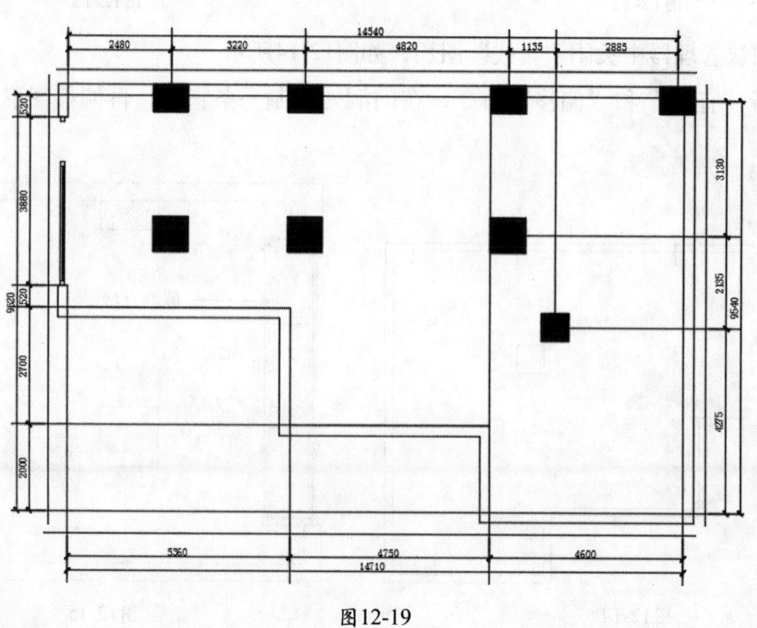

图12-19

STEP 17 删除辅助线，如图12-20所示。

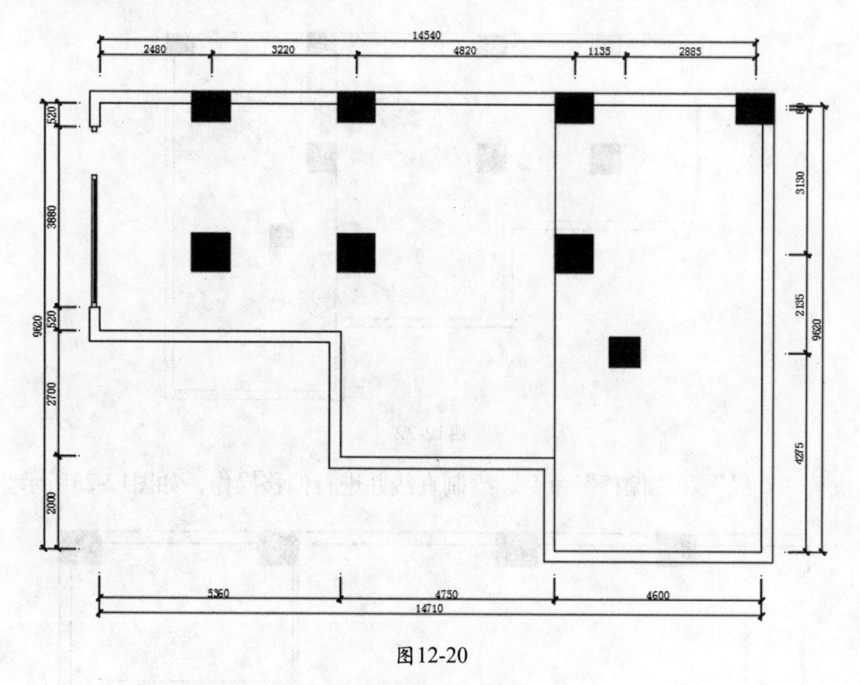

图12-20

STEP 18 为原始户型添加标高，完成图形的制作，如图12-21所示。

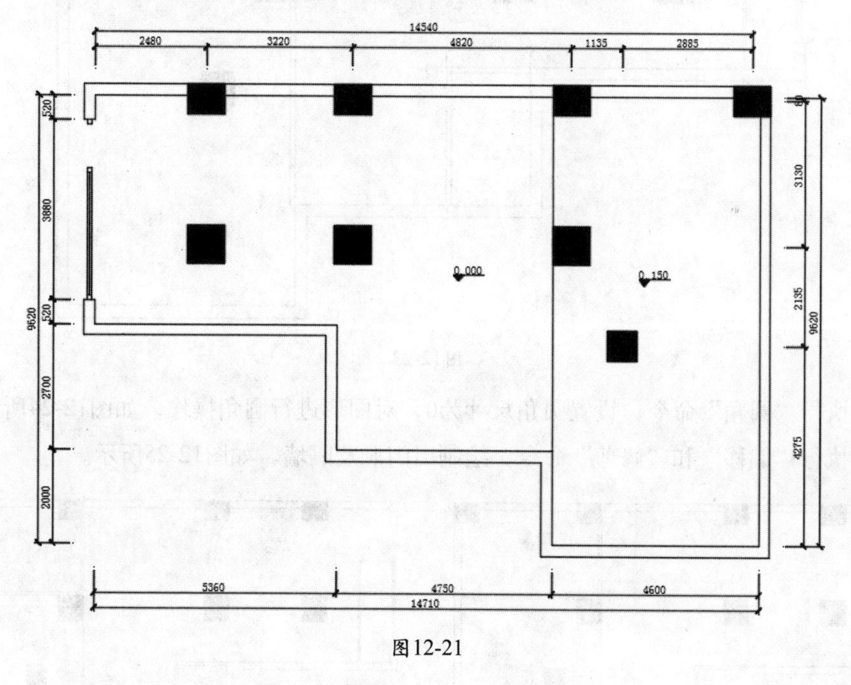

图12-21

12.2.2 绘制专卖店平面布置图

平面布置图是设计者根据用户的需求以及自己的设计思想，结合实际布局尺寸，对室内空间进行的合理布局分配。在绘制平面布置图时，通常先绘制室内的简单造型，然后插入家具图块，最后设置多重引线样式、文字样式，添加文字标注。

STEP 01 复制原始户型图，删除多余图形，如图12-22所示。

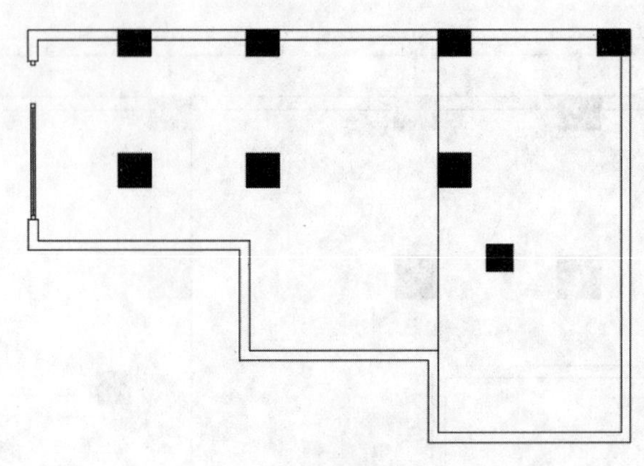

图12-22

STEP 02 执行“直线”和“偏移”命令，绘制直线并进行偏移操作，如图12-23所示。

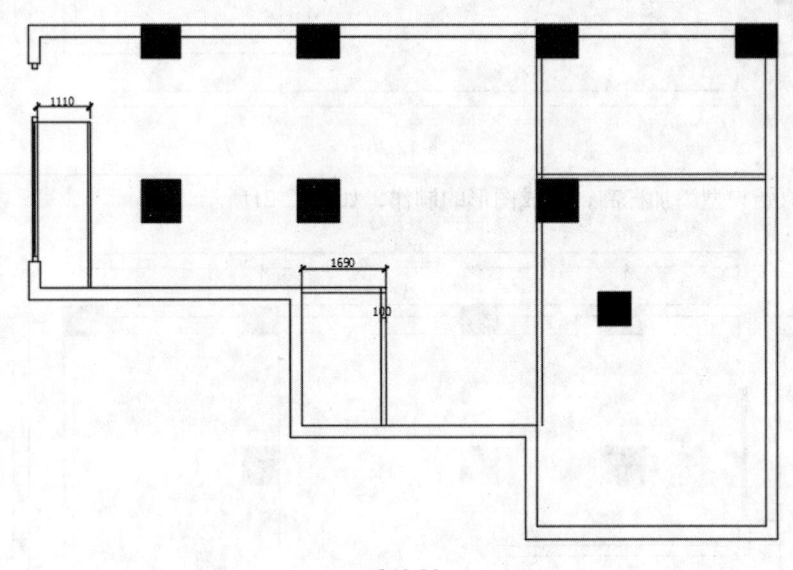

图12-23

STEP 03 执行“圆角”命令，设置圆角尺寸为0，对图形进行圆角操作，如图12-24所示。

STEP 04 执行“偏移”和“修剪”命令，绘制出门洞及隔墙，如图12-25所示。

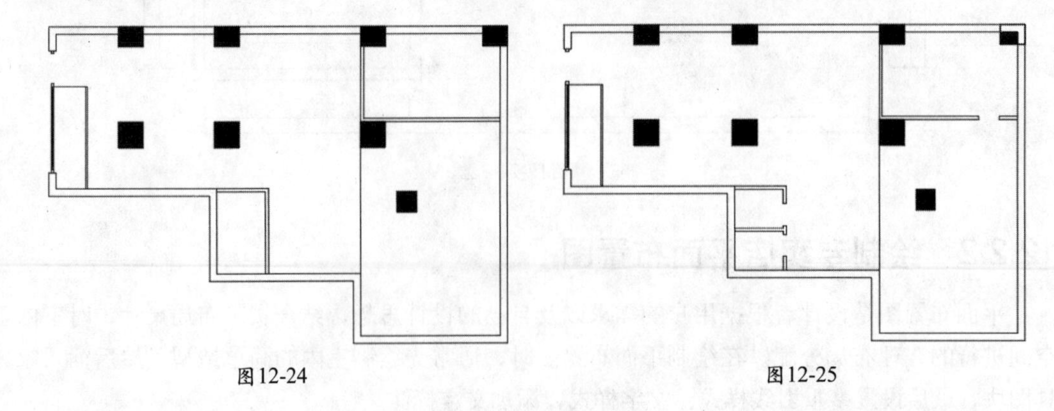

图12-24　　图12-25

STEP 05 执行“偏移”“修剪”和“直线”命令，绘制储物柜造型，如图12-26所示。

STEP 06 继续执行“偏移”“修剪”和“直线”命令，制作墙面造型，如图12-27所示。

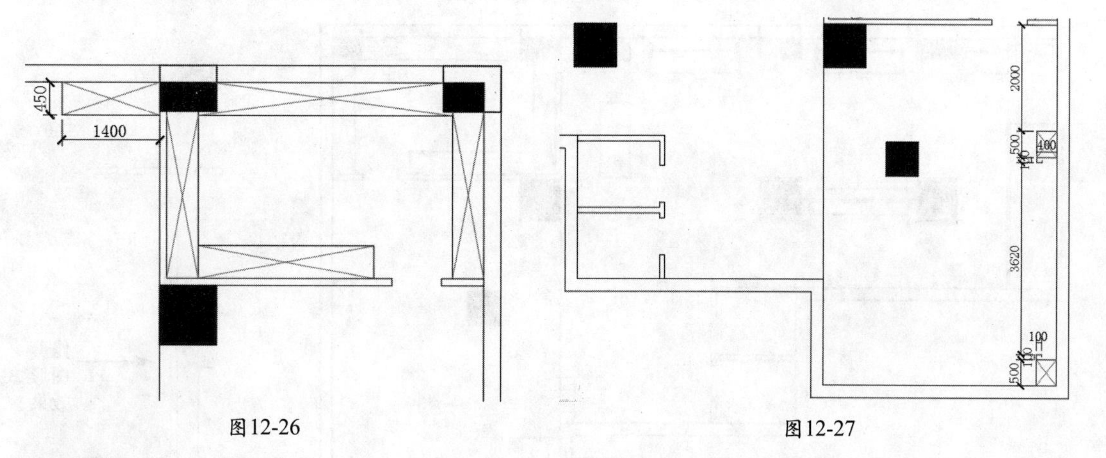

图12-26　　　　图12-27

STEP 07 执行“圆”和“直线”命令，绘制T5剖面，并将其放置到墙面造型位置，如图12-28所示。

STEP 08 执行“矩形”和“直线”命令，绘制多个矩形，并将其放置到合适的位置，如图12-29所示。

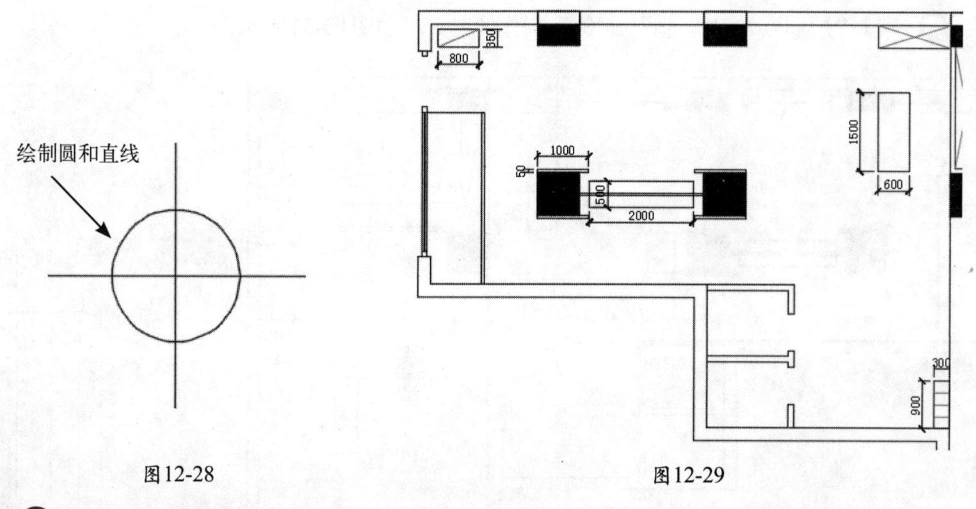

图12-28　　　　图12-29

STEP 09 执行“矩形”命令，绘制两个矩形，并进行复制，如图12-30所示。

STEP 10 执行“直线”“偏移”和“镜像”命令，制作出侧挂A图形，如图12-31所示。

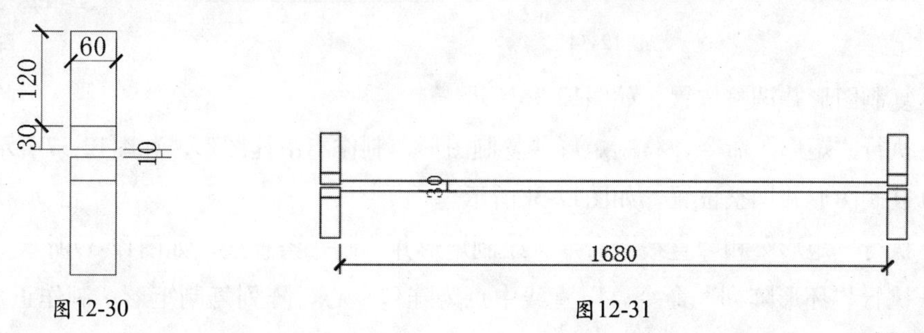

图12-30　　　　图12-31

STEP 11 复制图形，并调整侧挂长度，调整位置，如图12-32所示。

STEP 12 执行“矩形”和“修剪”命令，制作侧挂B图形，如图12-33所示。

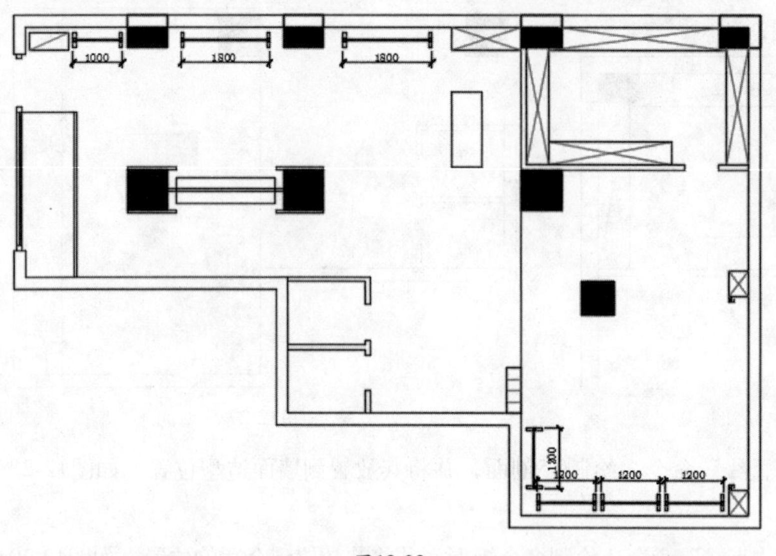

图12-32

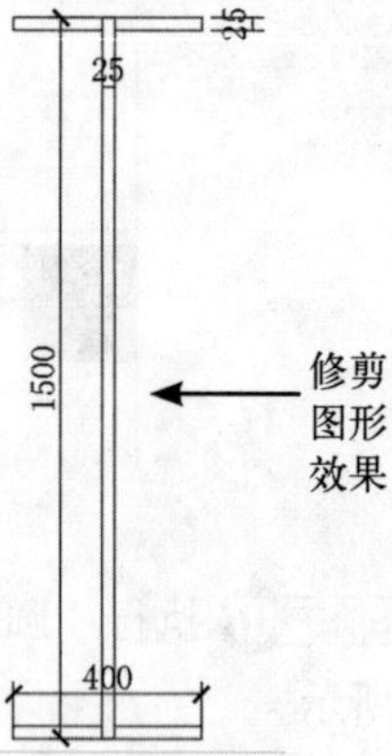

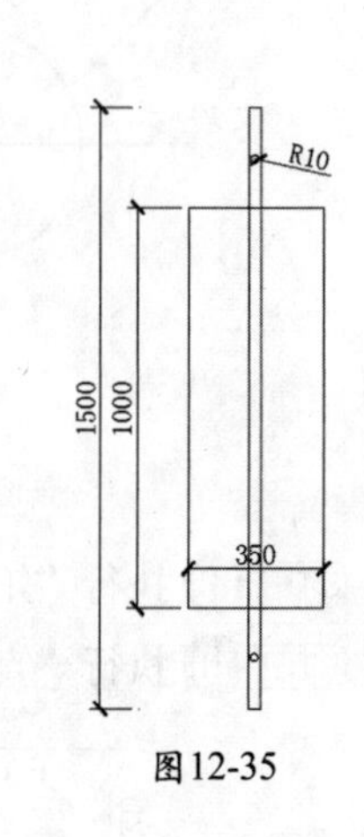

图12-33

STEP 13 复制图形，并调整侧挂长度，调整位置，如图12-34所示。

STEP 14 执行“矩形”和“复制”命令，制作侧挂C，如图12-35所示。

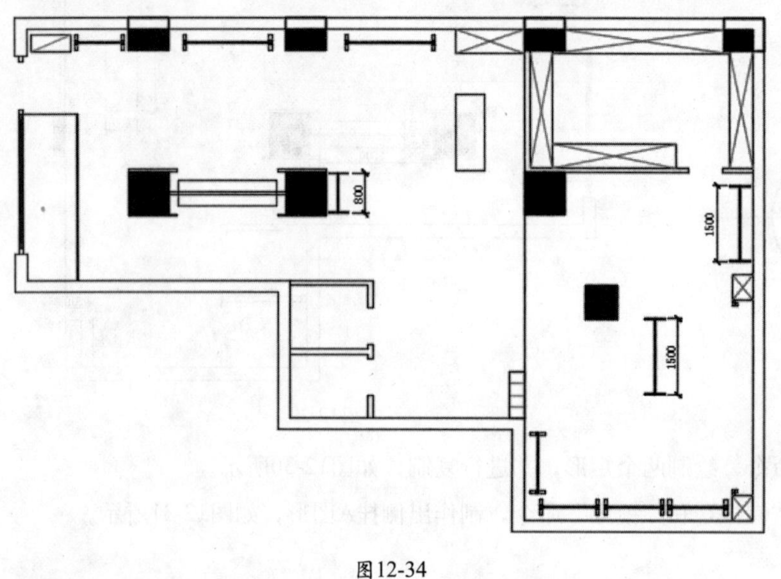

图12-34

图12-35

STEP 15 复制图形并调整位置，如图12-36所示。

STEP 16 执行“矩形”命令，绘制矩形并复制图形，制作出吊挂图形，如图12-37所示。

STEP 17 复制图形并调整位置，如图12-38所示。

STEP 18 执行“矩形”和“直线”命令，绘制矩形并绘制一条直线，如图12-39所示。

STEP 19 执行“环形阵列”命令，以直线中点为阵列中心，阵列复制矩形，制作正挂图形，如图12-40所示。

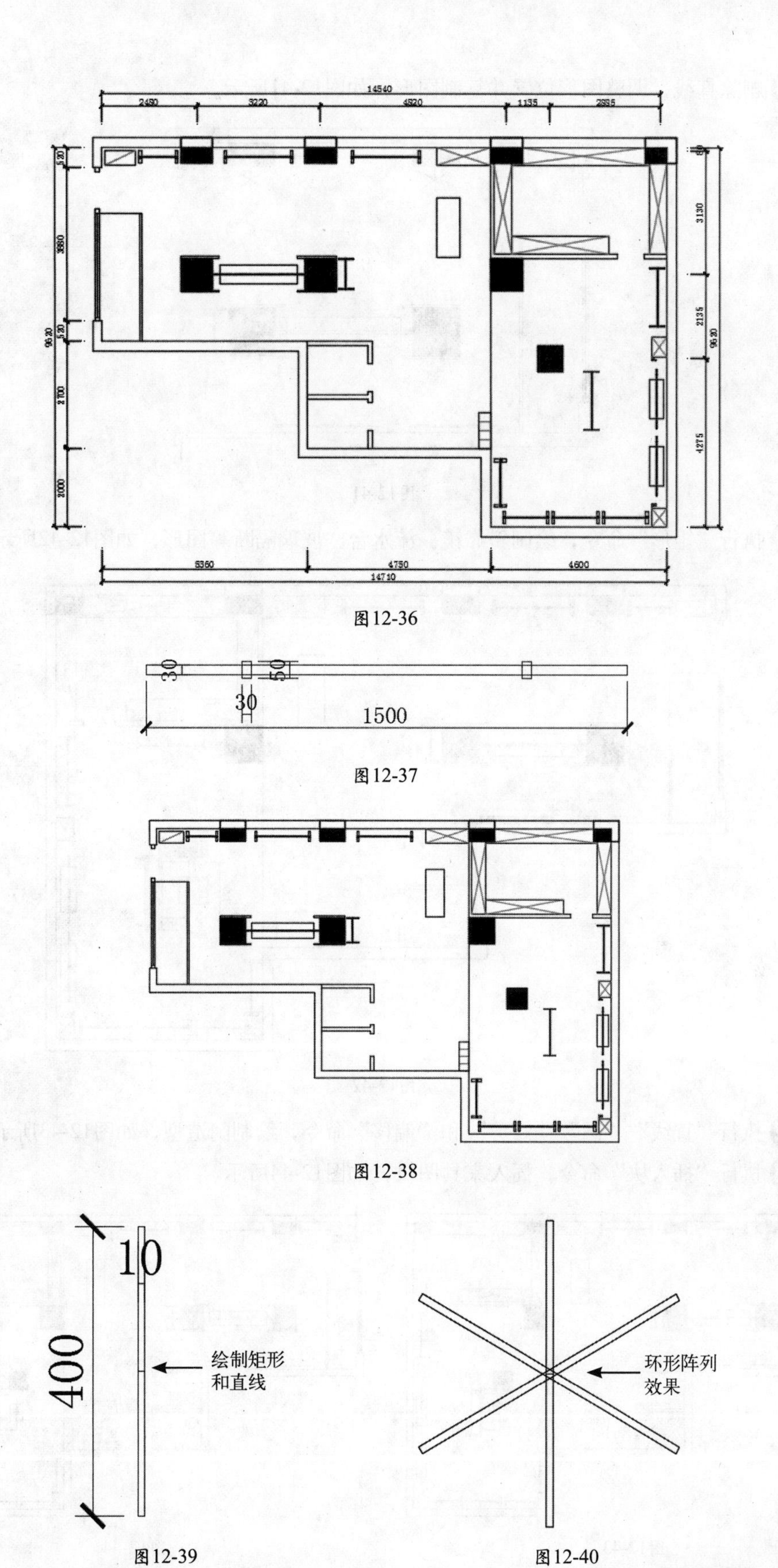

图12-36

图12-37

图12-38

图12-39

图12-40

STEP 20 删除直线，调整图形位置并复制图形，如图12-41所示。

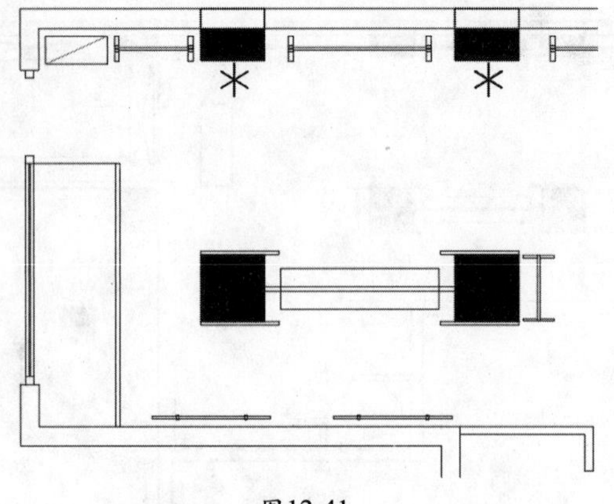

图12-41

STEP 21 执行“矩形”命令，绘制斜靠镜、流水台、玻璃隔断等图形，如图12-42所示。

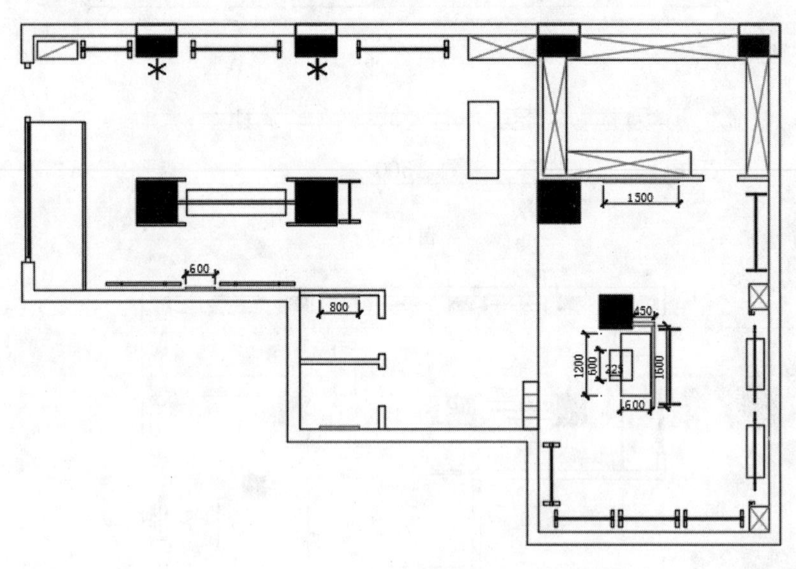

图12-42

STEP 22 执行“直线”“圆”“修剪”和“偏移”命令，绘制门造型，如图12-43所示。

STEP 23 执行“插入块”命令，插入家具图块，如图12-44所示。

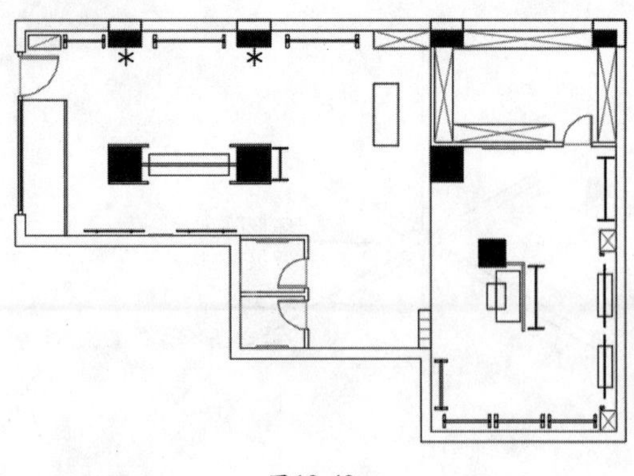

图12-43

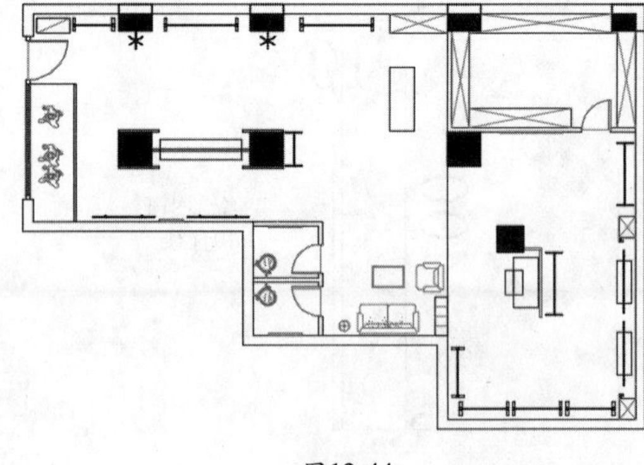

图12-44

STEP 24 执行“多行文字”命令，进行文字标注，如图12-45所示。

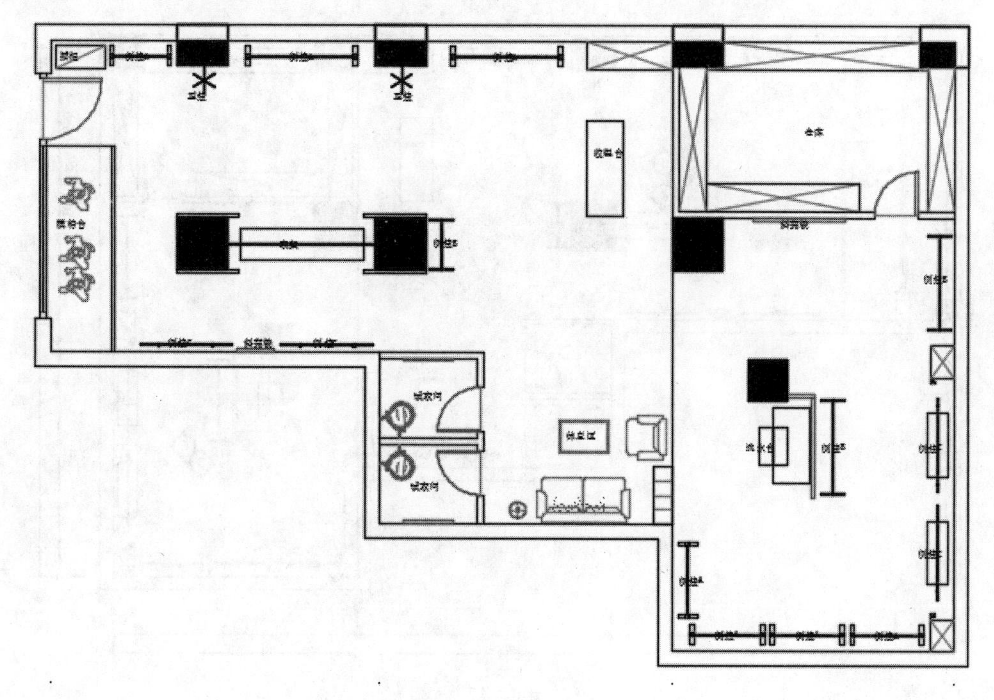

图12-45

STEP 25 调整尺寸标注，如图12-46所示。

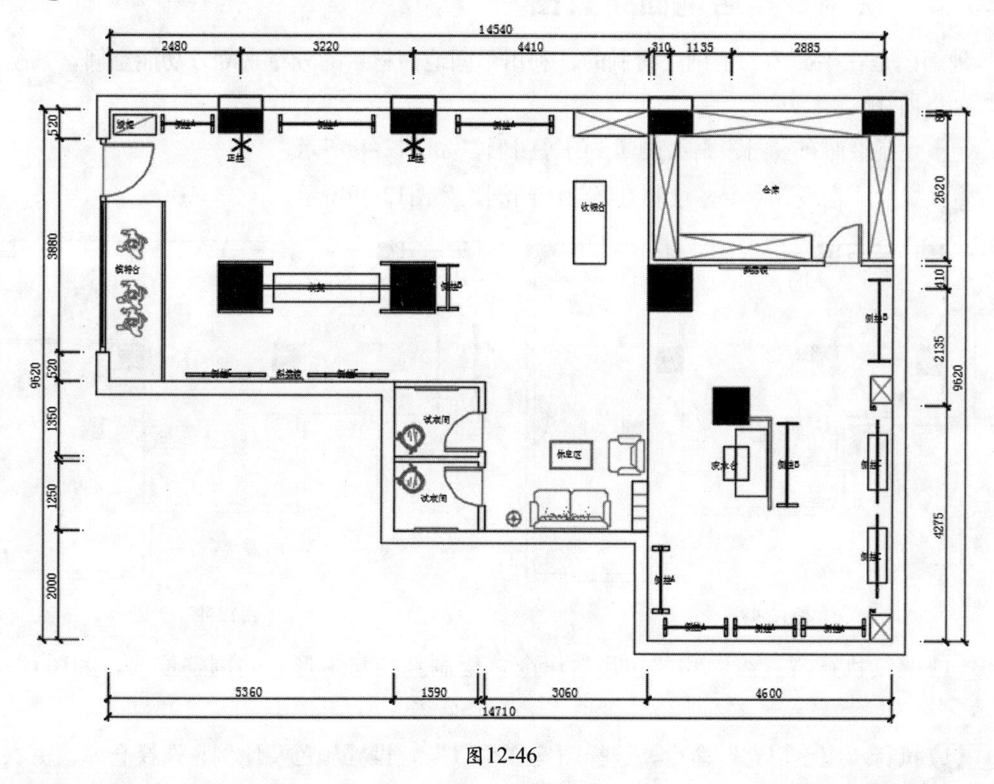

图12-46

STEP 26 最后添加索引符号，如图12-47所示。

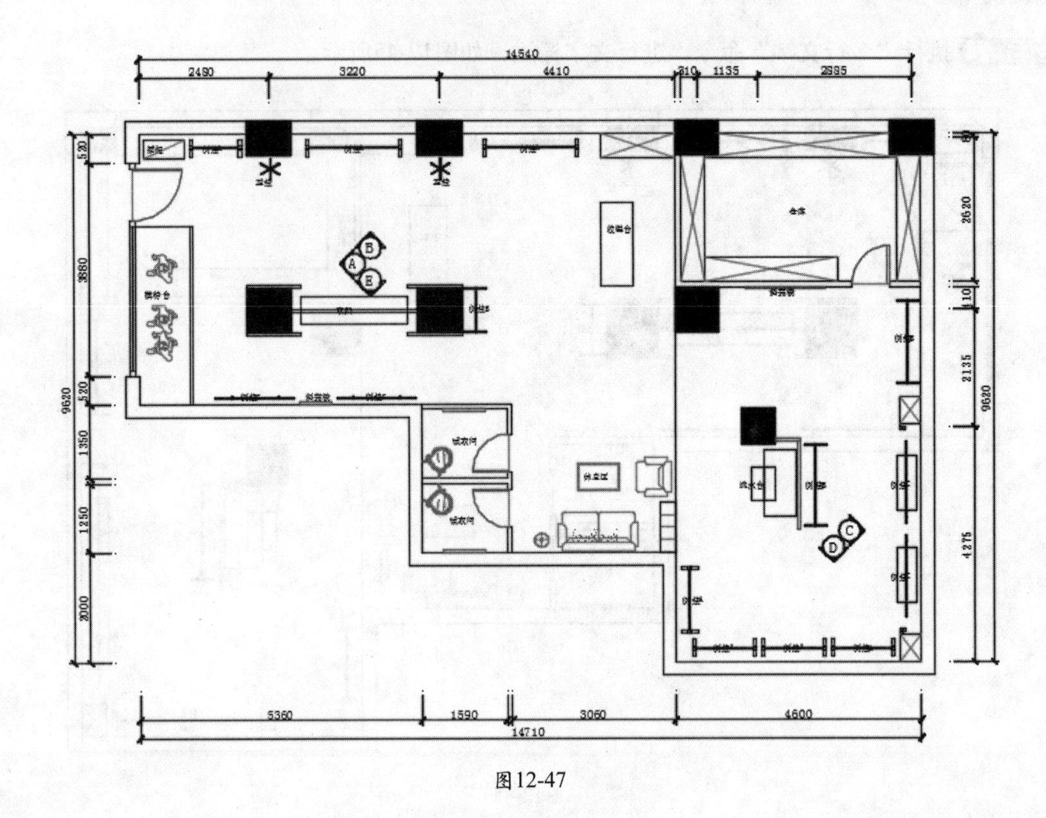

图12-47

12.2.3 绘制专卖店地面布置图

地面图是在平面图的基础上绘制的，利用不同地面材质的分布来划分功能空间，其绘制过程如下所述。

STEP 01 复制平面布置图，删除家具、门等图形，如图12-48所示。

STEP 02 执行“直线”命令，绘制直线封闭门洞，如图12-49所示。

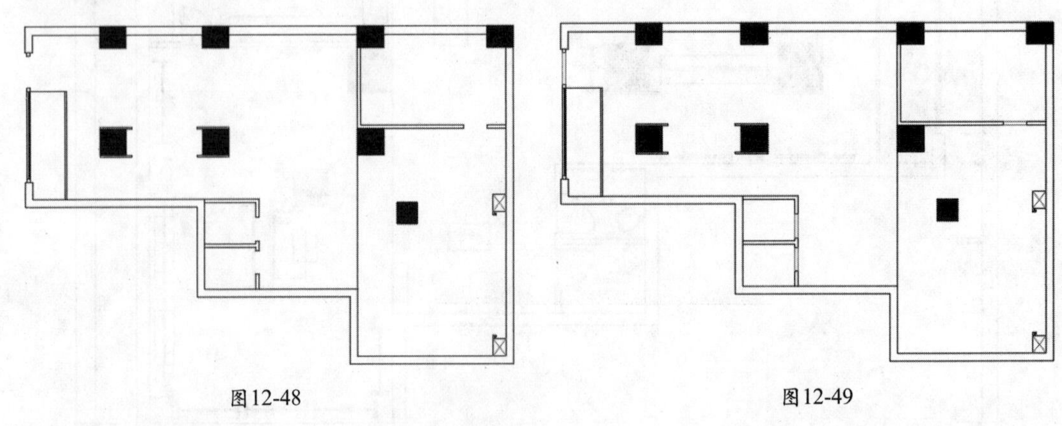

图12-48　　图12-49

STEP 03 继续执行“直线”和“矩形”命令，绘制直线与矩形，并调整位置，如图12-50所示。

STEP 04 执行“图案填充”命令，选择图案“NET”，设置颜色及比例，选择仓库、更衣室以及进门处进行填充，如图12-51所示。

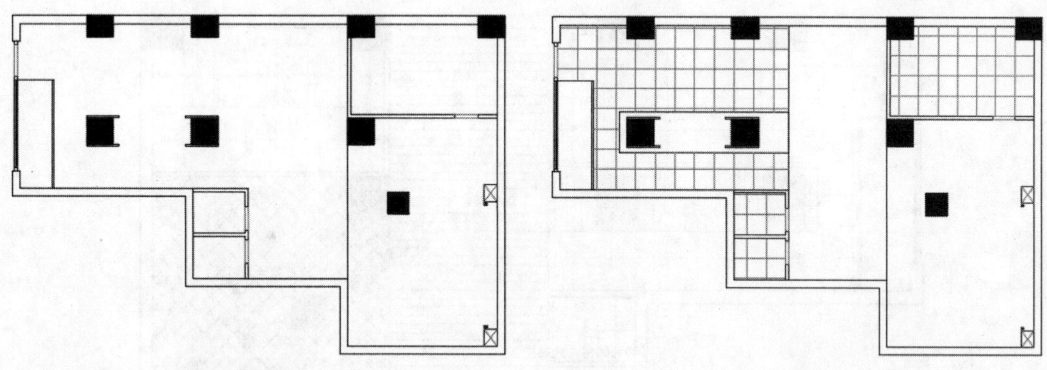

图12-50　　　　图12-51

STEP 05 执行“图案填充”命令，选择图案“ANSI31”，设置颜色及比例，设置角度为45，选择合适的区域进行填充，如图12-52所示。

STEP 06 继续执行“图案填充”命令，选择图案“ANSI31”，设置颜色及比例，设置角度为135，选择区域进行填充，如图12-53所示。

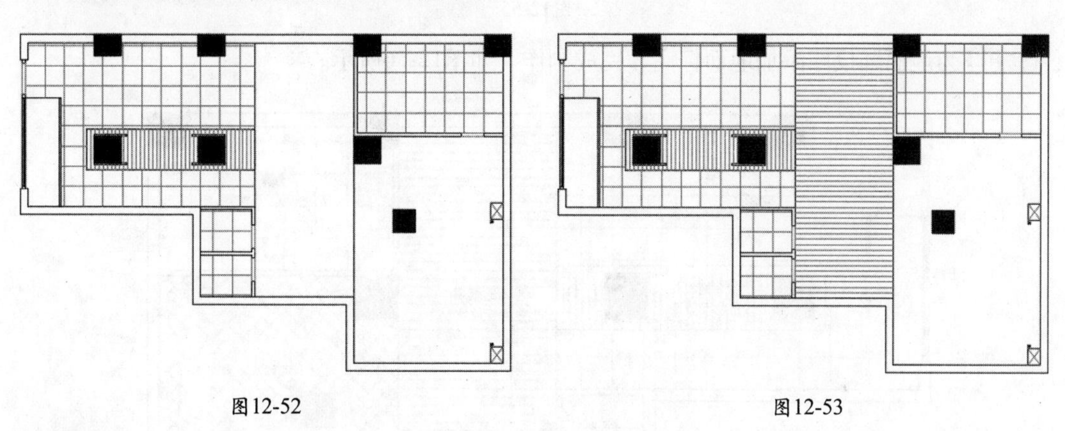

图12-52　　　　图12-53

STEP 07 执行“图案填充”命令，选择图案“AR-HBONE”，设置颜色及比例，选择合适的区域进行填充，如图12-54所示。

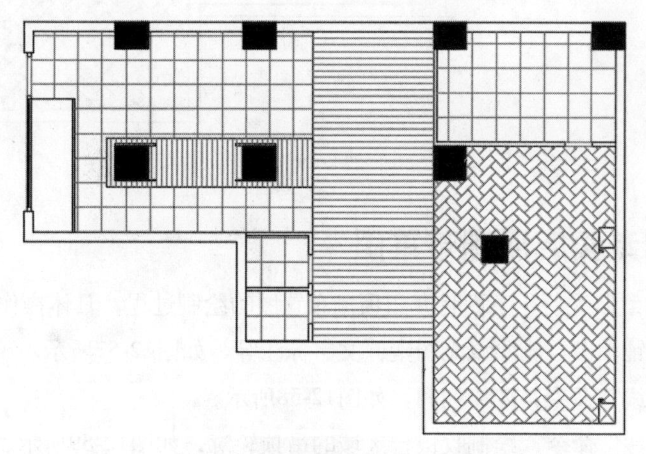

图12-54

STEP 08 执行“多行文字”命令，为地面材质进行注释，如图12-55所示。

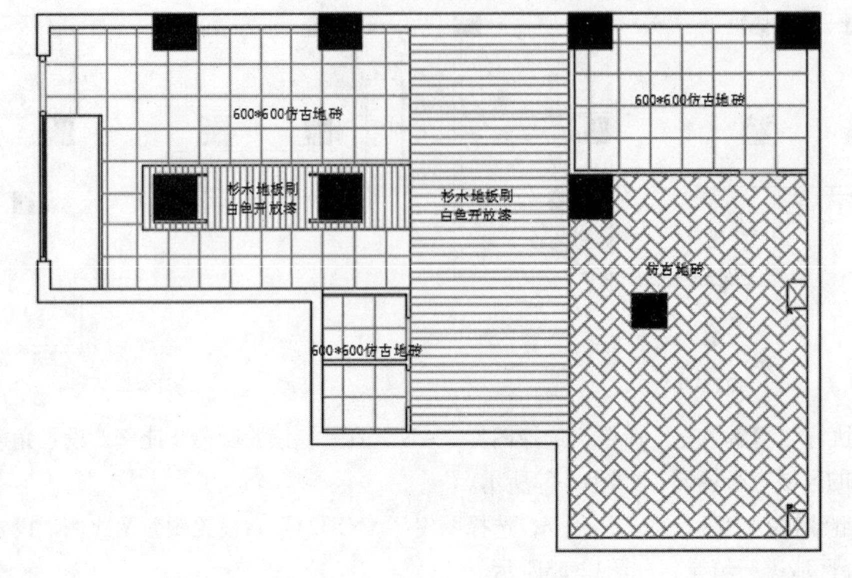

图12-55

STEP 09 为地面铺设图添加地面标高，完成制作，如图12-56所示。

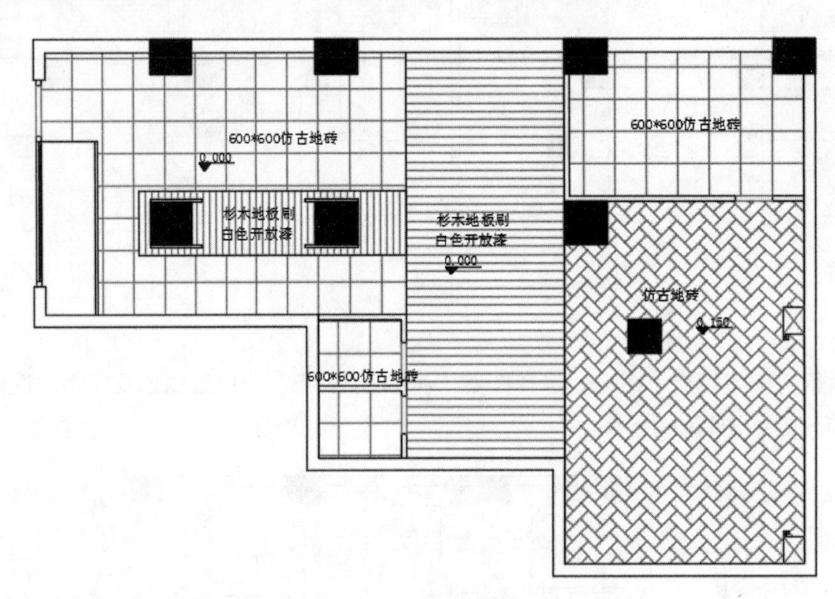

图12-56

12.2.4 绘制专卖店顶棚布置图

完成地面图的绘制之后，下面将介绍顶棚布置图的绘制过程，具体操作介绍如下所述。

STEP 01 复制地面铺设图，删除填充图案、文字标注等，如图12-57所示。

STEP 02 执行“直线”命令，连接柱间，如图12-58所示。

STEP 03 执行“直线”命令，绘制收银台区域的吊顶轮廓，如图12-59所示。

STEP 04 执行“偏移”和“修剪”命令，设置线条的颜色和线型，制作吊顶灯带，如图12-60所示。

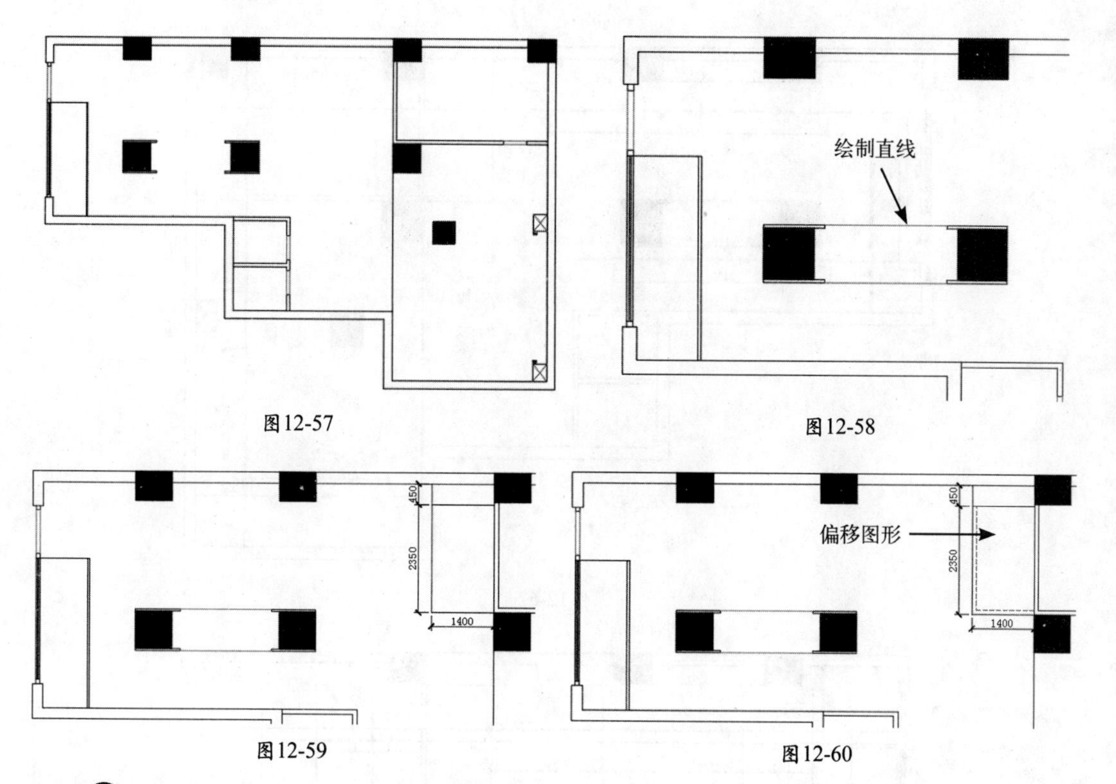

图12-57 图12-58

图12-59 图12-60

STEP 05 执行“偏移”命令，偏移墙体轮廓线，如图12-61所示。

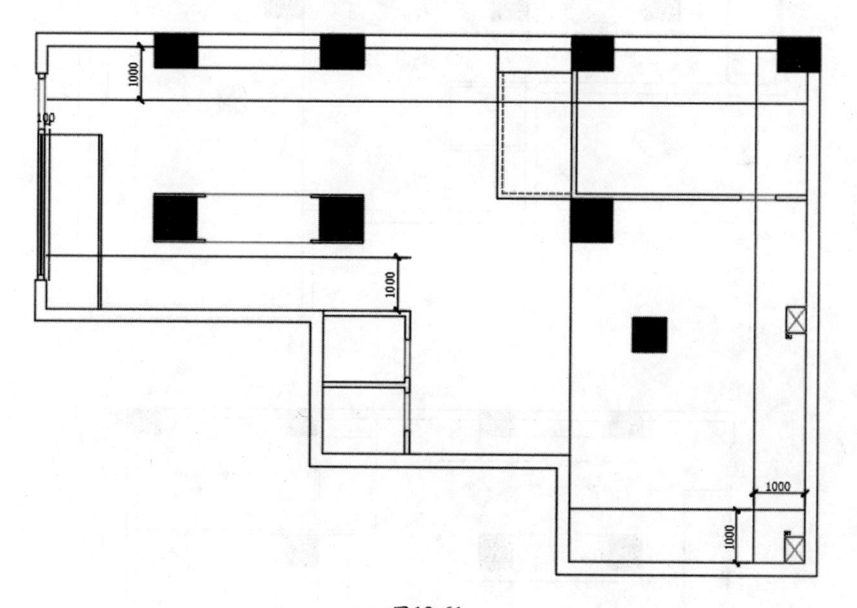

图12-61

STEP 06 执行“插入块”命令，制作轨道金卤灯，如图12-62所示。

STEP 07 删除直线，继续执行“偏移”命令，偏移墙体轮廓线，如图12-63所示。

STEP 08 执行“插入块”命令，插入吊挂筒灯图块，删除轮廓线，如图12-64所示。

STEP 09 继续执行“偏移”命令，偏移墙体轮廓线，如图12-65所示。

STEP 10 执行“插入块”命令，插入白炽灯泡图块，删除轮廓线，如图12-66所示。

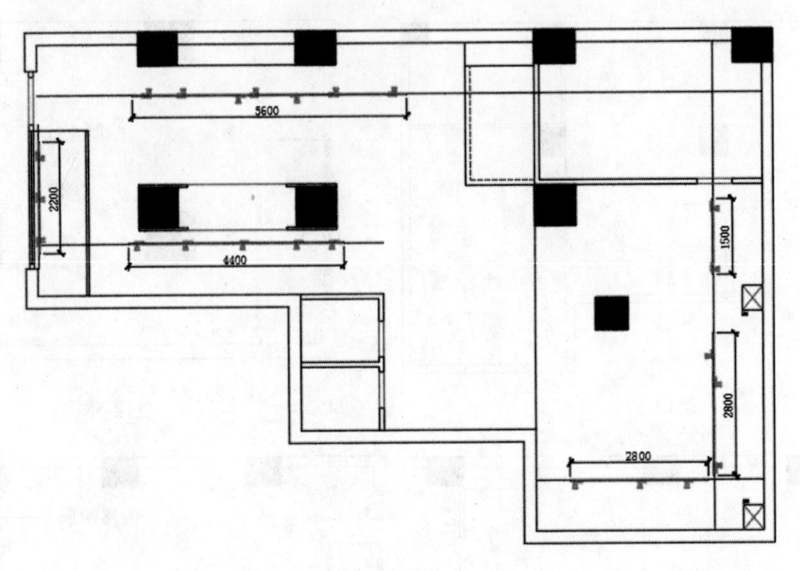

图 12-62

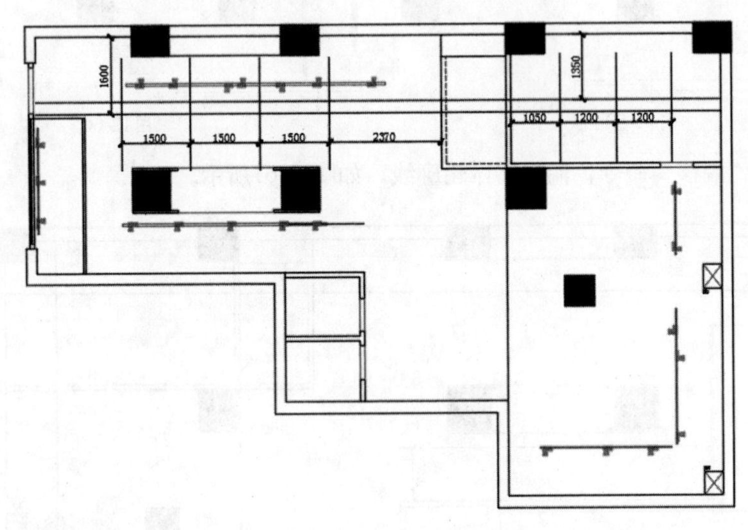

图 12-63

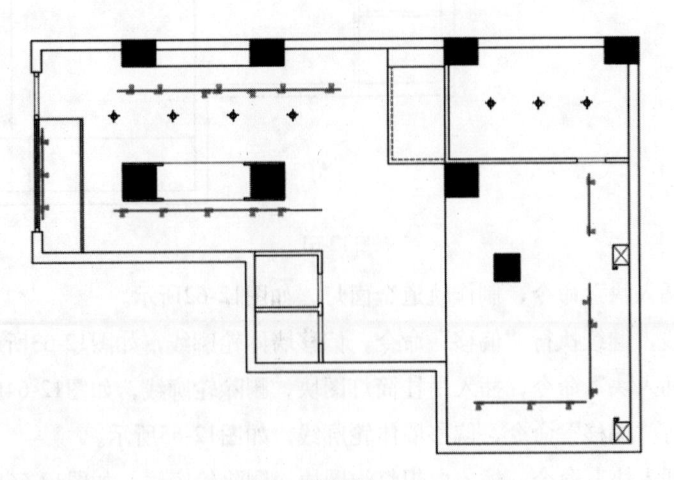

图 12-64

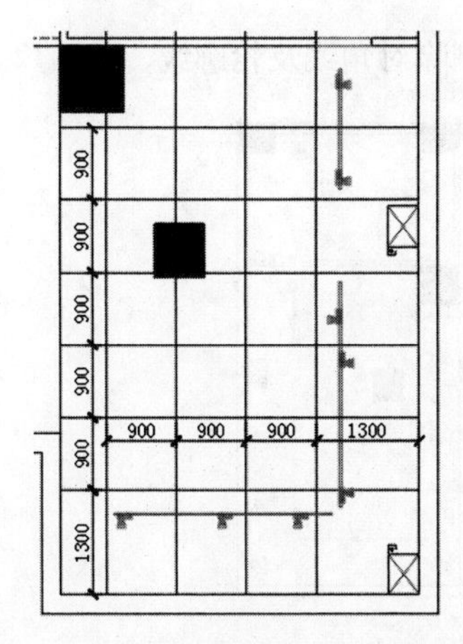

图12-65

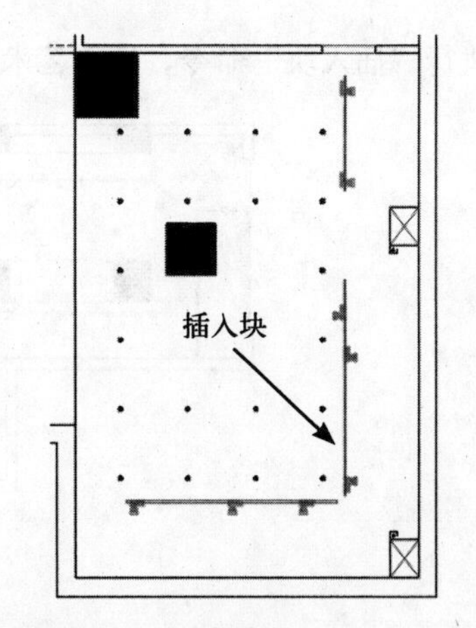

图12-66

STEP 11 删除直线，继续执行“偏移”命令，偏移墙体轮廓线，如图12-67所示。

STEP 12 执行“插入块”命令，插入射灯图块，删除轮廓线，如图12-68所示。

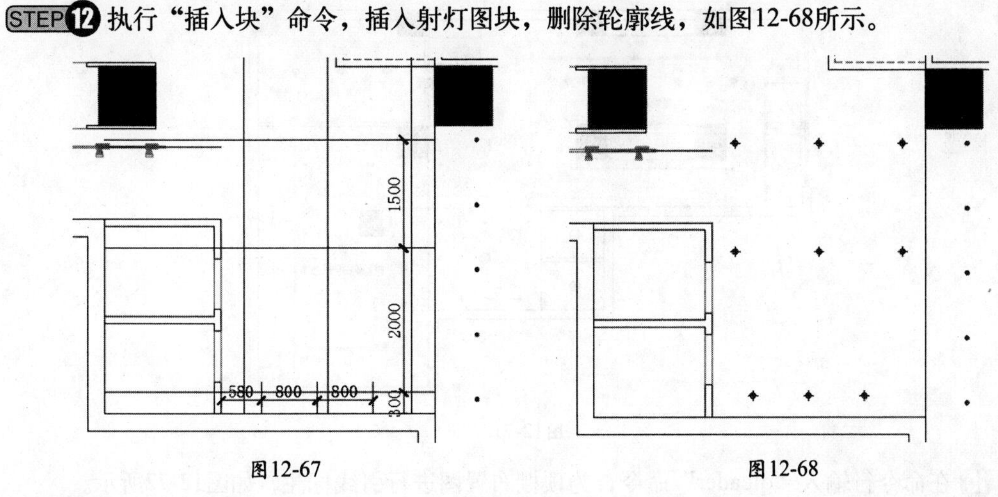

图12-67　　图12-68

STEP 13 删除直线，执行“直线”和“偏移”命令，绘制更衣室和休息区的对角线，并偏移轮廓线，如图12-69所示。

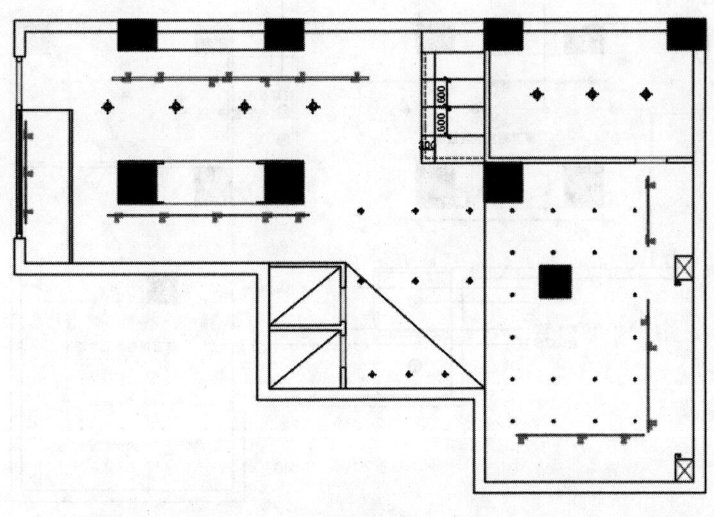

图12-69

STEP 14 执行“插入块”命令，插入艺术吊灯图块，删除对角线及轮廓线，如图12-70所示。

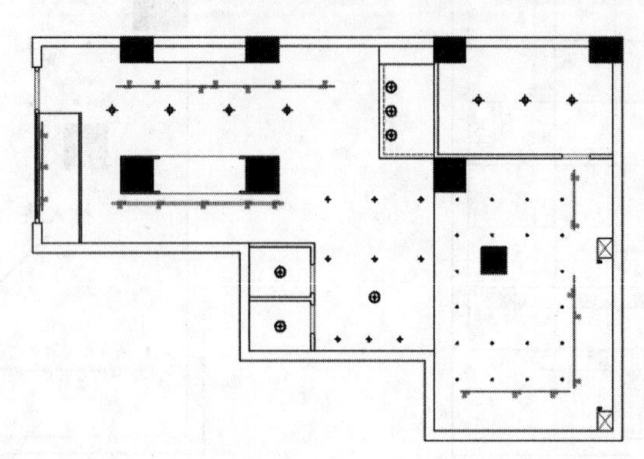
图12-70

STEP 15 执行“多行文字”命令，为顶棚布置图进行文字说明，如图12-71所示。

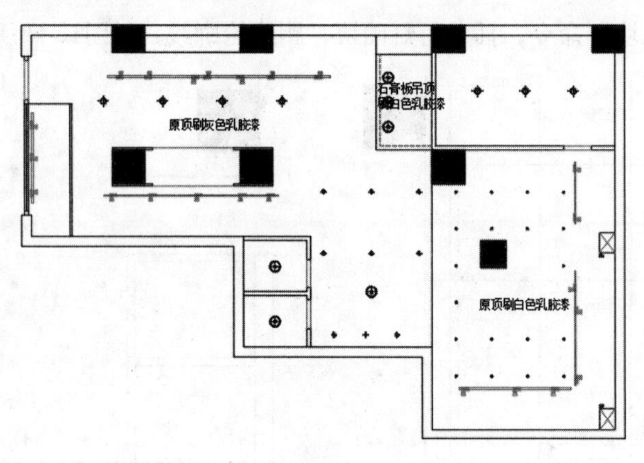

图12-71

STEP 16 在命令行输入“qleader”命令，为顶棚布置图进行引线标注，如图12-72所示。

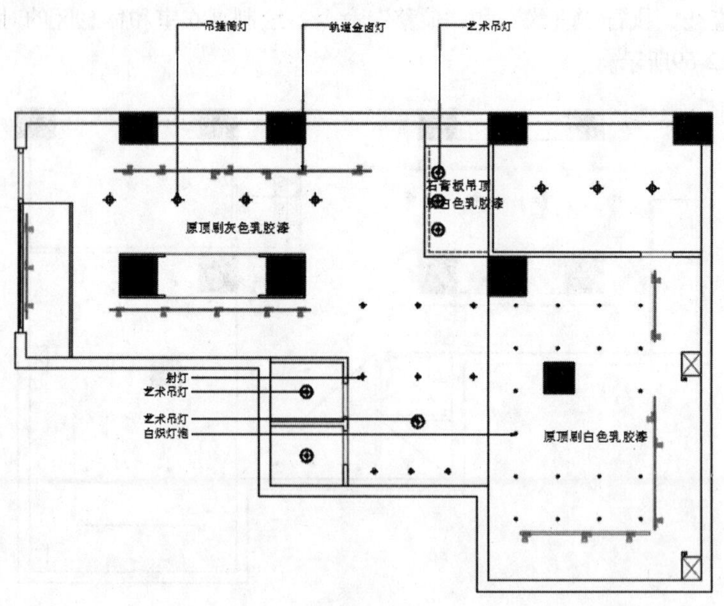

图12-72

STEP 17 为顶棚进行标高，最后显示标注图层，如图12-73所示。

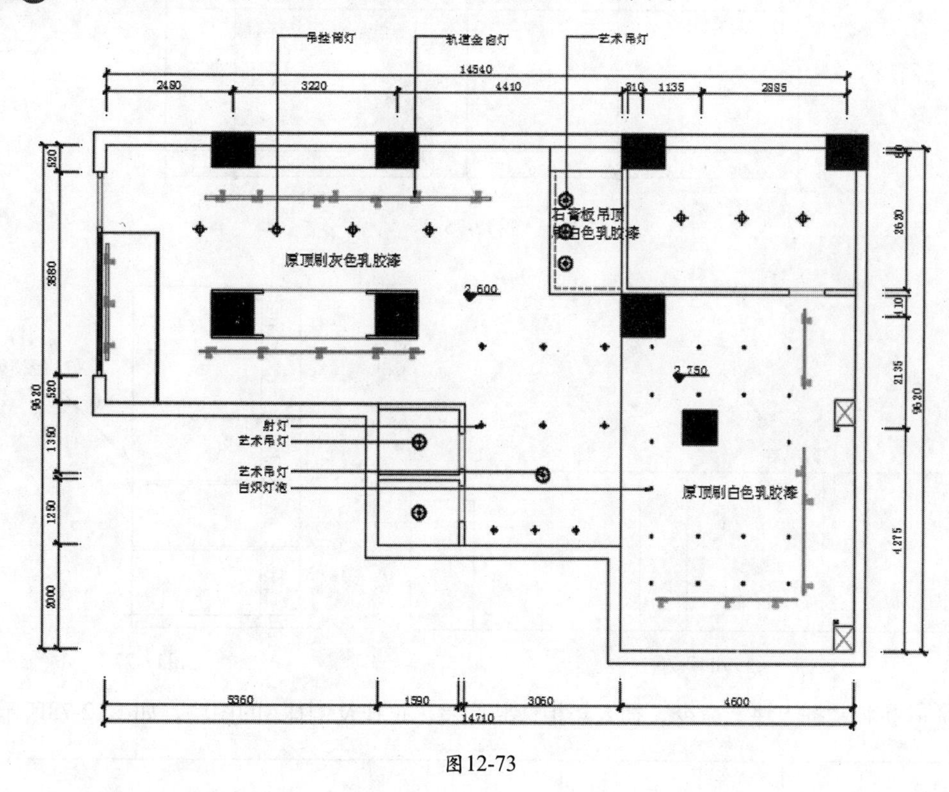

图12-73

12.3 绘制专卖店立面图

在图纸设计过程中，立面图的绘制是比较关键的，它直接反映了造型设计与装修效果的优美程度。

12.3.1 绘制专卖店B立面图

下面将介绍专卖店B立面图的绘制过程，具体操作步骤如下所述。

STEP 01 执行“矩形”命令，绘制矩形，如图12-74所示。

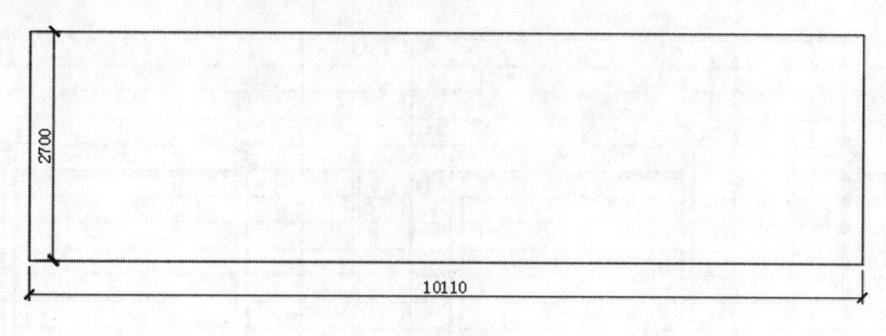

图12-74

STEP 02 将矩形炸开，再执行“偏移”命令，偏移图形，如图12-75所示。

STEP 03 执行“修剪”命令，修剪图形，如图12-76所示。

STEP 04 执行“偏移”命令，偏移图形，如图12-77所示。

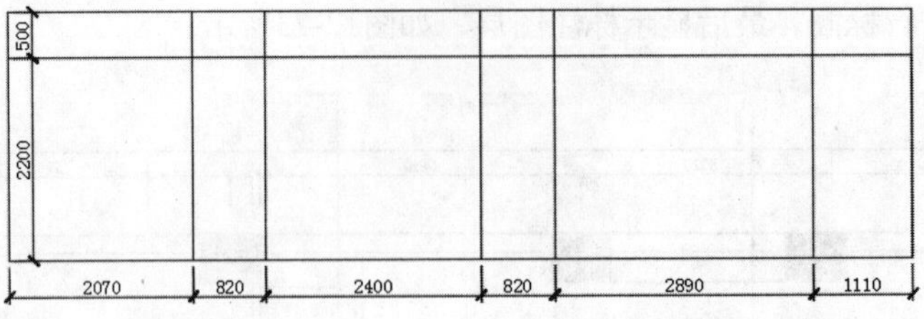

图12-75

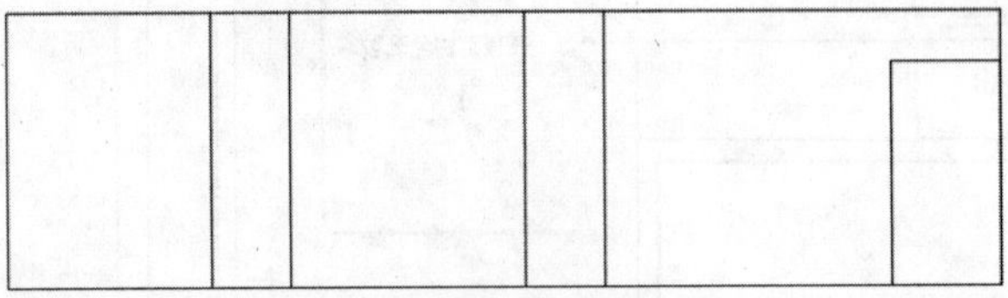

图12-76

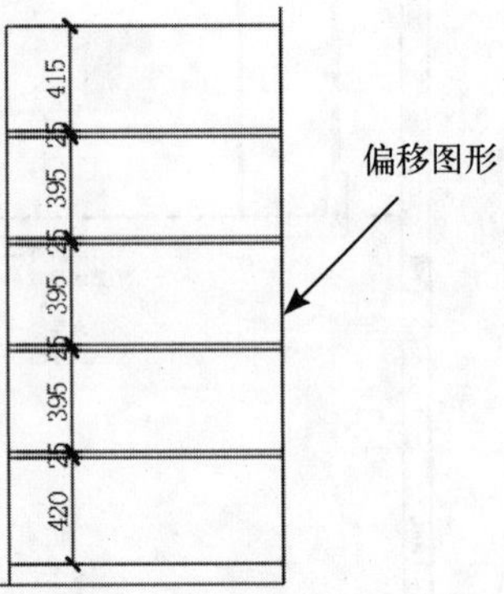

偏移图形

图12-77

STEP 05 执行“插入块”命令，插入矮柜、装饰镜、正挂及侧挂A的图块，如图12-78所示。

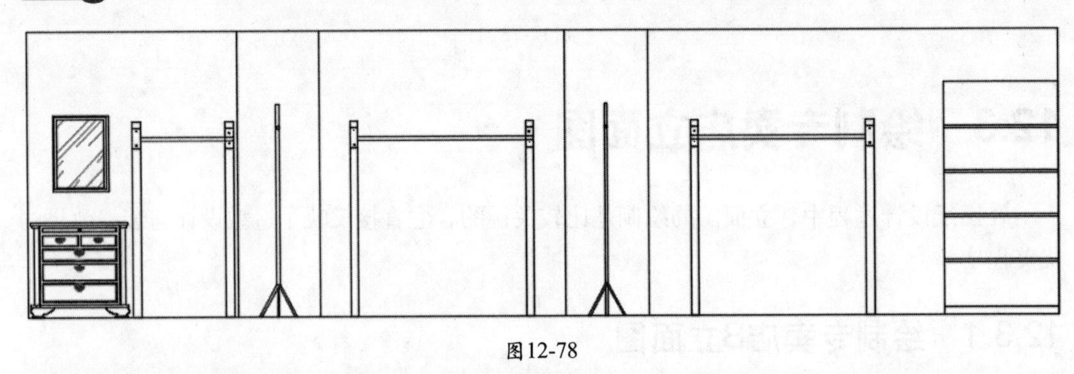

图12-78

STEP 06 执行“图案填充”命令，设置图案“BRICK”，设置颜色及比例，选择墙体区域进行填充，如图12-79所示。

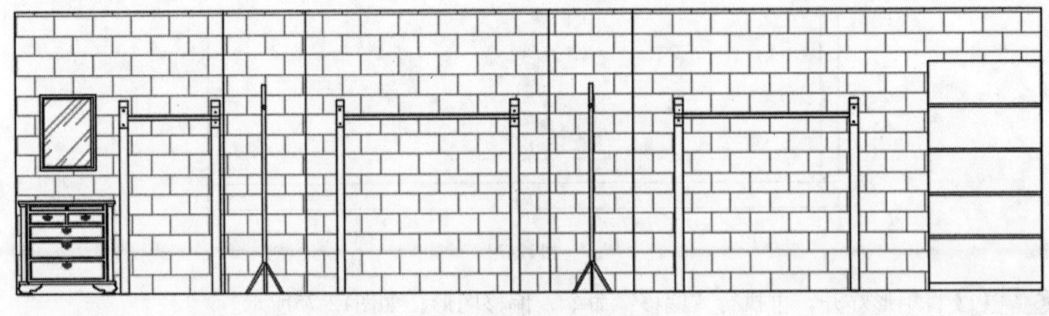

图12-79

STEP 07 执行“线性”标注命令，为立面图进行尺寸标注，如图12-80所示。

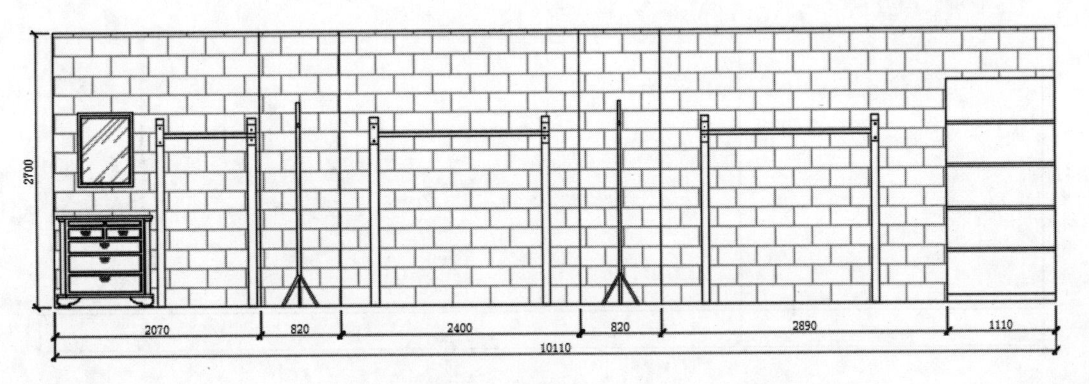

图12-80

STEP 08 在命令行中输入“qleader”命令，为图形进行引线标注，如图12-81所示。

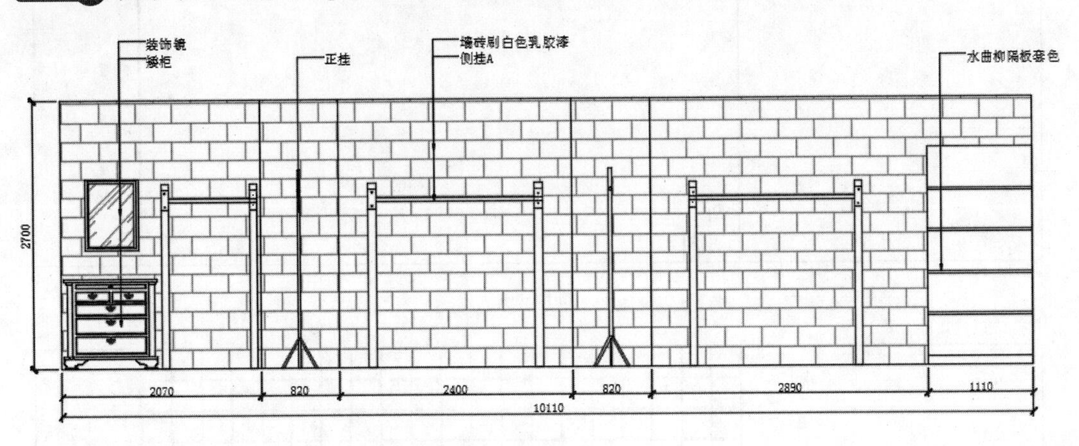

图12-81

12.3.2 绘制专卖店D立面图

下面将介绍专卖店D立面图的绘制过程，具体操作步骤如下所述。

STEP 01 执行“矩形”命令，绘制矩形，如图12-82所示。

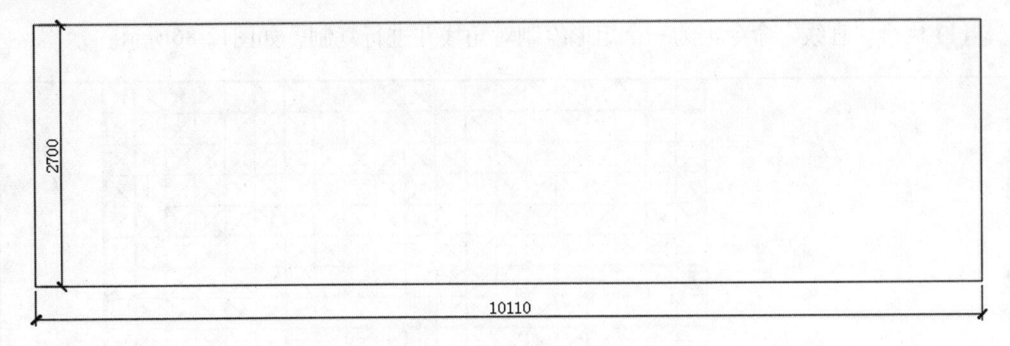

图12-82

STEP 02 将矩形炸开，再执行“偏移”命令，偏移图形，如图12-83所示。

STEP 03 执行“矩形”命令，绘制290×290的矩形，如图12-84所示。

STEP 04 执行“复制”命令，复制矩形，矩形之间间隔为10，如图12-85所示。

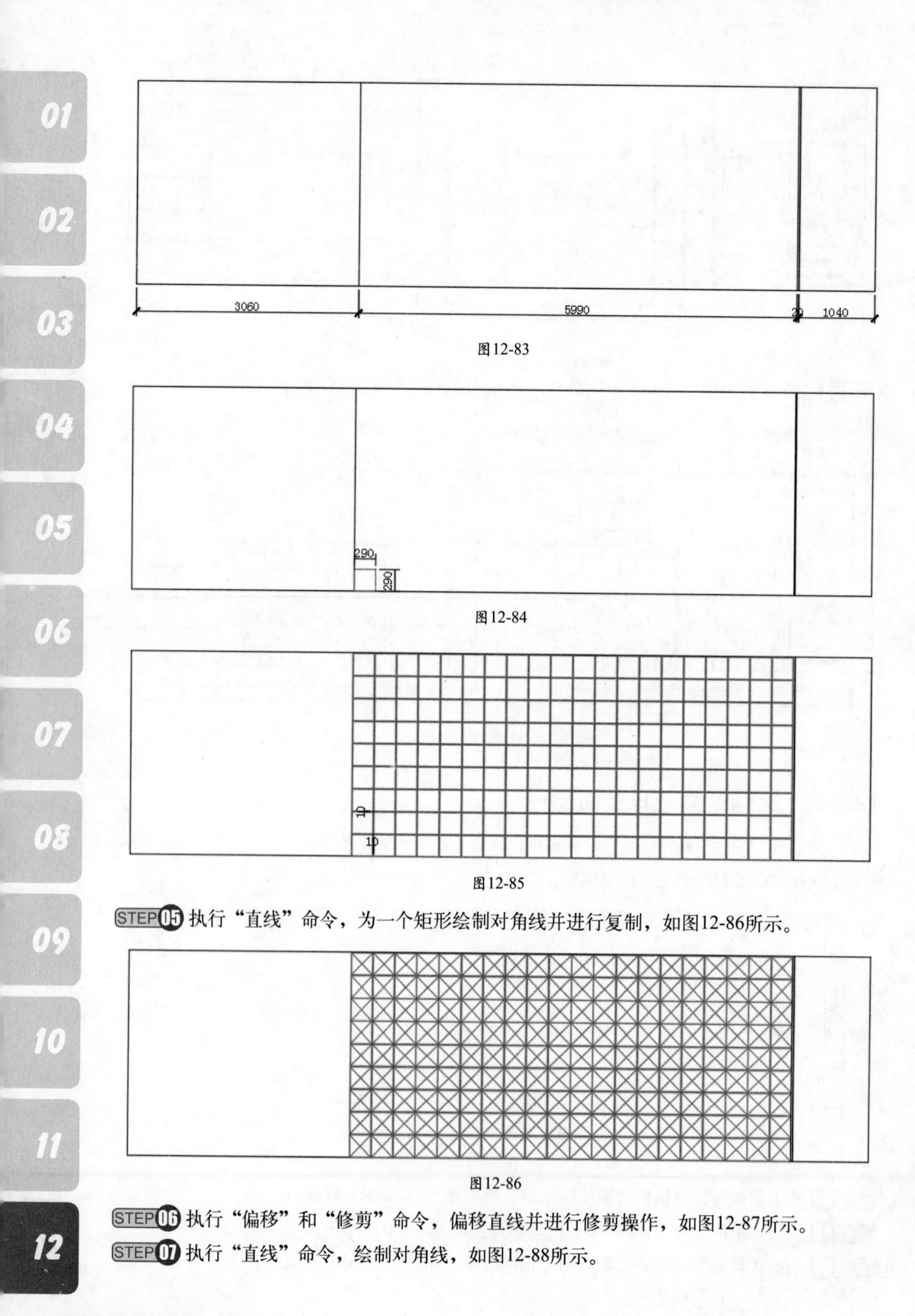

图12-83

图12-84

图12-85

STEP 05 执行“直线”命令，为一个矩形绘制对角线并进行复制，如图12-86所示。

图12-86

STEP 06 执行“偏移”和“修剪”命令，偏移直线并进行修剪操作，如图12-87所示。

STEP 07 执行“直线”命令，绘制对角线，如图12-88所示。

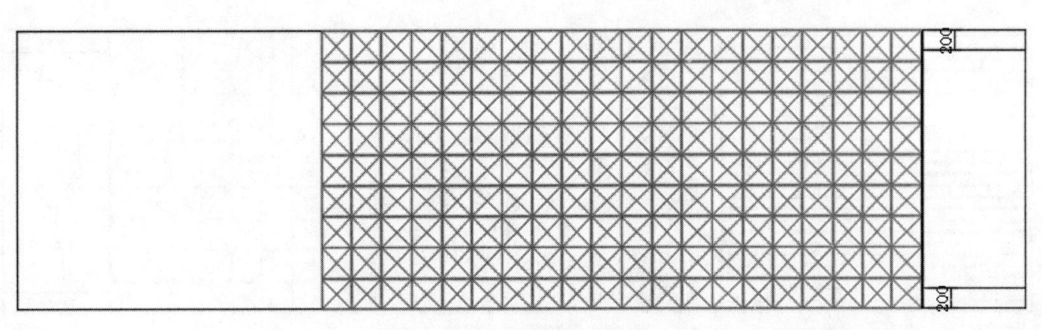

图12-87

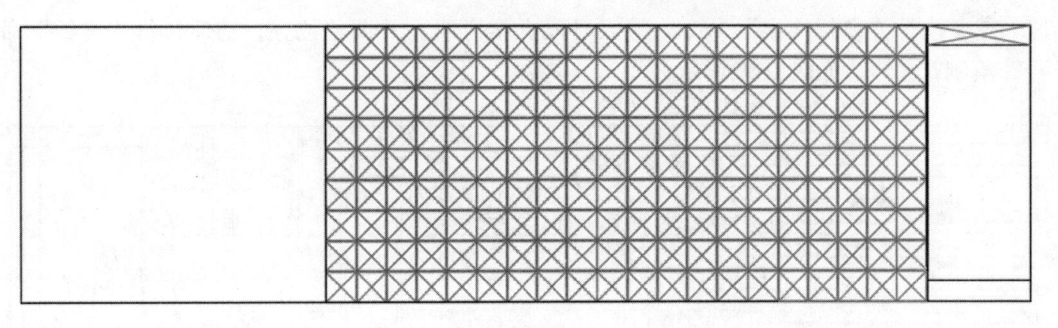

图12-88

STEP 08 执行“偏移”和“修剪”命令，依次偏移直线并进行修剪，如图12-89所示。

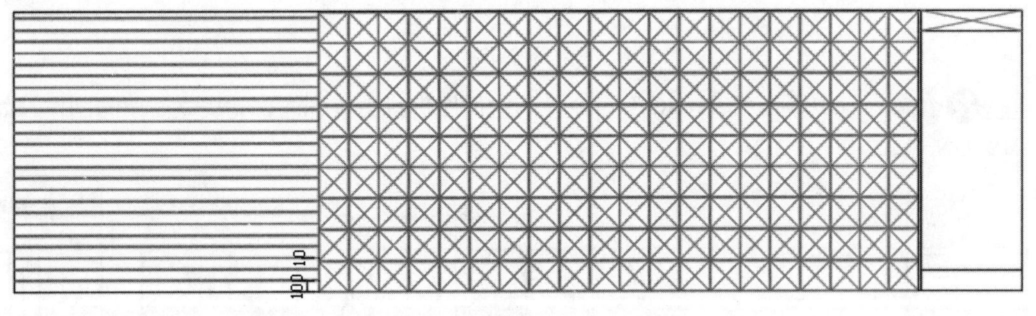

图12-89

STEP 09 执行“插入块”命令，插入装饰模特、品牌商标、镜子、吊挂、轨道金卤灯图块，如图12-90所示。

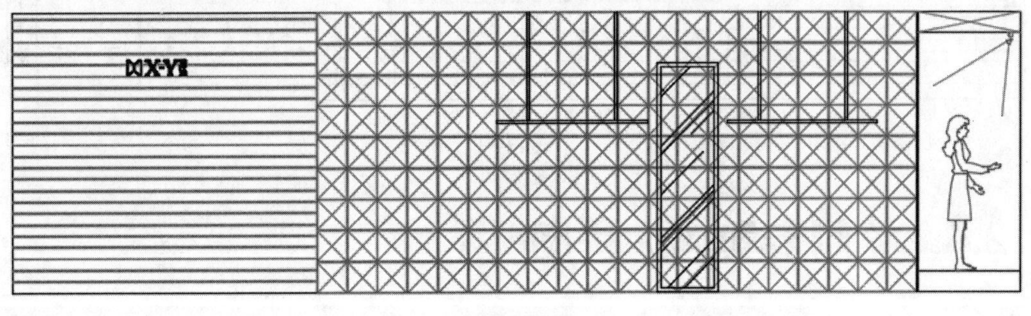

图12-90

STEP 10 执行“修剪”命令，修剪被覆盖的线条，如图12-91所示。

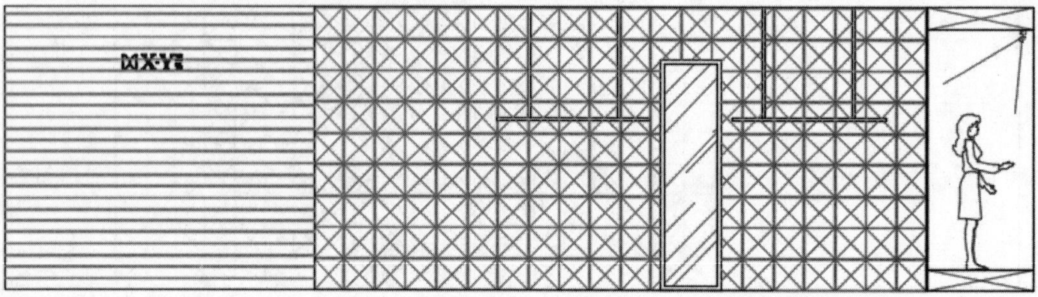

图12-91

STEP 11 执行“多行文字”命令，输入一段文字说明，并调整位置，随后执行“直线”命令，绘制对角线，如图12-92所示。

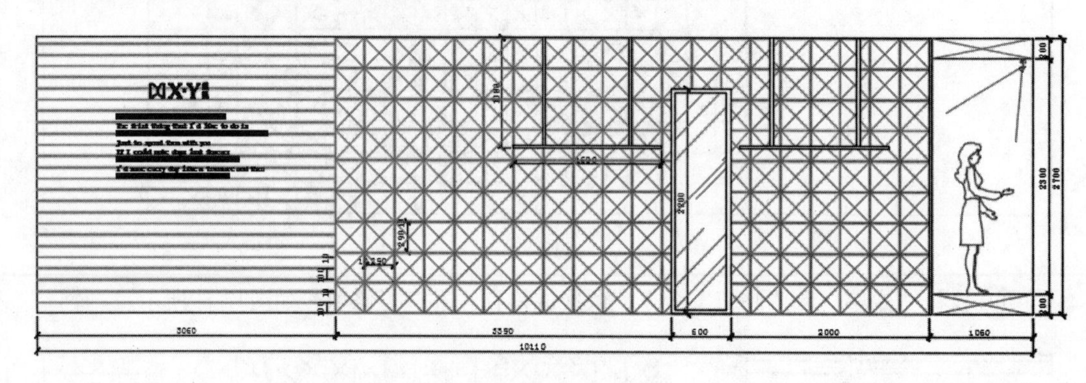

图12-92

STEP 12 在命令行中输入“qleader”命令，为立面图进行引线标注，完成立面图的制作，如图12-93所示。

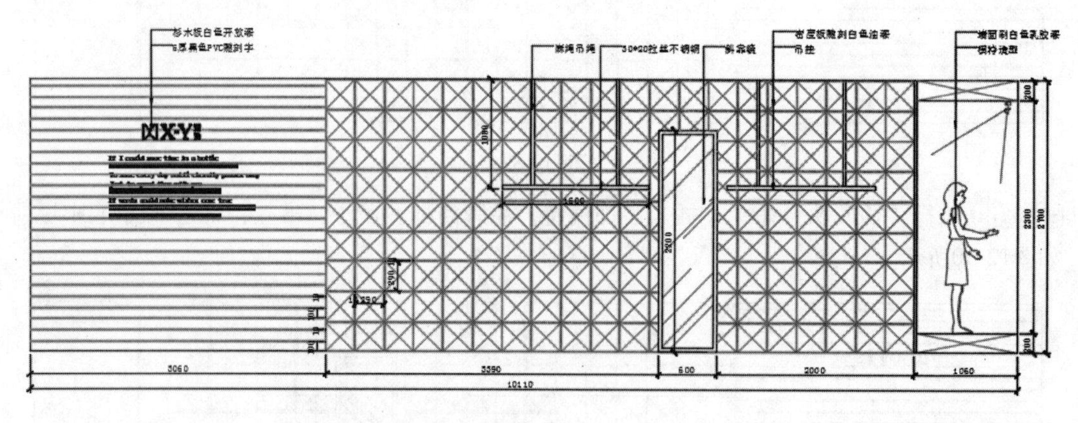

图12-93

12.4 绘制专卖店大样图

大样图即指针对某一特定区域进行特殊性放大标注，较详细地表现出来。在这里将介绍的是储物柜造型大样图和收银台大样图的设计方案。

12.4.1 绘制储物柜大样图

下面将对储物柜大样图的绘制过程进行介绍，具体操作步骤如下所述。

STEP 01 复制衣柜造型平面图，如图12-94所示。

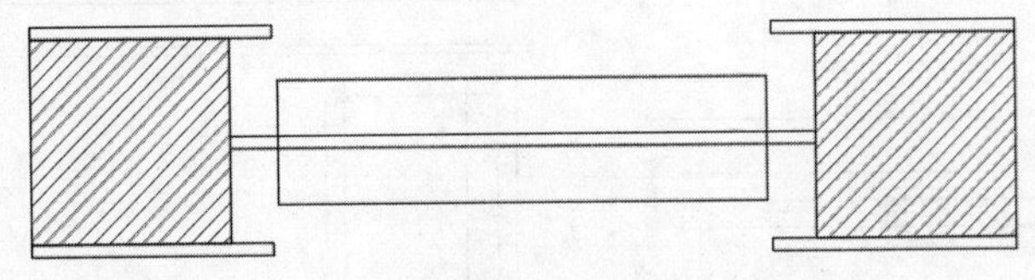

图12-94

STEP 02 执行“线性”标注命令，进行尺寸标注，如图12-95所示。

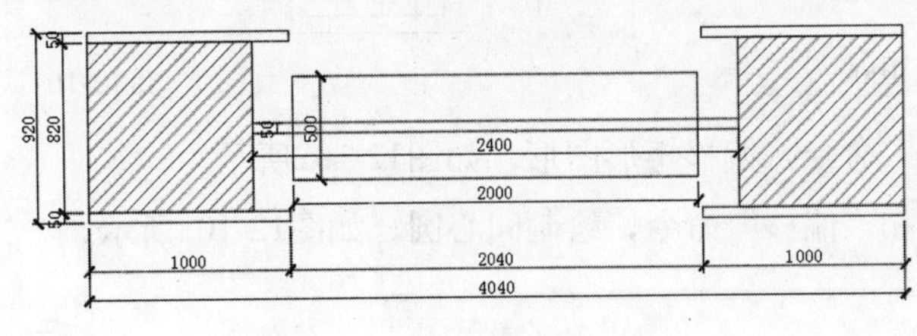

图12-95

STEP 03 执行“矩形”命令，绘制矩形，如图12-96所示。

STEP 04 偏移图形后并执行“线性”标注命令，标注平面图形，如图12-97所示。

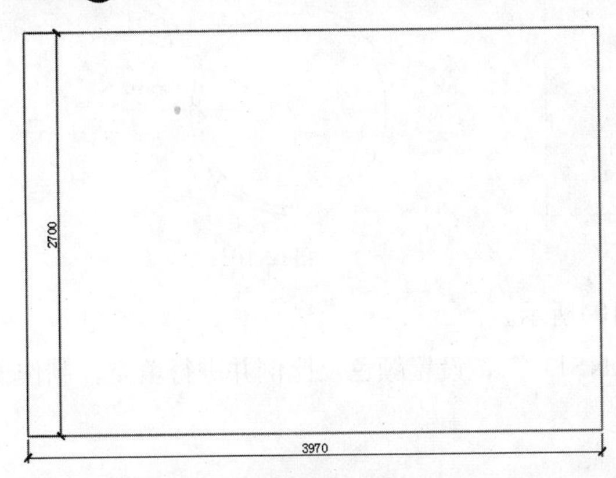

图12-96

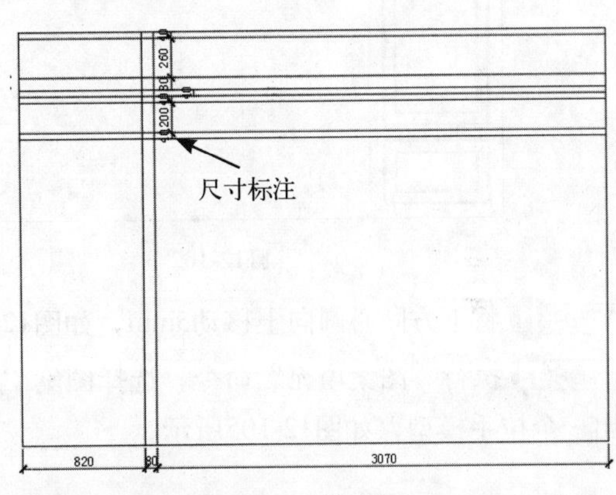

图12-97

STEP 05 执行“修剪”命令，修剪图形，如图12-98所示。

STEP 06 执行“偏移”命令，偏移图形，如图12-99所示。

图12-98

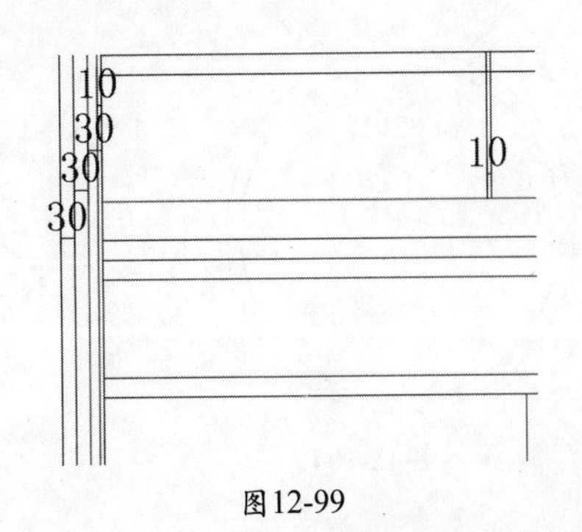

图12-99

STEP 07 执行“延伸”和“修剪”命令，延伸图形再进行修剪，如图12-100所示。

STEP 08 执行“矩形”命令，绘制矩形，如图12-101所示。

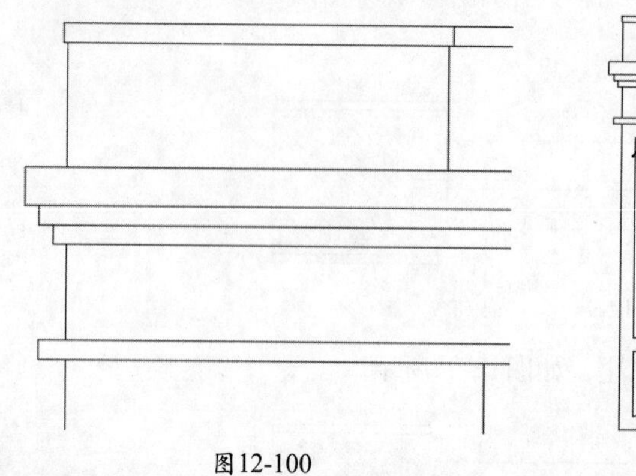

图12-100

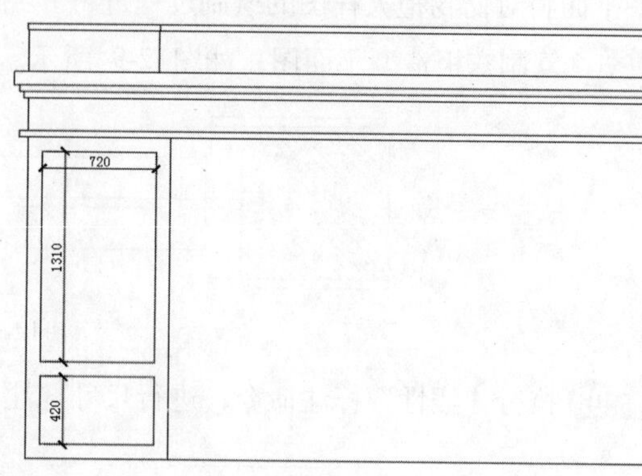

图12-101

STEP 09 执行“偏移”命令，偏移矩形图形，如图12-102所示。

STEP 10 执行“圆”和“偏移”命令，绘制同心圆，如图12-103所示。

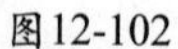

图12-102

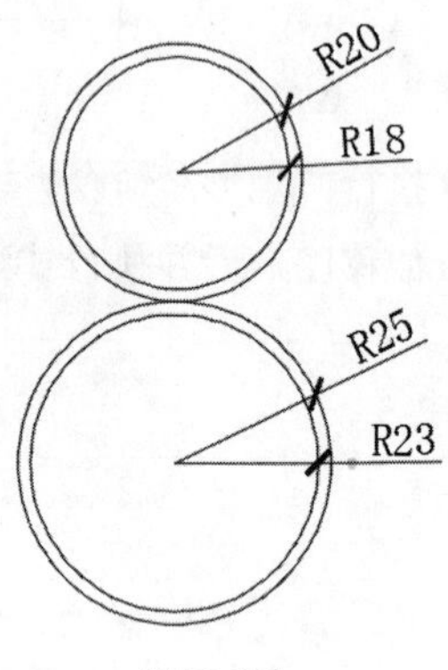

图12-103

STEP 11 将下方同心圆向上移动5mm，如图12-104所示。

STEP 12 执行“图案填充”命令，选择图案“ANSI37”，设置颜色及比例并进行填充，制作出一个拉手模型，如图12-105所示。

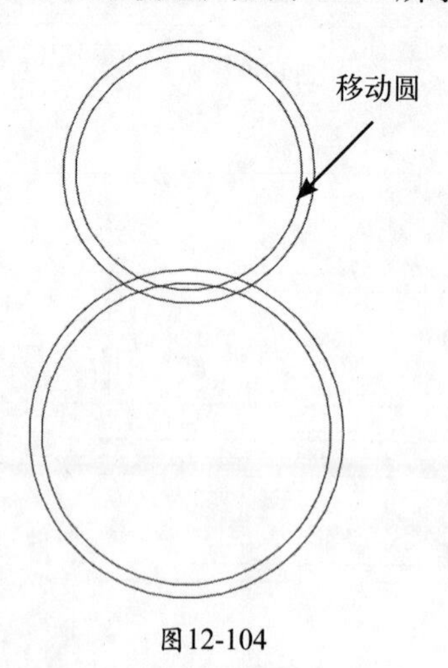

图12-104

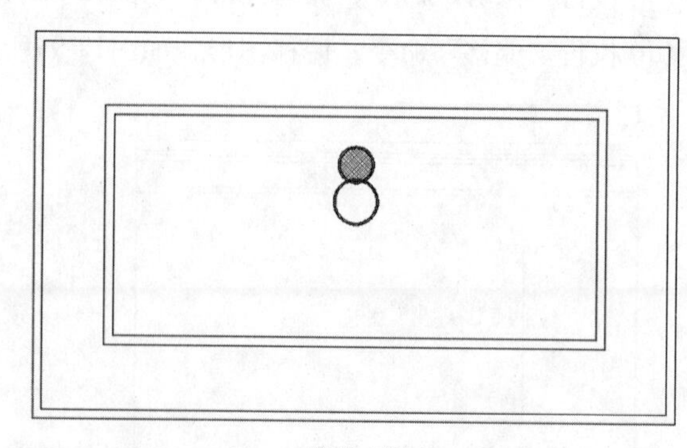

图12-105

STEP 13 执行“镜像”命令，镜像左侧所有图形，如图12-106所示。

STEP 14 执行“延伸”和“修剪”命令，延伸图形并进行修剪，如图12-107所示。

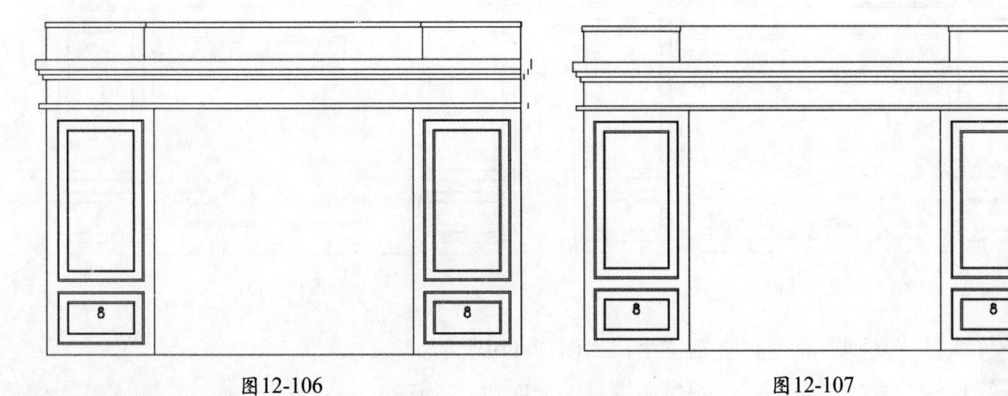

图12-106　　图12-107

STEP 15 执行“偏移”命令，偏移图形，如图12-108所示。

STEP 16 执行“修剪”命令，修剪图形，如图12-109所示。

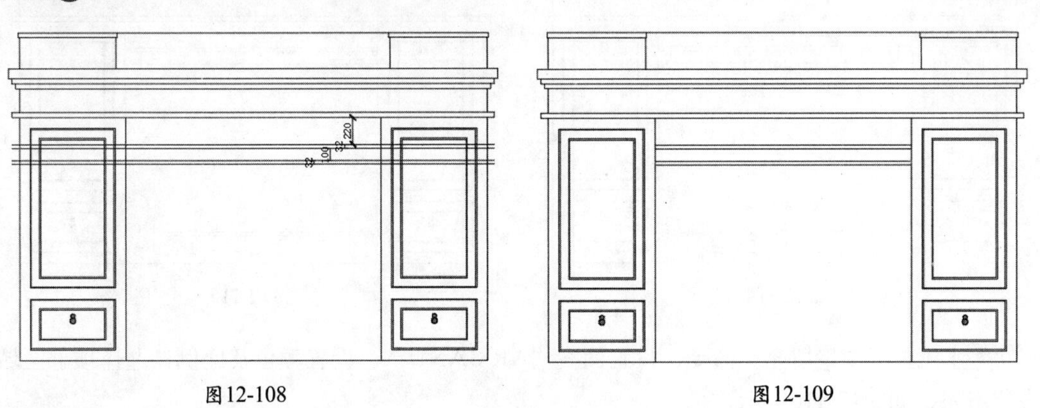

图12-108　　图12-109

STEP 17 执行“偏移”命令，偏移图形，如图12-110所示。

STEP 18 执行“修剪”命令，修剪图形，如图12-111所示。

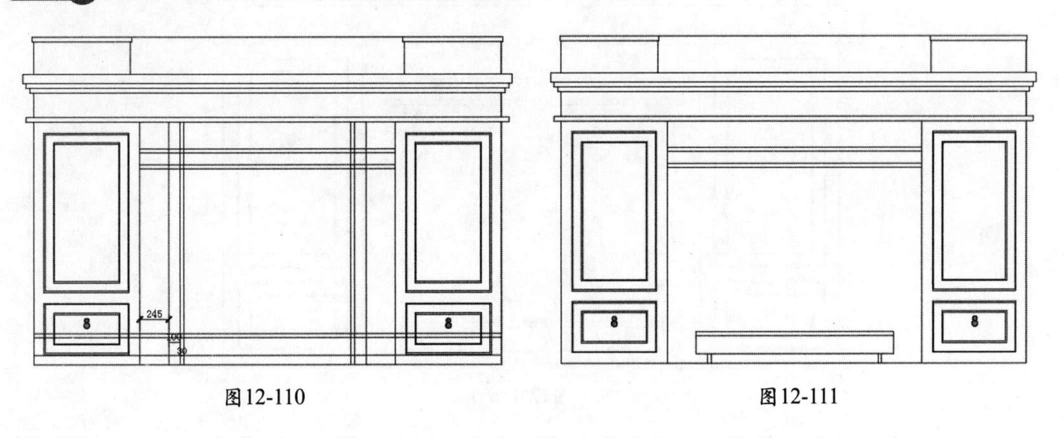

图12-110　　图12-111

STEP 19 执行“偏移”和“修剪”命令，偏移线条并修剪图形，如图12-112所示。

STEP 20 复制拉手，并执行“缩放”命令，设置缩放尺寸为0.5，如图12-113所示。

图12-112 　　图12-113

STEP 21 执行“复制”命令，复制拉手，如图12-114所示。

STEP 22 执行“直线”命令，绘制斜线符号，如图12-115所示。

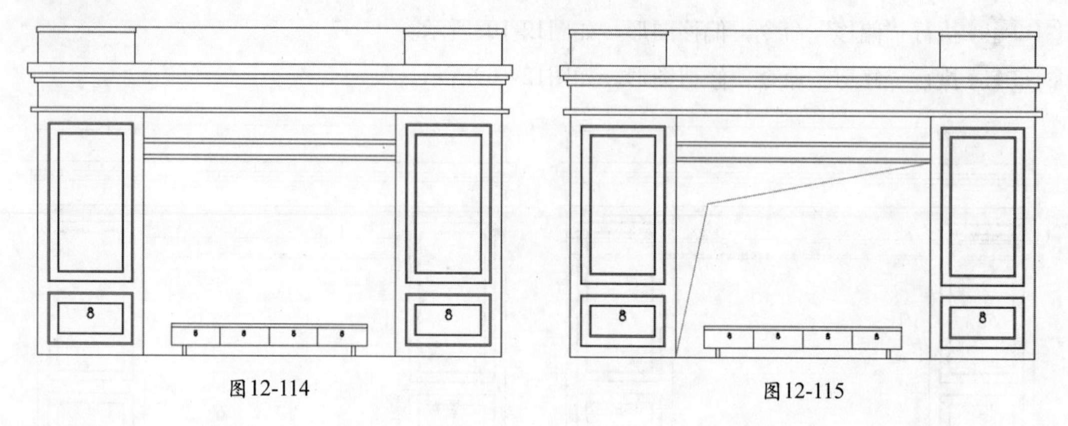

图12-114　　图12-115

STEP 23 执行“图案填充”命令，设置图案“AR-SAND”，设置颜色及比例，选择顶部区域进行填充，如图12-116所示。

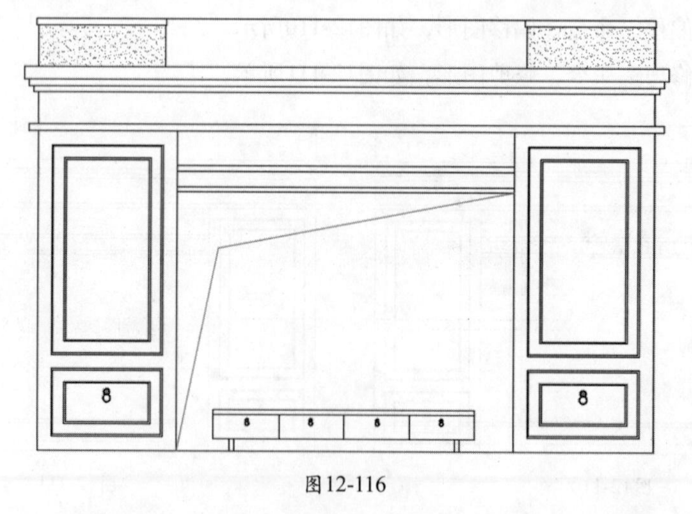

图12-116

STEP 24 执行“线性”标注命令，为立面图进行尺寸标注，如图12-117所示。

STEP 25 在命令行中输入“qleader”命令，为图形进行引线标注，完成储物柜造型立面图的制作，如图12-118所示。

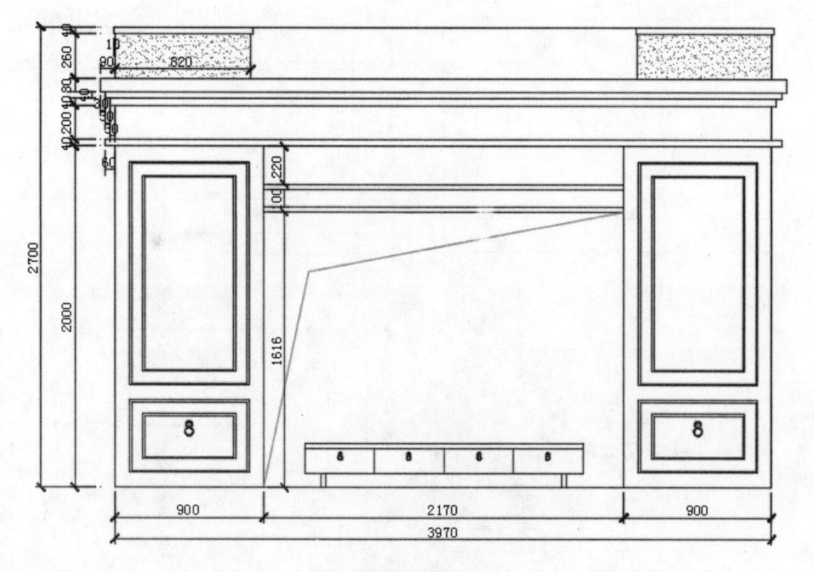

图12-117

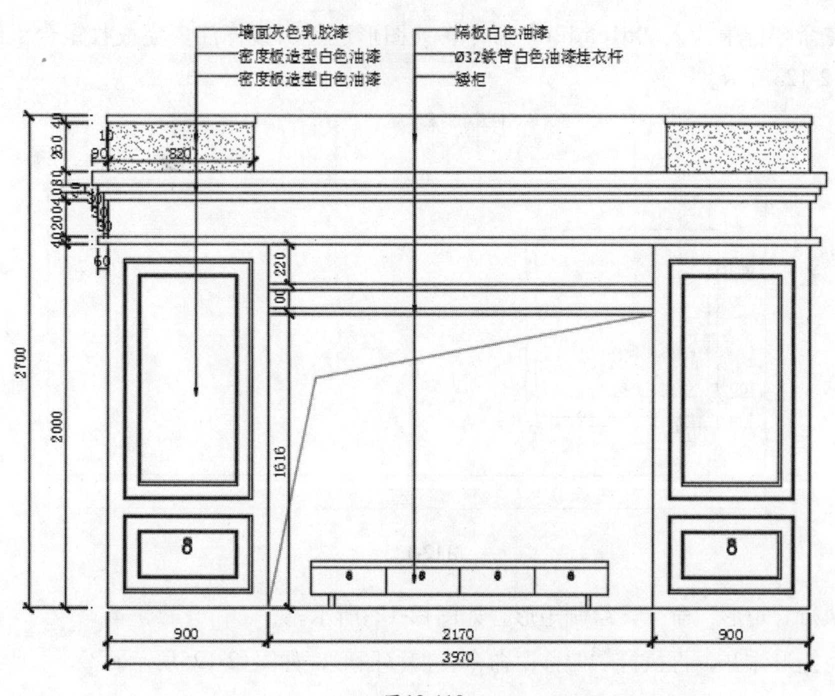

图12-118

12.4.2 绘制收银台大样图

下面将对收银台大样图的绘制过程进行介绍，具体操作步骤如下所述。

STEP 01 执行“矩形”命令，绘制矩形，如图12-119所示。

STEP 02 将矩形炸开，再执行“偏移”命令，偏移图形，如图12-120所示。

STEP 03 执行“修剪”命令，修剪图形，如图12-121所示。

STEP 04 执行“线性”标注命令，为收银台平面图进行尺寸标注，如图12-122所示。

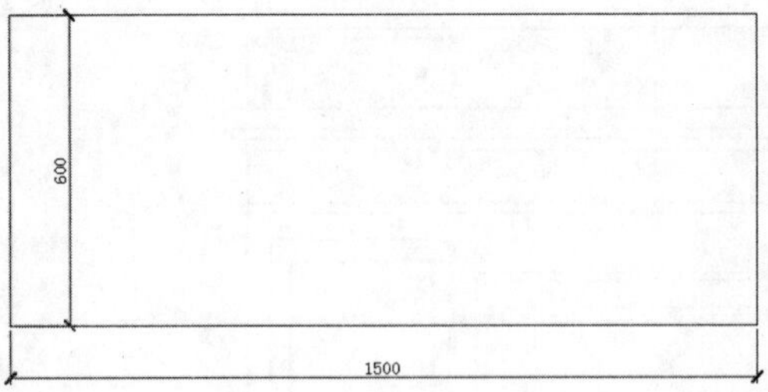

图12-119

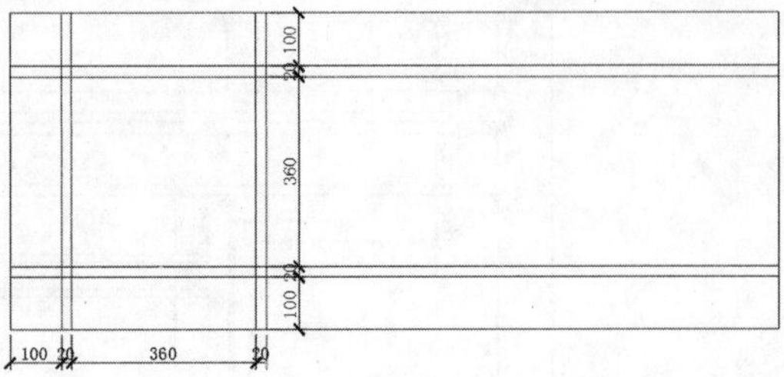

图12-120

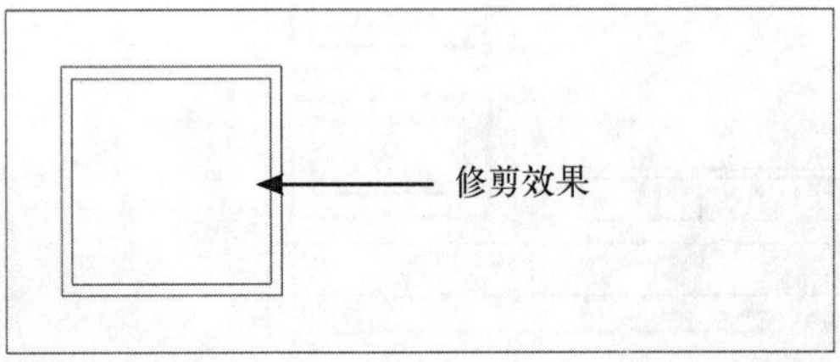

修剪效果

图12-121

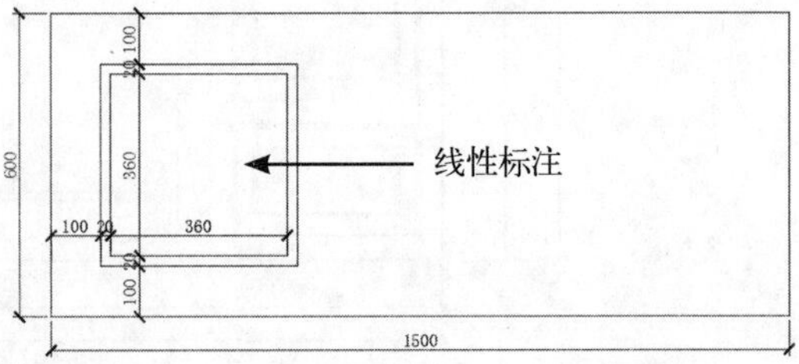

线性标注

图12-122

STEP 05 在命令行中输入“qleader”命令，为图形进行引线标注，完成收银台平面图的制作，如图12-123所示。

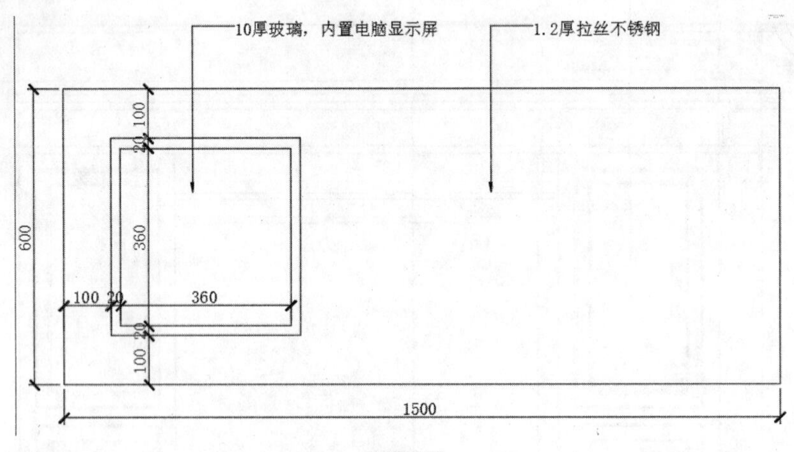

图12-123

STEP 06 执行“矩形”命令，绘制矩形，如图12-124所示。

STEP 07 将矩形炸开，再执行“偏移”命令，偏移图形，如图12-125所示。

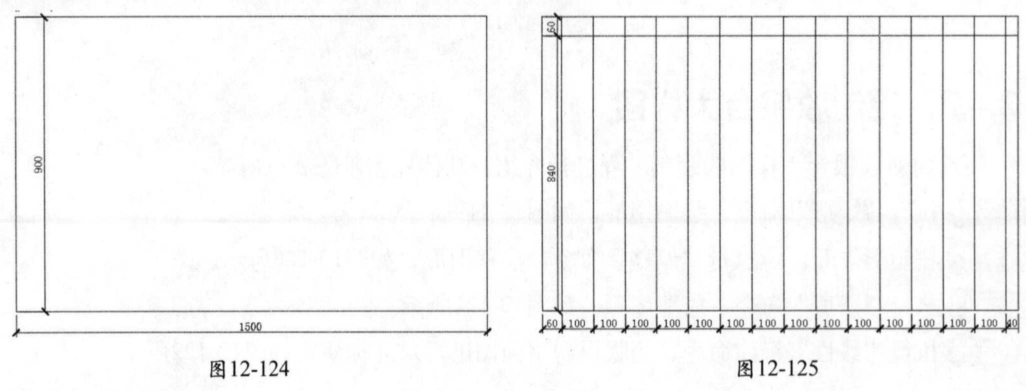

图12-124　　图12-125

STEP 08 执行“修剪”命令，修剪图形，如图12-126所示。

STEP 09 执行“线性”标注命令，为收银台平面图进行尺寸标注，如图12-127所示。

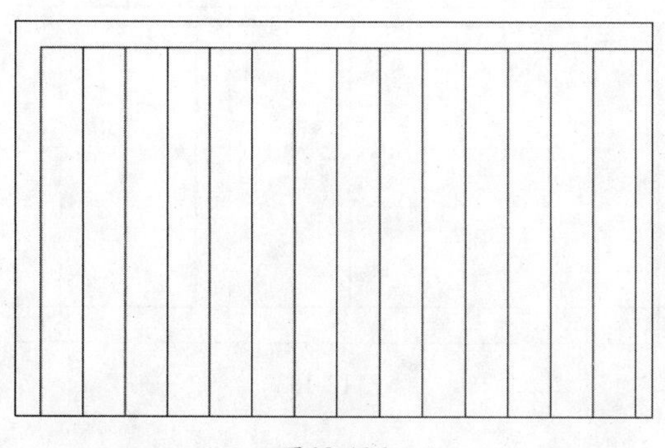
图12-126

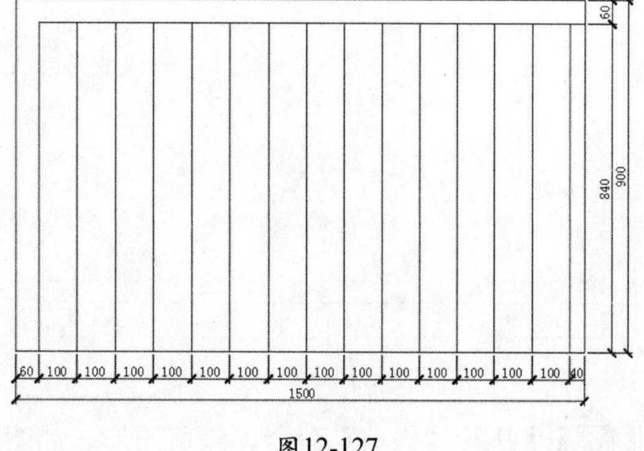

图12-127

STEP 10 在命令行中输入“qleader”命令，为图形进行引线标注，完成收银台正立面图的制作，如图12-128所示。

STEP 11 执行“矩形”命令，绘制矩形，如图12-129所示。

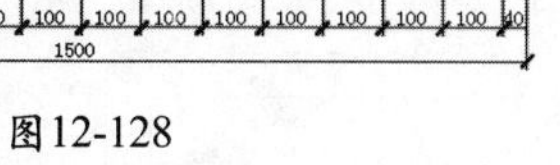

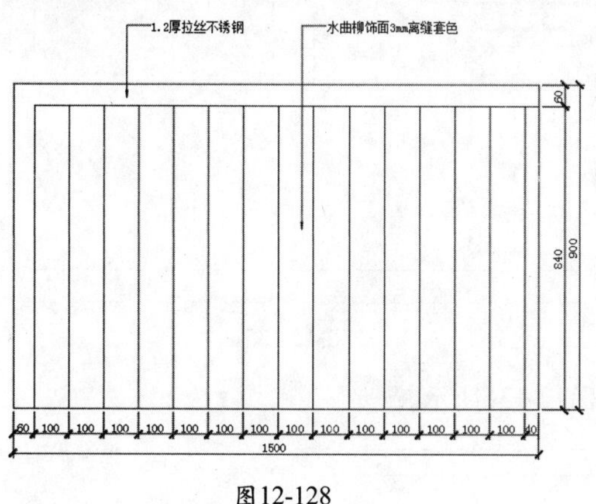

图12-128

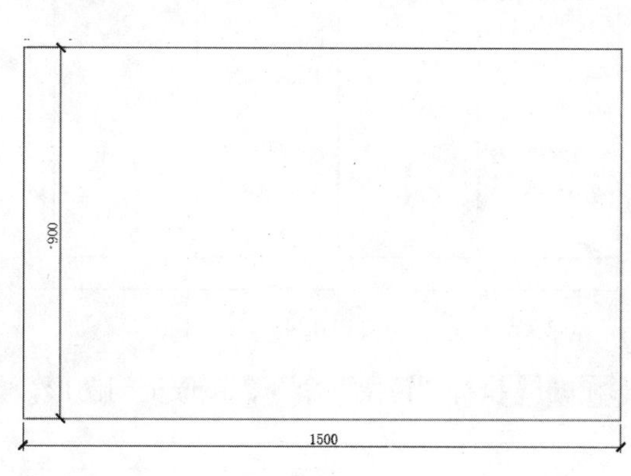

图12-129

STEP 12 将矩形炸开，再执行“偏移”命令，偏移图形，如图12-130所示。

STEP 13 执行“修剪”命令，修剪图形，如图12-131所示。

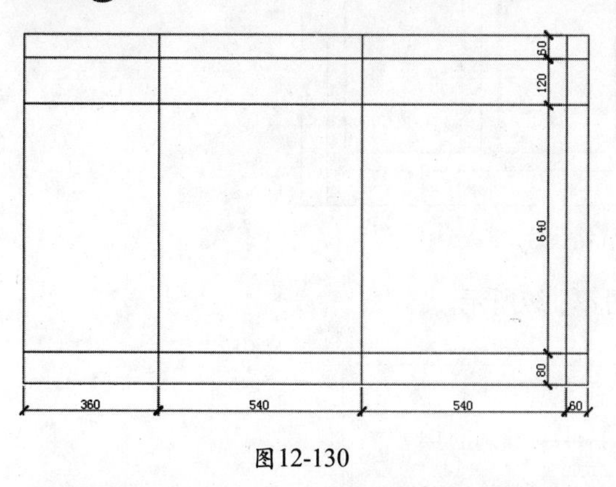

图12-130

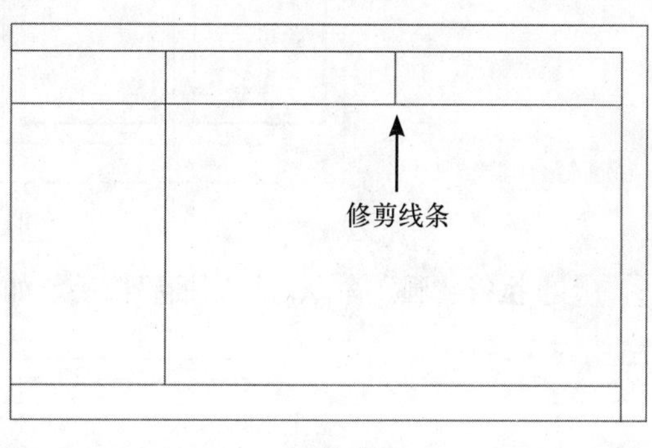

图12-131

STEP 14 执行“偏移”和“修剪”命令，偏移直线并修剪图形，如图12-132所示。

STEP 15 执行“偏移”命令，偏移图形，如图12-133所示。

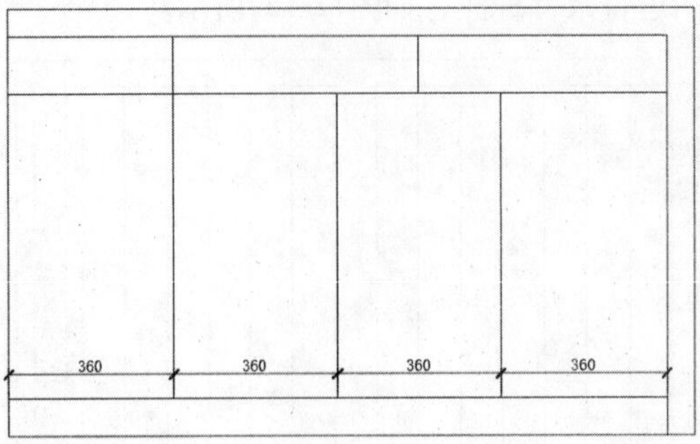

图12-132

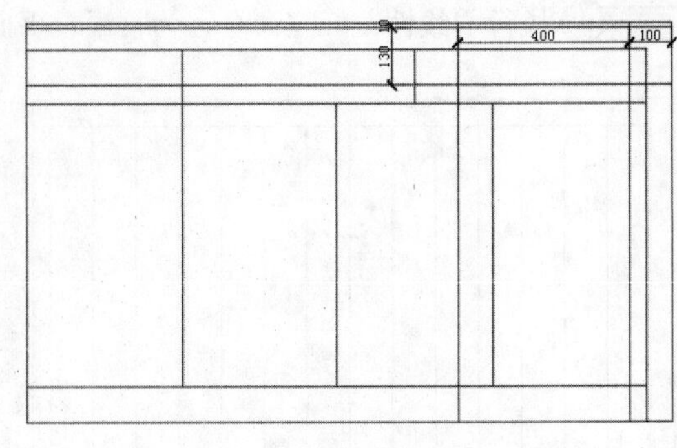

图12-133

STEP 16 执行“修剪”命令，修剪图形，如图12-134所示。

STEP 17 执行“矩形”和“偏移”命令，绘制矩形并进行偏移，制作柜门和抽屉门造型，如图12-135所示。

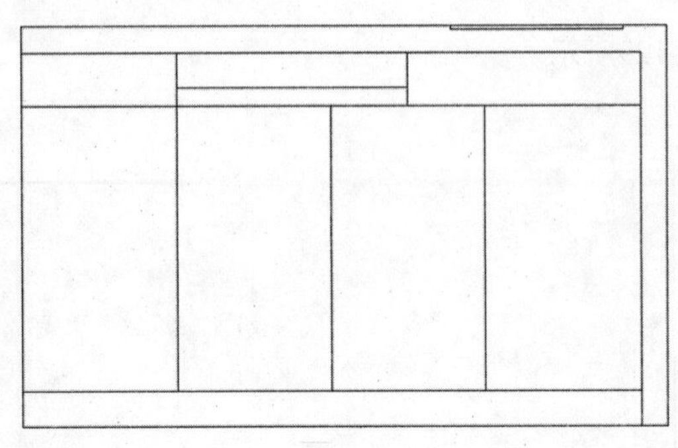
图12-134

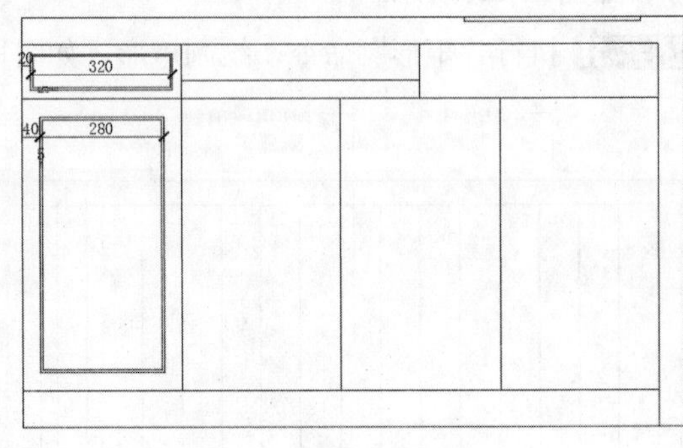

图12-135

STEP 18 执行“镜像”命令，镜像柜门图形，如图12-136所示。

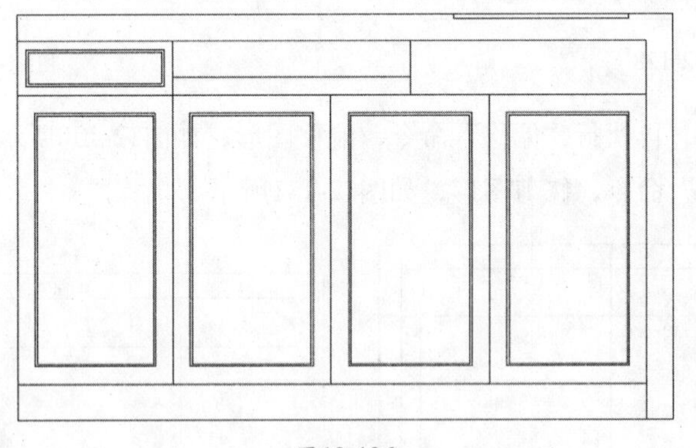
图12-136

STEP 19 执行“圆”命令，绘制抽屉拉手，如图12-137所示。

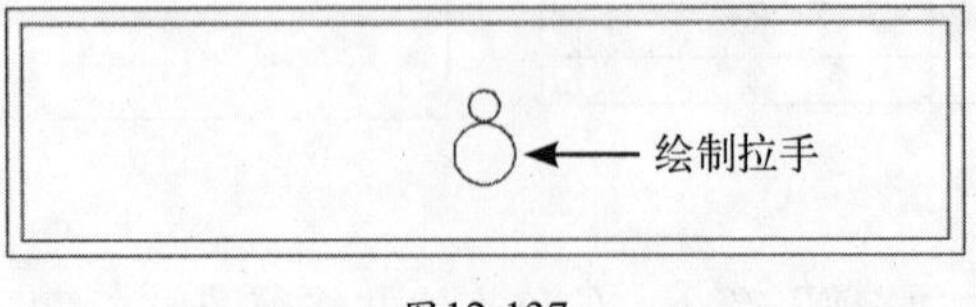

图12-137

STEP 20 复制抽屉拉手，并执行“直线”命令，绘制另一侧抽屉及柜门装饰线，设置线条线型，如图12-138所示。

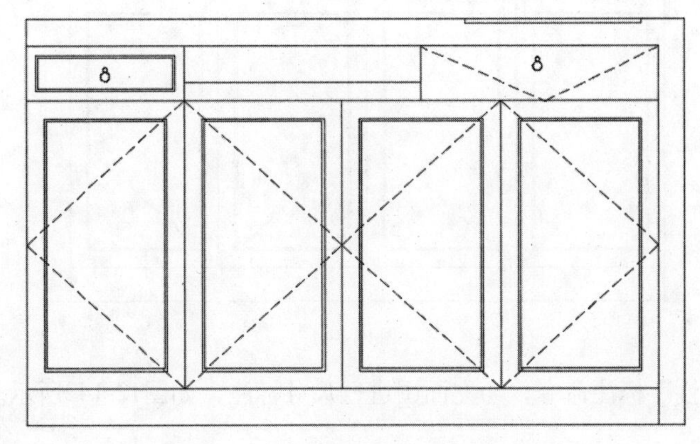

图12-138

STEP 21 执行“矩形”命令，绘制10×60的柜门拉手，如图12-139所示。

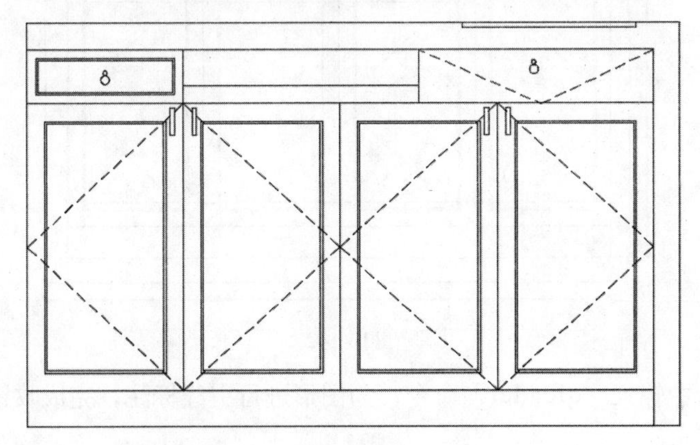

图12-139

STEP 22 执行“插入块”命令，插入显示器图形，如图12-140所示。

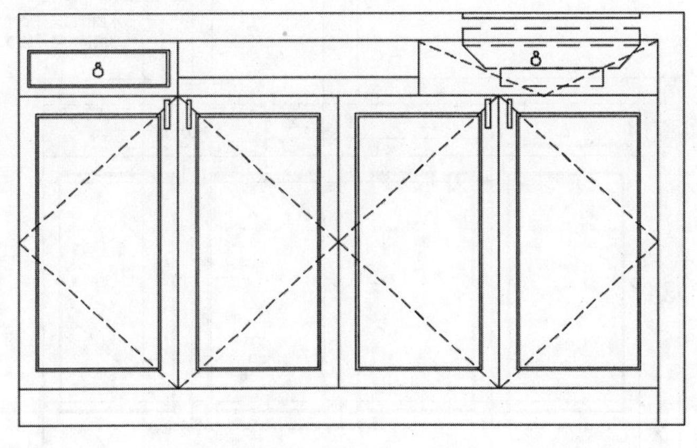

图12-140

STEP 23 执行“图案填充”命令，设置图案“AR-RROOF”，设置颜色及比例，选择玻璃区域进行填充，如图12-141所示。

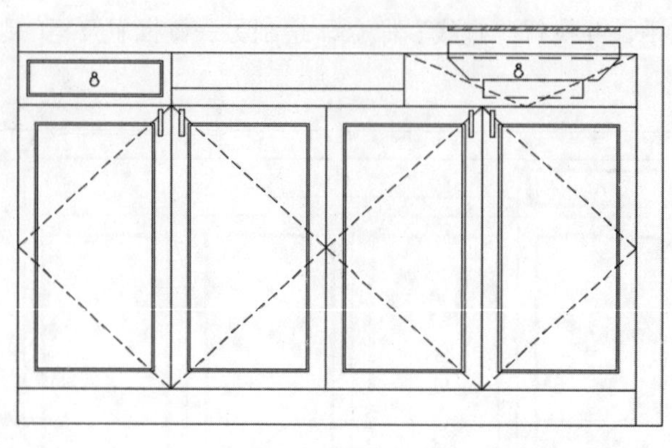

图12-141

STEP 24 执行“线性”标注命令，为立面图进行尺寸标注，如图12-142所示。

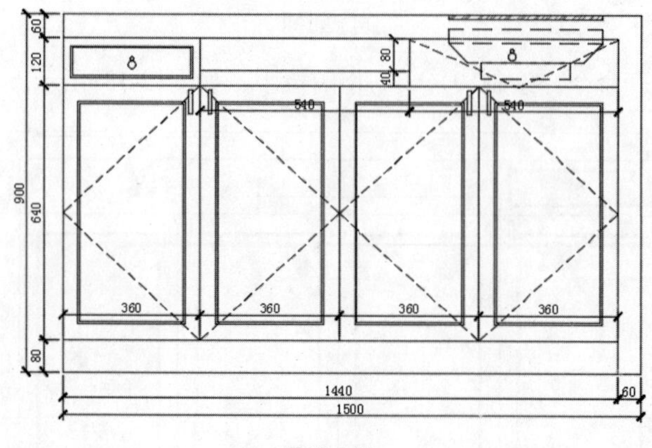

图12-142

STEP 25 在命令行中输入“qleader”命令，为图形进行引线标注，完成收银台内里面图的制作，如图12-143所示。

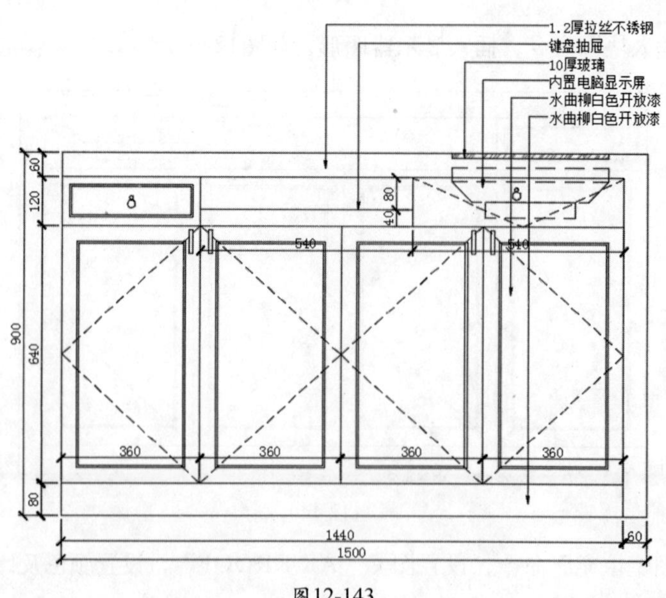

图12-143

CAD 附录　室内设计知识准备

室内设计是根据建筑物的使用性质、所处环境和相应标准，运用物质技术手段和建筑设计原理，创造功能合理、舒适优美、满足人们物质和精神生活需要的室内环境。这一空间环境既具有使用价值，满足相应的功能要求，同时也反映历史文脉、建筑风格、环境气氛等精神因素，如图1和图2所示。

室内设计是建立在四维空间基础上的艺术设计门类，包括空间环境、室内环境、陈设装饰。现代主义建筑运动使室内从单纯界面装饰走向建筑空间，再从建筑空间走向人类生存环境。室内装修是以空间的视觉审美为设计主旨，且具有传统意识。室内设计要考虑到室内空间的大小、形状、整体布局、家具、环保材料等，以及合理顺畅的交通流程和良好的采光、舒适的物理环境，它与工程的科学性密切相关。

图1

图2

1. 室内设计基本原则

室内设计是以满足人们生活需要为前提，达到其功能要求，并运用形式语言来表现题材、主题、情感和意境。所以，室内设计也是有一定的原则可循的。

- 可行性原则：坚持以人为本的核心，力求施工方便，易于操作。
- 整体性原则：保证室内空间协调一致的美感。家具电视背景墙是家装的重点，可以采用别出心裁的创意，也可以使其与整体风格相统一。
- 功能性原则：空间的使用（如布局、界面装饰、陈设和环境气氛）要与功能统一。
- 审美性原则：通过形、色、质、声、光等形式语言体现室内空间的美感。
- 技术性原则：一是比例尺度关系；二是材料应用和施工配合的关系。
- 经济性原则：以最小的消耗达到所需目的。
- 安全性原则：墙面、地面或是顶棚，其构造都要求具有一定强度和刚度，符合计算要求，特别是各部分之间连接的节点，更要安全可靠。

2. 室内设计基本要素

室内设计是建筑内部空间的环境设计，根据空间使用性质和所处环境，运用物质技术手段，创造出功能合理、舒适、美观、符合人的生理和心理要求的理想场所。功能、空间、界面、饰品、经济、文化为室内设计的六要素。

（1）功能。功能至上是室内装饰设计的根本，住宅本来就和人的关系最为密切，一套缺少功能的室内设计方案只会给人华而不实的感觉，只有使功能满足每个家庭成员的生活细节之需，才能让家庭生活舒适、方便。

（2）空间。空间设计是运用界定的各种手法进行室内形态的塑造。塑造室内形态的主要依据是现代人的物质需求和精神需求，以及技术的合理性。常见的空间形态有：封闭空间、虚拟空间、下沉空间、地台空间、流动空间、母子空间等。

- 封闭空间：用限定性比较高的围墙实体包围起来，很强隔离性的空间。具有较强的领域感、安全感和私密性。
- 虚拟空间：没有十分完备的隔离形态，只依靠部分形体的启示，依靠联想和“视觉完形性”来划分的空间。
- 下沉空间：室内地面局部下沉，可限定出一个范围比较明确的空间。视点降低，新鲜有趣。
- 地台空间：室内地台局部抬高，抬高面的边缘划分出空间。居高临下，视野开阔。
- 流动空间：空间与空间之间采用家具、绿化等物体进行分隔，形成一种开敞的、流动性极强的空间形式。
- 母子空间：是空间的二次限定，是在原空间中，用实体性或象征性手法再限定出的小空间，既满足功能要求，又丰富空间层次。

（3）界面。界面是指建筑内部各表面的造型、色彩、用料的选择和处理。它包括墙面、顶面、地面以及相交部分的设计。做一套室内装修设计方案时需要给自己明确一个主题，就像一篇文章要有中心思想，使住宅建筑与室内装饰完美地结合，做到鲜明的节奏、变幻的色彩、虚实的对比、点线面的和谐。

（4）饰品。饰品就是陈设物，是当建筑室内设计完成，功能、空间、界面整合后的点睛之笔，给居室以生动之态、温馨气氛、陶冶性情、增强生活气息的良好效果，如图3所示。

图3

（5）经济。在有限的投入下达到物超所值的效果是需要考虑的。合理有机地设计各部分，达到诗意、韵味是作为一名出色的室内设计师的至高境界。

（6）文化。充分表达并升华自己的居室文化是必须要追求的。设计的文化内涵和底蕴，对于其他相关设计（如平面设计、广告设计、景观设计、展示设计等）都具有同样重要的作用。

3. 室内设计一般流程

作为一名室内设计师，其工作不仅仅是坐在设计室里做设计，而是更多与业主沟通交流，根据实际情况为业主设计出最适合的方案。室内设计常分为设计准备阶段、方案设计阶段、施工图设计阶段和设计实施阶段四个阶段。而室内设计师的整个工作流程大致描述如下。

(1) 介绍。主动给业主介绍公司和自己的设计特点，并简单介绍目前设计潮流和设计理念。

(2) 沟通。做好与业主的沟通，是设计的关键。因为在沟通过程中，能够充分了解业主心中的理想设计，如业主生活品味、爱好，业主喜爱的设计风格、颜色、家具样式等。然后设计师可根据这些设计要求，向业主介绍自己大致的设计思路，相互交换意见，直到达成共识。

(3) 现场勘察测量。在与业主做好沟通的情况下，需要到现场测量出房屋的尺寸，其中包括房屋各空间的长宽尺寸、房高尺寸、门洞和窗洞尺寸以及各下水管、排污管、地漏及家用配电箱的具体位置。

(4) 设计初稿。根据现场测量的尺寸，绘制出房屋户型图，然后对该房屋进行设计，并做出装修预算表。

(5) 修改设计。初稿设计完成后，应及时与业主进行沟通，修改设计方案，并确定预算费用。

(6) 签约。当与业主取得一致意见后，应签订正式的装修合同，并收取装修预付款。

(7) 施工。在正式施工前，应先带领施工队到现场进行交底工作。当施工团队了解了装修注意事项后，开始施工。此时设计师应不定期地到施工现场进行巡检和指导，保证设计质量。

(8) 中期验收。在施工中期，与业主一起进行验收，并通知业主缴纳中期款。

(9) 竣工验收。工程完成后，应召集业主、施工经理一起进行验收。完成后，通知业主缴纳工程尾款。

(10) 客户维护。对业主进行不定期的电话回访，如有问题须及时处理，做好客户维护工作。

4. 室内设计制图内容

室内设计图是室内设计人员用来表达设计思想、传达设计意图的技术文件，是室内装饰施工的依据。室内设计制图就是根据正确的制图理论及方法，按照国家统一的室内制图规范，将室内空间六个面上的设计情况在二维图面上表现出来，包括室内平面图、室内顶棚平面图、室内立面图、室内细部节点详图等。

一套完整的室内设计图包括施工图和效果图。施工图常会包括图纸目录、设计说明、原始房型图、平面布置图、顶棚平面图、立面图、剖面图、设计详图等。

(1) 图纸目录。图纸目录是了解整个设计整体情况的目录，从中可以了解图纸数量及出图大小和工程号，还有设计单位及整个建筑物的主要功能。如果图纸目录与实际图纸有出入，必须核对情况。

(2) 设计说明。设计说明对结构设计是非常重要的，因为设计说明中会提到很多做法及许多结构设计中要使用的数据。看设计说明时不能草率，这是结构设计正确与否非常重要的一个环节。

（3）原始房型图。设计师在量房之后需要将测量结果用图纸表示出来，包括房型结构、空间关系、尺寸等，这是进行室内装潢设计的第一张图，即原始房型图，如图4所示。

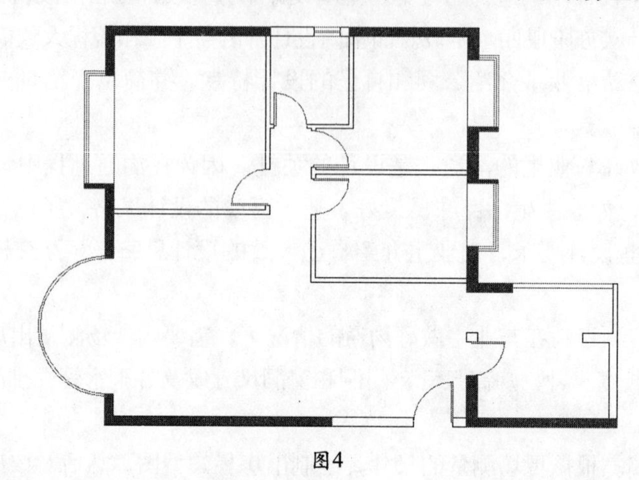

图4

（4）平面布置图。平面布置图是假设经过门、窗、洞口将房屋沿水平方向剖切去掉上面部分后，而画出的水平投影图。平面布置图是室内装饰施工图中的关键图样，它能让业主非常直观地了解设计师的设计理念和设计意图。平面布置图是其他图纸的基础，可以准确地对室内设施进行定位和确定规格大小，从而为室内设施设计提供依据。另外，它还体现了室内各空间的功能划分，如图5所示。

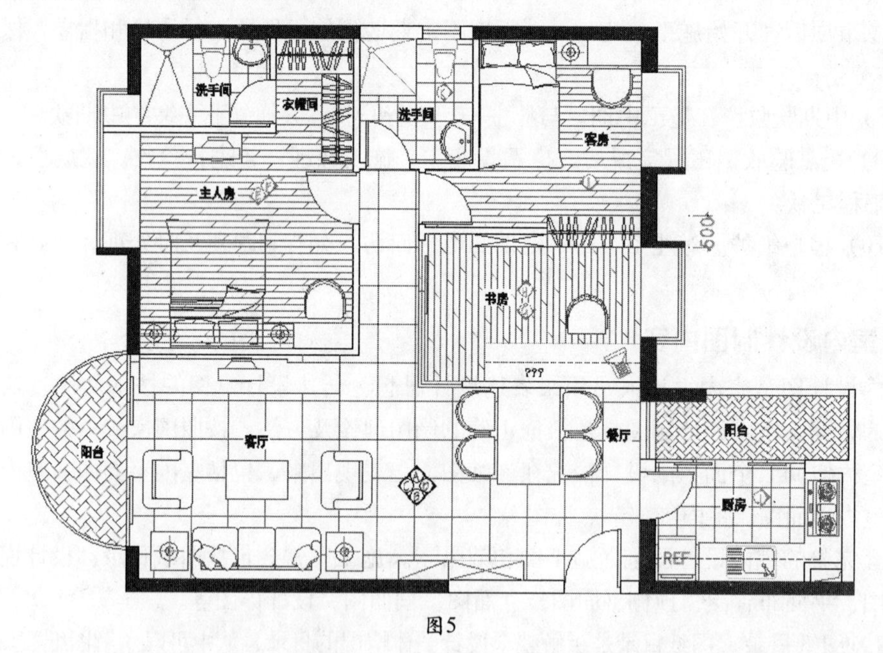

图5

（5）顶棚平面图。顶棚平面图主要用来表示天花板的各种装饰平面造型以及藻井、花饰、浮雕和阴角线的处理形式、施工方法，还有灯具的类型、安装位置等内容，如图6所示。

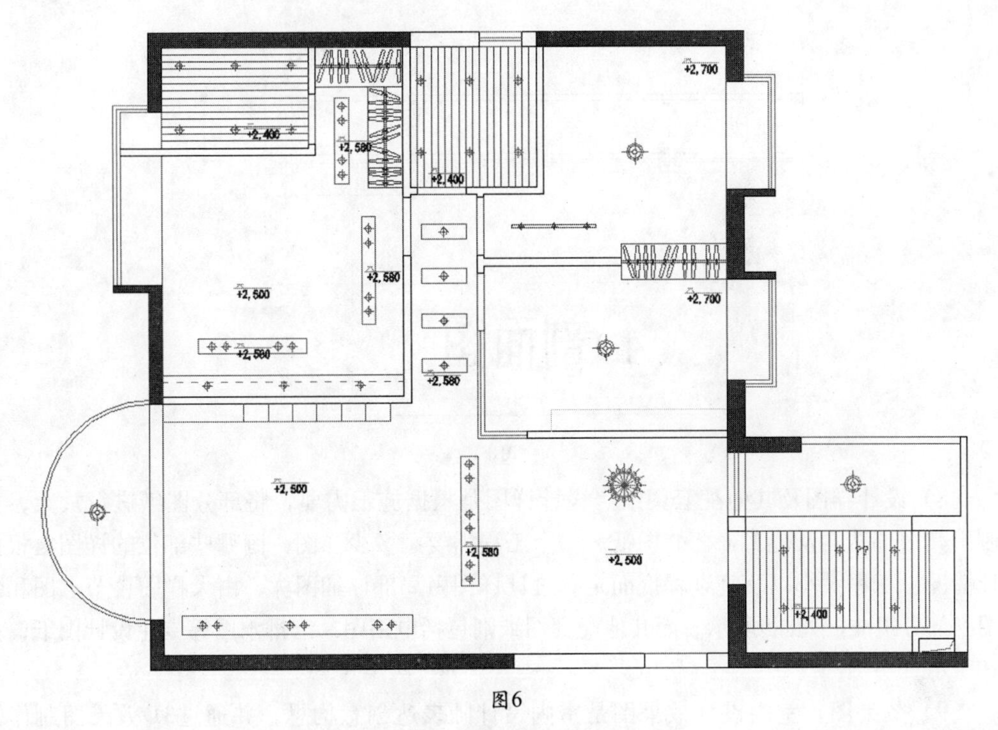

图6

（6）立面图。平面图是展现家具、电器的平面空间位置，立面图则是反映竖向的空间关系。立面图应绘制出对墙面装饰要求，墙面上的附加物、家具、灯、绿化、隔屏要表现清楚，如图7所示。

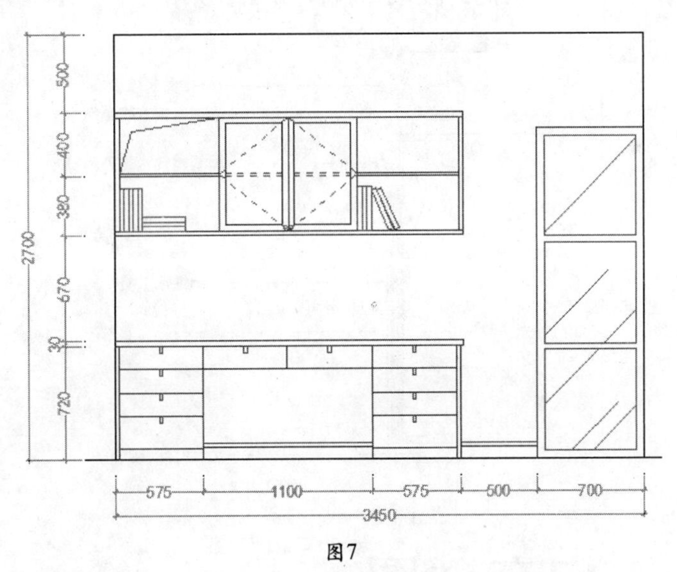

图7

（7）剖面图。在室内设计中，平行于某空间立面方向，假设有一个竖直平面从顶至地将该空间剖切后，移去靠近观察者的部分，对剩余部分按正投影原理绘制所得到的即为正投影图。剖面图应包括被垂直削切面剖到的部分，也应包括虽然未剖到，但能看到的部分（如门、窗、家具，设备与陈设等），如图8所示。

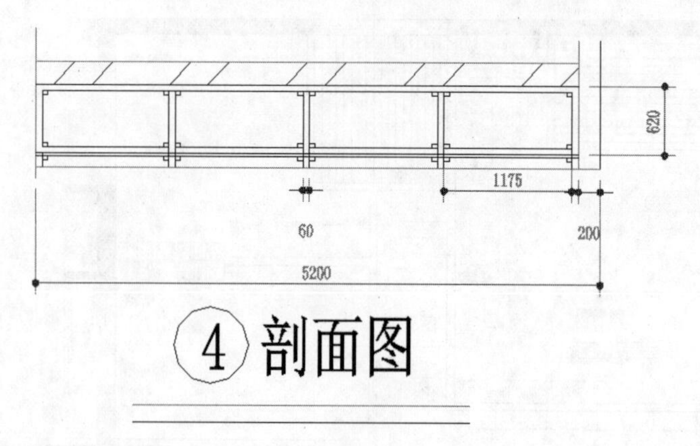

图8

(8）设计详图及其他配套图纸。设计详图是根据施工需要，将部分图纸进行放大，并绘制出其内部结构及施工工艺的图纸。一个工程需要画多少详图、画哪些部位的详图要根据设计情况、工程大小以及复杂程度而定。设计详图由局部详细图样，由大样图、节点图和断面图三部分组成，如图9所示。而其他配套图纸则包括电路图、给排水图等专业设计图纸，如图10所示。

(9）效果图。室内设计效果图是室内设计师表达创意构思，并通过3D效果图制作软件，将创意构思进行形象化再现的形式。它通过对物体的造型、结构、色彩、质感等诸多因素的忠实表现，真实地再现设计师的创意，从而沟通设计师与观者之间视觉语言的联系，使人们更清楚地了解设计的各项性能、构造、材料，如图11所示。

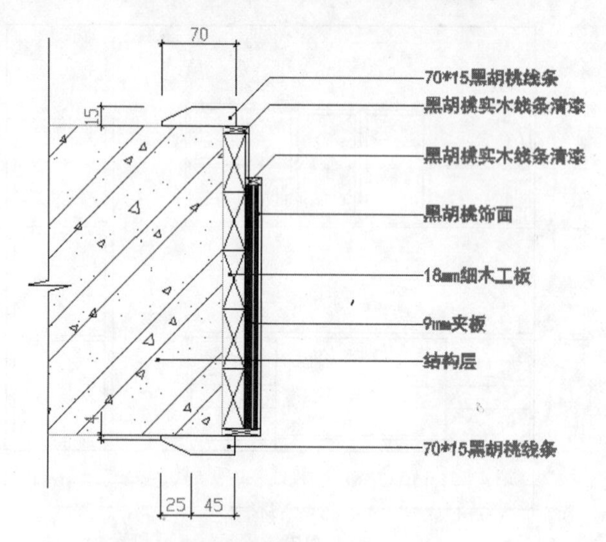

图9

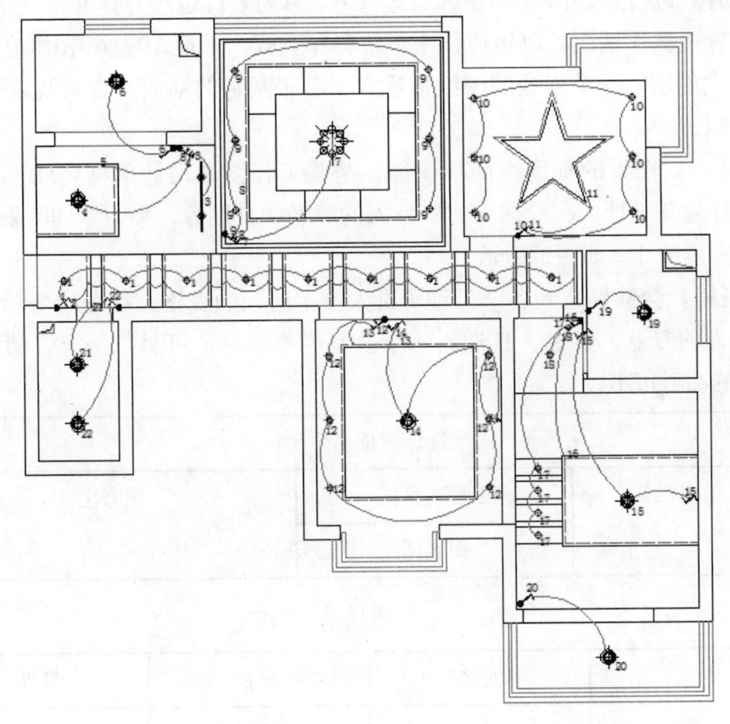

图10

图11

5. 室内设计图纸规范

（1）制图图纸规范。图纸幅面指的是图纸的大小，简称图幅。标准的图纸以A0号图纸（841×1189）为幅面基准，通过对折共分为5种规格，详见下表。图框是在图纸中限定绘图范围的边界线。

尺寸代号	幅面代号				
	A0	A1	A2	A3	A4
b×L	841×1189	594×841	420×594	297×420	210×297
C	10			5	
A	25				

其中，b为图幅短边尺寸，L为图幅长边尺寸，A为装订边尺寸，其余三边尺寸为C。图纸以短边做垂直边称作横式，以短边作水平边称作立式。一般A0～A3图纸宜用横式使用，必要时也可立式使用。一个专业的图纸不适宜用多于两种的幅面，目录及表格所采用的A4幅面不在此限制。

（2）标题栏。图纸的标题栏简称图标，是将工程图的设计单位名称、工程名称、图名、图号、设计号及设计人、绘图人、审批人的签名和日期等，集中罗列的表格。可根据工程需要选择确定其尺寸，如图12所示。

（3）会签栏。会签栏是为各个工种负责人签字所列的表格，如图13所示。栏内应填写会签人员所代表的专业、姓名、日期。一个会签栏不够时，可另加一个，两个会签栏应并列。不需会签的图纸可不设会签栏。

<table>
<tr><td colspan="3">设计单位名称区</td></tr>
<tr><td rowspan="2">签字栏</td><td>工程名称区</td><td rowspan="2">图号区</td></tr>
<tr><td>图名区</td></tr>
</table>

图12

专业	实名	签名	日期

图13

（4）图纸比例。图样表现在图纸上应当按照比例绘制，比例能够在图幅上真实地体现物体的实际尺寸。比例的符号为“：”，比例应以阿拉伯数字表示，如1：1、1：2、1：100等，比例宜注写在图名的右侧，字的基准线应取平；比例的字高宜比图名的字高小一号或二号。图纸的比例针对不同类型有不同的要求，如总平面图的比例一般采用1：500、1：1000、1：2000。同时，不同的比例对图样绘制的深度也有所不同。详见下表。

<table>
<tr><td rowspan="2">常用比例</td><td>1：1</td><td>1：2</td><td>1：5</td><td>1：25</td><td>1：50</td><td>1：100</td></tr>
<tr><td>1：200</td><td>1：500</td><td>1：1000</td><td>1：2000</td><td>1：5000</td><td>1：10000</td></tr>
</table>

（5）字体。在绘制设计图和设计草图时，除了要选用各种线型来绘出物体，还要用最直观的文字把它表达出来，标明其位置、大小以及说明施工技术要求。文字与数字，包括各种符号的注写是工程图的重要组成部分，因此，对于表达清楚的施工图和设计图来说，适合的线条质量加上漂亮的注字才是必须的。

- 文字的高度宜选用3.5、5、7、10、14、20mm。
- 图样及说明中的汉字宜采用长仿宋体，也可以采用其他字体，但要容易辨认。
- 汉字的字高应不小于3.5mm，手写汉字的字高一般不小于5mm。
- 字母和数字的字高不应小于2.5mm。与汉字并列书写时，其字高可小一至二号。
- 拉丁字母中的I、O、Z，为了避免同图纸上的1、0和2相混淆，不得用于轴线编号。
- 分数、百分数和比例数的注写，应采用阿拉伯数字和数字符号，例如：四分之

三、百分之二十五和一比二十应分别写成3/4、25%和1：20。

（6）尺寸标注。图样除了画出物体及其各部分的形状外，还必须准确、详尽和清晰地标注尺寸，以确定其大小，作为施工时的依据。图样上的尺寸由尺寸界线、尺寸线、尺寸起止符号和尺寸数字组成。

- 尺寸线：应用细实线绘制，一般应与被注长度平行。图样本身任何图线不得用作尺寸线。
- 尺寸界限：也用细实线绘制，与被注长度垂直，其一端应离开图样轮廓线不小于2mm，另一端宜超出尺寸线2～3mm。必要时图样轮廓线可用作尺寸界限。
- 尺寸起止符号：一般用中粗斜短线绘制，其倾斜方向应与尺寸界限呈顺时针45度角，长度宜为2～3mm。
- 尺寸数字：图样上的尺寸应以数字为准，不得从图上直接取量。

（7）制图符号。施工图具有一个严格的符号使用规则，这种专用的行业语言是保证不同的施工人员能够读懂图纸的必要手段。下面简单介绍一些施工图的常用符号。

①索引符号。为了在图面中清楚地对这些详图编号，需要在图纸中清晰、有条理地标识出详图的索引符号和详图符号，如图14所示。详图索引符号的圆及直径均应以细实线绘制，圆的直径应为10mm。索引出的详图与被索引的详图同在一张图纸内，应在索引符号的上半圆内用阿拉伯数字注明该详图的编号，并在下半圆中间画一段水平粗实线。索引出的详图与被索引的详图不在同一张图纸内，应在索引符号的上半圆中用阿拉伯数字注明该详图的编号，并在下半圆中用阿拉伯数字注明该详图所在图纸的编号。数字较多时可加文字标注。

②详图符号。被索引详图的位置和编号应以详图符号表示，如图15所示。圆用粗实线绘制，直径为14mm，圆内横线用细实线绘制。详图与被索引的图样同在一张图纸内时，应在详图符号内用阿拉伯数字注明详图的编号。详图与被索引的图样不在一张图纸内时，应用细实线在详图符号内画一水平直径，在上半圆中注明详图编号，在下半圆中注明被索引的图纸的编号。

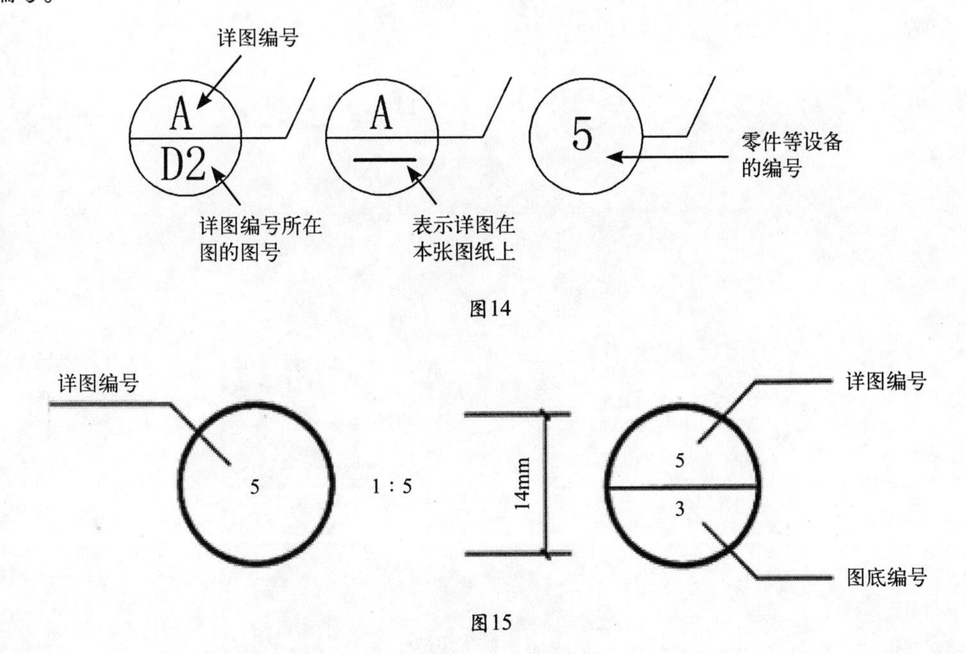

图14

图15

③室内立面索引符号。为表示室内立面在平面上的位置，应在平面图中用内视符号注明视点位置、方向及立面的编号，如图16所示。立面索引符号由直径为8～12mm的圆构成，以细实线绘制，并以三角形为投影方向共同组成。圆内直线以细实线绘制，在立面索引符号的上半圆内用子母标识，下半圆标识图纸所在位置。在实际应用中也可扩展灵活使用。

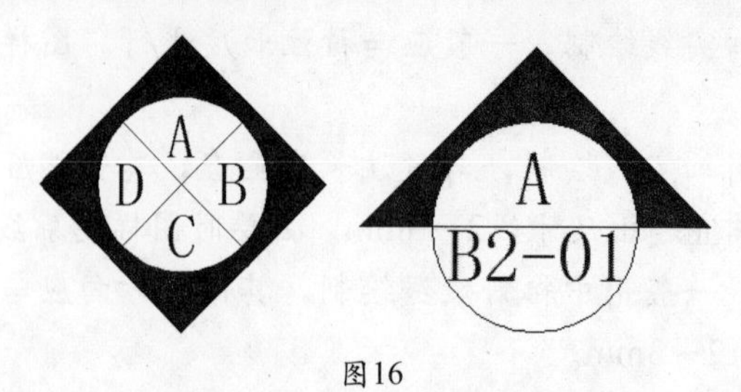

图16

④标高符号。用于室内及工程形体的标高。标高符号应以直角等腰三角形表示，用细实线绘制，一般以室内一层地坪高度为标高的相对零点位置，低于该点时前面要标上负号，高于该点时不加任何负号，如图17所示。需要注意的是相对标高以米为单位，标注到小数点后三位。

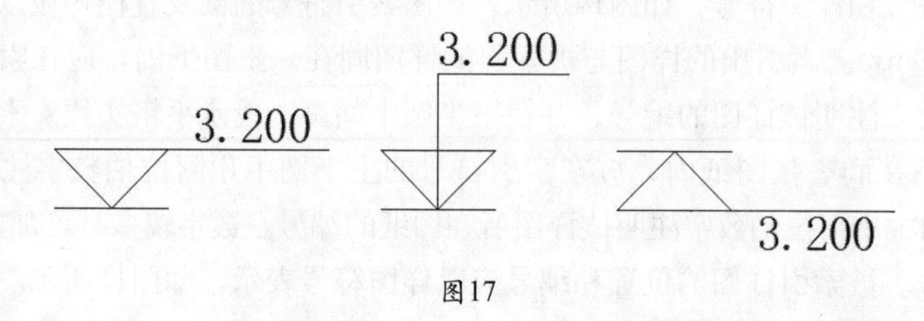

图17